职业教育校企合作“互联网+”新形态教材

传感器应用基础

第2版

主　编　苗玲玉　田景峰
副主编　张凤杰　李　冰
参　编　屈　娟　杨升远

机　械　工　业　出　版　社

本书采用项目引领、任务驱动模式编写，全书共12个项目，分别是：走进传感器世界、电阻应变式传感器的应用、电感式传感器的应用、电容式传感器的应用、光传感器的应用、电动势型传感器的应用、半导体传感器的应用、超声波传感器的应用、图像传感器的应用、新型传感器的应用、传感器在机电产品中的应用和信号处理方法，附录给出了12个实用的传感器应用项目报告。本书简化原理，突出传感器的应用，着眼于学生在传感器应用能力方面的培养。

本书可作为高等职业院校电气自动化、机电一体化等相关专业的教材，也可作为相关培训用书。

为方便教学，本书配套PPT课件、习题答案及动画视频资源（以二维码形式呈现于书中），选择本书作为授课教材的教师可登录 www. cmpedu. com，注册并免费下载。

图书在版编目（CIP）数据

传感器应用基础／苗玲玉，田景峰主编．—2版．—北京：机械工业出版社，2022.1（2023.8重印）

职业教育校企合作“互联网+”新形态教材

ISBN 978-7-111-70012-8

Ⅰ.①传…　Ⅱ.①苗…②田…　Ⅲ.①传感器-高等职业教育-教材　Ⅳ.①TP212

中国版本图书馆CIP数据核字（2022）第013298号

机械工业出版社（北京市百万庄大街22号　邮政编码100037）
策划编辑：赵红梅　　　　责任编辑：赵红梅　杨晓花
责任校对：樊钟英　张　薇　封面设计：王　旭
责任印制：刘　媛
涿州市京南印刷厂印刷
2023年8月第2版第3次印刷
210mm×285mm · 15.75印张 · 422千字
标准书号：ISBN 978-7-111-70012-8
定价：45.00元

电话服务　　　　　　　　网络服务
客服电话：010-88361066　机　工　官　网：www. cmpbook. com
　　　　　010-88379833　机　工　官　博：weibo. com/cmp1952
　　　　　010-68326294　金　　书　　网：www. golden-book. com
封底无防伪标均为盗版　机工教育服务网：www. cmpedu. com

为贯彻、落实《国家职业教育改革实施方案》的有关要求，本书依据“十三五”职业教育国家规划教材建设工作的通知，联合企业在第1版的基础上进行了修订。

本书注重高等职业教育的特点，以项目引领、任务驱动模式开展学习活动；以实用为本、应用为主，着眼于学生在应用能力方面的培养。

本书在编写过程中力求简化原理，突出传感器的应用，辅以大量当前市场正在使用的传感器知识，注重新技术、新工艺的引进，同时融入近年来国内外新兴的传感器，拓宽学生的知识面，并引入很多传感器在日常生活、生产中的实际应用，力求跟上科技发展的潮流。

本书含有丰富的教学资源，如微课、视频、教学课件等，学生可以扫码进行自学、自测、自评。

本书设置“思考”“温馨提示”“阅读材料”等环节，旨在培养学生积极思考和规范操作的习惯，拓展学生的知识视野，并将课程思政内容潜移默化地融入所学知识中。

建议学时为60学时。兼顾到不同地区、不同学校的具体情况，增加了很多阅读资料，教学学时可以在60~90之间机动选择。

本书由辽宁轨道交通职业学院苗玲玉、田景峰主编，由辽宁轨道交通职业学院张凤杰、李冰任副主编，参加编写的还有辽宁轨道交通职业学院屈娟、沈阳远大智能工业集团股份有限公司杨升远。其中，苗玲玉编写项目5、项目6、项目8（除任务8.1）和附录，并负责统稿；田景峰编写项目2、项目3、项目9和项目10，并负责图片和微课视频的制作及整理；李冰编写项目1的任务1.1和任务1.2、项目11（除任务11.1）和项目12；张凤杰编写项目1的任务实施和阅读材料、项目4、项目7；屈娟参与项目8任务8.1和项目11任务11.1的编写。本书为校企合作开发教材，杨升远在编写过程中提供了大量素材和很多建设性的建议和指导，在此表示衷心的感谢！

本书在编写过程中，参阅了国内外大量的有关资料，得到了辽宁轨道交通职业学院智能制造学院的大力支持，在此一并表示衷心的感谢！

由于编者水平有限，书中不妥之处在所难免，恳请读者批评指正。

编　者

二维码索引

（续）

目录
CONTENTS

项目1

走进传感器世界

项目描述

本项目学习传感器的基本知识，认识传感器，掌握传感器的定义、组成、作用及应用，传感器的分类、特性和选用原则，传感器的发展方向以及有关测量误差的知识。

学习目标

1. 理解传感器的定义、组成及作用，养成勤于思考的学习习惯。
2. 了解传感器的分类，熟悉传感器的应用，会拓展思维。
3. 了解传感器的基本特性、选用原则及传感器的发展，提高查阅资料的能力。
4. 能根据测量需求正确选用精度合适的测量仪表。

任务1.1 认识传感器

任务引入

在日常生活中，有很多生活细节，不知道你注意没有？比如乘坐扶梯时，没人经过扶梯口时扶梯是静止的，而当有人通过扶梯口时，扶梯会自动感应到而运动起来；有的汽车在倒车时，如果车尾附近有障碍物，汽车会发出滴答滴答的警报声；在经过自动感应门时，靠近门时它会自动打开，而离开门时它又会自动关闭。

知识精讲

以上三个例子都有一个共同特点，那就是设备（扶梯、汽车、自动感应门）都能够自动感应到相应的信号，然后做出相应的反应，这种能够自动感应到信号的器件就是本课程学习的对象——传感器。

一、传感器的定义、组成、作用及应用

1. 传感器的定义

国家标准 GB/T 7665—2005 对传感器的定义是：能感受被测量并按照一定的规律转换成可用输出信号的器件或装置，通常由敏感元件和转换元件组成。

传感器的输出量通常是电信号，它便于传输、转换、处理、显示等。电信号有很多形式，如电压、电流、电容、电阻等，输出信号的形式通常由传感器的原理决定。

2. 传感器的组成

传感器按其定义一般由敏感元件、转换元件、信号调理转换电路三部分组成，有时还需外

笔记栏

加辅助电源提供转换能量。其中，敏感元件是指传感器中能直接感受或响应被测量的部分；转换元件是指传感器中能将敏感元件感受或响应的被测量转换成适合于传输或测量的电信号的部分。由于传感器输出的信号一般都很微弱，因此需要将其进行信号调理、转换、放大、运算与调制之后才能进行显示和参与控制。

3. 传感器的作用

在工业控制领域中，只有准确地检测才能有精确地控制。传感器在工业生产中占有十分重要的地位。机电一体化系统一般由机械本体、传感器、控制装置和执行机构四部分组成，如图1-1所示。

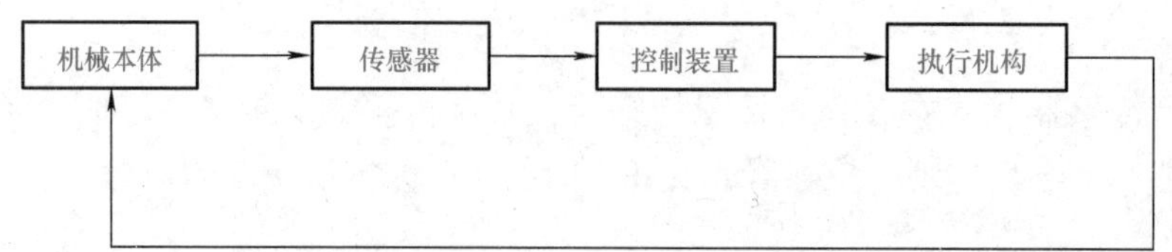

图1-1　机电一体化系统组成

传感器把代表机械本体的工作状态、生产过程等工业参数转换成电量，从而便于采用控制装置使控制对象按给定的规律变化，推动执行机构实时地调整机械本体的各种工业参数，使机械本体处于自动运行状态，并实行自动监视和自动保护。显然，传感器是机械本体与控制装置的纽带和桥梁。人类借助于感觉器官（耳、目、口、鼻和皮肤）从自然界获取信息，再将信息输入大脑进行分析判断（即人的思维）和处理，由大脑指挥四肢做出相应的动作，这是人类认识和改造世界的最基本模式。现代科学技术使人类进入了信息时代，自然界的信息都需要通过传感器进行采集才能获取。图1-2形象地表达了人体与机器的自动控制系统各部分的对应关系，把计算机比作人的大脑、传感器比作人的五官、执行器比作人的四肢，便有了工业机器人的实现。传感器在诸如高温、高湿等环境及高精度、超细微等方面是人的感觉器官所不能替代的。传感器的作用包括信息的收集、信息数据的交换和控制信息的采集。

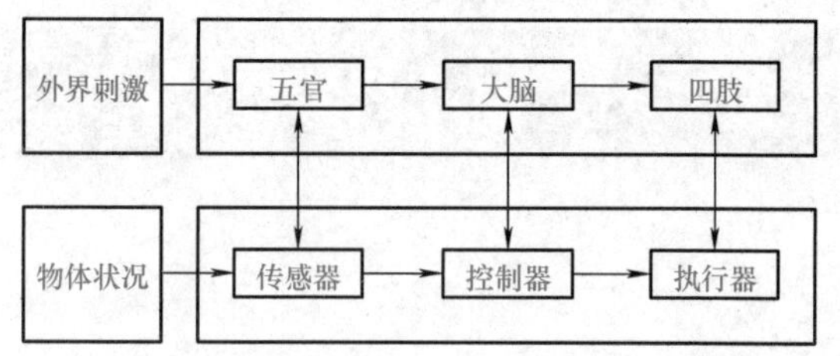

图1-2　人体与机器的自动控制系统各部分的对应关系

通常传感器技术涉及两个不同的领域：信息采集和系统控制。

传感器用于采集信息，信息经过处理后送到显示系统，如仪表，就可以指示设备或系统当前的运行状态。如汽车的速度传感器，用来检测汽车的行驶速度，将速度信号变换以后，通过仪表盘显示或记录车速。传感器还可用于控制系统中。一些自动控制系统利用传感器来采集信息，由传感器采集来的信号输入到控制器，控制器产生输出信号去控制被测参数。如在一个汽车的ABS（制动防抱死系统）里，由传感器测量得到车轮的速度信息，该信息用来控制刹车装置的压力，保证刹车时车轮不与地面滑动。

4. 传感器的应用

思考一：夏季买西瓜的时候，你会怎样挑选呢？

有的人习惯看西瓜的颜色或者形状，更多人习惯用手拍拍西瓜，此时手就不知不觉被当作了一种传感器，人的大脑根据从西瓜上传回来的振动判断西瓜的好坏。

传感器（又称探测器、换能器等）实质上就是代替人的五种感觉（视、嗅、听、味、触）器官的装置。它是一种能感受被测量并按一定规律将其转换成可供测量的信号的器件。

笔记栏

图 1-3 所示是一些常见的传感器，看看它们都是什么样的。

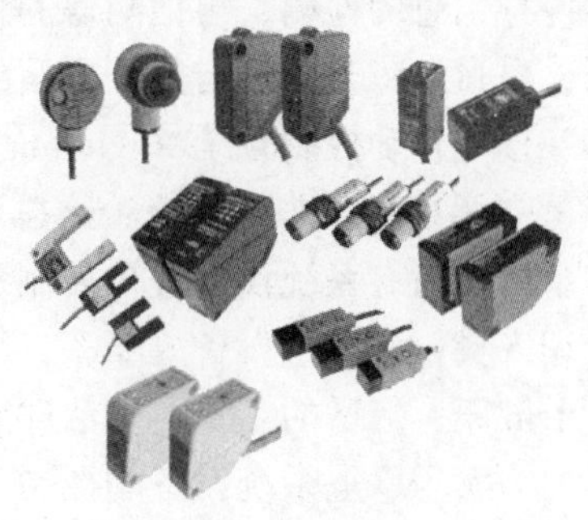

图 1-3　常见的传感器

在日常生活中，传感器随处可见：电冰箱、电饭煲中的温度传感器，空调中的温度和湿度传感器，煤气灶中监测煤气泄漏的气敏传感器，电视机和影碟机中用于遥控的红外光电传感器，照相机中的光传感器，汽车中的流量传感器等，不胜枚举。图 1-4 所示为几个生活中常见的利用传感器工作的设备。

随着科技的发展和自动化程度的提高，对测量的精度和速度，尤其是对被测量动态变化过程的测量和远距离的测量提出了更高的要求。而实际生产生活中的被测量多数是非电量，因此常常需要将非电量转换成电量再进行测量。本书中的传感器多指那些将非电量转换成电量的传感器。

a) 电子秤　　b) 摄像机　　c) 烟雾报警器

图 1-4　常见的利用传感器工作的设备

思考二：洗澡前用手试试水温，就能够知道水的温度需要怎样调节才合适，那么通过传感器检测的非电量，如何才能知道其具体结果呢？

一个完整的非电量电测系统一般由传感器、中间变换器、显示记录装置组成，如图 1-5 所示。从中可以看出传感器在系统中占有重要的位置。

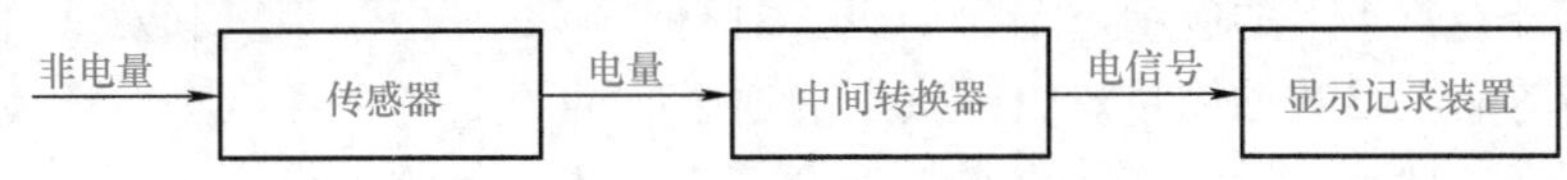

图 1-5　非电量电测系统组成框图

传感器直接感受被测量，并按一定规律将其转换成电量输出；中间变换器将传感器输出的电量转换成便于传输、显示和记录的电信号；显示记录装置将中间变换器的输出量转换成人的感官能接收的信号并显示或者存储。

思考三：传感器都应用在哪些领域呢？

传感器是现代测控系统中不可缺少的器件。随着电子计算机、自动化生产、生物医学、环保、能源、海洋开发、遥感、遥测、宇航等领域科技的发展，传感器的应用日渐渗透到人类生活的各个领域，从各种复杂的工程系统到日常衣食住行，都离不开各种传感器，传感器技术的发展对国民经济的发展起着日益重要的作用。

(1) 传感器与工业自动化生产和自动控制系统

传感器在工业自动化生产中占有极其重要的地位。在石油、化工、电力、钢铁、机械等行业中，传感器在各自的工作岗位上担负着相当于人的感觉器官的作用，它们每时每刻按需完成

笔记栏

对各种信息的检测，再把测得的信息通过自动控制、计算机处理等进行反馈，用以进行生产过程、质量、工艺管理与安全方面的控制。

楼宇自动控制系统（building automation system，BAS）（见图 1-6）对建筑物内的变配电系统、空调系统、通风系统、给排水系统、照明系统、电梯系统、自动识别系统、巡更系统和消防系统等所有系统设备进行控制和管理，提高了建筑物的智能化管理水平和管理效率，减少了管理人员，降低了设备故障率，提高了设备运行的可靠性，同时节约了能源，在楼宇内营造了一个健康、舒适的工作、生活环境。

为实现以上系统设备的控制，需要使用的传感器有温度、湿度、流量、压差等传感器。

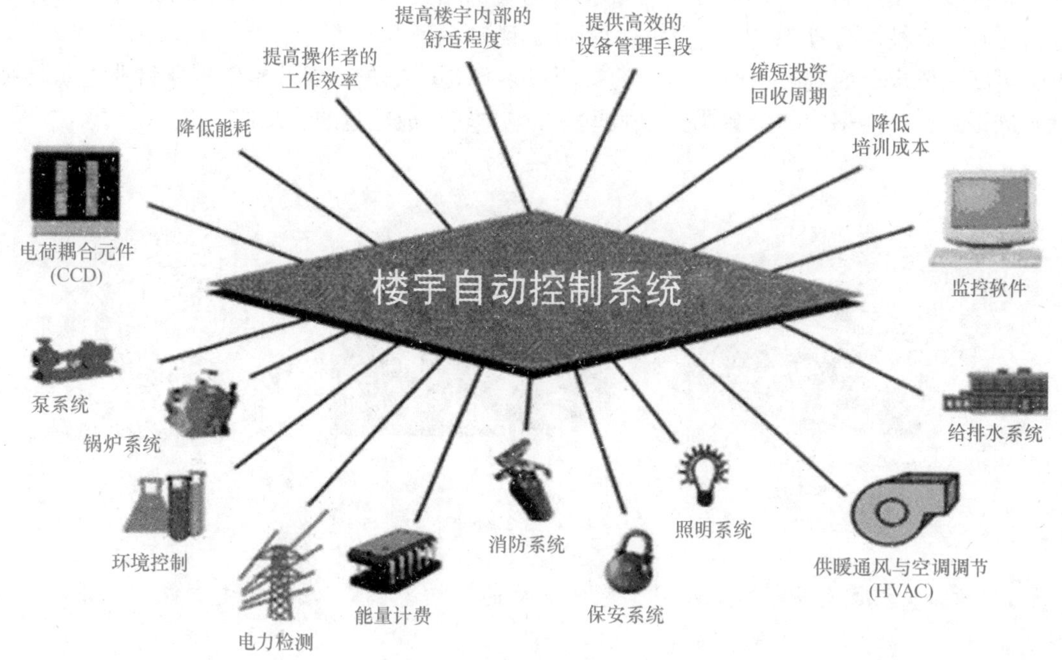

图 1-6 楼宇自动控制系统

（2）传感器与汽车

目前，传感器在汽车上的应用已不只局限于对行驶速度、行驶距离和发动机旋转速度的监控及燃料剩余量等有关参数的测量。由于汽车交通事故的不断增多和汽车对环境的污染危害日益加重，传感器在一些新的设备，如汽车的安全气囊、防盗、防滑控制、防抱死、电子变速控制、排气循环、电子燃料喷射及汽车“黑匣子”等装置中都得到了实际应用。可以预测，随着汽车各项技术的发展，传感器的应用将越来越广泛。

（3）传感器与家用电器

现代家用电器中普遍应用了传感器。图 1-7 所示为几种应用了传感器的常见家用电器。在电子炉灶、电饭锅、吸尘器、空调器、热水器、热风取暖器、电熨斗、电风扇、游戏机、电子驱蚊器、洗衣机、洗碗机、照相机、电冰箱、电视机、家庭影院等家用电器中，传感器都得到了广泛的应用。

目前，家庭自动化的蓝图正在设计之中。家庭自动化的主要内容包括安全监视与报警、空调及照明控制、耗能控制、太阳光自动跟踪、家务劳动自动化及人身健康管理等。未来的家庭将由作为中央控制装置的微型计算机，通过各种传感器监视家庭的各种状态，并通过控制设备进行着各种控制。家庭自动化的实现，可使人们有更多的时间用于学习、教育或休息娱乐。

（4）传感器与机器人

目前，在劳动强度大或危险作业的场所，已逐步使用机器人取代人的工作。一些高速度、

笔记栏

高精度的工作，也由机器人来承担。但这些机器人多数是用来进行加工、组装、检验等限于生产用的自动机械式单能机器人。图 1-8 所示为单能机器人中的机械手。在机械手上仅采用了检测臂的位置和角度传感器。

要使机器人和人的功能更为接近，以便从事更高级的工作，就要求机器人能有判断能力，这就需要给机器人安装视觉传感器和触觉传感器，使机器人可以通过视觉传感器对物体进行识别和检测，通过触觉传感器对物体产生接触觉、压觉、力觉和滑觉。这类机器人被称为智能机器人。图 1-9 所示为智能机器人中的双脚步行机器人。它不仅可以从事特殊的作业，而且一般的生产活动和生活家务，也可全部交由它来处理。

a) 冰箱

b) 数字相机

c) 电饭锅

d) 电视机

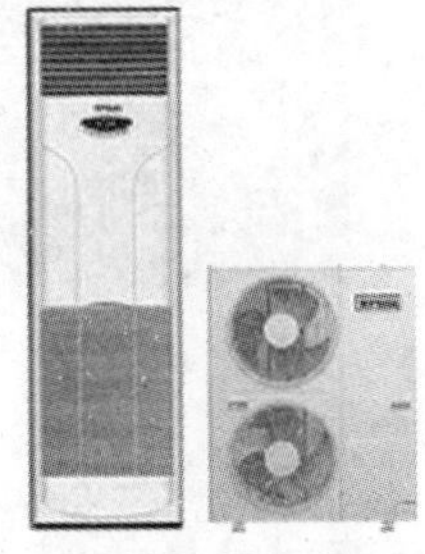
e) 空调

f) 洗衣机

图 1-7　几种应用传感器的常见家用电器

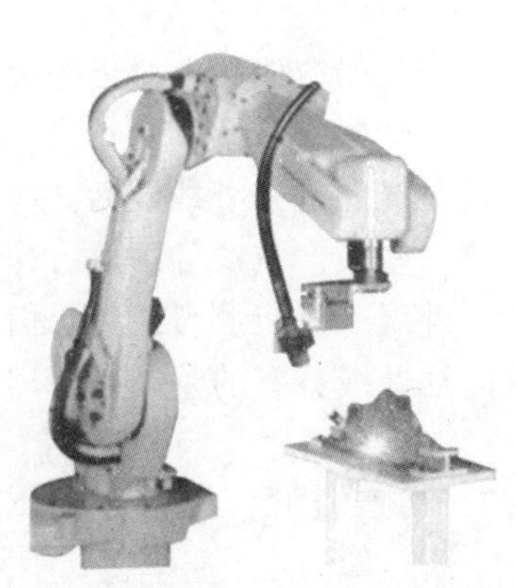
图 1-8　单能机器人中的机械手

图 1-9　智能机器人中的双脚步行机械人

（5）传感器与医疗医学

随着医用电子学的发展，仅凭医生的经验和感觉进行诊断的时代将会结束。现在，应用医

笔记栏

学传感器可以对人体的表面和内部温度、血压、腔内压力、血液及呼吸流量、肿瘤、血液分析、脉搏及心音、心脑电波等身体特征进行高难度的诊断。图 1-10 所示为螺旋 CT 检测设备。显然，传感器对促进医疗技术的高度发展起着非常重要的作用。

为增进全民的健康水平，医疗工作将不再局限于治疗疾病。今后，医疗工作将在疾病的早期诊断、早期治疗、远距离诊断及人工器官的研制等广泛的范围内发挥更重要的作用，而传感器也将会得到越来越多的应用。

（6）传感器与环境保护

目前，全球的大气污染、水污染及噪声污染已严重地破坏了地球的生态平衡和生存环境，这一现状已引起了世界各国的重视。为保护环境，利用传感器制成的各种环境监测仪器正在发挥着积极的作用。图 1-11 为工厂区的烟气检测。通过传感器对工厂上空大气成分的检测，来控制相关地区工厂的废气排放，保护环境。

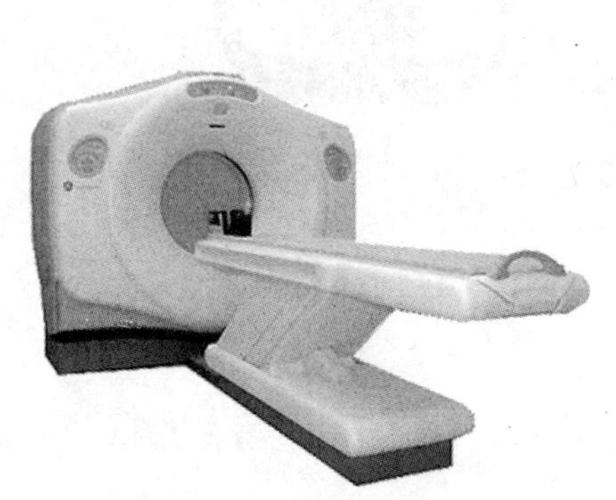

图 1-10　螺旋 CT 检测设备

图 1-11　工厂区的烟气检测

（7）传感器与航空航天

在航空航天飞行器上广泛地应用着各种各样的传感器。图 1-12 所示为神舟十号飞行器发射现场。为了解飞行器的飞行轨迹，并把它们控制在预定的轨道上，就要使用传感器进行速度、加速度和飞行距离的测量。为了解飞行器飞行的方向，就必须掌握它的飞行姿态，飞行姿态可以使用红外水平线传感器陀螺仪、阳光传感器、星光传感器及地磁传感器等进行测量。此外，对飞行器周围的环境、飞行器内部设备的监控也都要通过传感器进行检测。

（8）传感器与遥感技术

所谓遥感技术，简单地说就是从飞机、人造卫星、宇宙飞船或船舶上对远距离的广大区域的被测物体及其状态进行大规模探测的一门技术。

在飞机及航天飞行器上装用的传感器是近紫外线、可见光、远红外线及微波等传感器，在船舶上向水下观测时多采用超声波传感器。例如，要探测一些矿产资源的埋藏方位，就可以利用人造卫星上的红外线接收传感器，接收从地面发出的红外线来进行测量，然后由人造卫星通过微波发送到地面站，经地面站的计算机处理，便可根据红外线分布的差异判断出埋有矿藏的地区。

遥感技术目前已在农林资源、土地资源、海洋资源、矿产资源、水利资源、地质、气象、军事及公害等领域得到了应用。图 1-13 所示即为在卫星上通过遥感技术进行农业资源调查。

微课1-1
智能家居

通过观察，说说在智能家居中传感器起到什么作用？

笔记栏

图 1-12 神舟十号飞行器发射现场 、

图 1-13 利用遥感技术进行农业资源调查

任务 1.2 了解传感器的基本知识

任务引入

在科学技术迅猛发展的今天，传感器在信息采集和处理过程中发挥着巨大的作用，它可以将被测非电量转换成相应的电量。那么，传感器是如何分类的？传感器都有哪些基本特性？

知识精讲

一、传感器的分类

传感器的分类方法很多。有的传感器可以同时测量多种参数，而对同一物理量又可用多种不同类型的传感器进行测量，因此同一传感器可分为不同种类，有不同的名称，具体分类见表 1-1。

表 1-1 传感器分类

序号	分类方法	传感器名称
1	被测量	物理量传感器、化学量传感器、生物量传感器
2	传感器输出信号	数字传感器、模拟传感器
3	传感器的结构	结构型传感器、物性型传感器、复合型传感器
4	传感器的转换原理	机-电、光-电、热-电、磁-电、电化学等传感器
5	工作时是否需要外接电源	无源式（压电式传感器）、有源式（应变式传感器）

二、传感器的基本特性

1. 传感器的静态特性

传感器的静态特性是指被测量是一个不随时间变化，或者随时间缓慢变化的量，传感器的输入量 x 与输出量 y 具有一定的对应关系，且在关系式中不含有时间变量。

笔记栏

传感器的静态特性通常使用一组性能指标来描述，如灵敏度、线性度、迟滞和重复性等。

（1）灵敏度

灵敏度是指输出的变化量 Δy 与引起输出变化量的增量 Δx 之比。一般来说，灵敏度分为线性和非线性。通常使用 K 来表示灵敏度，根据概念即有

$$K=\frac{\Delta y}{\Delta x}=\frac{\mathrm{d}y}{\mathrm{d}x} \tag{1-1}$$

灵敏度表示单位被测量的变化所引起的传感器输出值的变化量。所以灵敏度 K 值越高，说明传感器越灵敏。

如图 1-14 所示，线性传感器的灵敏度为其静态特性的斜率，其灵敏度为一常量；而非线性传感器的灵敏度则是输入-输出特性曲线上某一点的斜率，如图 1-15 所示，其灵敏度是变量，且随输入量的变化而变化。

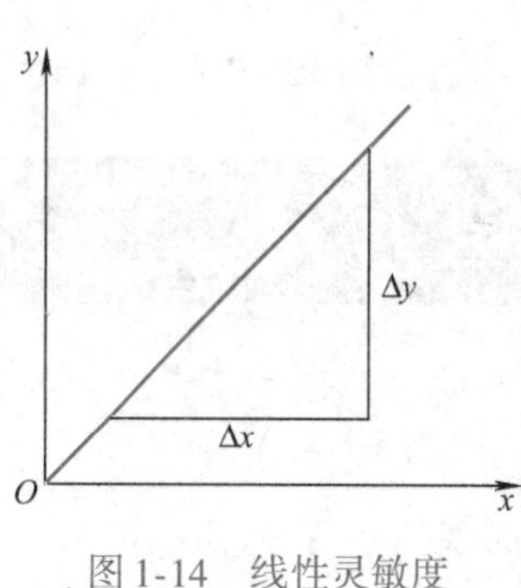

图 1-14 线性灵敏度

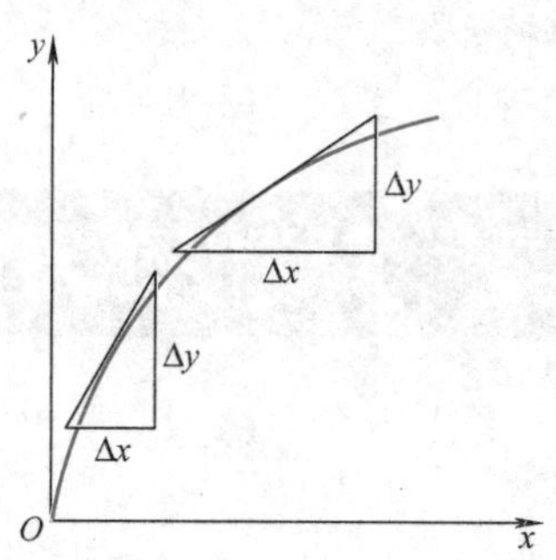

图 1-15 非线性灵敏度

（2）线性度

传感器的线性度是指传感器的输出-输入之间保持常值比例关系的程度，常采用线性误差来表示线性度即实际特性曲线与理论拟合直线之间的最大偏差与输出量程范围之比，如图 1-16 所示。

$$\text{线性误差}=\frac{\Delta y_{\max}}{y_{\max}-y_{\min}}\times 100\% \tag{1-2}$$

（3）迟滞

传感器在正向输入量（由小到大）及反向输入量（由大到小）变化期间，输入 - 输出特性曲线不一致的程度称为迟滞，如图 1-17 所示。

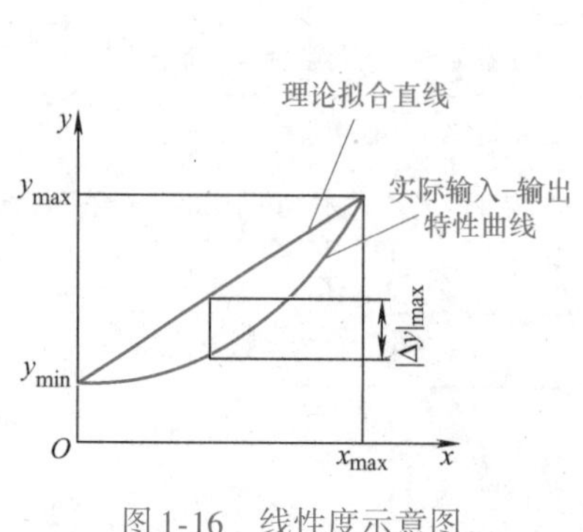

图 1-16 线性度示意图

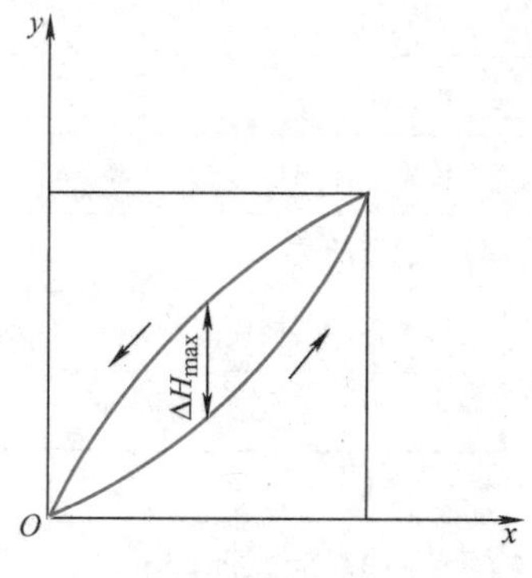

图 1-17 迟滞特性示意图

迟滞的最大值 $\Delta H_{\max}$ 与最大满量程 Y_{FS} 的比值称为迟滞差值，常用 r_{H} 表示，即

$$r_{\mathrm{H}}=\frac{\Delta H_{\max}}{Y_{\mathrm{FS}}}\times 100\% \tag{1-3}$$

笔记栏

产生迟滞的主要原因是检测系统的机械制造和工艺上存在不可避免的误差，如机械上的螺钉松动，元件长时间暴露在潮湿的空气中而被腐蚀，传感器工作时机械的摩擦等。

（4）重复性

重复性是指检测系统或传感器在输入量按同一方向进行全量程多次变化时，所得特性曲线不一致的程度，如图 1-18 所示。图中，$\Delta R_{\max1}$为反向测量输入量的最大变化量，$\Delta R_{\max2}$为正向测量输入量的最大变化量。多次测量的特性曲线重合得越好，则重复性越好，测量的误差也就越小。重复性偏差一般采用 γ_R 来表示，即

$$\gamma_R = \frac{\pm \Delta R_{\max}}{Y_{FS}} \times 100\% \qquad (1\text{-}4)$$

式中，$\Delta R_{\max}$为$\Delta R_{\max1}$、$\Delta R_{\max2}$其中之一。

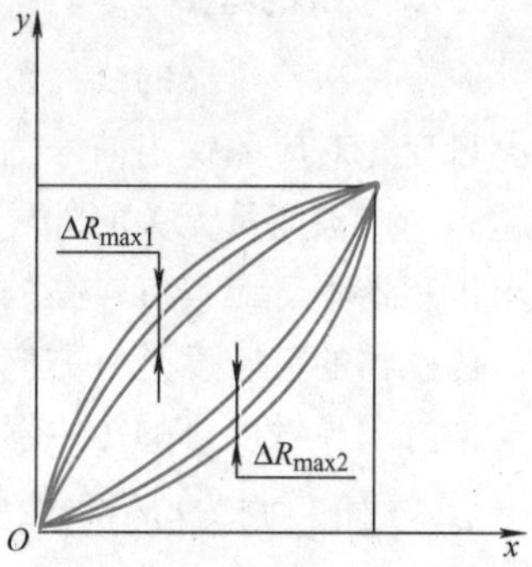

图 1-18　重复性示意图

（5）测量范围与量程

检测系统（仪器）在正常工作条件下，能够测量被测量值的范围称为测量范围。

测量范围的最大值称为测量的上限值，测量范围的最小值称为测量的下限值，测量的上限值与下限值代数差的绝对值即为量程。

例如：有一温度计的测量上限值为 40℃，下限值为 −20℃，则其量程就可以表示为

$$量程 = |40℃ - (-20℃)| = 60℃$$

由此可见，已知测量范围的上限值和下限值，即可得到该检测系统的量程；反之，已知量程，却无法判断该检测系统的测量范围。

2. 传感器的动态特性

传感器要检测的输入信号是随时间而变化的，传感器的特性应能跟踪输入信号的变化，这样才能获得准确的输出信号，这种跟踪输入信号变化的特性就是动态特性。

很多传感器要在动态条件下检测，被测量可能以各种形式随时间变化。只要输入量是时间的函数，则其输出量也将是时间的函数，其间关系要用动态特性来说明。设计传感器时要根据其动态性能要求与使用条件选择合理的方案和确定合适的参数；使用传感器时要根据其动态特性与使用条件确定合适的使用方法，同时对给定条件下的传感器动态误差做出估计。

总之，动态特性是传感器性能的一个重要方面，传感器的动态特性取决于传感器本身，另一方面也与被测量的形式有关。

三、传感器的选用原则

现代传感器在原理与结构上千差万别，如何根据具体的测量目的、测量对象以及测量环境合理地选用传感器，是在进行某个量的测量时首先要解决的问题。当传感器确定之后，与之相配套的测量方法和测量设备也就可以确定了。测量的成败，在很大程度上取决于传感器的选用是否合理。

1. 传感器类型的选择

要进行具体的测量工作，首先要考虑选用何种类型的传感器，这需要分析多方面的因素之后才能确定。因为，即使是测量同一物理量，也有多种类型的传感器可供选用，选用哪种类型的传感器更为合适，则需要根据被测量的特点和传感器的使用条件考虑以下具体问题：量程的大小，被测位置对传感器体积的要求，测量方式为接触式还是非接触式，信号的引出方法，传感器是国产还是进口等。

笔记栏

在考虑上述问题之后就能确定选用何种类型的传感器，然后再考虑传感器的具体性能指标。

2. 灵敏度的选择

通常，在传感器的线性范围内，希望传感器的灵敏度越高越好。因为只有灵敏度高时，与被测量变化对应的输出信号的值就比较大，才有利于信号处理。但要注意的是，传感器的灵敏度越高，与被测量无关的外界噪声也就越容易混入，被放大系统放大后，影响测量精度。因此，要求传感器本身应具有较高的信噪比，尽量减少从外界引入的干扰信号。

传感器的灵敏度是有方向性的。当被测量是单矢量，而且对其方向性要求较高时，应选用在其他方向灵敏度小的传感器；如果被测量是多维矢量，应选用交叉灵敏度小的传感器。

3. 频率响应特性的选择

传感器的频率响应特性决定了被测量的频率范围，必须在允许频率范围内保持不失真的测量条件。实际上传感器的响应总有一定延迟，但延迟时间应越短越好。

传感器的频率响应高，可测量信号的频率范围就宽，而由于受到结构特性的影响，机械系统的惯性较大，固有频率低的传感器可测信号的频率较低。

在动态测量中，应根据信号的特点确定响应特性，以免产生过大的误差。

4. 线性范围的选择

传感器的线性范围是指输出与输入成正比的范围。从理论上讲，在此范围内，灵敏度保持定值，传感器的线性范围越宽，则其量程越大，并且能保证一定的测量精度。

但实际上，任何传感器都不能保证绝对的线性，其线性度也是相对的。当所要求的测量精度比较低时，在一定的范围内，可将非线性误差较小的传感器近似看作线性的，这会给测量带来极大的方便。

5. 稳定性的选择

传感器使用一段时间后，其性能保持不变化的能力称为稳定性。影响传感器长期稳定性的因素除传感器本身的结构外，主要是传感器的使用环境。因此，要使传感器具有良好的稳定性，在选择传感器之前，应对其使用环境进行调查，并根据具体的使用环境选择合适的传感器，或采取适当的措施，减小环境的影响。

传感器的稳定性有定量指标，在超过使用期后，使用前应重新进行标定，以确定传感器的性能是否发生变化。

在某些要求传感器能长期使用而又不能轻易更换或标定的场合，对所选用的传感器的稳定性要求更加严格，要求传感器的稳定性能够经受住长时间的考验。

6. 精度的选择

精度是传感器的一个重要的性能指标，它是关系到整个测量系统测量精度的一个重要环节。传感器的精度越高，其价格越昂贵，因此，传感器的精度只要满足整个测量系统的精度要求就可以，不必选得过高。这样就可以在满足同一测量目的的诸多传感器中选择价格比较低廉和简单的传感器。

如果是为了定性分析，选用重复精度高的传感器即可，不宜选用绝对量值精度高的传感器；如果是为了定量分析，必须获得精确的测量值，就需要选用准确度等级能满足要求的传感器。

对某些特殊使用场合，若无法选到合适的传感器，则需根据使用要求自行设计、制造传感器。

四、传感器的发展

传感器是新技术革命和信息社会的重要技术基础，各种新能源的开发、交通运输效率的提高、环境的保护和监测、遥感技术和航天技术的发展，都有赖于各式各样的高性能传感器。从当前高新技术的发展趋势来看，传感技术的发展方向主要有以下几个方面：

1）传感器技术向量子化发展。传感器的检测极限正在迅速延伸，如利用核磁共振吸收的磁传感器。

2）传感技术向集成化、多功能化发展。把敏感元件与信号处理电路以及电源部分集成在同一个基片上，从而使检测及信号处理一体化。集成化传感器与一般传感器相比，具有结构简单、重量轻、体积小、速度快、稳定性好等特点。为了使传感器进一步简化，现在已经出现了多功能传感器，可以用一种传感器测量多种参数或具有多种功能。

3）传感技术向智能化进军。不仅大大地扩大了传感器使用功能，而且提高了传感器的精度。

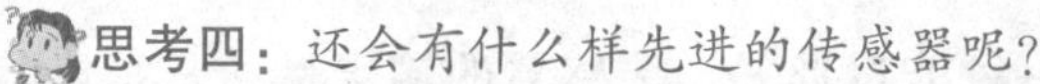

微课1-2
自动驾驶汽车传感系统

智能房屋（自动识别主人，太阳能提供能源）；
智能衣服（自动调节温度）；
智能公路（自动显示、记录公路的压力、温度、车流量）；
智能汽车（无人驾驶、卫星定位）；
……

通过观察，说说在未来世界还可能出现什么新技术？

【观察与思考】

1. 选用传感器时，都需要注意哪些事项？
2. 通过观察，尝试说说传感器的发展趋势。

项目实施：选用哪块电压表更精确？

【问题描述】

现有 1.5 级 0～1000V 和 2.5 级 0～300V 的两块电压表，要测量 220V 的电压，选用哪块电压表更好、更精确？

【数据分析】

根据使用要求，要想知道选用哪块电压表测量更好、更精确，只需要知道在测量 220V 电压时，哪块电压表所得的最大示值相对误差更小。

用 1.5 级 0～1000V 的电压表测量 220V 电压时，最大示值相对误差为

$$\gamma_{x1}=\frac{\Delta_{\max1}}{A_x}\times100\%=\frac{A_{\max1}\times S_1}{A_x}\times100\%=\frac{1000\times1.5\%}{220}\times100\%\approx6.82\%$$

用 2.5 级 0～300V 的电压表测量 220V 电压时，最大示值相对误差为

$$\gamma_{x2}=\frac{\Delta_{\max2}}{A_x}\times100\%=\frac{A_{\max2}\times S_2}{A_x}\times100\%=\frac{300\times2.5\%}{220}\times100\%\approx3.41\%$$

比较两块电压表的最大示值相对误差，可见应该选用 2.5 级 0～300V 的电压表。

【选用结果】

从数据分析结果可以看出，并不是仪表的准确度等级越高，测量的结果就越精确，而是要把仪表的准确度等级和量程同时考虑才能得到较为精确的结果。通常在测量某一个值时，总是

笔记栏

希望示值落在仪表满量程的2/3处。

项目评价

项目评价采用小组自评、其他组互评、最后教师评价的方式，权重分布为0.3、0.3、0.4。

表1-2 传感器选用任务评价表

序号	任务内容	分值	评价标准	自评	互评	教师评分
1	分析最大示值相对误差	50	1. 最大示值相对误差概念不清扣10分 2. 精度概念不清扣10分 3. 最大示值相对误差计算错误1次扣10分			
2	正确选用电压表	50	1. 选错1次扣10分 2. 选错2次本项不得分			
最后得分						

项目总结

传感器的作用是将一种能量形式转换成另一种能量形式，传感器的输出量通常是电信号，它便于传输、转换、处理、显示等。

传感器实质上就是代替人的五种感觉（视、嗅、听、味、触）器官的装置，一般由敏感元件、转换元件、信号调理转换电路三部分组成。

静态特性的性能指标包括灵敏度、线性度、迟滞和重复性等。动态特性是指传感器对随时间变化的输入量的响应特性。

在传感器的线性范围内，希望传感器的灵敏度越高越好。

传感器的线性范围越宽，则其量程越大，并且能保证一定的测量精度。在选择传感器时，当传感器的种类确定以后首先要看其量程是否满足要求。

要使传感器具有良好的稳定性，传感器必须要有较强的环境适应能力。

传感器的精度只要满足整个测量系统的精度要求就可以，不必选得过高。

项目测试

测评1

1. 传感器直接作用于被测量，并按一定规律转换成________输出。

2. 传感器实质上就是代替人的五种感觉（________觉、________觉、________觉、________觉、________觉）器官的装置，一般由________、________、信号调理转换电路三部分组成。

3. 灵敏度表示单位被测量的变化所引起的传感器输出值的变化量。所以灵敏度K值越高，则说明传感器越________。

4. 在传感器的线性范围内，希望传感器的灵敏度________越好。传感器的精度只要满足整个测量系统的精度要求就可以，不必选得________。

5. 静态特性的性能指标包括________、________、迟滞和重复性等。

阅读材料：测量及误差

实际工程中提出的检测任务是准确及时地掌握各种信息，大多数情况下要求获取被测量的大小。这样，信息采集的主要含义就是测量和取得测量数据。检测信号需要由传感器与多台检测仪表组合在一起进行测量，这样就形成了检测（或测量）系统。计算机技术及信息处理技术的发展，使得测量系统所涉及的内容不断得以充实。

笔记栏

一、测量的基本概念

思考五：教室里的课桌有多长呢？

1. 测量的概念

所谓测量或检测就是指为了获得测量结果或被测量的值而进行的一系列操作，它是将被测量与相同性质单位的标准量进行比较，并确定被测量对标准量的倍数。

经过测量后所得的被测量的值称为测量结果，测量结果一般是由数值大小和测量单位两部分组成，数值的大小除了可以用数字表示外，还可以用曲线或图形的方式表示。测量单位在测量结果中则是必不可少的，否则测量的结果没有任何意义。

在实际测量中，为了得到测量结果，可以采取不同的测量方法来实现对被测量的测量，通常根据被测量的性质、特点和测量的要求来选择适当的测量方法。

2. 测量的方法

在检测过程中，对于被测量的测量，按测量手段可分为两类：直接测量和间接测量。

（1）直接测量

直接测量是用测量仪器和被测量进行比较，直接读取被测量的测量结果。如用刻度尺、游标卡尺、天平、直流电流表等进行的测量就是直接测量。

（2）间接测量

间接测量是不能直接用测量仪器得到被测量的大小，而要依据与被测量有确定函数关系的几个量，代入相关函数关系式，从而得到被测量的大小。如重力加速度，可通过测量单摆的摆长和周期，再由单摆周期公式算出，这种类型的测量就是间接测量。

按照被测量获得的方法，可分为偏差式测量、零位式测量和微差式测量。

（1）偏差式测量

用测量仪表指针相对于刻度起始点的位移（偏差）来表示被测量大小的测量方法称为偏差式测量。使用这种测量方法的仪表内并没有标准量具，而只有经过标准量具校准过的标尺或刻度盘，在测量时，利用仪表指针在标尺或刻度盘上的相对偏差，读取被测量的大小，这种测量方法测量速度快捷、方便，但是测量的精度较低，被广泛应用在各种工程测量中。

（2）零位式测量

用指零式仪表来反映测量系统的平衡状态，在测量过程中，当指零式仪表指零，测量系统达到平衡时，用已知的标准量来确定被测量的大小，这样的测量方法称为零位式测量。天平就是典型的指零式仪表，在左侧托盘放入被测物体后，把已知质量的砝码放在天平的右侧托盘里，使天平达到平衡状态，这样就可以通过已知砝码的质量来测量出天平左边托盘里的被测量的质量。由于指零式仪表比较灵敏，所以使指零式仪表达到平衡是一个比较慢的过程，虽然测量的精度很高，但测量过程复杂，时间较长，因此零位式测量只适合测量变化缓慢的被测量，而不适合测量变化很快的被测量。

（3）微差式测量

将被测量与已知的标准量进行比较，得到差值后，再用偏差式测量的方法得到这个差值，最后把差值和已知的标准量相加，从而获得需要测量的被测量的大小，这种测量方法就是微差式测量。可以看出微差式测量实际上综合了偏差式测量和零位式测量。如图1-19所示，P为灵敏度很高的偏差式测量仪表，通过它来指示被测量 x 与已知标

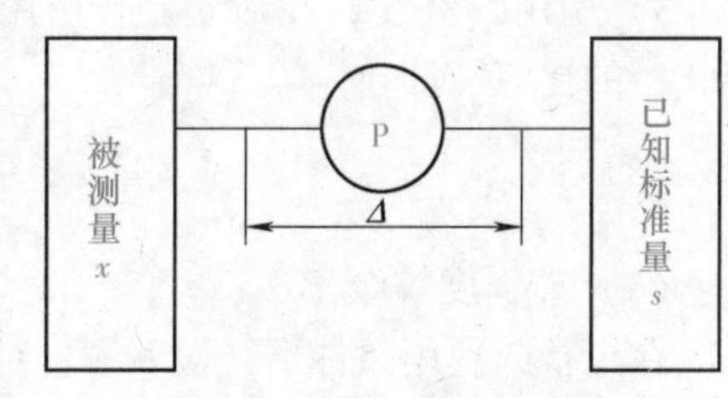

图1-19 微差式测量示意图

笔记栏

准量 s 的差值，很容易可以看出被测量 $x=s+\Delta$。只要偏差式仪表准确度足够高，Δ 足够小，那么被测量的准确度就基本上取决于已知标准量的准确度。微差式测量不仅测量速度快，而且准确度高，既避免了偏差式测量精度低的缺点，又避免了零位式测量的反复调节已知标准量的大小的麻烦，因此微差式测量常应用在精密测量或生产线控制参数的测量上。

思考六：每个同学测量的课桌长度都相同，为什么会存在不同的测量结果呢？

二、误差的基本知识

1. 测量误差的定义

（1）理论真值

严格定义的理论值或者客观存在的实际值称为理论真值，如三角形的内角和是180°等。在实际的测量当中理论真值是很难获得的，所以常用约定真值或相对真值来代替理论真值。

（2）示值

检测系统（仪器）指示或显示被测量的数值称为示值，也称测量值。

2. 测量误差的表示方法

检测系统的基本误差通常有两种表示形式：绝对误差和相对误差。

（1）绝对误差

绝对误差就是测量值与被测量的理论真值之间的代数差，即

$$\Delta = A_x - A_0 \tag{1-5}$$

式中，Δ 为绝对误差；A_x 为测量值；A_0 为理论真值。由于 A_0 一般很难得到，所以常用高一级的标准仪器的示值——相对真值来代替 A_0。

绝对值与 Δ 大小相等，而符号相反的值称为修正值，常用 C 表示，即有

$$C = -\Delta \tag{1-6}$$

例如，已知三角形的内角和为180°，用量角器测量得三角形的内角和为181°，那么此次测量的绝对误差为

$$\Delta = A_x - A_0 = 181° - 180° = 1°$$

由以上的例子可以看出：①绝对误差是有单位的，其单位与测量值和真值相同；②绝对误差是有符号的，若绝对误差为正，则表示测量值大于真值；若绝对误差为负，则表示测量值小于真值。

（2）相对误差

1）实际相对误差。实际相对误差就是绝对误差 Δ 与真值 A_0 的比值，即

$$\gamma_A = \frac{\Delta}{A_0} \times 100\% \tag{1-7}$$

2）示值相对误差。示值相对误差就是绝对误差 Δ 与示值 A_x 的比值，即

$$\gamma_x = \frac{\Delta}{A_x} \times 100\% \tag{1-8}$$

3）引用（满度）相对误差。引用（满度）相对误差就是绝对误差最大值 $\Delta_{\max}$ 与仪表满度值 $A_{\max}$ 的比值，即

$$\gamma_{\max} = \frac{\Delta_{\max}}{A_{\max}} \times 100\% \tag{1-9}$$

（3）准确度等级

在正常的使用条件下，仪表测量结果的精确程度称为仪表的精度。仪表精度 =（绝对误差的最大值/仪表量程）×100%，仪表精度取绝对值去掉% 就是所谓的准确度等级 S。仪表的准确度

等级 S 越小，引用相对误差越小，仪表的精度越高。

根据国家有关准确度等级的规定，将准确度等级 S 划分为七个等级，从高到低依次是 0.1、0.2、0.5、1.0、1.5、2.5、5.0 级。但是，当通过测量和计算所得到的测量仪器准确度不是这七个等级中的某一个时，需要经过处理使其符合国家规定的标准准确度等级。

例如，有一台量程为 0～1000V 的数字电压表，假设这台电压表整个量程中的最大绝对误差为 1.21V，即有

$$S=\frac{|\Delta_{\max}|}{A_{\max}}\times 100\%=\frac{1.21}{1000}\times 100\%=0.121\%$$

结果 0.121 不是七个准确度等级中的某一个，而是介于 0.1～0.2 级之间，如果按照四舍五入的原则应该选 0.1 级，但是在准确度等级的选取中，应该严格按照“选大不选小”的原则来确定准确度等级，即选 S 为 0.2 级。

3. 测量误差的分类

除了按照基本误差划分外，还可以把误差按照出现规律的不同分为粗大误差、系统误差和随机误差三种。

（1）粗大误差

粗大误差就是明显偏离真值的误差。

粗大误差一般是由于检测系统（仪器）故障、操作不当或外界干扰造成的。含有粗大误差的测量值称为异常值或坏值。在测量过程中，若发现异常值或坏值应立即予以剔除，以免影响测量结果的准确度。

（2）系统误差

在相同条件下，多次测量同一被测量时，其误差的符号和大小保持不变；或在条件改变时，被测量的误差按一定规律变化，这样的误差称为系统误差。

系统误差一般是由于测量仪器的制造、安装及使用方法不正确，操作人员的读数方式不恰当，测量过程中外界（温度、湿度、气压等）干扰所造成的。系统误差是一种有规律的误差，可采用修正值或补偿的方法来减小或消除系统误差。

（3）随机误差

在相同条件下多次测量同一被测量时，其误差的大小与符号均无规律变化，这样的误差称为随机误差。

随机误差一般是由于仪器测量过程中，某种未知或无法控制的因素造成的，它是不能用技术措施来消除的，但通过多次测量会发现随机误差服从一定的统计规律（如正态分布等）。

温馨提示

要勤于思考，善于解决现场实际问题。

在任何一次测量中，系统误差和随机误差一般都是同时存在的。当它们同时存在时，可用如下方法处理测量结果：

1）系统误差大于随机误差时，随机误差按系统误差来处理。

2）系统误差小于随机误差，且系统误差很小、已经校正时，系统误差可仅按随机误差处理。

3）系统误差和随机误差大小差不多时，则需分别按照不同的方法对它们进行处理。

项目 2

电阻应变式传感器的应用

项目描述

在生产过程中，压力检测、调节与控制系统的应用非常广泛。如锅炉蒸汽和水的压力监控；炼油厂减压蒸馏需要的真空压力检测；在航空发动机试验研究中，为了获取发动机性能，起动过程中的效率、加速性能，以及发动机的匹配特性等，必须测量过渡态的压力变化；电力系统中油路压力的测量和控制等。对压力进行监控是保证工艺要求、生产设备和人身安全，实现经济运行所必需的操作。本项目主要介绍电阻应变式传感器及其应用，包括力、位移、加速度及扭矩传感器。

学习目标

1. 了解电阻应变式传感器的结构与工作原理，培养分析问题的能力。
2. 了解电桥的组桥方式、电桥的加减特性及电桥的灵敏度。
3. 掌握电阻应变式传感器的应用，具备良好的判断力。
4. 尝试制作简易电子秤，领会敬业精神和团队意识的重要性。

任务 2.1 认识电阻应变式传感器

>> 任务引入

电阻应变式传感器是工业生产中最为常用的一种传感器，广泛应用于各种工业自控环境，涉及水利水电、铁路交通、智能建筑、生产自控、航空航天、军工、石化、油井、电力、船舶、机床、管道等众多行业，具有精度高、稳定性好、制作简单、价格低廉，以及电信号易与后续测控仪器相匹配等特点，尤其是在力学量传感器中，电阻应变式传感器至今仍占有主导地位。

>> 知识精讲

思考一： 买菜、买水果时需要将菜、水果放在电子秤上进行称重，然后按照斤两来付钱。那么在电子秤中存在何种传感器呢？

一、电阻应变式传感器的结构与原理

1. 电阻应变效应

电阻应变式传感器是基于测量物体受力变形所产生的应变的一种传感器。电阻应变式传感器主要由弹性元件、粘贴在弹性元件上的电阻应变片和传感器的外壳组成。工作时弹性元件受力变形，导致粘贴在其表面的电阻应变片随之发生形变，从而引起电阻值的变化。

笔记栏

电阻应变片的主要工作原理是基于电阻应变效应。导体或半导体材料在受到外力作用下而产生机械形变时，其电阻值也发生相应变化的现象称为电阻应变效应。

微课2-1
电阻应变效应原理

当传感器的弹性敏感元件受到外力（被测量）作用后，弹性敏感元件发生变形，此变形传递给粘贴在弹性元件上的应变片，使应变片也发生变形，由于电阻应变效应导致应变片的阻值发生变化，此时应变片在一定的测量电路（电桥等）中会使电路的输出电压发生变化，并通过后续的仪表放大器进行放大后，再传输给处理电路显示或执行机构，从而实现非电量到电量的转化。

下面通过举例来更深入地了解电阻应变效应，如图2-1所示，一根金属电阻丝，在未受到外力时，其电阻值为

$$R=\rho\frac{L}{S} \qquad (2\text{-}1)$$

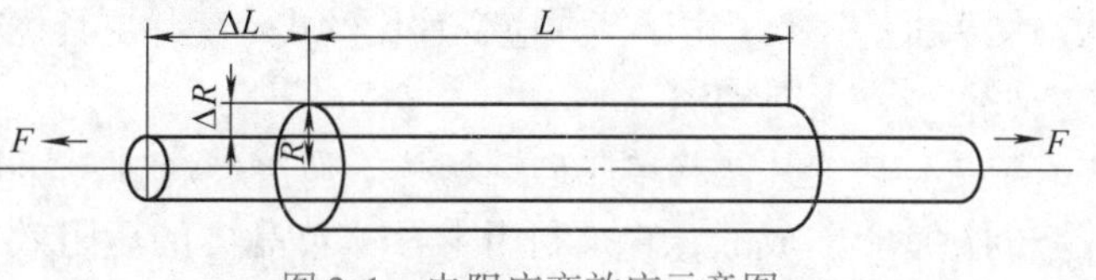

图2-1　电阻应变效应示意图

式中，ρ 为金属电阻丝的电阻率（$\Omega\cdot$m）；L 为金属电阻丝的长度（m）；S 为金属电阻丝的横截面积（m^2）。

当金属电阻丝受到拉力 F 作用时，其几何尺寸将发生变化，即 L 将伸长变为 $L+\Delta L$，而横截面积 S 也会相应地减小为 $S-\Delta S$，电阻率也因为材料发生变形等原因而改变。金属电阻丝受到外力的作用后，由于长度的增大、横截面积的减小及电阻率的变化，而使电阻值发生相应的变化。当金属电阻丝被拉伸时，其电阻值增加；当金属电阻丝被压缩时，其电阻值减小。

具有初始电阻值 R 的应变片粘贴在弹性元件试件表面，试件受单向力作用引起表面的应变，使电阻值发生相应的变化 ΔR，则在一定的应变范围内，应变片满足

$$\frac{\Delta R}{R}=K\varepsilon \qquad (2\text{-}2)$$

式中，K 为应变片的灵敏系数；ε 为应变片的应变，其应变方向与主应力方向一致。

灵敏系数 K 主要受两个因素的影响：一个是应变片受力后，其几何尺寸的变化；另一个是应变片受力后，其电阻率发生的变化。

2. 电阻应变片的分类

电阻应变片依据材料及应变效应可分为金属应变片和半导体应变片两大类，在实际应用中最常用的是金属应变片中的丝式电阻应变片和箔式电阻应变片。

（1）金属丝式应变片

如图2-2a所示，金属丝式应变片主要由敏感栅、基底、覆盖层和引出线构成。

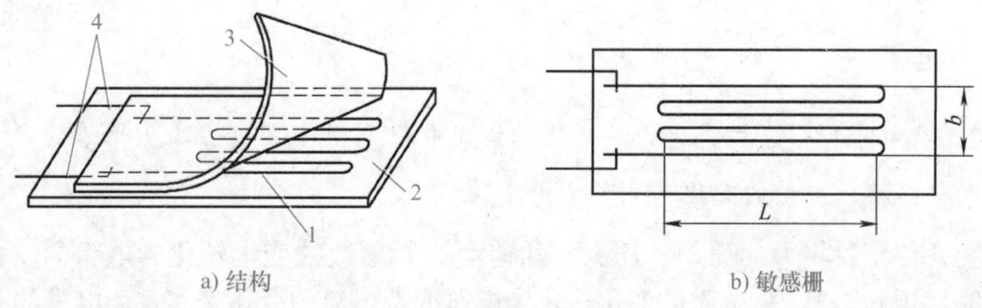

a) 结构　　b) 敏感栅

图2-2　金属丝式应变片

1—敏感栅　2—基底　3—覆盖层　4—引出线

敏感栅是应变片的核心部分，主要作用是感应应变的大小变化。敏感栅由直径0.015～0.05mm的电阻丝平行排列而成，敏感栅粘贴固定在具有绝缘作用的基底上，覆盖层固定敏感栅

笔记栏

的电阻丝以及引线的位置，同时对敏感栅起到保护的作用。图 2-2b 中，L 表示栅长，b 表示栅宽，其中应变片感应到应变的准确度与栅长 L 有关。金属丝式应变片具有精度高、测量范围广、频率响应特性较好、结构简单、尺寸小、价格低廉等优点，但同时具有非线性、输出信号较弱、抗干扰能力差等缺点。

（2）金属箔式应变片

金属箔式应变片是采用光刻腐蚀方法制成的很薄的金属薄栅，一般厚度在 0.003 ~ 0.01mm 之间。金属箔式应变片与金属丝式应变片的结构大致相同，如图 2-3 所示。箔式应变片的表面积和横截面积之比大，散热性能好，在相同截面的情况下能通过较大电流，可以根据需要加工成不同形状，便于批量生产。由于箔式应变片比丝式应变片更具优越性，逐渐有取代丝式应变片的趋势。

（3）半导体应变片

半导体应变片是将单晶硅锭切片、研磨、腐蚀、压焊引线，最后粘贴在锌酚醛树脂或聚酰亚胺的衬底上制成的，它是利用半导体单晶硅的压阻效应制成的一种应变片。当半导体应变片受到应变时，能带中载流子迁移率及浓度会发生改变，从而引起电阻率发生变化。半导体应变片电阻随压力的变化主要取决于电阻率的变化，灵敏度比金属应变片高 50 ~ 100 倍，半导体应变片的结构如图 2-4 所示。

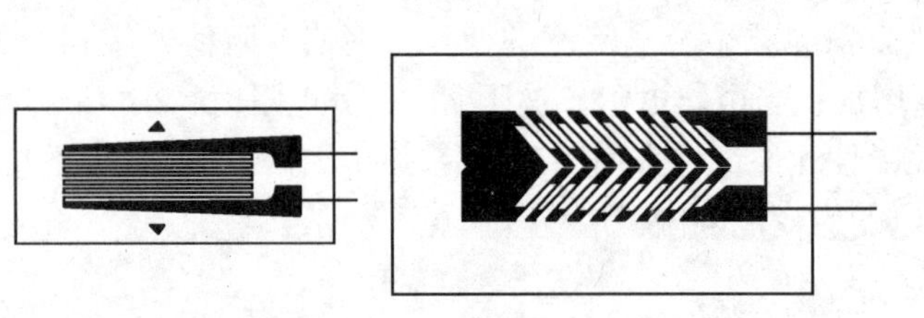

图 2-3 金属箔式应变片

基片
带状电极引线
内引线
敏感栅

图 2-4 半导体应变片的结构

应变片能否准确地感应到弹性元件所传递的应力，关键在于应变片的粘贴工艺是否合理。应变片的粘贴主要包括贴片处的表面处理、粘贴位置的确定、应变片的粘贴固化以及引出线的焊接等。

3. 应变片的材料

康铜是目前应用最广泛的应变片材料，它具有以下优点：

1）灵敏系数比较稳定，在弹性变形范围内能保持常数。

2）电阻温度系数较小且稳定。

3）加工性能好，易于焊接。

微课2-2
电阻应变片

二、测量电路

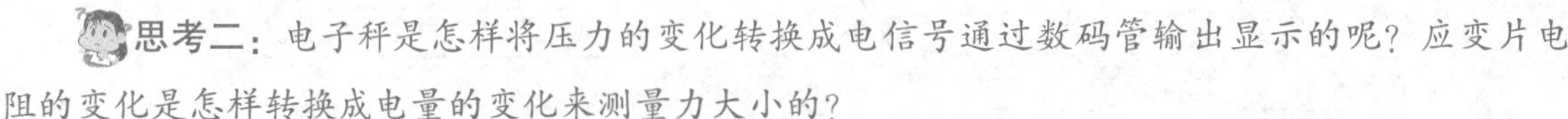

思考二：电子秤是怎样将压力的变化转换成电信号通过数码管输出显示的呢？应变片电阻的变化是怎样转换成电量的变化来测量力大小的？

电阻应变式传感器将力（力矩、压力、加速度等）参数的变化转化为电阻的变化，再经一定的测量电路（电桥等），将电阻的变化转化为电压或者电流的变化来实现非电量的测量。

1. 电桥测量电路

工程中通常用电桥测量电路，按照供桥电源性质不同，电桥测量电路可分为直流电桥和交流电桥。一般多采用直流电桥。

图 2-5 所示为直流电桥电路，R_1、R_2、R_3、R_4 分别为电桥桥臂上的 4 个电阻，U_i 为电桥的

输入电压，U_o为电桥的输出电压。

以电阻R_1、R_2、R_3、R_4作为4个桥臂组成桥路。当电桥输出端开路时，电桥输出电压为

$$U_o=\frac{R_1R_3-R_2R_4}{(R_1+R_2)(R_3+R_4)}U_i \tag{2-3}$$

当电桥满足$R_1R_3=R_2R_4$时，电桥的输出电压$U_o=0$，$R_1R_3=R_2R_4$被称为直流电桥的平衡条件。

若电桥桥臂上任意一个电阻的阻值发生变化，则电桥将失去原有的平衡，电桥的输出电压U_o将不再为零，而是根据电阻的变化而改变，从而实现了将电阻的变化转换为电信号的输出。

根据直流电桥桥臂上各个电阻变化情况的不同，电桥大致上可分为单臂电桥、双臂电桥以及全桥。

（1）单臂电桥

如图2-6所示，单臂电桥就是以其中一个电阻R_1作为应变片，其余电阻为固定阻值，当应变片R_1的电阻值发生变化影响电桥的平衡时，电桥的输出电压U_o为

$$U_o=\frac{U_i}{4}\frac{\Delta R_1}{R_1}=\frac{U_i}{4}K\varepsilon \tag{2-4}$$

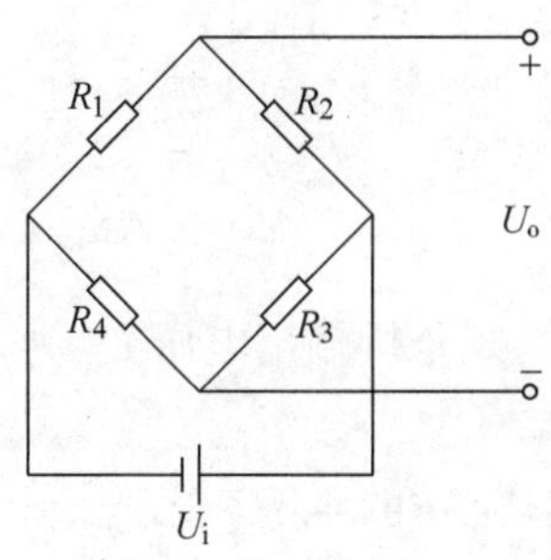

图2-5　直流电桥电路

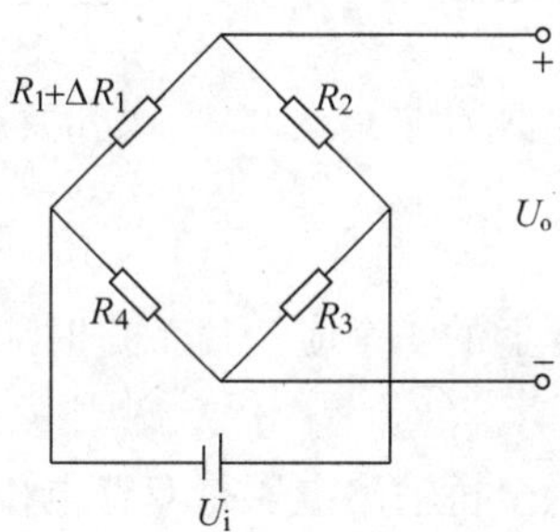

图2-6　单臂电桥

（2）双臂电桥

双臂电桥分为双臂相邻臂电桥和双臂相对臂电桥。如图2-7a所示，双臂相邻臂电桥以R_1、R_2为应变片，其余电阻为固定阻值，当电桥工作时，R_1、R_2的阻值发生变化影响电桥的平衡，此时电桥输出电压U_o为

$$U_o=\frac{U_i}{4}\left(\frac{\Delta R_1}{R_1}-\frac{\Delta R_2}{R_2}\right)=\frac{U_i}{4}K(\varepsilon_1-\varepsilon_2)$$

当R_1、R_2感受相反性质的应变且大小相等时，电桥输出电压U_o为

$$U_o=\frac{U_i}{2}K\varepsilon$$

图2-7b中，双臂相对臂电桥以R_1、R_3为应变片，其余电阻为固定电阻值，当电桥工作时，R_1、R_3的电阻值发生变化影响电桥的平衡，此时电桥输出电压U_o为

$$U_o=\frac{U_i}{4}\left(\frac{\Delta R_1}{R_1}+\frac{\Delta R_3}{R_3}\right)=\frac{U_i}{4}K(\varepsilon_1+\varepsilon_2)$$

当R_1、R_3感受相同性质的应变且大小相等时，电桥输出电压U_o为

$$U_o=\frac{U_i}{2}K\varepsilon \tag{2-5}$$

（3）全桥

如图2-8所示，全桥是电桥的4个桥臂上的电阻R_1、R_2、R_3、R_4同为应变片，当电桥工作

笔记栏

时，R_1、R_2、R_3、R_4同时随被测量的变化而变化，全桥的输出电压 U_o为

$$U_o = \frac{U_i}{4}\left(\frac{\Delta R_1}{R_1} - \frac{\Delta R_2}{R_2} + \frac{\Delta R_3}{R_3} - \frac{\Delta R_4}{R_4}\right)$$

此时若各个桥臂上的应变片灵敏度都相同，则有

$$U_o = \frac{U_i}{4}K(\varepsilon_1 - \varepsilon_2 + \varepsilon_3 - \varepsilon_4) \tag{2-6}$$

式(2-6) 称为电桥的加减特性。根据电桥的加减特性，为提高测量灵敏度，相同性质的应变片应接在电桥对臂，相反性质的应变片应接在电桥邻臂。习惯上规定，若是压应变，则 ε 为负；若是拉应变，则 ε 为正。

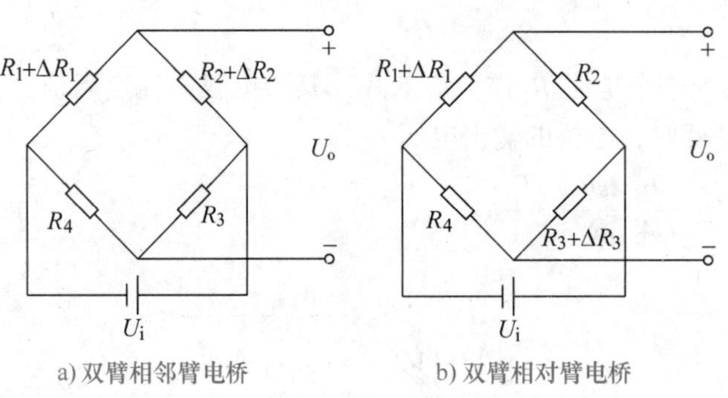

a) 双臂相邻臂电桥　b) 双臂相对臂电桥

图 2-7　双臂电桥

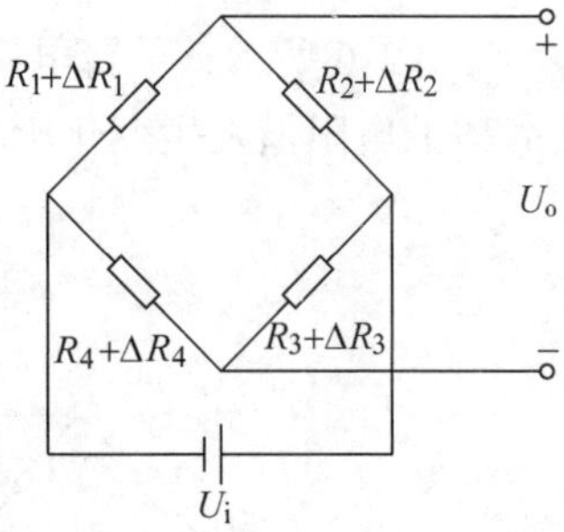

图 2-8　全桥

设电桥桥臂上的 4 个应变片工作时应变的大小相等，则全桥输出电压 U_o 为

$$U_o = U_i K\varepsilon \tag{2-7}$$

可以看出，全桥输出电压是双臂电桥的 2 倍，是单臂电桥的 4 倍。

2. 电桥的灵敏度

电桥的灵敏度 S_u表示单位电阻变化率所对应的输出电压的大小，可表示为

$$S_u = U_o/\left(\frac{\Delta R}{R}\right) = \frac{U_i}{4}\left(\frac{\Delta R_1}{R_1} - \frac{\Delta R_2}{R_2} + \frac{\Delta R_3}{R_3} - \frac{\Delta R_4}{R_4}\right)/\frac{\Delta R}{R}$$

设 $n = \left(\frac{\Delta R_1}{R_1} - \frac{\Delta R_2}{R_2} + \frac{\Delta R_3}{R_3} - \frac{\Delta R_4}{R_4}\right)/\frac{\Delta R}{R}$，则有

$$S_u = n\frac{U_i}{4} \tag{2-8}$$

式中，n 为工作臂系数。

由式(2-8) 可以看出，当电桥的输入电压 U_i一定，电桥的灵敏度 S_u与工作臂系数 n 成正比，工作臂系数越大，电桥灵敏度越高。由图 2-8 不难看出，在全桥中，当 R_1、R_3工作臂被拉伸，R_2、R_4被压缩时，工作臂系数 n 最大，电桥的灵敏度最高。在实际工作中，需要利用电桥的加减特性合理组桥来增加电桥的灵敏度。

在实际测量电路中，应变片的电阻值除了受到应力的作用而改变外，还会受到温度的影响而改变，这样就会给测量的结果带来误差。由于温度的影响而带来的误差，称为温度误差。温度误差主要来源于电阻温度系数的影响和试件材料与电阻丝材料的线膨胀系数。

3. 温度补偿

为了避免温度误差给测量结果带来的影响，使测量结果更准确，可以采用温度补偿。应变片的温度补偿一般有两种方法：电桥补偿法和自补偿法。

笔记栏

(1) 电桥补偿法

电桥补偿法是依据电桥的工作原理来实现的。在图2-9a所示的平衡电桥中，R_1和R_B分别为电阻温度系数、线膨胀系数、应变灵敏系数以及初始电阻值都相同的应变片，且处于同一温度场中。R_1为工作应变片，粘贴在试件的测试点上；R_B为补偿应变片，粘贴在材料、温度与试件相同的某补偿件上，且该补偿件的应变为零，即R_B无应变。

当电桥正常工作时，R_1除了受到应变力的作用发生变形外，还受到温度对它的影响而使其电阻值发生变化，这时R_B的电阻值也因同时受到温度的影响而改变，其电阻值改变的大小与R_1电阻值受温度影响而改变的阻值大小相等，刚好补偿了R_1带来的温度误差，此时可以看出电桥的输出电压没有发生变化，只与被测试件的应变有关。

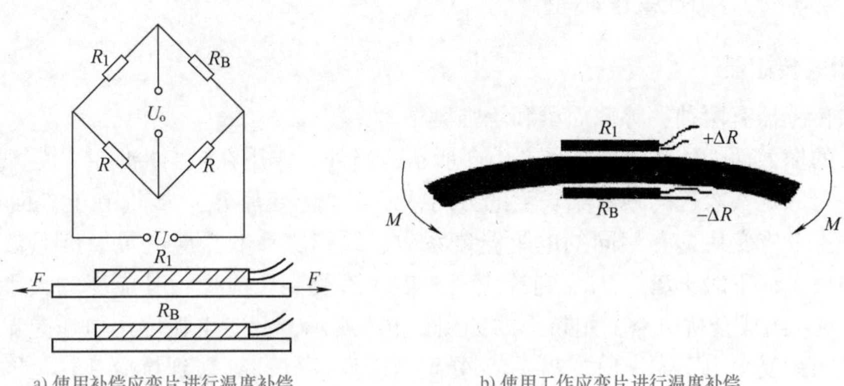

a) 使用补偿应变片进行温度补偿　　b) 使用工作应变片进行温度补偿

图2-9　温度补偿

在某些情况下，可以比较巧妙地安装应变片，而不需要补偿片就能提高灵敏度。

如图2-9b所示，测量梁的弯曲应变时，将两个应变片分贴于上、下两面对称位置，R_1与R_B特性相同，而感受到应变的性质则相反，一个感受拉应变，另一个则感受压应变。将R_1与R_B按图2-9a所示接入电桥相邻两臂，根据电桥的加减特性，当梁上、下面温度一致时，R_B与R_1可起温度补偿作用，此时R_B不仅仅能进行温度补偿，还是另外一个工作应变片，电桥输出电压比单片时增加1倍。

电桥补偿法简易可行，使用普通应变片可对各种试件材料在较大温度范围内进行补偿，因而最为常用。

电桥补偿法中，若要实现完全补偿，应注意以下四个条件：

1）在工作过程中，必须保证除R_1、R_B以外的两个电阻值相等。

2）工作应变片和补偿应变片必须处于同一温度场中。

3）工作应变片和补偿应变片必须具有相同的电阻温度系数、线膨胀系数、应变灵敏度系数和初始电阻值。

4）用来粘贴工作应变片、补偿应变片的材料必须一样，补偿件材料与试件材料的线膨胀系数也必须相同。

(2) 自补偿法

自补偿法是利用自身具有温度补偿作用的应变片来实现的，这样的应变片也称为温度自补偿应变片。要实现温度自补偿必须满足

$$\alpha + K_0(\beta_g - \beta_s) = 0 \tag{2-9}$$

式中，α为敏感栅的电阻温度系数；K_0为灵敏系数；β_g为线膨胀系数。

当β_g已知时，只要其他参数满足式(2-9)，则无论温度如何变化都会有$\Delta R_1=0$，从而达到温度自补偿的目的。

笔记栏

任务 2.2 掌握电阻应变式传感器的应用

任务引入

在生产、科研和日常生活中，进行力的监测与控制是保证生产工艺要求、设备和人身安全所必需的措施，也是提高产品质量和生产效率的重要手段。力的检测、调节与控制在生产、生活中的应用非常广泛。如家用高压锅、液化气罐体上的减压阀等，都是常见的压力调节装置。

一、应变式测力与荷重传感器

1. 悬臂梁式传感器

悬臂梁式传感器有两种：等截面梁和等强度梁。

等截面梁的横截面处处相等，如图 2-10a 所示，当外力作用在自由端时，固定端产生的应变最大，因此在离固定端较近的顺着梁长度的方向粘贴 4 个应变片 R_1、R_2（在上表面）和 R_3、R_4（在下表面），4 个应变片具有相同的电阻温度系数、线膨胀系数、应变灵敏度系数和初始电阻值。当梁受力由上向下时，R_1、R_2受到拉应变，R_3、R_4受到压应变，其应变的大小相等、方向相反，4 个应变片组成全桥电路，组桥形式如图 2-10c 所示，此时电桥输出电压是单个应变片工作时的 4 倍；当梁受力由下向上时，R_1、R_2 受到压应变，R_3、R_4受到拉应变，也同样组成全桥电路，测量灵敏度是单臂工作的 4 倍。

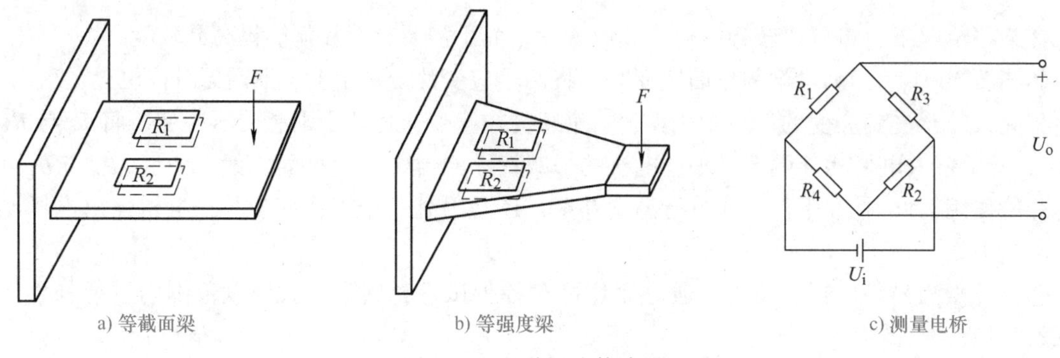

图 2-10 悬臂梁式传感器

等强度梁在顺着梁长度的方向上的截面按照一定的规律变化，如图 2-10b 所示，当受力作用在自由端时，距作用点任何距离的截面上的应力都相等，因此等强度梁对应变片的粘贴位置要求并不严格。

电阻应变式压力传感器根据其具体应用对象的不同，相应的外形结构也不同。悬臂梁式传感器具有结构简单、应变片容易粘贴、灵敏度高等特点，其外形如图 2-11 所示。

2. 柱式传感器

柱式传感器是称重测量中应用较为广泛的传感器之一，其外形如图 2-12a 所示。柱式传感器一般将应变片粘贴在圆柱表面的中心部分，如图 2-12b 所示，R_1、R_2、R_3、R_4纵向粘贴在圆柱表面，R_5、R_6、R_7、R_8则横向粘贴构成电桥，当电桥的一面受拉力时，则另一面受压力，此时电阻应变片的电阻值变化刚好大小相等，方向相反。横向粘贴的应变片不仅起到温度补偿作用，还可以提高传感器的灵敏度。

在传感器的实际工作中，往往力是不均匀地作用在柱式传感器上的，有可能与传感器的轴线呈一定的角度，于是力就会在水平线上产生一定的分量，此时通常习惯在传感器的外壳上加

两片膜片来承受这个力的水平分量。这样膜片既消除了横向产生的力，也不至于给传感器的测量带来很大的误差。

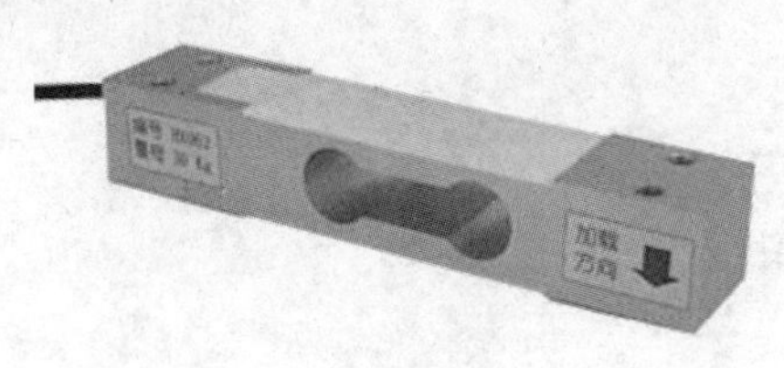

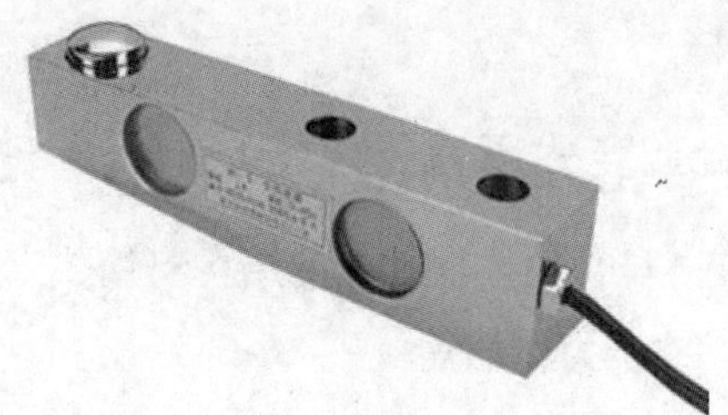

图 2-11　悬臂梁式传感器外形

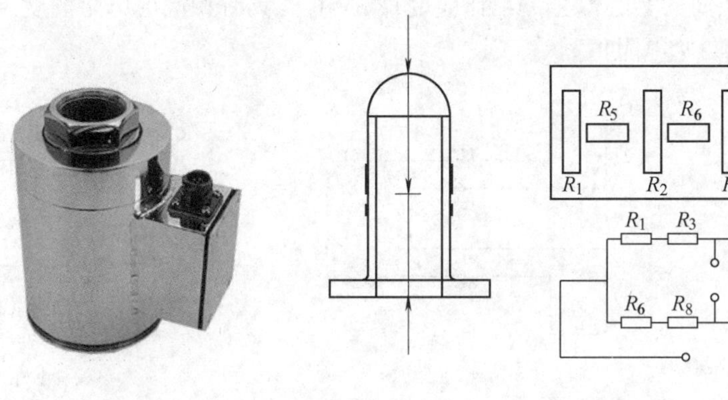

a) 外形　　b) 结构

图 2-12　柱式传感器

3. 轮辐式传感器

轮辐式传感器是一种剪切力传感器，其外形和结构如图 2-13 所示。

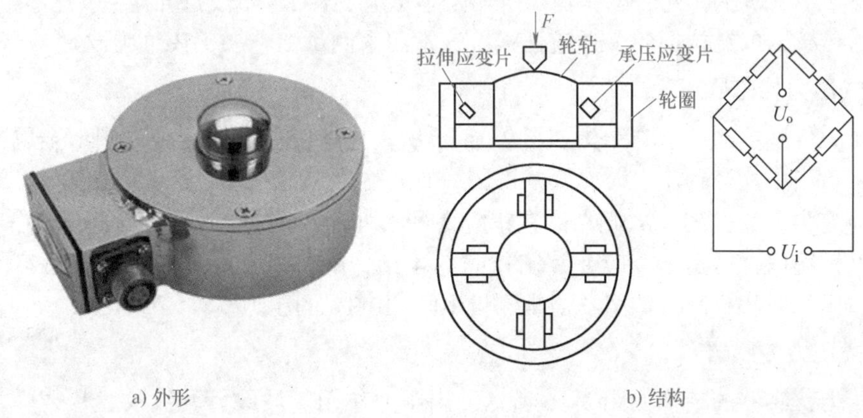

a) 外形　　b) 结构

图 2-13　轮辐式传感器

当力 F 作用在传感器上时，其下端的矩形辐条产生平行四边形的变形，辐条对角线缩短方向粘贴的应变片受压力（承压应变片），对角线伸长方向上粘贴的应变片受拉力（拉伸应变片），每对轮辐上的拉伸应变片与拉伸应变片串联、承压应变片与承压应变片串联，构成相邻臂电桥，有助于消除载荷偏心与输出的影响。

当侧向力作用时，若一根辐条被拉伸，则另一根相对的辐条被压缩，由于辐条的截面相等，

笔记栏

因此粘贴在上面的应变片的电阻值变化大小相等，方向相反，桥臂电阻值无变化，对输出电压无影响。

轮辐式传感器具有良好的线性，可以抵抗偏心和侧向力的影响，测量范围一般在 5×10^3 ~ 5×10^6 N。

二、应变式压力传感器

应变式压力传感器常见的结构有筒式、膜片式和组合式等。

1. 筒式压力传感器

筒式压力传感器的外形与结构如图 2-14 所示。它的一端为不通孔（盲孔），另一端用法兰与被测系统连接，应变片粘贴在筒的外部弹性元件上，工作应变片 R_1、R_3粘贴在筒的空心部分，温度补偿片 R_2、R_4粘贴在筒的实心部分。工作应变片 R_1和 R_3具有相同的电阻温度系数、线膨胀系数、应变灵敏度系数和初始电阻值。

a) 外形

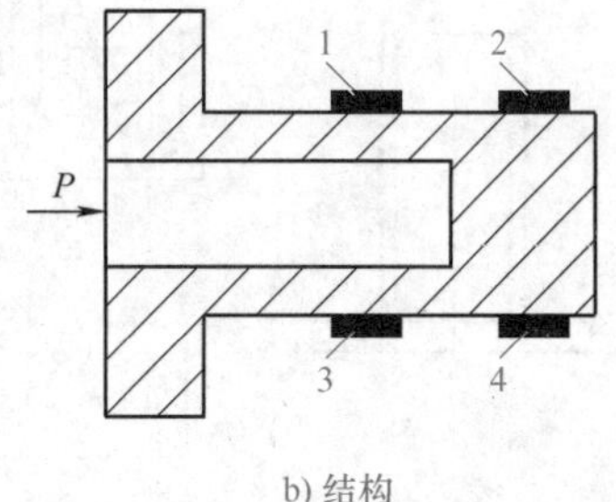

b) 结构

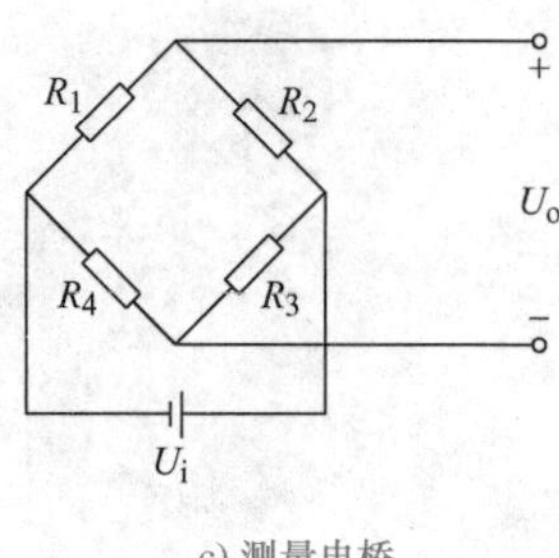

c) 测量电桥

图 2-14 筒式压力传感器

1、3—工作应变片 2、4—温度补偿片

工作时，图 2-14b 中筒空心的左边受到外界的压力，引起筒内空心部分的变形，使粘贴在上边的工作应变片发生变形，其电阻值发生变化而使原本由工作片和补偿片构成的电桥失去平衡，输出电压发生改变，而温度补偿片由于在实心部分，因此没有发生变形，刚好起到了温度补偿的作用。如图 2-14c 所示，此时电桥输出电压是单个应变片工作时的 2 倍。

筒式压力传感器的结构简单，适应性强，通常用来测量 10^4 ~ 10^7Pa 的压力。

2. 膜片式压力传感器

膜片式压力传感器的外形与结构如图 2-15 所示。它是以一周边固定的圆形金属平膜片作为弹性敏感元件，当膜片受到压力时，膜片的另一面产生径向应变 ε_r 和切向应变 ε_i，应变片 R_2、R_3粘贴在负应变最大处，R_1、R_4则粘贴在正应变最大处，4 个应变片组成全桥电路，如图 2-15c 所示，此时电桥输出电压是单个应变片工作时的 4 倍，既可以提高传感器的灵敏度，又起到了温度补偿的作用。膜片式压力传感器通常测量 10^5 ~ 10^6Pa 的压力。

3. 组合式压力传感器

组合式压力传感器的结构如图 2-16 所示。当压力作用于波纹管、波纹膜片或膜盒等弹性敏感元件上时，传感器内部的梁产生变形，粘贴在梁的根部的应变片感受到弹性元件传递的应变而使其电阻值发生变化。

组合式压力传感器可以克服稳定性差、滞后较大的缺点，通常用于测量较小的压力。

三、应变式加速度传感器

应变式加速度传感器具有以下特点：精度高，测量范围广；使用寿命长，性能稳定可靠；结构简单，体积小，重量轻；频率响应较好，既可用于静态测量又可用于动态测量；价格低廉，

笔记栏

品种多样，便于选择和大量使用。

a) 外形

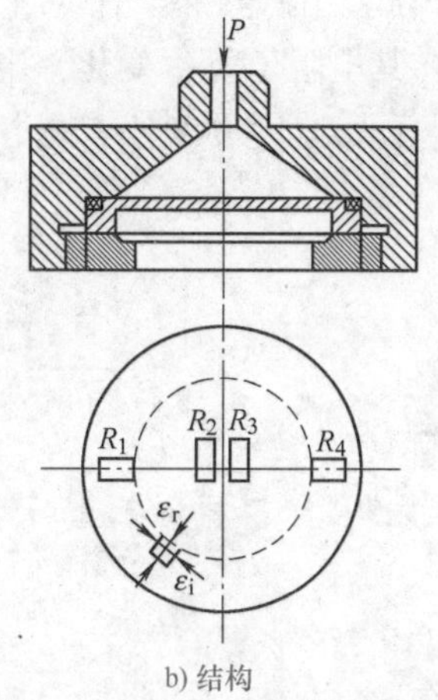

b) 结构

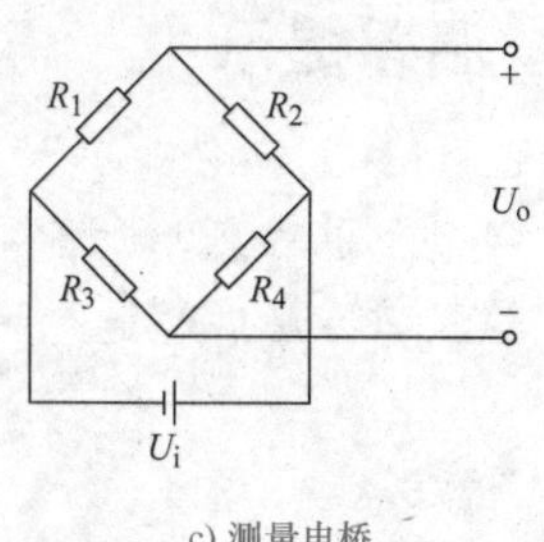

c) 测量电桥

图 2-15 膜片式压力传感器

应变式加速度传感器外形与结构如图 2-17 所示。它由悬臂梁、质量块、外壳和粘贴在悬臂梁上的应变片组成。应变片 R_1 粘贴在梁的上表面，应变片 R_2 则粘贴在梁的下表面，两个应变片组成双臂电桥，如图 2-17c所示，此时电桥输出电压是单个应变片工作时的 2 倍，既可以提高传感器的灵敏度，又起到了温度补偿的作用。

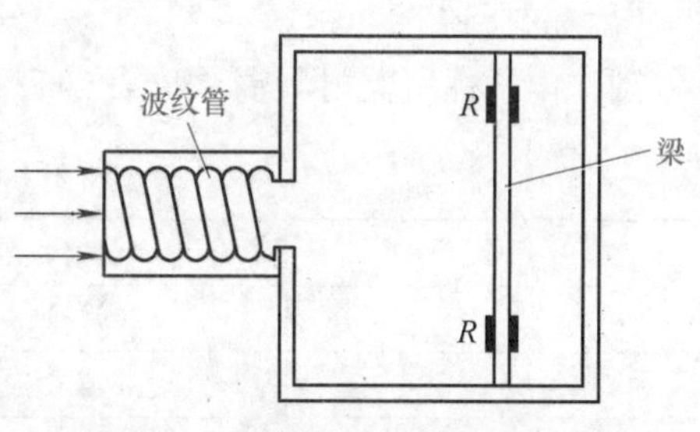

图 2-16 组合式压力传感器的结构

当应变式加速度传感器受到向上加速度作用时，传感器外壳随被测体以相同的加速度 a 向上运动，质量块因为惯性保持相对静止，给悬臂梁一个向下的作用力，使悬臂梁上的应变片 R_1 感受拉应变、应变片 R_2 感受压应变，其电阻值发生变化，电桥平衡被破坏，电桥输出正电压。

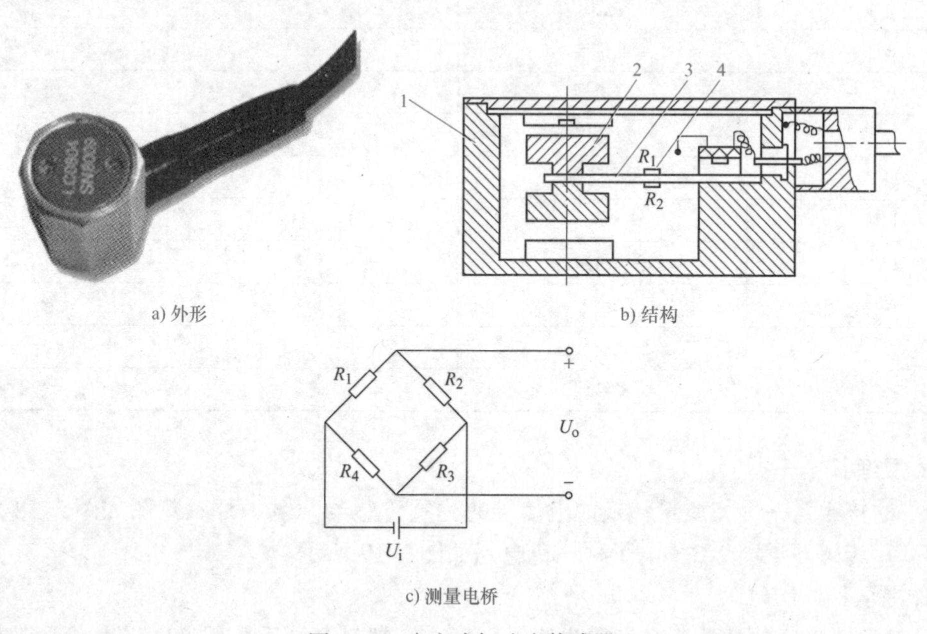

a) 外形

b) 结构

c) 测量电桥

图 2-17 应变式加速度传感器

1—外壳 2—质量块 3—悬臂梁 4—应变片

笔记栏

当应变式加速度传感器受到向下加速度作用时，传感器外壳随被测体以相同的加速度 a 向下运动，质量块因为惯性保持相对静止，给悬臂梁一个向上的作用力，使悬臂梁上的应变片 R_1 感受压应变、应变片 R_2 感受拉应变，其电阻值发生变化，电桥平衡被破坏，电桥输出负电压。

电桥输出电压值的大小反映了被测加速度的大小，电桥输出电压的极性则反映了被测加速度的方向。

温馨提示

要勤于思考，善于解决现场实际问题。

这里需要注意的是：一般选择加速度传感器的工作频率远低于固有频率。

项目实施：趣味小制作——电子秤

【所需材料】

制作电子秤所需材料清单见表 2-1。

表 2-1 制作电子秤所需材料清单

序号	材料名称	规格型号	数量
1	铁架台		1个
2	金属箔式应变片	120Ω	2个
3	检测电流表 PA	量程 DC199.9μA	1只
4	直流电源	3V 和 6V	各1个
5	电阻	150Ω	1个
6	电阻	100Ω	2个
7	电阻	47Ω	1个
8	电位器	1.5kΩ	1个
9	电位器	100Ω	1个
10	烧瓶夹		1副
11	502 胶水		1支
12	剃须刀片		若干片
13	透明塑料杯		若干个
14	导线		若干
15	细塑料套管		若干
16	棉纱线		若干

【基本原理】

电子秤的核心是一个将质量转换成电信号的称重传感器。电子秤示意图如图 2-18 所示。金属箔式应变片传感器见图 2-3，电子秤测量电路如图 2-19 所示。

【制作提示】

1）金属箔式应变片的两条金属引出线分别套上细塑料套管后，用 502 胶水把两片应变片分别粘贴在剃须刀片（刀片锋利，注意安全）中间正、反中心位置上，敏感栅的纵轴与刀片纵向一致。

笔记栏

2）用铁架台上的烧瓶夹固定住剃须刀片传感头根部及上面的引线，另一端悬空，吊挂好棉纱线的“吊斗”。

3）按图 2-19 所示原理图连接电路。

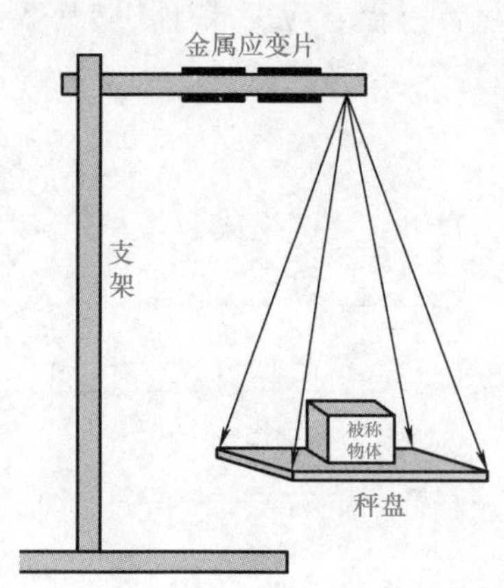

图 2-18 电子秤示意图

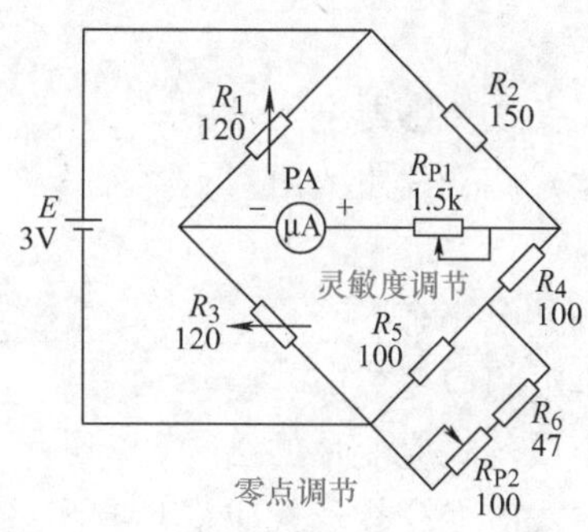

图 2-19 电子秤测量电路

4）接通电源 E 稳定一段时间后，先将灵敏度调节电位器 R_{P1} 的电阻值调至最小，此时电桥检测灵敏度最高。

5）再仔细调节零点电位器 R_{P2}，使检测电流表 PA 的读数恰好为零，电桥平衡。

6）在“吊斗”中轻轻放入 20g 砝码，调节灵敏度电位器 R_{P1}，使电流表读数为一个整数值，如 2.0μA，灵敏度标定为 0.1μA/g。

7）检测电子秤称量的线性，在“吊斗”内继续放入多个 20g 砝码，检测电流表分别显示 4.0μA、6.0μA、8.0μA，说明传感器测力线性好。

8）如果电子秤实验电路灵敏度达不到 0.1μA/g，可将电桥供电电压提升到 6V，灵敏度倍增。

项目评价

项目评价采用小组自评、其他组互评，最后教师评价的方式，权重分布为 0.3、0.3、0.4。

表 2-2 制作电子秤任务评价表

序号	任务内容	分值	评价标准	自评	互评	教师评分
1	识别传感器	10	不能准确识别金属箔式应变片扣 10 分			
2	选择材料	20	材料选错一次扣 5 分			
3	连线正确	30	连线每错一次扣 5 分			
4	电子秤调试	40	调试失败一次扣 10 分			
最后得分						

项目总结

本项目主要介绍了应变片、测量电路以及部分应变式传感器的应用。

电阻应变式传感器基于电阻应变效应的原理，由弹性元件、应变片和外壳组成。电阻应变效应是导体或半导体材料在受到外力作用下而产生机械形变时，其电阻值也发生相应变化的现象。

应变片一般分为金属应变片和半导体应变片，金属应变片分为丝式和箔式。箔式应变片较丝式应变片有很多的优点，它已经开始逐渐取代丝式应变片。康铜为现在应用最广泛的应变片材料之一。

笔记栏

测量电路的三种工作方式分别为单臂电桥、双臂（相邻、相对）电桥和全桥，其中全桥的灵敏度最高。可采取温度补偿来消除温度给应变片带来的额外影响，温度补偿有电桥补偿法和自补偿法。

电阻应变式传感器的应用介绍了应变式测力和荷重传感器、应变式压力传感器和应变式加速度传感器的工作原理和应用。

项目测试

测评2

1. 电阻应变式传感器主要是由________、________和________组成。
2. 金属丝式应变片主要由________、________、________和________构成。
3. 电桥测量电路有________、________和________三种。
4. 什么是电阻应变效应？
5. 简述金属丝式应变片的结构和特点。
6. 金属箔式应变片较丝式应变片有哪些优点？
7. 试说明在什么情况下，直流电桥的灵敏度最高？

以上学习了电阻应变式传感器，那么我们都能联想到什么应用场景呢？充分发挥我们发现问题和创新的能力吧，下面我们看看阅读材料，有什么启发呢？

阅读材料：电阻式柔性应变传感器与人体运动监测

近年来，随着可穿戴电子服装技术和人工智能技术的快速发展，医疗设备逐渐具有了可穿戴性、舒适性等特点，且能够远程操作、及时反馈，促进了可穿戴人体活动监测和个人健康监测技术的兴起。柔性可穿戴传感器是可穿戴电子设备的重要组件，在各种可穿戴传感器中，柔性应变传感器因其结构简单而成为应用最广泛的传感器之一。

柔性应变传感器将外界的刺激变形转化为电阻或电容信号，从而可以检测各种生理信号，如手指等关节的运动、脉搏、呼吸、发声等，并能记录肌电图和心电图。一般情况下，应变传感器是通过将导电材料沉积在柔性衬底表面或内部来制备的。如将多壁碳纳米管嵌入聚二甲基硅氧烷中，制备出一种高透明、高灵敏度和可重复使用的传感器，可检测手腕弯曲、脉搏等信号。基于还原氧化石墨烯修饰的柔性热塑性聚氨酯电纺纤维毡，研制了一种具有特殊三维导电网络的柔性电阻式应变传感器，具有良好的灵敏度、耐用性和稳定性。

这些传感器多为电阻式应变传感器，可将外加应变刺激引起的导电材料结构变形转化为电阻变化，从而实现对应变的检测。然而，高灵敏度和高拉伸性能很难同时实现，这是因为高灵敏度要求传感器的导电网络容易断裂，而高拉伸性要求导电网络在变形时更加稳定。尽管应变传感器具有广阔的应用前景，但制造出兼具高拉伸性和高灵敏度的应变传感器仍是一个巨大挑战。

将热塑性弹性体与导电浆料熔融共混，通过模具均匀涂覆在丁苯橡胶弹性布表面，制备出一种具有高拉伸性电阻感应的应变带。利用自行搭建的测试平台进行应变数据采集，并通过单片机技术和图像处理软件直观呈现应变-电阻的关系。

制备的碳纳米管基柔性电阻式应变带可应用于智能服装和运动健身领域，为人体健康监测服的研究奠定一定的基础。

项目3

电感式传感器的应用

项目描述

电感式传感器是利用电磁感应的原理，利用线圈自感或互感的改变来实现测量的一种装置。由于其结构简单，无活动电触点，工作寿命长，而且灵敏度和分辨力高，输出信号强，能实现信息的远距离传输、记录、显示和控制，在生产和生活中具有广泛的应用。

学习目标

1. 理解自感式传感器、差动变压器、电涡流式传感器的工作原理，养成阅读思考的学习习惯。
2. 能准确描述自感式传感器、差动变压器、电涡流式传感器的应用，提高分析问题和解决问题的能力。
3. 了解自感式传感器、差动变压器、电涡流式传感器的测量转换电路。
4. 完成物料识别系统的搭建，提升创新意识。

任务3.1 掌握自感式传感器的应用

任务引入

电感式传感器是应用电磁感应的原理，以带有铁心的电感线圈为传感元件，把被测非电量变换为自感系数 L 或互感系数 M 的变化，再将 L 或 M 的变化接入到测量电路，从而得到电压、电流或频率变化等，并通过显示装置得出被测非电量的数值。根据变换原理，电感式传感器可以分为自感式和互感式两大类。

在进行位移测量和压力测量时，经常用到自感式传感器。自感式传感器建立在电磁感应的基础上，利用线圈自感的改变来实现位移、振动、压力、力矩等非电量的检测，能实现信息的远距离传输、记录、显示和控制，在工业自动控制系统中应用十分广泛。

知识精讲

思考一：自感式传感器的主要应用就是作为位移传感器，可以直接对位移进行测量。你知道它们都是怎样实现自动变换的吗?

一、认识自感式传感器

1. 工作原理

将一个380V的交流接触器线圈与交流毫安表串联后，接到机床用控制变压器的36V交流电

笔记栏

压源上，如图 3-1 所示。

这时毫安表的示值约为几十毫安。用手慢慢将接触器的活动铁心往下按，会发现毫安表的读数逐渐减小。当活动铁心与固定铁心之间的气隙等于零时，毫安表的读数仅剩十几毫安。

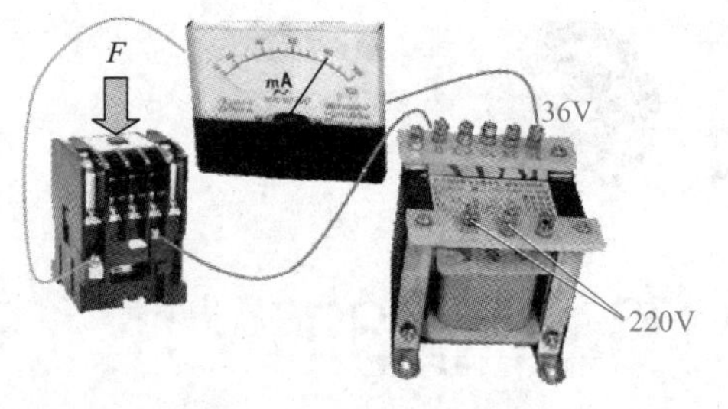

图 3-1 自感式传感器的基本工作原理演示

自感式传感器是利用线圈自感量的变化来实现测量的，它由线圈、固定铁心和活动铁心三部分组成。固定铁心和活动铁心由导磁材料（如硅钢片或坡莫合金）制成，在固定铁心和活动铁心之间有气隙，传感器的运动部分与动铁心相连。当被测量变化时，使活动铁心产生位移，引起磁路中的磁阻变化，从而导致电感线圈的电感量变化，因此只要能测出这种电感量的变化，就能确定活动铁心位移量的大小和方向。

常用的自感式传感器有变气隙厚度式、变面积式和螺线管式，见表 3-1。

表 3-1 自感式传感器的类型和结构示意图

传感器类型	单线圈式	差动式
变气隙厚度式	1—线圈 2—固定铁心 3—活动铁心	1—线圈 2—固定铁心 3—活动铁心 4—导杆
变面积式	1—线圈 2—固定铁心 3—活动铁心	1—线圈 2—固定铁心 3—活动铁心 4—导杆
螺线管式	1—线圈 2—活动铁心	1—线圈 2—活动铁心

（1）变气隙厚度式

变气隙厚度式自感传感器实质上就是一个带铁心的线圈，线圈套在固定铁心上，活动铁心与被测物相连，并与铁心保持一个初始气隙 δ，铁心材料通常选用硅钢片或坡莫合金。当缠绕在铁心上的线圈中通过交变电流 i 时，线圈电感值 L 为

$$L = \frac{N^2\mu_0 S_0}{2\delta} \tag{3-1}$$

式中，N 为线圈匝数；μ_0 为空气隙的磁导率，$\mu_0 = 4\pi \times 10^{-7}$ mH/mm；S_0 为空气隙的截面积（mm^2）；δ 为空气隙的厚度（mm）。

由式(3-1) 可知，电感 L 与气隙厚度 δ 的大小成反比，与气隙导磁面积 S_0 成正比。

（2）变面积式

变气隙厚度式自感传感器只能用于微小位移的测量，而变面积式自感传感器灵敏度相对变气隙厚度式小，因而线性较好，量程较大，适用于较大位移的测量，使用比较广泛。

（3）螺线管式

螺线管式自感传感器是另外一种较常用的自感式传感器，它以线圈磁力线泄漏路径上的磁阻变化为基础，在螺线管线圈中插入一个活动铁心，活动铁心随被测对象移动，随着活动铁心在线圈中插入深度的不同，将引起线圈磁力线路径上的磁阻发生变化，从而将被测量变换为电感 L 的变化。

螺线管式自感传感器灵敏度较低，且活动铁心在螺管中间部分工作时，才能获得较好的线性关系，但量程大且结构简单，易于制作和批量生产，是使用最广泛的一种电感式传感器，适用于较大位移或大位移的测量。

2. 结构

自感式传感器使用时，线圈中一直通过电流，活动铁心始终受到吸引力，会引起振动及附加误差，外界的干扰如电源电压、频率和温度的变化都会使输出产生误差，所以，在实际工作中，常常采用两个完全相同的单个线圈的电感传感器共用一个活动铁心，构成差动式传感器（要求两个导磁体的几何尺寸、材料性能完全相同，两个线圈的电气参数如电感、匝数、电阻、分布电容等和几何尺寸也完全相同），其结构示意图见表 3-1。将活动铁心置于两个线圈的中间，当活动铁心移动时，两个线圈的电感产生相反方向的增减，然后利用后面介绍的测量电路（电桥电路），将两个电感接入电桥的相邻桥臂，这样可以获得比单个工作方式更高的灵敏度和更好的线性度。而且，对外界影响，如温度的变化、电源频率的变化等也基本上可以互相抵消，活动铁心承受的电磁吸力也较小，从而减小了测量误差。图 3-2 所示为几种常见的自感式位移传感器。

微课3-2
自感式传感器的形式

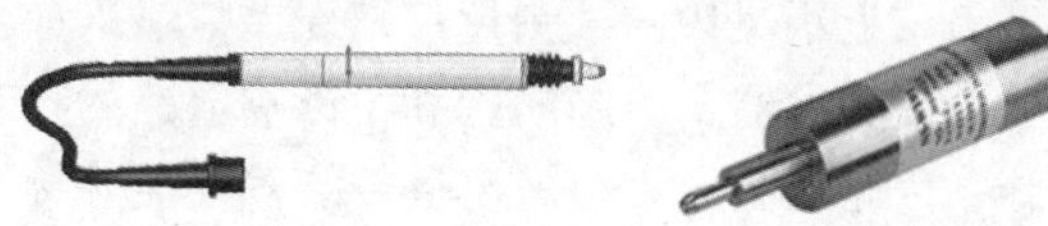

图 3-2 几种常见的自感式位移传感器

二、测量电路

自感式传感器测量电路的作用，是将自感式传感器电感量的变化变换成电压或电流信号，以便送入放大器进行放大，然后用仪表指示出来或记录下来。对差动式自感传感器通常采用交流电桥电路。交流电桥多采用双臂工作形式，通常将传感器作为电桥相邻的两个工作臂，电桥的平衡臂可以是变压器的二次绕组。

1. 变压器式电桥电路

（1）原理

变压器式电桥电路如图 3-3 所示。

电桥的两臂 Z_1 和 Z_2 为差动式自感传感器的两个线圈阻抗，另两臂为电源变压器的二次绕组，输出电压 $\dot{U}_o$ 取自 A、B 两点，则 A、B 两点的电位差即输出电压 $\dot{U}_o$ 为

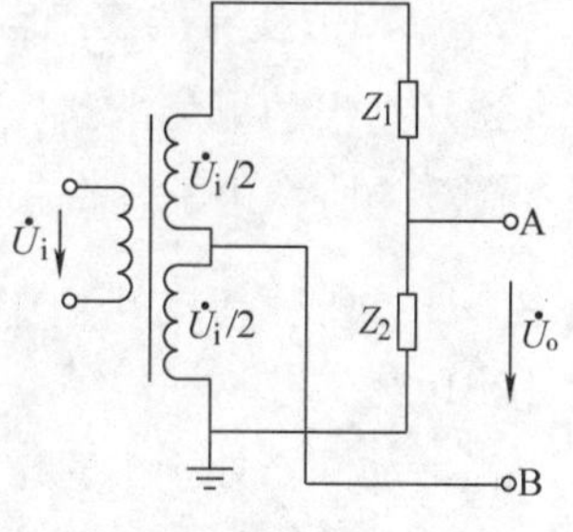

图 3-3 变压器式电桥电路

笔记栏

$$\dot{U}_o = \dot{U}_A - \dot{U}_B = \frac{\dot{U}_i}{2}\frac{Z_2 - Z_1}{Z_1 + Z_2} \tag{3-2}$$

当传感器的活动铁心处于中间位置时，两线圈的电感相等，若两线圈绕制十分对称，则阻抗也相等，即 $Z_1 = Z_2 = Z$，代入式(3-2)，则得 $\dot{U}_o = 0$，此时，电桥平衡，没有输出电压。

当动铁心向下移动时，下面线圈的阻抗增加，即 $Z_2 = Z + \Delta Z$，而上面线圈的阻抗减小，即 $Z_1 = Z - \Delta Z$，将此关系式代入式(3-2) 得

$$\dot{U}_o = \frac{\dot{U}_i}{2}\frac{\Delta Z}{Z} \tag{3-3}$$

式(3-3) 说明，活动铁心移动时电桥不平衡，有电压信号输出。

同理，当活动铁心向上移动时，则有

$$\dot{U}_o = -\frac{\dot{U}_i}{2}\frac{\Delta Z}{Z} \tag{3-4}$$

比较式(3-3) 和式(3-4)，两者大小相等，方向相反。由于电源电压是交流，所以若在转换电路的输出端接上普通交流电压表时，则输出值只能反应活动铁心位移的大小，而不能反映移动的方向。

(2) 零点残余电压及其消除方法

图 3-3 所示的测量转换电路在实际工作中还存在零点残余电压的影响。当活动铁心位于中间位置时，可以发现，无论怎样调节活动铁心的位置，均无法使测量转换电路的输出为零，总有一个很小的输出电压（零点几毫伏，有时甚至可达数十毫伏）存在，这种活动铁心处于零点附近时存在的微小误差电压称为零点残余电压。

图 3-4 所示为测量电路的输出特性曲线，实线表示理想时的输出特性，虚线表示存在零点残余电压时的输出特性。图中，$\dot{U}_r$ 为零点残余电压。零点残余电压的存在，使得传感器的输出特性在零点附近不灵敏，给测量带来误差，输入放大器内会使放大器末级趋向饱和，影响电路的正常工作，因此该值的大小是衡量传感器性能好坏的重要指标。

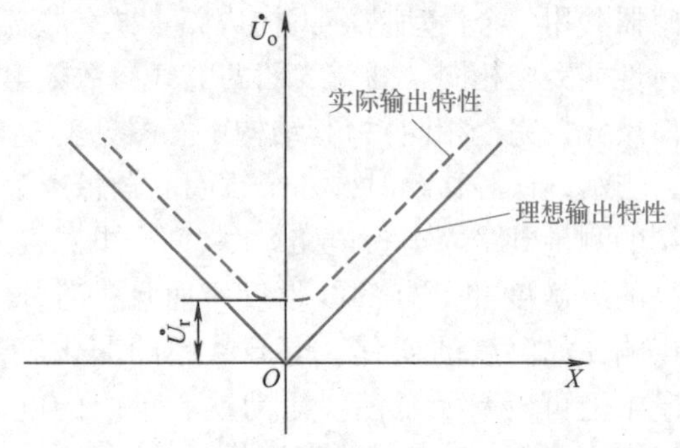

图 3-4 测量电路的输出特性曲线

消除零点残余电压的方法如下：

1）提高框架和线圈的对称性，特别是两组线圈的对称。

2）减小电源中的谐波成分。

3）正确选择磁路材料，同时适当减小线圈的励磁电流，使活动铁心工作在磁化曲线的线性区域。

4）在线圈上并联阻容移相网络，补偿相位误差。

2. 带相敏整流的交流电桥

选用适当的测量电路，一般可采用相敏整流器的方法，即可判别活动铁心移动的方向。

图 3-5 所示为一种带相敏整流器的电桥电路，电桥由差动式自感传感器 Z_1 和 Z_2 以及平衡阻抗 $Z_3 = Z_4$ 组成，$VD_1 \sim VD_4$ 构成了相敏整流器，桥的一条对角线接有交流电源 $\dot{U}$，另一条对角线为输出电压 U_o。

当活动铁心处于中间位置时，$Z_1 = Z_2 = Z$，电桥平衡，$U_o = 0$。

若活动铁心上移，Z_1 增大，Z_2 减小。如供桥电压为正半周，即 A 点电位高于 B 点，二极管

VD_1、VD_4导通，VD_2、VD_3截止。在 A－E－C－B 支路中，C 点电位由于 Z_1增大而降低；在 A－F－D－B 支路中，D 点电位由于 Z_2减小而增高。因此 D 点电位高于 C 点，输出信号为正。

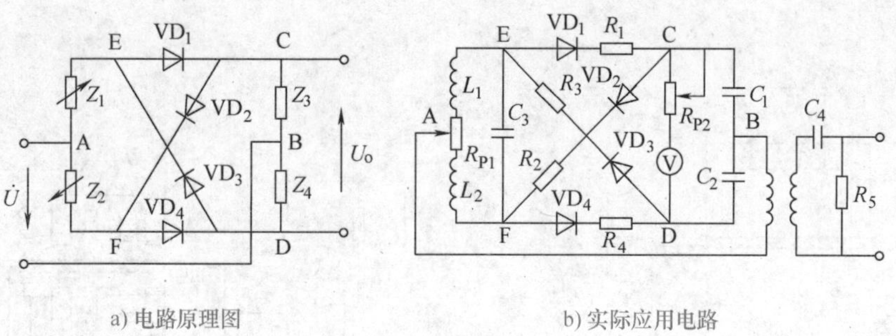

a) 电路原理图　　　　b) 实际应用电路

图 3-5　带相敏整流器的测量电路

如供桥电压为负半周，B 点电位高于 A 点，二极管 VD_2、VD_3导通，VD_1、VD_4截止。在 B－C－F－A 支路中，C 点电位由于 Z_2减小而比平衡时降低；在 B－D－E－A 支路中，D 点电位则因 Z_1增大而比平衡时增高。因此 D 点电位仍高于 C 点，输出信号仍为正。

同理可以证明，活动铁心下移时输出信号总为负。

可见采用带相敏整流器的交流电桥，输出电压大小反映了活动铁心位移的大小，输出电压的极性代表了活动铁心位移的方向。

实际采用的测量电路如图 3-5b 所示。L_1、L_2为传感器的两个线圈，C_1、C_2为另两个桥臂。电桥供桥电压由变压器的二次侧提供。R_1、R_2、R_3、R_4为 4 个线绕电阻，用于减小温度误差。C_3为滤波电容，R_{P1}为调零电位器，R_{P2}为调倍率电位器，输出信号由中心为零刻度的直流电压表或数字电压表 V 指示。

三、自感式传感器的应用

自感式传感器的特点是结构简单、可靠，由于没有活动触点，摩擦力较小、灵敏度高、测量精度较高，主要用于位移测量。凡是能转换成位移变化的参数，如力、压力、压差、加速度、振动、工件尺寸等均可测量。

1. 测压力

变气隙厚度式自感式传感器测压力的原理如图 3-6 所示。活动铁心固定在膜盒的中心位置上，当把被测压力 p 引入膜盒时，膜盒在被测压力 p 的作用下产生与压力 p 大小成正比的位移，于是活动铁心也随之移动，从而改变活动铁心与固定铁心间的气隙 δ，即改变了磁路中的磁阻，这样固定铁心上的线圈的电感 L 也发生了变化。如果在线圈内的两端加以恒定的交流电压 u，则电感 L 的变化将反映为电流值 i 的变化。因此，可以从电路中的电流值 i 来度量膜盒上所感受的压力 p。

在实际使用中，总是将两个自感式传感器组合在一起，组成差动式自感传感器，如差动自感式压力传感器。

2. 测位移

变气隙厚度式自感测微计原理如图 3-7 所示。它采用差动式结构，当工件的厚度变化时，引起测量杆上下移动，带动活动铁心产生位移，从而改变了气隙厚度，使线圈的电感量发生变化。

工件厚度正常时，活动铁心位置在差动变气隙厚度式自感传感器气隙中间，交流电桥输出电压为 0，仪表指针居中。

如果工件厚度增加，测量杆带动活动铁心向上移动，上面传感器气隙厚度变小，线圈电感值增加，下面传感器气隙厚度变大，线圈电感值减小，交流电桥正极性输出，经标定让仪表指针右偏。

笔记栏

如果工件厚度变薄，测量杆带动活动铁心向下移动，上面传感器气隙厚度变大，线圈电感值减小，下面传感器气隙厚度变小，线圈电感值增加，交流电桥反极性输出，经标定让仪表指针左偏。

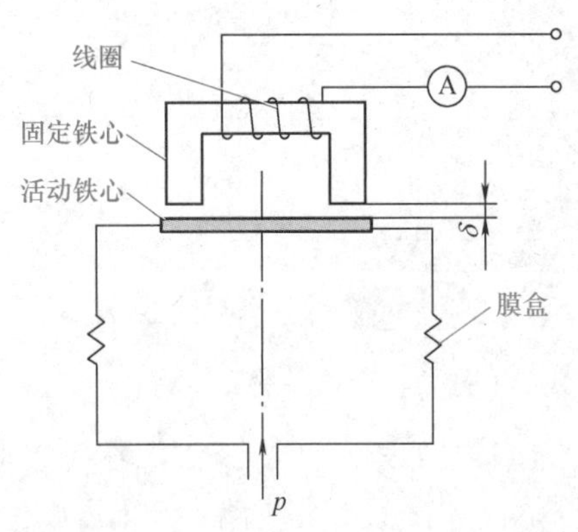

图 3-6 自感式传感器测压力原理图

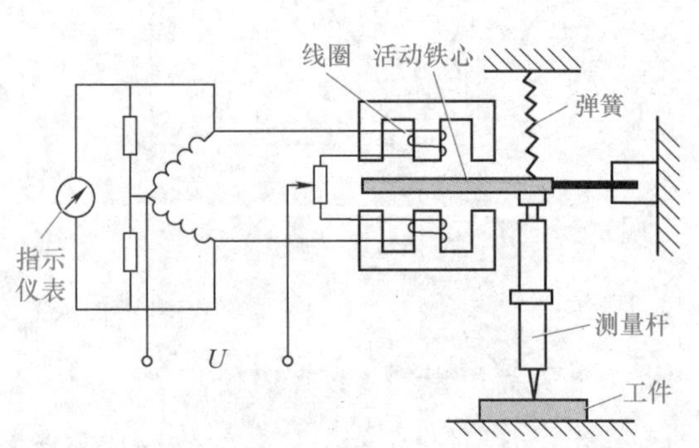

图 3-7 变气隙厚度式自感测微计原理图

工件厚度变化越大，电桥输出电压有效值越大。交流电桥输出电压的大小反映了被测工件厚度变化的多少，交流电桥输出电压的极性反映了工件是变厚还是变薄。变气隙厚度式自感测微计的动态测量范围为 -1 ~ +1mm，分辨率为 1μm，精度为 3%。

3. 自感式压力传感器在全自动洗衣机水位检测中的应用

水位检测的精度直接影响洗净度、水流强度、洗涤时间等参数。全自动洗衣机滚筒如图 3-8a 所示，水位检测传感器的结构如图 3-8b 所示。水位检测传感器内有一个由一个磁环和一个线圈组成的 *LC* 电路，该电路用来判断压力的升降。当气压上升时，膜片就会被吹起来，带动线圈在磁环中向上移动，从而改变电感值，并将电感值传递给洗衣机的控制器。控制器根据电感值大小来判断是否已达到预设水位，以便发出指令，控制水阀的通断，从而控制进水。

a) 全自动洗衣机滚筒

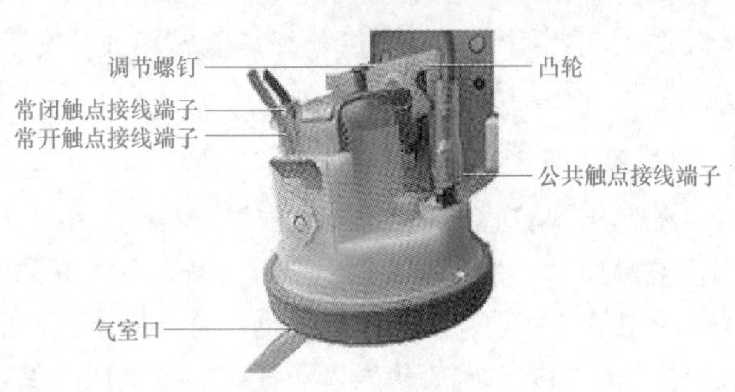

b) 水位检测传感器

图 3-8 全自动洗衣机和水位检测传感器的结构

任务 3.2 掌握差动变压器的应用

任务引入

差动变压器的应用很广泛，它不仅可以直接用于测量位移，还可用于测量振动、应变、厚度、张力、压力、重量、流量、液位等非电量，具有灵敏度高、测量精度高、测量范围广、稳定性好、制造简单、安装使用方便等优点。

笔记栏

知识精讲

一、认识差动变压器

1. 结构

差动变压器是互感式差动电感传感器，它把被测量变化转换为传感器互感系数 M 的变化，其实质上就是一个输出电压可变的变压器。

如图 3-9 所示，差动变压器主要由活动铁心、线圈（包括一个一次绕组和两个二次绕组）等组成。在差动变压器一次绕组中加入交流电压后，其二次绕组就会产生感应电压信号。

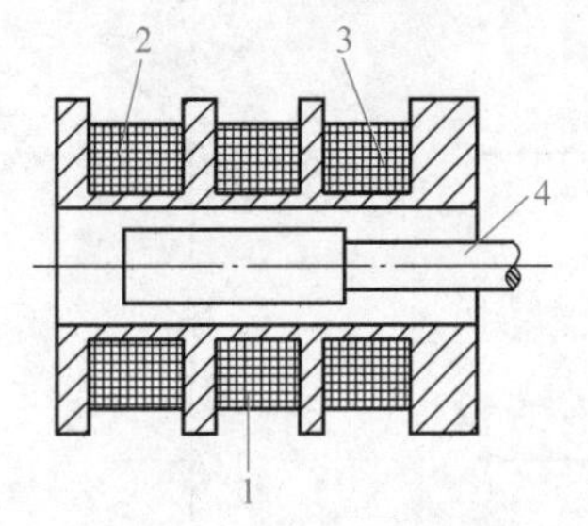

图 3-9　差动变压器的结构示意图

1—一次绕组　2、3—二次绕组　4—活动铁心

差动变压器一、二次绕组间的耦合程度将随着活动铁心的移动而变化，即绕组间的互感随被测位移的改变而变化。当互感有变化时，感应电压也会相应地产生变化。由于在使用时采用两个二次绕组反向串接，以差动方式输出，故称为差动变压器式电感传感器，通常简称为差动变压器。差动变压器的结构分为变隙式和螺线管式两种，目前应用最广泛的是螺线管式差动变压器。图 3-10 所示为两种常见的差动变压器位移传感器。

2. 原理

螺线管式差动变压器主要由一个线框和一个活动铁心组成，在线框上绕有一组一次线圈作为激励线圈（或称一次绕组），在同一线框上另绕两组二次线圈作为输出线圈（或称二次绕组），并在线框中央圆柱孔中放入活动铁心，见图 3-9。

当差动变压器工作在理想情况下时，其等效电路如图 3-11 所示，具有一个一次绕组 N_1 和两个相互对称的二次绕组 N_{21}、N_{22}。

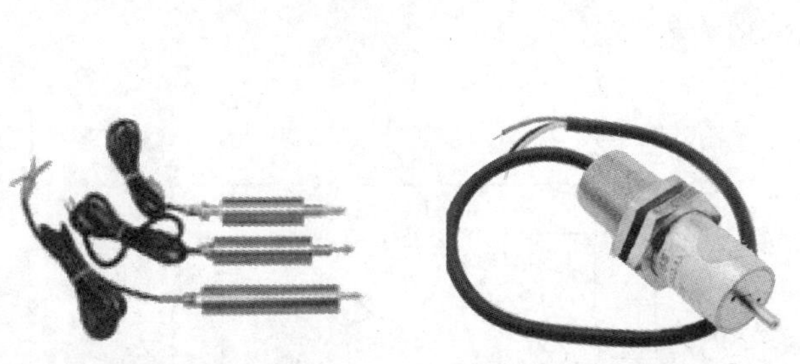

图 3-10　两种常见的差动变压器位移传感器

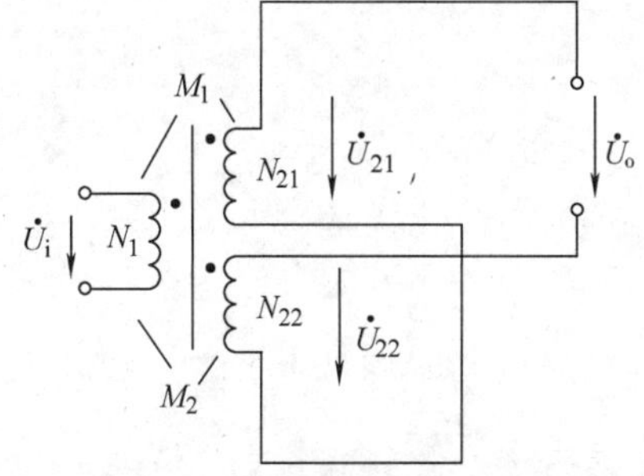

图 3-11　差动变压器的等效电路

当没有位移时，传感器的活动铁心处于中间位置，$\dot{U}_{21}=\dot{U}_{22}$，由于二次绕组串联反接，所以 $\dot{U}_o=\dot{U}_{21}-\dot{U}_{22}=0$，没有输出电压。

当活动铁心向上移动时，N_1 与 N_{21} 之间的互感增大，$\dot{U}_{21}>\dot{U}_{22}$，$\dot{U}_o=\dot{U}_{21}-\dot{U}_{22}>0$，差动变压器输出电动势与输入电压 $\dot{U}_i$ 同相，输出电压波形如图 3-12b 所示。

同理，当活动铁心向下移动时，$\dot{U}_o=\dot{U}_{21}-\dot{U}_{22}<0$，差动变压器输出电动势与输入电压 $\dot{U}_i$

笔记栏

反相，输出电压波形如图 3-12c 所示。

由上可知，差动变压器输出电压的大小与极性反映了被测位移的大小和方向。但由于输出电压是交流分量，若用交流电压表来测量时无法判别活动铁心移动的方向，为此常用差动相敏检波电路和差动整流电路来解决。

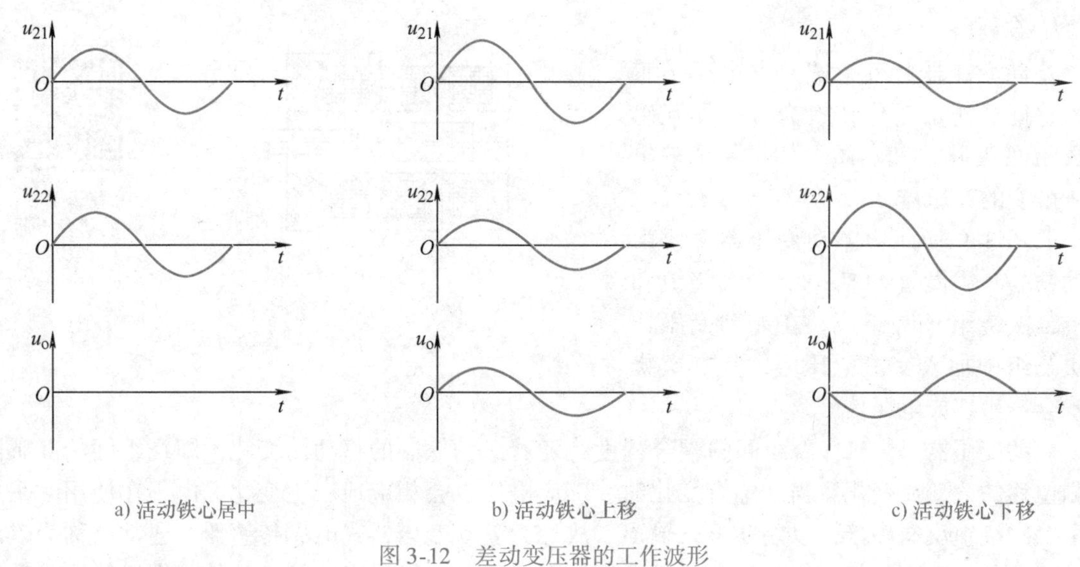

a) 活动铁心居中　b) 活动铁心上移　c) 活动铁心下移

图 3-12　差动变压器的工作波形

二、测量电路

1. 差动相敏检波电路

既能检出调幅波包络的大小，又能检出包络极性的检波器称为差动相敏检波电路，简称相敏检波电路，或称为解调器，如图 3-13 所示。

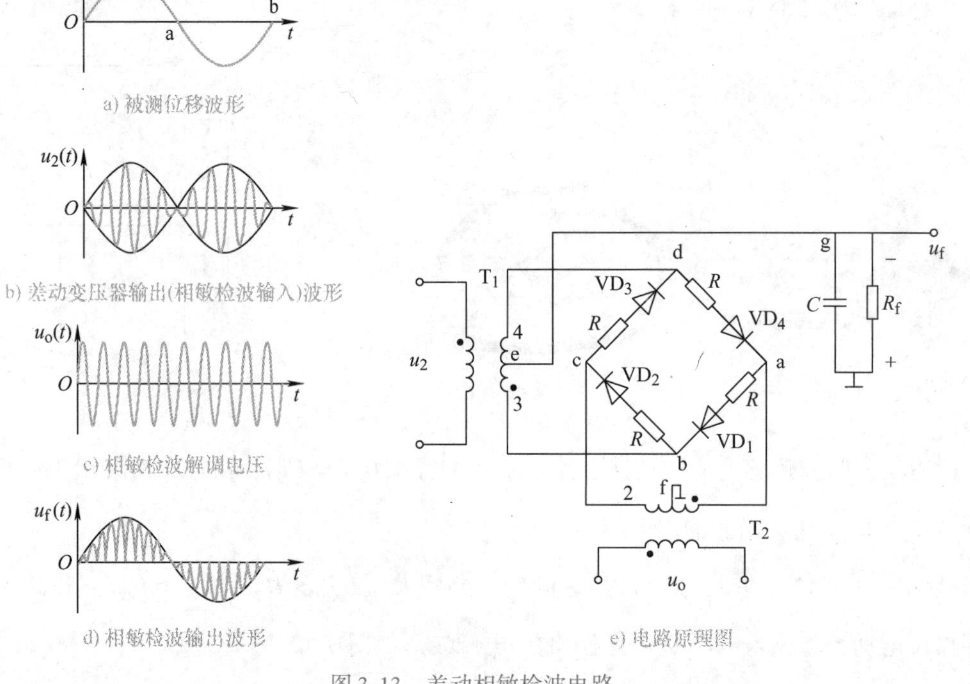

a) 被测位移波形

b) 差动变压器输出(相敏检波输入)波形

c) 相敏检波解调电压

d) 相敏检波输出波形

e) 电路原理图

图 3-13　差动相敏检波电路

输入信号 u_2（即差动变压器输出的调幅波）通过变压器 T_1 加入环形电桥的一条对角线，解调信号（即参考信号或标准信号）u_o 通过变压器 T_2 加入环形电桥的另一条对角线，输出信号 u_f 从变压器 T_1 和 T_2 的中心抽头引出。平衡电阻 R 起限流作用，R_f 为检波电路的负载。解调信号 u_o 的幅值要远大于输入信号 u_2 的幅值，以便有效地控制 4 个二极管的导通状态。

1）当活动铁心居中时，差动变压器输出电压为 0，相敏检波电路负载 R_f 上没有输出。

2）当活动铁心上移时，调幅波 u_2 与载波 u_o 同相。无论载波 u_o 处于正半周还是负半周，f－R_f－e－d－VD_4－a－f，流过负载 R_f 的电流方向都是从 g 到地，与参考方向一致。

3）当活动铁心下移时，调幅波 u_2 与载波 u_o 反相。无论载波 u_o 处于正半周还是负半周，流过负载 R_f 的电流方向都是从地到 g，与参考方向相反。

通过图 3-13 波形可以看出，差动相敏检波电路输出电压 u_f 的变化规律充分反映了被测位移的变化规律，即 u_f 的幅值反映了位移 Δx 的大小，而 u_f 的极性则反映了位移 Δx 的方向。

2. 差动整流电路

差动变压器比较常用的测量电路还有差动整流电路，如图 3-14 所示。

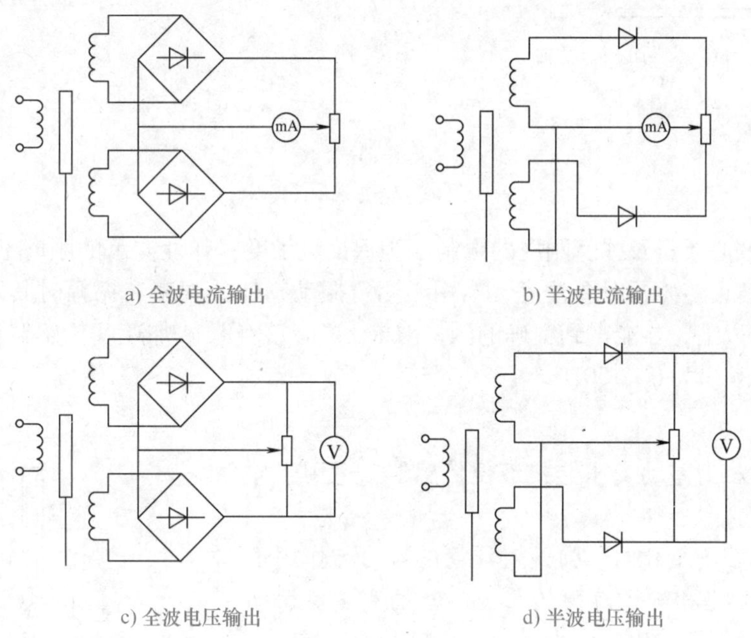

图 3-14　差动整流电路

差动整流电路结构简单，把两个二次电压分别整流后，以它们的差为输出，由于电路中设有可调电阻调零输出电压，所以二次电压的相位和零点残余电压都不必考虑。

图 3-14a 和图 3-14b 用于连接低阻抗负载的场合，属于电流输出型差动整流电路。图 3-14c 和图 3-14d 用于连接高阻抗负载的场合，属于电压输出型差动整流电路。当远距离传输时，将此电路的整流部分放在差动变压器的一端，整流后的输出线延长，就可以避免感应和引出线分布电容的影响，效果较好，因而得到了广泛应用。

三、差动变压器的应用

差动变压器式传感器具有测量精度高、稳定性好、制造简单、安装使用方便、线性范围可达 -2 ~ +2mm 等优点，被广泛应用于位移、加速度、液位、振动、厚度、应变、压力等各种物理量的测量。

笔记栏

笔记栏

1. 测加速度

图 3-15 所示为差动变压器式加速度传感器。测量时，传感器与被测物体挂在一起。物体振动加速度 a 会引起活动铁心的位移，从而引起互感的变化，通过测量电路转换为输出电压的变化，输出电压的变化就反映了加速度的变化。由于采用悬臂梁弹性支承，当被测物体振动时，传感器的输出电压将与振动加速度成正比，再经检波器和滤波器处理后便可推动指示仪表或记录器。

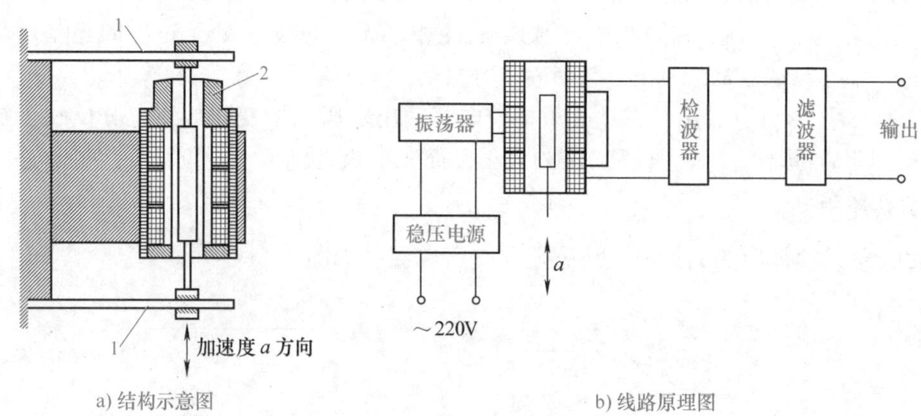

图 3-15 差动变压器式加速度传感器

1—悬臂梁 2—加速度传感器

由于受活动铁心质量及弹簧刚度的限制（为保证灵敏度，弹性支承的刚度不能太大），使用差动变压器式加速度传感器时要注意，当用于测定振动物体的频率和振幅时其励磁频率必须是振动频率的 10 倍以上，才能得到精确的测量结果。差动变压器式加速度传感器可测量的振幅为 0.1 ~ 5mm，振动频率为 0 ~ 150Hz。

2. 测液位

图 3-16 所示为差动变压器式液位传感器，适用于导电液体的液位测量。

1）液位正常没有变化时，弹簧对浮筒的拉力与作用于浮筒上的液体浮力之和等于浮筒的重力，差动变压器活动铁心居中，差动变压器输出电压为 0。

2）液位上升时，作用于浮筒上的液体浮力变大，通过测量弹簧带动差动变压器活动铁心向上的位移，可知差动变压器输出为正，即与差动变压器输入电压同相，液位越高，输出电压越大。

3）液位下降时，作用于浮筒上的液体浮力变小，通过测量弹簧带动差动变压器活动铁心向下的位移，可知差动变压器输出为负，即与差动变压器输入电压反向。液位越低，输出电压越大。

差动变压器输出电压的变化反映了液位高度的变化，即可得到相应的液位数值。

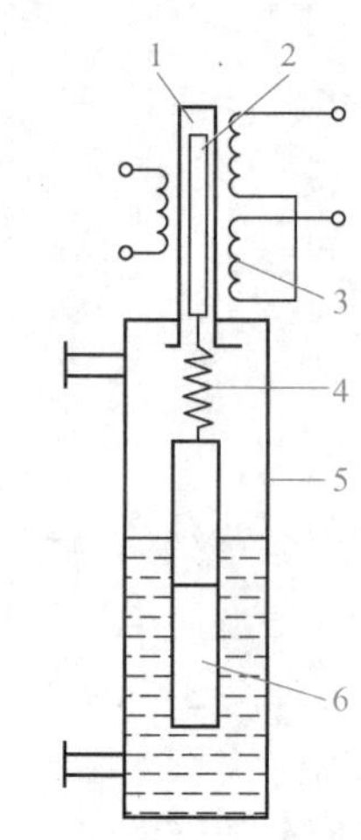

图 3-16 差动变压器式液位传感器

1—密封隔离管 2—活动铁心 3—线圈 4—测量弹簧 5—浮筒室壳体 6—浮筒

使用差动变压器式液位传感器时要注意：对于不同的介质，因为浮力不一，所以需重新标定或更换浮筒。

3. 测位移

LVDT位移传感器如图3-17所示。它由同心分布在线圈骨架上的一个一次线圈 N_1 和两个二次线圈 N_2 和 N_3 组成，线圈组件内有一个可自由移动的杆状铁心。

当杆状铁心在线圈内移动时，改变了空间的磁场分布，从而改变了一次、二次线圈之间的互感量 M，当一次线圈供给一定频率的交变电压时，二次线圈便产生了感应电动势。

随着杆状铁心位置的不同，二次线圈产生的感应电动势也不同，这样就将铁心的位移变成了电压信号输出。为了提高传感器的灵敏度，改善线性度，实际工作时将两个二次线圈反向串接，故两个二次线圈电压极性相反，传感器的电压输出是两个二次线圈电压之差，其电压差值与位移呈线性关系。

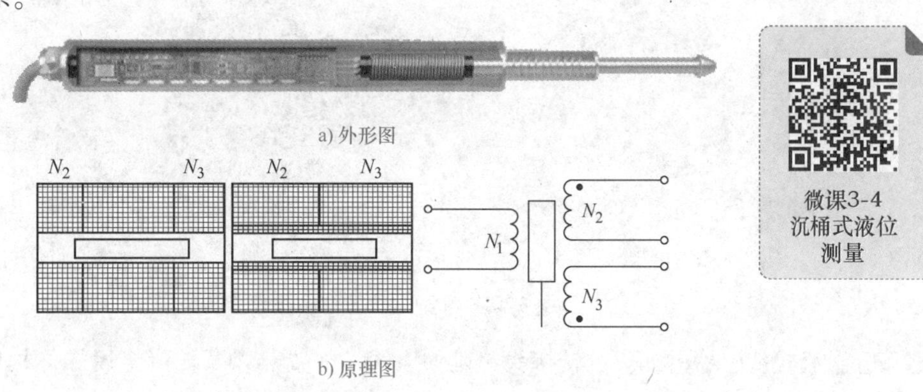

图3-17 LVDT位移传感器

微课3-4
沉桶式液位测量

温馨提示

要勤于思考，善于解决现场实际问题。

1）夹持传感器壳体时应避免过松，但也不可用力太大、太猛；传感器测杆应与被测物垂直接触。别让活动铁心和测杆受大的侧向力而造成变形弯曲，否则会严重影响测杆的活动灵活性。

2）安装传感器时应调节（挪动）传感器的夹持位置，使其位移变化不超出测量范围，即通过观测位移读数，使位移在预定的变化内，信号输出不超出额定范围。

3）若发现测杆受灰尘或油污粘连而造成活动发涩，用酒精棉擦拭、清洁测杆，但传感器不可随意拆卸，以免损坏或降低测量精度。

4）正式开始测量前插上传感器，并开机预热，待读数稳定后再开始测量。

5）传感器只适用于静态或低频信号测试，不宜用于高频动态测试。这是由于传感器中具有一定质量的活动铁心，不能做快速变向运动。

任务3.3 掌握电涡流式传感器的应用

任务引入

电涡流式传感器可以对表面为金属导体的物体实现多种物理量的非接触测量，如位移、振动、厚度、转速、应力、硬度等，也可以用于无损探伤或作为接近开关，因而在检测技术中是一种有发展前途的传感器。

笔记栏

知识精讲

一、认识电涡流式传感器

1. 外形和结构

电涡流式传感器是利用电涡流效应把被测量变换为传感器线圈阻抗 Z 的变化而进行测量的一种装置。图 3-18 所示为几种常见的电涡流式传感器。

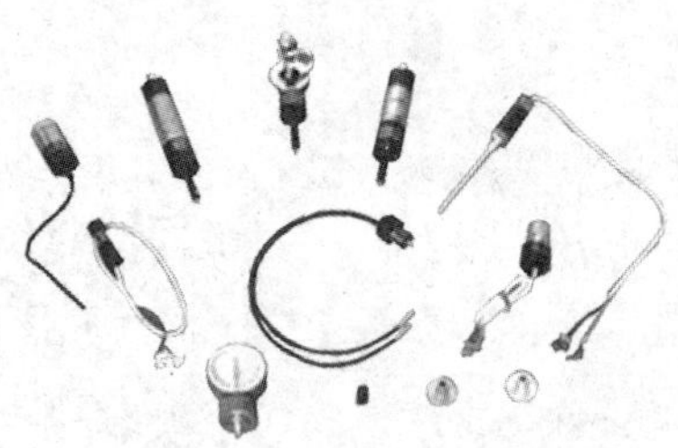

a) 电涡流探头

b) 压力(液位)变送器

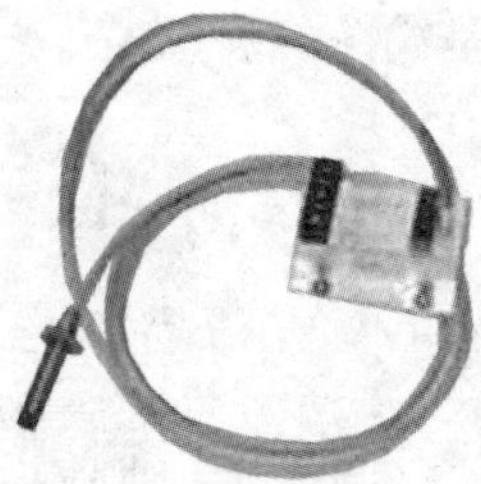

c) 位移振动传感器

图 3-18 几种常见的电涡流式传感器

电涡流式传感器由探头、转接头、延伸电缆、前置器以及被测金属导体构成基本工作系统，如图 3-19 所示。

2. 原理

当通过金属导体中的磁通发生变化时，就会在导体中产生感应电流，这种感应电流在导体中是自行闭合的，即所谓的电涡流。电涡流的产生必然要消耗一部分能量，从而使产生磁场的线圈阻抗发生变化，这一物理现象称为电涡流效应。其工作原理如图 3-20 所示。

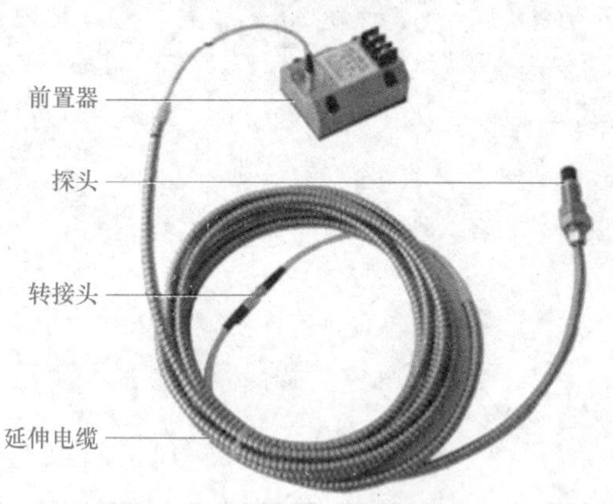

图 3-19 电涡流式传感器

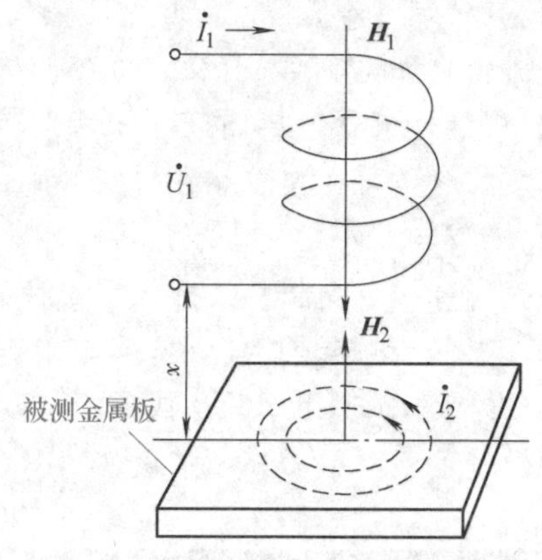

图 3-20 电涡流式传感器的工作原理

图 3-20 中，高频（数 MHz 以上）电压 $\dot{U}_1$ 施加于传感器线圈，产生交变电流 $\dot{I}_1$，由于电流的周期性变化，在线圈周围会产生一个交变磁场 $\boldsymbol{H}_1$。如果在这一交变磁场的有效范围内没有被测金属物体靠近，则这一磁场能量会全部损失；当有被测金属导体靠近这一磁场，则在此金属表面将产生感应电流，该电流在金属导体内是闭合的，即电涡流。由于趋肤效应（交变磁场会在导体内部引起涡流，电流在导体横截面上的分布不再是均匀的，这时电流将主要集中到导体表面的效应），高频磁场不能透过具有一定厚度的金属板，仅能作用于其表面的薄层内。

由电磁理论可知，金属板表面感应的电涡流 $\dot{I}_2$ 也将产生一个新的磁场 $\boldsymbol{H}_2$，$\boldsymbol{H}_2$ 与 $\boldsymbol{H}_1$ 的方向

相反。由于磁场 $\boldsymbol{H}_2$ 的反作用使通电线圈的等效阻抗 Z 发生了变化，这一变化与金属导体电阻率 ρ、磁导率 μ、励磁电流频率 f 以及线圈与金属导体的距离 x 等因素有关。

当改变其中任意一个参数，同时保持其他参数不变时，就能完成从被测量到线圈阻抗 Z 的变换。当 x 为变量时，通过测量电路，可以将 Z 的变化转换为电压 U 的变化，从而制成位移、振幅、厚度、转速等传感器，也可作为接近开关、计数器等；若使 ρ 为变量，可以制成表面温度、电解质浓度、材质判别等传感器；若使 μ 为变量，可以制成应力、硬度等传感器，还可以利用 μ、ρ、x 变量的综合影响，制成综合性材料探伤装置，如电涡流导电仪、电涡流测厚仪、电涡流探伤仪等。

实际应用中，当金属材料确定后，电涡流式传感器在金属导体上产生的涡流，其渗透深度仅与传感器励磁电流的频率有关。频率越高，渗透深度越小。所以，电涡流式传感器主要分为高频反射式和低频透射式两类，其基本工作原理相似。目前高频反射式电涡流传感器的应用较为广泛。

二、测量电路

电涡流式传感器一般后接电桥电路或谐振电路。

1. 电桥电路

电桥法是将传感器线圈的阻抗变化转化为电压或电流的变化。图 3-21 所示为电桥法的原理图，一般用于由两个线圈组成的差动式电涡流传感器。

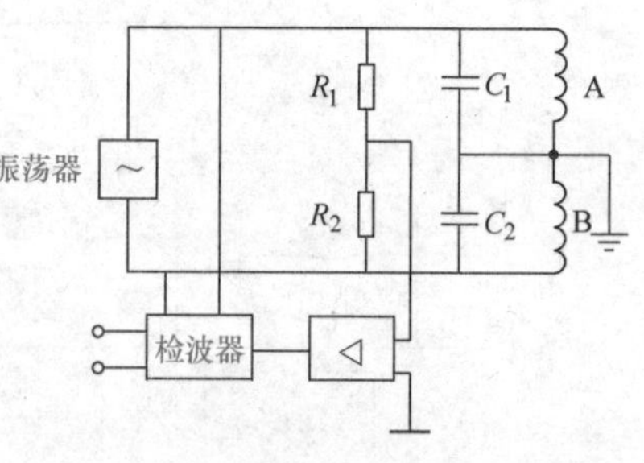

图 3-21　电桥法原理图

图3-21 中，线圈 A 和 B 为传感器，作为电桥的桥臂接入电路，分别与电容 C_1 和 C_2 并联，电阻 R_1 和 R_2 组成电桥的另两个桥臂。由振荡器来的 1MHz 振荡信号作为电桥电源。

起始状态时，使电桥平衡。在进行测量时，由于传感器线圈的阻抗发生变化，使电桥失去平衡，将电桥不平衡造成的输出信号进行线性放大、相敏检波和低通滤波，即可得到与被测量成正比的直流电压输出。

2. 谐振电路

谐振电路是将传感器线圈等效电感的变化转换为电压或电流的变化。传感器线圈与电容并联组成 LC 并联谐振回路，其谐振频率为

$$f_0 = \frac{1}{2\pi\sqrt{LC}} \tag{3-5}$$

当电感 L 发生变化时，回路的等效阻抗和谐振频率都将随 L 的变化而变化，因此可以利用测量回路阻抗的方法或测量回路谐振频率的方法间接测出传感器的被测值。

谐振电路主要有调幅法和调频法两种基本测量电路。

（1）调幅法

调幅法测量原理如图 3-22 所示。传感器线圈 L 和电容 C 组成并联谐振回路，由石英晶体振荡器提供高频励磁信号，因此稳定性较高。LC 回路的阻抗 Z 越大，回路的输出电压越大。

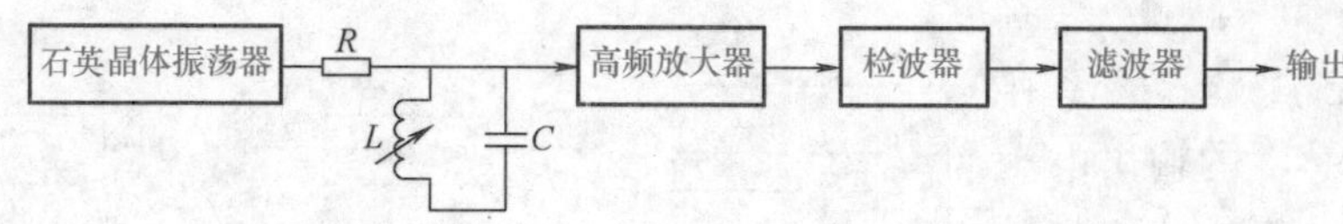

图 3-22　调幅法测量原理图

（2）调频法

调频法测量原理如图 3-23 所示。调频法测量电路的原理是被测量变化引起传感器线圈电感

笔记栏

的变化，而电感的变化导致振荡频率发生变化，从而间接反映了被测量的变化。

图3-23中，电涡流式传感器的线圈作为一个电感元件接入振荡器，它包括电容三点式振荡器和射极输出器两个部分。为了减小传感器输出电缆的分布电容 C_x 的影响，通常把传感器线圈 L 和调整电容 C 都封装在传感器中，从而将电缆分布电容 C_x 的影响并联到大电容 C_2、C_3 上，大大减小了对谐振频率的影响。调频法测量电路结构简单，便于遥测和数字显示。

三、电涡流式传感器的应用

电涡流式传感器由于结构简单，又可实现非接触测量，且具有灵敏度高、抗干扰能力强、频率响应宽、体积小等优点，因此在工业测量中得到了越来越广泛的应用。

1. 高频反射式电涡流传感器

高频反射式电涡流传感器常用于位移测量。它的结构简单，主要由一个安置在框架上的扁平线圈构成。此线圈可以粘贴于框架上，或在框架上开一条槽沟，将导线绕在槽内。图3-24所示为CZF1型电涡流传感器的结构，它采取了将导线绕在聚四氟乙烯框架窄槽内形成线圈的结构方式。

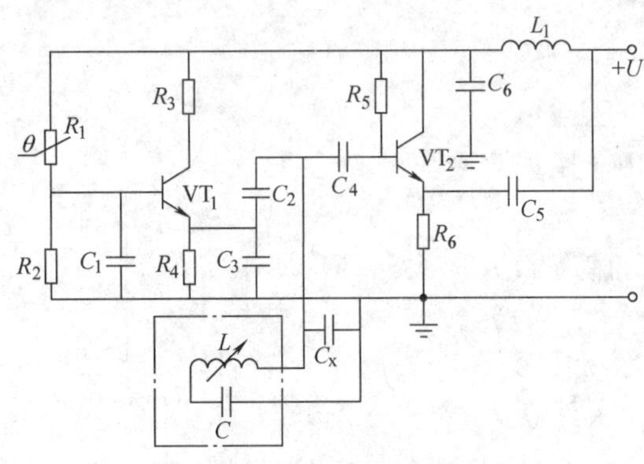

图3-23 调频法测量原理图

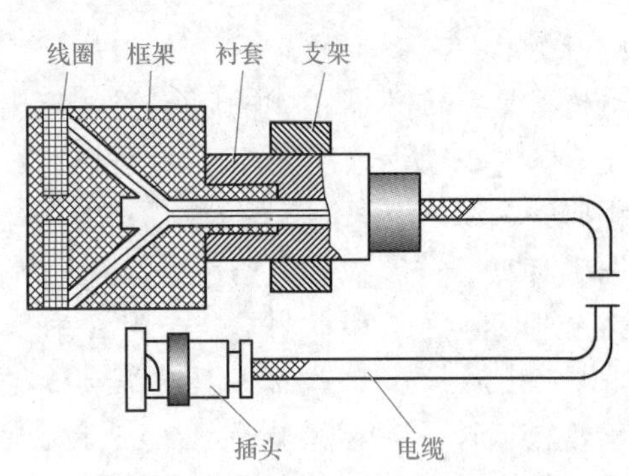

图3-24 CZF1型电涡流传感器结构

一般来说，被测物体的电导率越高，传感器的灵敏度也就越高。为了充分有效地利用电涡流效应，对于平板型的被测物体则要求被测物体的半径应大于线圈半径的1.8倍，否则灵敏度要降低。当被测物体是圆柱体时，被测导体直径必须为线圈直径的3.5倍以上，灵敏度才不受影响。

2. 高频反射式涡流厚度传感器

高频反射式电涡流传感器还可用于测量金属板厚度和非金属板的镀层厚度。图3-25所示为高频反射式涡流测厚仪的测试系统原理图。

为了克服带材不够平整或运行过程中上下波动的影响，在带材的上、下两侧对称地设置了两个特性完全相同的电涡流式传感器 S_1、S_2，两者相距 x，S_1、S_2 与被测带材表面之间的距离分别为 x_1 和 x_2，预先通过厚度给定系统移动传感器的位置使 $x_1 = x_2 = x_0$。

若带材厚度不变，则被测带材上、下表面之间的距离总有 $x_1 + x_2 = 2x_0$（常数）的关系存在。因而两个传感器的输出电压之和 $2U_o$ 不变。

如果被测带材厚度增加了一个量为 $\Delta\delta$，那么两个传感器与带材之间的距离也改变了一个 $\Delta\delta$，

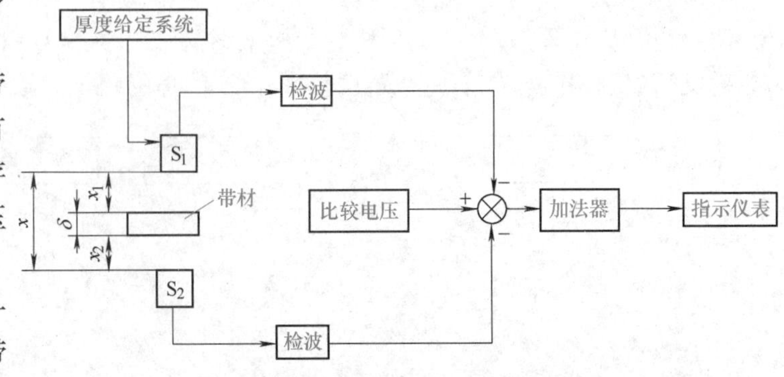

图3-25 高频反射式涡流测厚仪的测试系统原理图

则被测带材上、下表面之间的距离为 $x_1+x_2=2x_0-\Delta\delta$，此时两个传感器的输出电压为 $2U_o-\Delta U$，ΔU 即表示带材厚度变化量 $\Delta\delta$，经放大器放大后，通过偏差指示仪表电路即可指示出带材的厚度变化量。

带材厚度的给定是通过厚度给定系统来移动 S_1 传感器的水平位置进行的。对应不同厚度的被测带材总有 $x_1=x_2=x_0$ 的关系，使偏差指示为零。在实际测量中，带材厚度给定值与偏差指示值的代数和就是被测带材的厚度。x_0 和 U_o 分别为给定的标准距离及标准距离对应的标准电压。

3. 低频透射式电涡流传感器

低频透射式电涡流传感器多用于测定材料厚度。这种传感器采用低频激励，因而有较大的贯穿深度，适合于测量金属材料的厚度。

图 3-26 所示为低频透射式电涡流传感器原理图。在被测金属板的上方设有发射传感器线圈 L_1，在被测金属板下方设有接收传感器线圈 L_2。当在 L_1 上加低频电压 u_1 时，则在 L_1 上产生交变磁通 Φ_1，若两线圈间无金属板，则交变磁场直接耦合至 L_2 中，在 L_2 上产生感应电压 u_2。如果将被测金属板放入两线圈之间，则线圈 L_1 产生的磁通将在金属板中产生电涡流。此时磁场能量受到损耗，到达 L_2 的磁通将减弱为 Φ_1'，从而使 L_2 产生的感应电压 u_2 下降。金属板越厚，涡流损失就越大，电压 u_2 就越小。因此，可根据电压 u_2 的大小得知被测金属板的厚度。

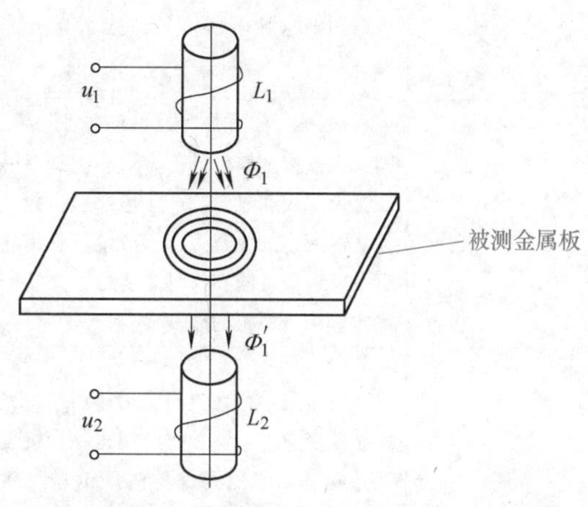

图 3-26 低频透射式电涡流传感器原理图

为了较好地进行厚度测量，激励频率应选得较低。若频率太高，贯穿深度小于被测厚度，将不利进行厚度测量。激励频率通常选 1kHz 左右。

一般地说，测薄金属板时，频率应略高些；测厚金属板时，频率应低些。在测量 ρ 较小的材料时，应选较低的频率（如 500Hz）；在测量 ρ 较大的材料时，则应选用较高的频率（如 2kHz），从而保证在测量不同材料时能得到较好的线性度和灵敏度。

4. 电涡流式转速传感器

图 3-27 所示为电涡流式转速传感器原理图。在软磁材料制成的输入轴上加工一个或多个键槽或做成齿状，在距输入表面 d_0 处安装一个电涡流式转速传感器，输入轴与被测旋转轴相连。当被测旋转轴转动时，输出轴的距离将发生 $d_0+\Delta d$ 的变化。由于电涡流效应，这种变化将导致振荡谐振回路的品质因数变化，使传感器线圈电感随 Δd 的变化而发生变化，直接影响振荡器的电压幅值和振荡频率。因此，随着输入轴的旋转，从振荡器输出的信号中包含有与转速成正比的脉冲频率信号。该信号由检波器检出电压幅值的变化量，然后经整形电路输出脉冲频率信号 f，可以用频率计指示输出频率值，从而测出转轴的转速，其关系式为

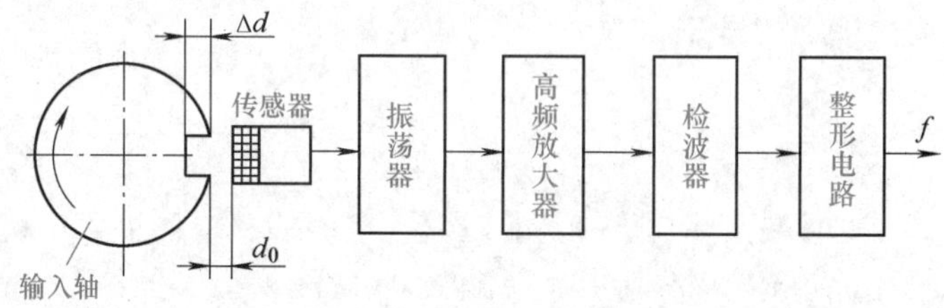

图 3-27 电涡流式转速传感器原理图

$$n=\frac{60f}{N} \tag{3-6}$$

式中，n 为被测轴的转速（r/min）；f 为频率值（Hz）；N 为轴上开的槽数。

5. 电涡流式传感器的工程应用实例

电涡流式传感器的工程应用实例见表3-2。转速测量，对于所有旋转机械而言，都需要监测旋转机械轴的转速，转速是衡量机器正常运转的一个重要指标；穿透式测厚，用于测量带材厚度；零件计数器，在金属零件通过时计数；表面裂纹测量，则可用于进行非接触探伤。

表3-2 电涡流式传感器工程应用实例

应用类型	工作原理	示意图
转速测量	在旋转体上开一条槽，旁边安装一个电涡流式传感器。当被测旋转轴转动时，传感器周期性地改变着与转轴之间的距离，于是其输出电压也周期性地发生变化。监测系统可以监测到这种电压信号，从而测出转轴的转速	
穿透式测厚	在被测金属板的上方设有发射传感器线圈，在被测金属板的下方设有接收传感器线圈。金属板通过时会产生电涡流，金属板越厚，涡流损失就越大，接收电压就越小，监测系统可以监测到这种电压信号，从而可以确定被测金属板的厚度	
零件计数器	当有金属零件通过时，传感器检测到位移发生了变化，从而输出电压也相应突变，监测系统可以监测到这种电压信号，并进行计数	
表面裂纹测量	传感器与被测导体保持距离不变，探测时如果遇到裂纹，导体电阻率和磁导率将发生变化，即引起电涡流损耗改变，从而输出电压也相应突变。监测系统可以监测到这种变形信号，即可确定裂纹的存在和方位	

温馨提示

要勤于思考，善于解决现场实际问题。

1）被测导体表面应尽量避免有电镀层，以防由于电镀层厚薄不均引起的测量误差。

2）被测导体表面厚度一般取0.2mm以上，但铜、铝材料可取0.7mm以上。

3）为保证传感器有一定的灵敏度，取被测导体表面直径为传感器线圈直径的1.8倍以上，对圆柱形的被测导体，其圆柱体直径应取线圈直径的3.5倍以上为宜。

4）用线圈本身未加屏蔽的传感器测试，在线圈周围3个线圈直径大小范围内，不允许有不属于测试的金属物体，以防产生干扰磁场影响测试结果。

项目实施：趣味小制作——搭建自动识别物料系统

【所需材料】

制作自动识别物料系统所需材料清单见表3-3。

表 3-3 制作自动识别物料系统所需材料清单

序号	材料名称	规格型号	数量
1	电感式接近开关	PNP 型	1 个
2	继电器	DC 24V	1 个
3	直流电源	DC 24V	1 个
4	物料	金属类	1 份
5	物料	非金属类	1 份
6	PLC	S7－200 系列	1 份
7	导线		若干

【基本原理】

自动识别物料系统示意图如图 3-28 所示。

电感式接近开关是一种有开关量输出的位置传感器，它由 *LC* 高频振荡器和放大处理电路组成。当金属物体靠近接近开关时，探头产生电磁振荡，金属物体内部会产生涡流。涡流反作用于接近开关，使接近开关振荡能力衰减，内部电路的参数发生变化，开关状态发生变化，从而识别出金属物体。

如图 3-29 所示，当电感式接近开关检测到有金属物靠近时，在黄色线上输出高电平，在黑色线上输出低电平；当没有金属物靠近电感式接近开关时，在黄色线上输出低电平，在黑色线上输出高电平。

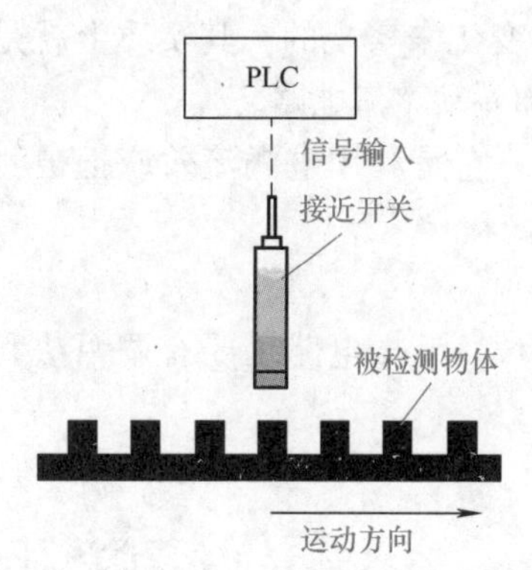

图 3-28 自动识别物料系统示意图

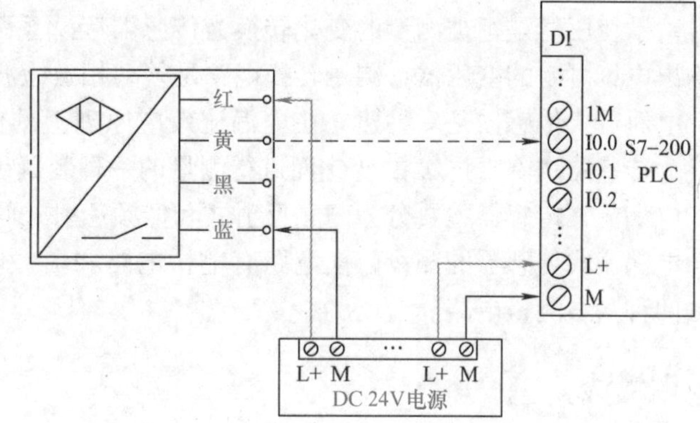

图 3-29 自动识别物料系统接线示意图

【制作提示】

1）按照图 3-29 接线示意图，用导线将 DC 24V 电源正极与电感式传感器红色线连接，电源负极与传感器蓝色线相连。

2）传感器黄色线连接到 PLC 输入端接口 I0. 0。

3）按照上面两个步骤完成接线之后，先给 DC 24V 电源上电，然后再给西门子 S7－200 PLC 上电。观察此时 S7－200 PLC 上输入点指示灯的变化，应该会看到有一个点的灯被点亮。此时观察到的被点亮的输入点就是电感式接近开关传送过来的常闭点。

4）按照步骤 1）、2）完成接线后，如果从 S7－200 PLC 上读不到信号，在确认设备和接线完全没问题的情况下，可能是信号共地的问题。S7－200 PLC 通过检测 DC 24V 电源来判断该点的状态，倘若接近开关和 S7－200 PLC 使用了不同的 DC 24V 电源来供电，那么这两个 DC 24V 电源就不能保证是共地的。出现这个问题时，可以更改接线，让接近开关和 S7－200 PLC 使用同一个 DC 24V 电源即可。

笔记栏

项目评价

项目评价采用小组自评、其他组互评，最后教师评价的方式，权重分布为0.3、0.3、0.4。

表3-4 制作自动识别物料系统任务评价表

序号	任务内容	分值	评价标准	自评	互评	教师评分
1	识别传感器	10	不能准确识别选用的电感式传感器扣10分			
2	选择材料	20	材料选错一次扣5分			
3	连线正确	30	连线每错一次扣5分			
4	系统调试	40	调试失败一次扣10分			
最后得分						

项目总结

电感式传感器应用电磁感应原理，以带有铁心的电感线圈作为传感元件，把被测非电量变换为自感系数 L 或互感系数 M 的变化，再将 L 或 M 的变化接入到测量电路，从而得到电压、电流或频率的变化等，并通过显示装置显示被测非电量的大小。

电感式传感器可以分为自感式和互感式两大类，其中互感式又称为差动变压器式传感器。

自感式传感器是把被测量变化转换为传感器自感系数 L 的变化来实现的。它有三种类型：变气隙厚度式、变面积式、螺线管式电感传感器。测量转换电路通常采用交流电桥电路，但输出值只能反映动铁心位移的大小，而不能反映位移的极性，而且在实际工作中还存在零点残余电压的影响，可以采用一种带相敏整流器的电桥电路。

差动变压器是把被测量的变化转换为传感器互感系数 M 的变化来实现的，其实质上就是一个输出电压可变的变压器。测量转换电路是差动相敏检波电路和差动整流电路。

电涡流式传感器是一种建立在电涡流效应原理上的传感器。它是利用电涡流效应把被测量变换为传感器线圈阻抗 Z 的变化而进行测量的一种装置。

电涡流式传感器主要分为高频反射式和低频透射式两类。

电涡流式传感器的测量转换电路有电桥电路和谐振电路两种。谐振电路主要有调幅法和调频法两种基本测量电路。

项目测试

测评3

1. 电感式传感器是利用被测量的变化引起线圈________系数或________系数的变化，从而导致线圈________的改变这一物理现象来实现测量的。

2. 根据转换原理，电感式传感器可以分为________和________两大类。

3. 自感式传感器可以分为________、________和________三种类型。

4. 差动变压器的工作原理类似变压器的工作原理，这种类型的传感器主要包括________、________和________等。

5. ________的存在，使得差动变压器的输出特性在零点附近不灵敏，给测量带来误差，此值的大小是衡量差动变压器性能好坏的重要指标。

6. 电涡流式传感器是利用________，将非电量转换为阻抗的变化来进行测量的。

7. 电涡流传感器可以分为________和________两类。

8. 差动变压器是（ ）传感器。

A. 自感式　　B. 互感式　　C. 电涡流式

9. 在自感式传感器中，螺线管式自感传感器的灵敏度最低，为什么在实际应用中却应用最广泛？

10. 什么是零点残余电压？产生的原因是什么？如何消除？
11. 什么是电涡流？什么是电涡流效应？

笔记栏

阅读材料：电感式接近开关

在各类开关中，有一种对接近它的物件有“感知”能力的元件——位移传感器。接近开关利用位移传感器对接近物体的敏感特性达到控制开关通或断的目的，其外形如图3-30所示。

图3-30　接近开关外形

电感式接近开关又称无触点接近开关，是理想的电子开关量传感器。当金属检测体接近此开关的感应区域时，开关就能无接触、无压力、无火花、迅速地发出电气指令，准确反映运动机构的位置和行程，即使用于一般的行程控制，其定位精度、操作频率、使用寿命、安装调整的方便性和对恶劣环境的适用能力，也是一般机械式行程开关所不能相比的。

电感式接近开关是用于非接触检测金属物体的一种最具性价比的解决方案。它利用导电物体在接近这个能产生电磁场的接近开关时，使物体表面产生涡流。涡流反作用于接近开关，使开关内部的电路参数发生变化，由此识别出有无导电物体接近，进而控制开关的通断。接近开关所能检测的物体必须是导电体。即当一个导体移向或移出接近开关时，信号就会自动变化。由于电感式接近开关具有优秀的重复精度，可靠性极高，使用寿命长，所以应用领域极其广泛，如汽车工业、机械工程、机器人工业、输送机系统、造纸和印刷工业等。

电感式接近开关的应用举例如图3-31所示。

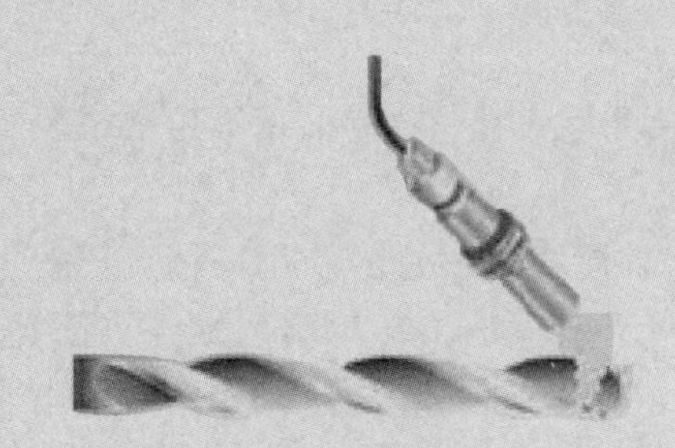

a) 识别断裂的钻头

b) 识别轮上的固定螺钉以检查速度和方向

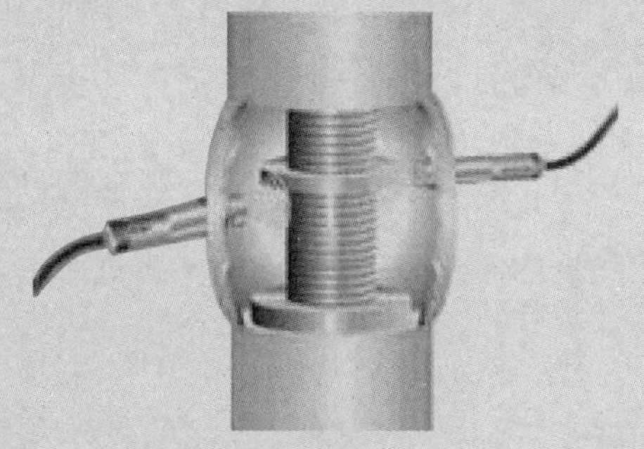

c) 识别阀的位置(完全打开或关闭)

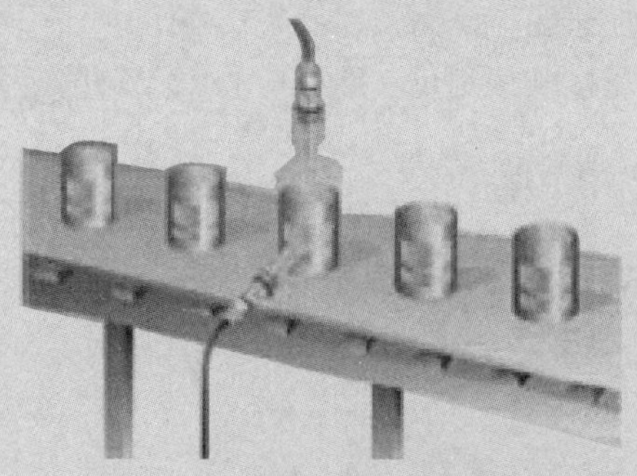

d) 识别罐和盖子

图3-31　电感式接近开关的应用举例

项目 4

电容式传感器的应用

项目描述

电容器式传感器可以测量位移、力、压力、加速度、机械角度、物位和液位等物理量，其优点是灵敏度高、寿命长、动态响应快；缺点是传感元件与连接线路的寄生电容影响大，非线性较严重。

学习目标

1. 了解电容式传感器的外形，熟悉电容传感器的基本类型，培养严密的逻辑思维能力。
2. 理解电容式传感器的工作原理，熟悉电容式传感器的典型应用。
3. 开阔视野，了解电容式指纹识别传感器的应用。
4. 完成物体检测装置的小制作，提高小组配合、团结协作的能力。

任务 4.1 认识电容式传感器

任务引入

在汽车、飞机的仪表盘上都安装有油箱油量的指示表，用来检测油箱液位的高低。油箱液位是驾驶员了解汽车、飞机运行状况的重要参数之一。

传统的汽车液位传感器存在精度低、稳定性不高、使用寿命短、使用环境局限等问题，导致汽车的使用成本相应增加。电容式液位传感器克服了上述液位传感器的缺点，而且在精度、稳定性等指标上有了质的飞跃，具有数据精度高、稳定性强、使用寿命长等优点。

电容式传感器除广泛应用在料位、液位、界位等物位的检测之外，还可用于位移、振动、角度、加速度、压力、差压等方面的测量，具有结构简单、体积小、分辨率高、动态响应好、可实现非接触式测量，能适应高温、辐射及强振动等恶劣条件的优点。

知识精讲

思考一： 在物理或电工基础课程中学过电容器方面的知识，如何理解平板电容器的电容量 $C=\varepsilon A/d$ 这一公式呢？

一、工作原理

电容式传感器是将被测非电量（如尺寸、压力等）的变化转换为电容量变化的一种传感器。实际上，它本身（或和被测物一起）就是一个可变电容器。电容式传感器具有零漂小、结构简单、动态响应快、易实现非接触测量等一系列优点，因而广泛用于位移、角度、振动、速度、

物位、压力、成分分析、介质特性等方面的测量。图 4-1 所示为几种常用的电容式传感器。

a) 压差变送器

b) 接近开关

c) 三轴加速度传感器

d) 物位开关

图 4-1　几种常用的电容式传感器

电容式传感器的工作原理可以用图 4-2 所示的平板电容器来说明。电容式传感器实质上就是一个可变参数的电容器。

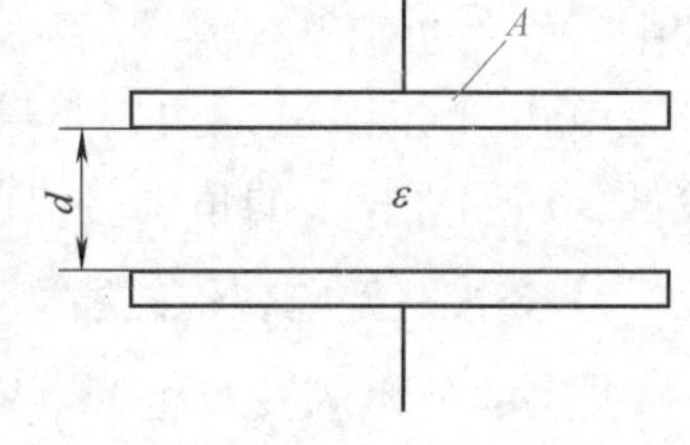

图 4-2　平板电容器

由物理学可知，两平行极板组成的电容器，如果不考虑边缘效应，其电容量为

$$C=\frac{\varepsilon A}{d}=\frac{\varepsilon_0\varepsilon_r A}{d} \tag{4-1}$$

式中，A 为极板相互遮盖面积（m^2）；d 为极板间的距离（又称极距）（m）；ε 为极板间介质的介电常数（F/m）；ε_0为真空介电常数，$\varepsilon_0=8.85\times10^{-12}$（F/m）；$\varepsilon_r$为两极板间介质的相对介电常数，$\varepsilon_r=\varepsilon/\varepsilon_0$。

由式(4-1) 可见，电容量 C 是 A、d、ε 的函数。如果保持其中两个参数不变，只改变其中一个参数，就可以把该参数的变化转换为电容量的变化，这就是电容式传感器的基本工作原理。

二、基本类型

在实际应用中，电容式传感器可以有三种基本类型：变面积型、变极距型和变介电常数型。而它们的电极形状又有平板形、圆柱形和球平面形（很少使用）三种。

1. 变面积型电容传感器

图 4-3 所示为几种常见的变面积型电容传感器的结构原理图。当定极板不动，动极板做直线位移或角位移运动时，两极板的相对面积发生改变，从而引起电容器电容量的变化。

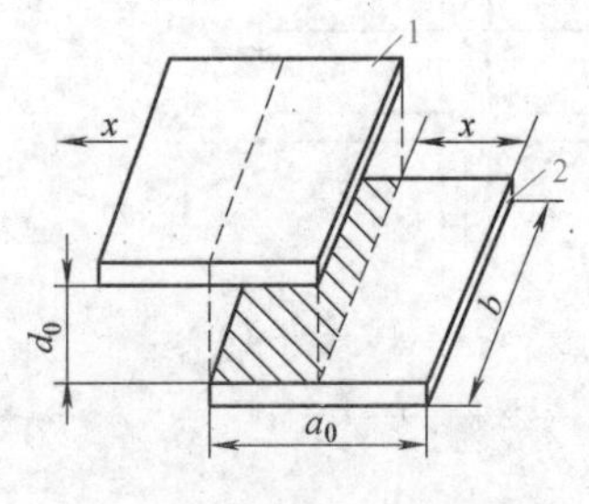

a) 平板形直线位移式

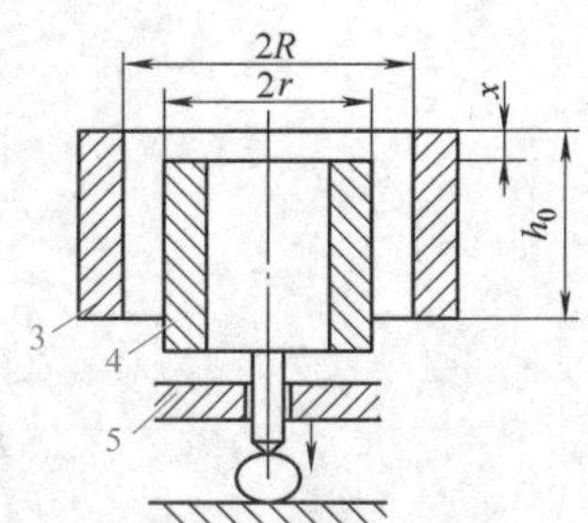

b) 圆柱形直线位移式

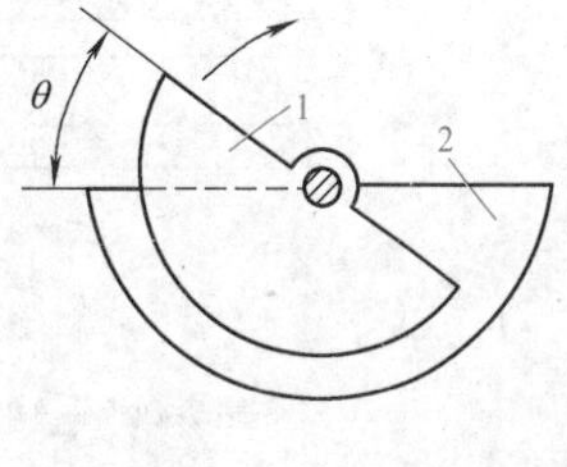

c) 角位移式

图 4-3　变面积型电容传感器的结构原理图

1—动极板　2—定极板　3—外圆筒　4—内圆筒　5—导轨

笔记栏

图4-3a 所示为平板形直线位移式电容传感器。其中，a_0为极板长度，b为极板宽度，d_0为极距，x为位移，对应电容量为

$$C_x = \frac{\varepsilon b(a_0 - x)}{d_0} = C_0\left(1 - \frac{x}{a_0}\right) \tag{4-2}$$

式中，C_0为初始电容值，$C_0 = \varepsilon b a_0 / d_0$。

图4-3b 所示为圆柱形直线位移式电容传感器。外圆筒不动，内圆筒在外圆筒内做上、下直线运动。其中，R和r分别为外、内圆筒的半径，h_0为外筒高度，x为位移，对应电容量为

$$C_x = \frac{2\pi\varepsilon(h_0 - x)}{\ln(R/r)} = C_0\left(1 - \frac{x}{h_0}\right) \tag{4-3}$$

式中，C_0为初始电容值，$C_0 = 2\pi\varepsilon h_0 / \ln(R/r)$。

图4-3c 所示为角位移式电容传感器。其中，d为两极板极距，A为极板的面积，θ为角位移，对应电容量为

$$C = \frac{\varepsilon A}{d}\left(1 - \frac{\theta}{\pi}\right) = C_0\left(1 - \frac{\theta}{\pi}\right) \tag{4-4}$$

式中，C_0为初始电容值，$C_0 = \varepsilon A / d$。

由式(4-2)~式(4-4) 可以看出，变面积型电容传感器的输出与输入呈线性关系，但灵敏度较低，适用于较大的角位移和直线位移的测量。

2. 变极距型电容传感器

图4-4 所示为变极距型电容传感器的结构原理图。当动极板受到被测物作用引起位移时，极距d改变，引起电容器的电容量发生变化。设初始极距为d_0，动极板移动距离为x，对应电容量为

$$C_x = \frac{\varepsilon A}{d_0 - x} \tag{4-5}$$

由式(4-5) 可知，电容量C_x与位移x之间不是线性关系。

在实际应用中，对于变极距型电容传感器，应使初始极距d_0尽量小些，以提高灵敏度，但这带来了行程较小的缺点。另外，为了减小非线性、提高灵敏度和减小外界因素（如电源电压波动、外界环境温度）影响，变极距型电容传感器常常做成差动结构。图4-5 所示为差动变极距型电容传感器的结构示意图。未开始测量时将活动极板调至中间位置，两边电容相等。测量时，中间极板向上或向下平移，从而引起电容器电容量的增减变化。

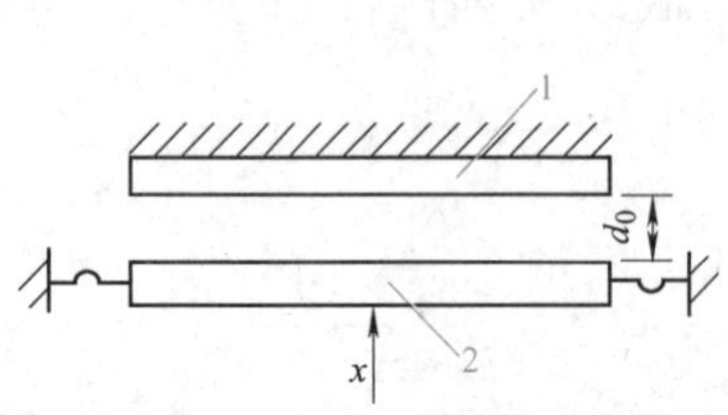

图4-4 变极距型电容传感器的结构原理图

1—定极板 2—动极板

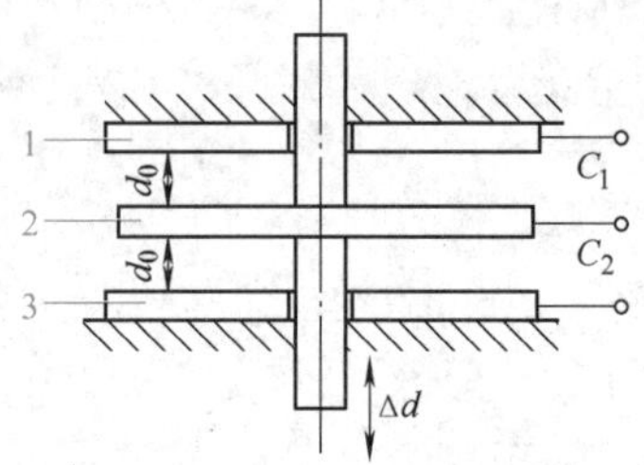

图4-5 差动变极距型电容传感器的结构示意图

1、3—定极板 2—动极板

3. 变介电常数型电容传感器

图4-6 所示为变介电常数型电容传感器的结构原理图。这种传感器大多用来测量电介质的厚度、位移、液位、流量，还可以根据极间介质的介电常数随温度、湿度、容量的改变而改变来测量温度、湿度、容量等。

笔记栏

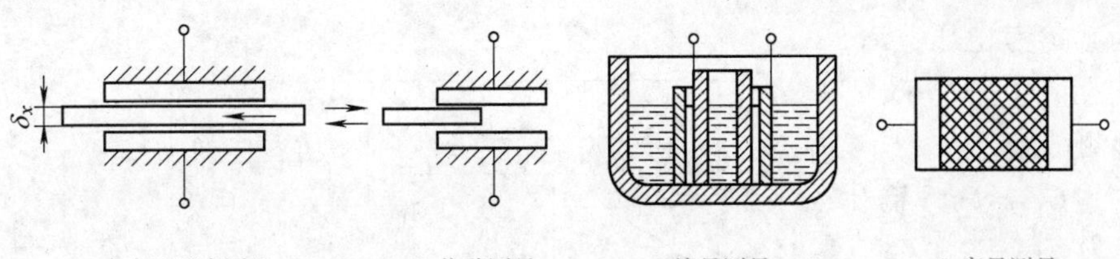

a) 电介质厚度测量　b) 位移测量　c) 流量测量　d) 容量测量

图4-6　变介电常数型电容传感器的结构原理图

温馨提示

要勤于思考，善于解决现场实际问题。

1）根据应用场合选择合适类型的电容式传感器。

2）当电极间存在导电物质时，电极表面应涂盖绝缘层，如0.1mm厚的聚四氟乙烯等，防止电极间短路。

思考二：电容式传感器的输出电容值非常小（通常只有几皮法至几十皮法），不便直接显示、记录，更难以传输，怎么办呢？

三、测量转换电路

1. 桥式测量转换电路

图4-7所示为桥式测量转换电路。在图4-7a中，变压器电源为高频电源（频率为$1MH_Z$左右），C_x为电容传感器，当电桥平衡时，有

$$\frac{C_1}{C_2}=\frac{C_x}{C_3} \tag{4-6}$$

显然此时输出电压$U_o=0$。当电容传感器C_x变化时，$U_o\neq0$，由此可测得电容的变化值。

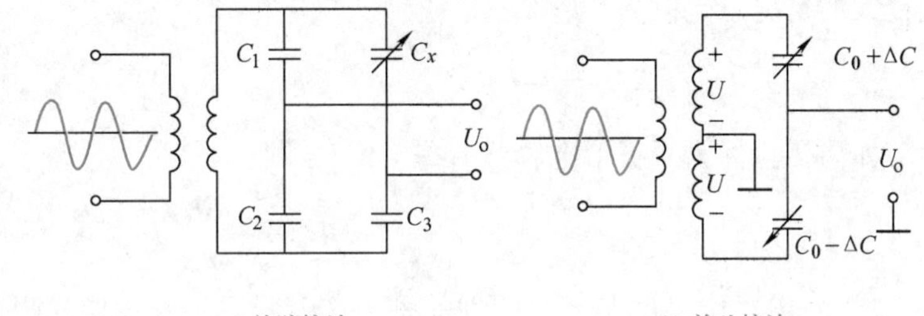

a) 单臂接法　b) 差动接法

图4-7　桥式测量转换电路

在图4-7b中，相邻的两臂接入差动式电容传感器。空载时的输出电压为

$$U_o=-\frac{\Delta C}{C_0}U \tag{4-7}$$

式中，U为工作电压（V）；C_0为电容传感器平衡状态时的电容值（F）；ΔC为电容传感器的电容变化值（F）。

由式(4-7)可见，差动接法的交流电桥，其输出电压U_o与被测电容的变化量ΔC之间呈线性关系。

2. 差动脉冲调宽测量转换电路

图4-8所示为差动脉冲调宽测量转换电路，用来测量差动式电容传感器的输出电压。

差动脉冲调宽测量转换电路的关键是利用对电容的充放电使电路输出脉冲的宽度随电容式传感器的电容量变化而变化，再经低通滤波器即可得到对应被测量变化的直流信号。

图4-8中，C_1、C_2为差动式电容传感器的两个电容，初始电容值相等，IC_1、IC_2为两个比

较器，U_r为其参考电压，R_1、R_2为充电电阻，A、B、F、G为电压波形测试点。

初始时，$C_1 = C_2$，输出电压平均值为零。

测量时，若被测量使得$C_1 > C_2$，C_1的充电时间t_1长于C_2的充电时间t_2，经低通滤波后，得直流电压U_o，当$R_1 = R_2 = R$时，则有

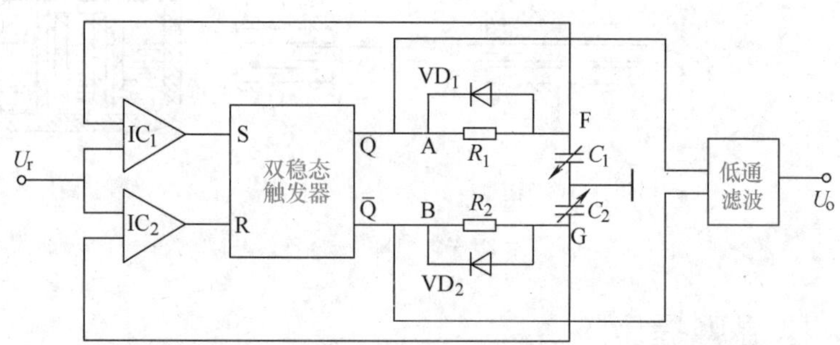

图 4-8　差动脉冲调宽测量转换电路

$$U_o = \frac{C_1 - C_2}{C_1 + C_2}U_1 \tag{4-8}$$

式中，U_1为触发器输出的高电平值（V）。

显然输出电压U_o与电容的差值成正比。与桥式测量转换电路相比，差动脉冲调宽测量转换电路只采用直流电源，不需要振荡器，只要配置一个低通滤波器就能正常工作，对矩形波波形质量要求不高，线性较好，不过对直流电源的电压稳定度要求较高。

3. 运算放大器式测量转换电路

图 4-9 所示为运算放大器式测量转换电路，将电容式传感器接入运算放大器，作为电路的反馈元件。图中U_i为交流电源电压，C为固定电容，C_x为传感器电容，U_o为输出电压。在运算放大器开环放大倍数A和输入阻抗较大的情况下，有

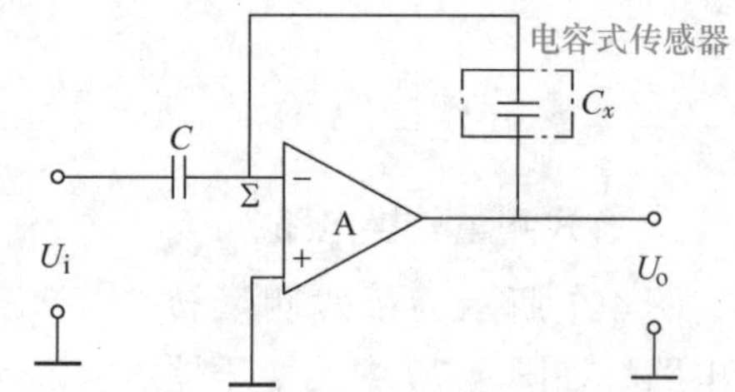

图 4-9　运算放大器式测量转换电路

$$U_o = -\frac{C}{C_x}U_i \tag{4-9}$$

如果传感器为平板形电容器$C_x = \varepsilon A/d$，则有

$$U_o = -\frac{CU_i}{\varepsilon A}d \tag{4-10}$$

式(4-10) 中，U_o与d呈线性关系，这表明运算放大器式测量转换电路能解决变极距型电容式传感器的非线性问题；此外，输出电压U_o还与C和U_i有关，因此，该电路要求固定电容必须稳定，电源电压必须采取稳压措施。

4. 调频式测量转换电路

调频式测量转换电路的原理框图如图 4-10 所示。把电容式传感器作为高频振荡器谐振回路的一部分，当输入量导致传感器的电容量发生变化时，振荡器的振荡频率也相应地变化，即振荡器频率受传感器输出电容的调制，故称调频式。在实现了电容到频率的转换后，再用鉴频器把频率的变化转换为幅度的变化，经放大后输出，进行显示和纪录；也可将频率信号直接转换为数字输出，用以判断被测量的大小。

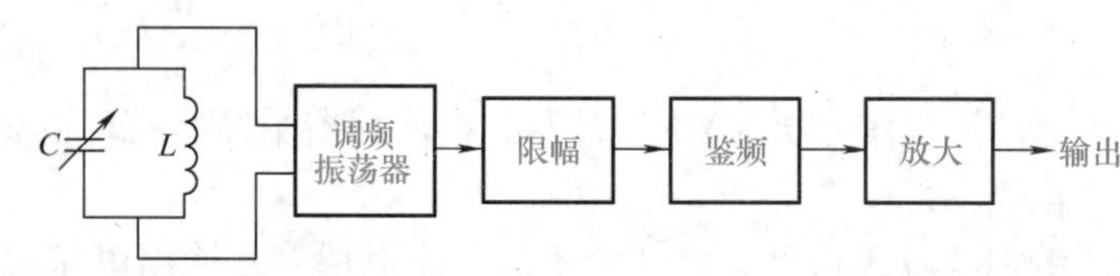

图 4-10　调频式测量转换电路的原理框图

调频式测量转换电路的主要优点是抗外来干扰能力强，特性稳定，且能获得较高的直流输出信号。

笔记栏

任务4.2　熟悉电容式传感器的应用

任务引入

电容式传感器测量技术在近几年得到了很大发展，广泛应用于位移、振动、角度、加速度、压力压差、液面、成分含量的测量，具有结构简单、体积小、分辨率高、可非接触测量等一系列优点，特别是与集成电路结合后，这些优点得到了更进一步的体现。

知识精讲

思考三：电容量 C 是 A、d、ε 的函数，如果保持其中两个参数不变，只改变其中一个参数，就可以把该参数的变化转换为电容量的变化。那么电容式传感器可用来测量哪些非电量呢？

一、电容式测厚仪

电容式测厚仪可用于金属带材在轧制过程中厚度的在线检测，其工作原理如图4-11a所示，在被测带材的上下两侧各装设一块面积相等且与带材距离相等的极板，两极板与带材之间形成两个电容 C_1、C_2。如果用导线将上下两极板连接起来作为一个电极，带材本身则为另一个电极，总电容为 C_1+C_2。带材在轧制过程中若发生厚度变化，将引起电容的变化，再用交流电桥检测出电容的变化，经过放大，即可由显示仪表显示出带材厚度的变化，测量转换电路如图4-11b所示。

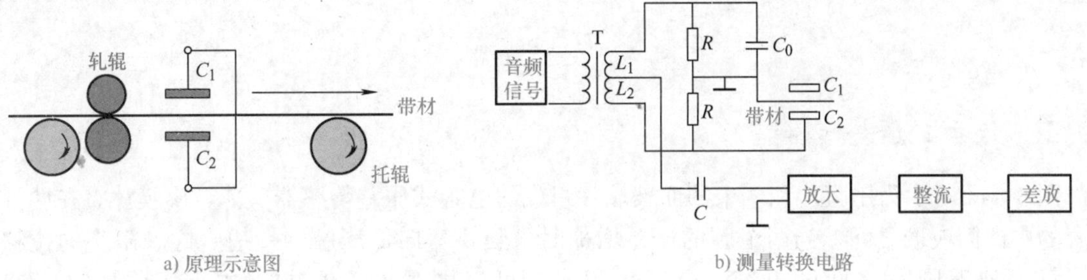

图4-11　电容式测厚仪

二、电容式油量表

图4-12所示为飞机上使用的一种可以测量油箱液位的电容式油量表。它采用自动电桥平衡电路。其基本构成元件为：置于油箱中的传感器电容 C_x，它接入电桥转换电路的一个桥臂；调整电桥平衡的电位器 R_P，其电刷与刻度盘的指针同轴连接。

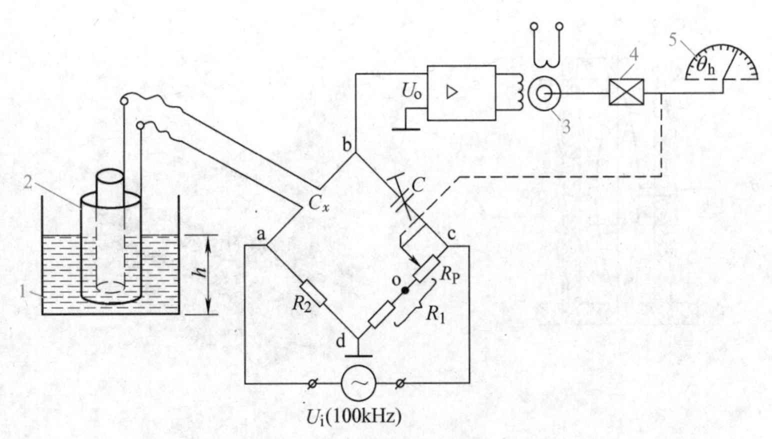

图4-12　电容式油量表结构图

1—油箱　2—传感器电容　3—伺服电动机　4—同轴连接器　5—刻度盘

当油箱中无油时，传感器电容值设为 C_{x0}，调节匹

笔记栏

配电容 C，使其与 C_{x0} 相等，调节可变电阻 R_P 的滑动臂，使 $R_1=R_2$，即使电桥处于平衡状态，此时电桥输出为零，伺服电动机由于缺乏励磁电压而停止转动，油量表指针偏转角 $\theta=0°$。

当油箱中有油时，假设液位高度为 h，油箱中的传感器电容由于其极板间部分区域介质的变化，使其电容值增大 ΔC_x，即 $C_x=C_{x0}+\Delta C_x$，而 ΔC_x 与 h 成正比，此时电桥失去平衡后的输出电压，经放大后驱动伺服电动机，从而带动油量表指针偏转，同时带动 R_P 的滑动臂，使其电阻值增大。

当 R_P 阻值达到一定值时，电桥又达到新的平衡状态，电桥输出电压为零，伺服电动机停转，指针停留在转角 θ 处，可从刻度盘上读出油箱液面高度 h 值。

图 4-13 所示为电容式液位传感器和液位限位传感器。电容式液位传感器随着液位的变化，输出的是模拟量，可连续检测液位。电容式液位限位传感器与电容式液位传感器的区别在于：它不给出模拟量，而是给出开关量，当液位达到设定值时输出相关的开关量，控制相应电路。

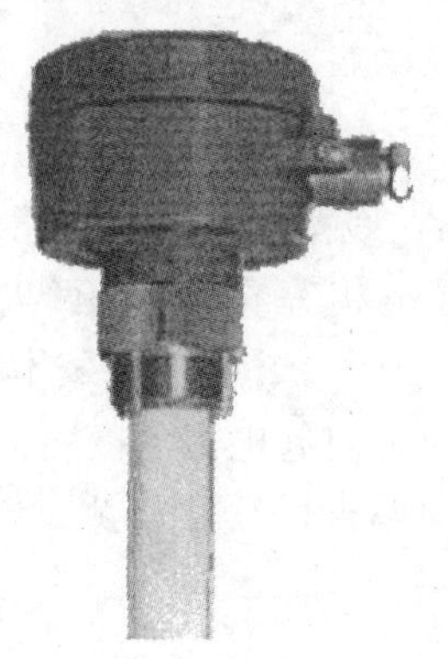
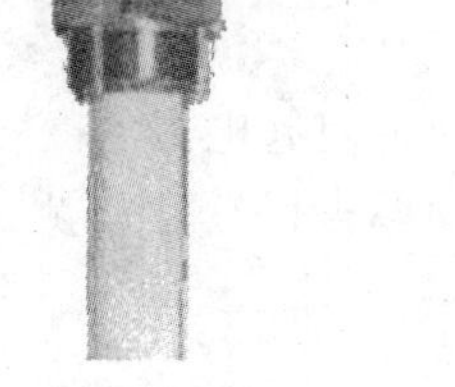

a) 液位传感器

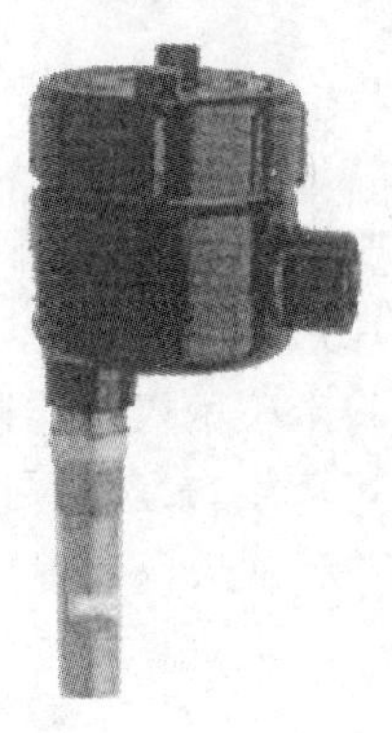

b) 液位限位传感器

微课4-1
电容式液位限位传感器

图 4-13 电容式液位传感器

三、电容式压差传感器

图 4-14a 所示为用膜片和两个凹面玻璃片组成的电容式压差传感器。薄金属膜片夹在两片镀金属的中凹面玻璃之间。当两个腔的压差增加时，膜片弯向低压腔的一边。这一微小的位移改变了每个玻璃圆片之间的电容，分辨率很高，可以测量 0 ~ 0.75Pa 的小压强，响应速度为 100ms。

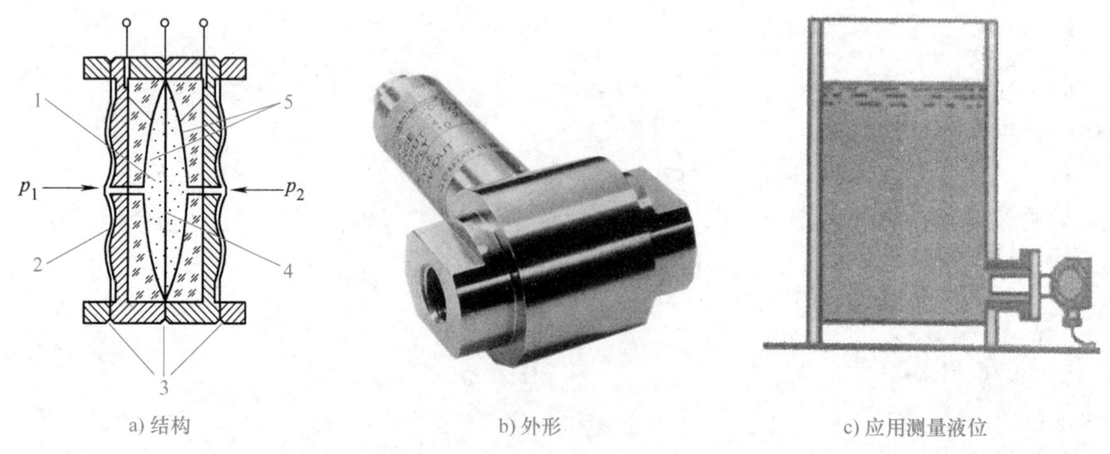

a) 结构 b) 外形 c) 应用测量液位

图 4-14 电容式压差传感器

1—硅油 2—隔离膜 3—焊接密封圈 4—测量膜片（动电极） 5—固定电极

电容式压差传感器的外形如图 4-14b 所示，又称电容式压差变送器；图 4-14c 所示为电容式压差传感器测量液位的示意图，图中右下角即为电容式压差传感器，由公式 $p=\rho gh$ 可知，施加在高压侧腔体内的压力与液位成正比。

四、电容式加速度传感器

电容式加速度传感器的结构示意图如图 4-15 所示。图中质量块的两个端面经磨平、抛光后作为动极板，分别与两个定极板构成一对差动电容 C_1 和 C_2。

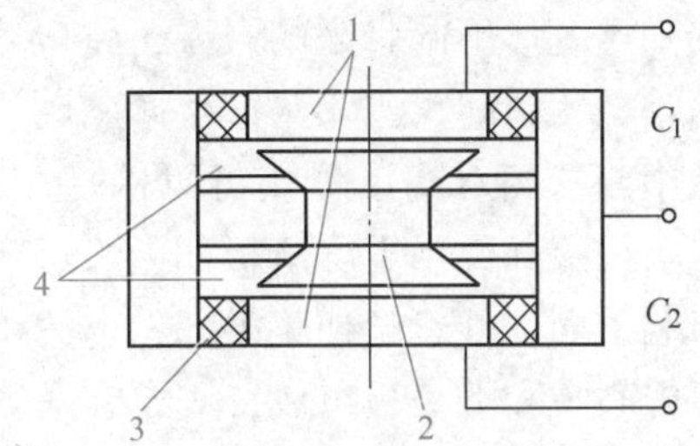

图 4-15　电容式加速度传感器的结构示意图

1—定极板　2—质量块　3—绝缘体　4—弹簧片

当传感器没有感受到被测加速度时，$C_1=C_2$，输出电容 $C=C_1-C_2=0$。

当传感器感受到向上的加速度时，壳体随被测体向上加速运动，而质量块由于惯性保持相对静止，使上面的电容 C_1 间隙变大，电容量减小，而下面的电容 C_2 间隙变小，电容量增大，输出电容 $C=C_1-C_2<0$。

反之，当传感器感受向下加速度时，输出电容 $C=C_1-C_2>0$。

因此，输出电容的大小反映了被测加速度的大小，输出电容的极性反映了被测加速度的方向。

电容式加速度传感器的应用如图 4-16 所示。钻地导弹的头部安装了电容式加速度传感器后，就可以实现延时起爆，从而保证钻地导弹钻地的深度。

a) 钻地导弹

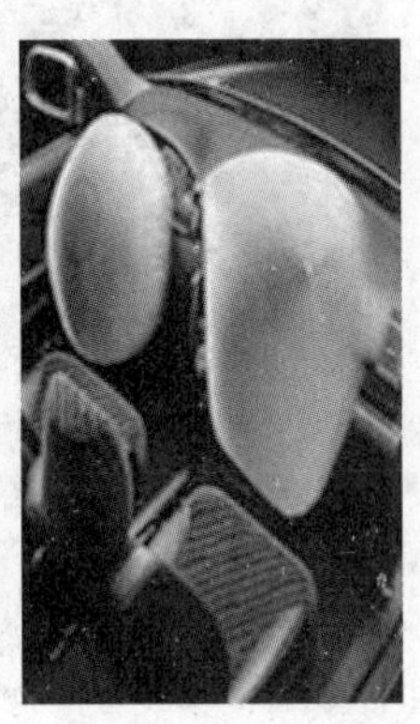

b) 轿车安全气囊

图 4-16　电容式加速度传感器的应用

电容式加速度传感器安装在轿车上，可以作为碰撞传感器。当测得的负加速度值超过设定值时，微处理器据此判断发生了碰撞，于是就启动轿车前部的折叠式安全气囊迅速充气而膨胀，托住驾驶员及同排的乘员的胸部及头部，从而保证其生命安全。

五、电容式传感器测转速

如图 4-17 所示，当齿轮转动时，电容量发生周期性变化，通过测量电路转换为脉冲信号，由频率计显示的频率表示转速大小。若转轴上开 z 个槽（或齿），频率计的读数为 f（Hz），则转轴转速 n（r/min）的计算公式为

$$n=\frac{60f}{z}$$

电容式传感器测转速时传感器与齿轮的相对位置如图 4-18a 所示。电容式传感器测转速的应用如图 4-18b 所示。

笔记栏

六、电容式称重传感器

电容式称重传感器在汽车上的安装如图4-19所示。当车厢内的货物两边轻重不同时，车轮上方的钢板弹簧的变形会不同，引起车厢倾斜。为降低弹簧变形不同带来的误差，将电容极板固定在轮轴的正中间，当车厢产生倾斜时，电容式传感器中心的相对高度仍然可以保持不变。其中，电容上极板部件由上屏蔽板和上极板组成，固定在车厢下面，处于车架正中部；电容下极板部件由下屏蔽板和下极板组成，固定在车轴中间的正上方，电容上下两极板需要正好上下对齐。要求电容上下两极板中的屏蔽板接测量电路中的地。汽车每根轮轴正上方和车身之间都需要安装一个电容式称重传感器。

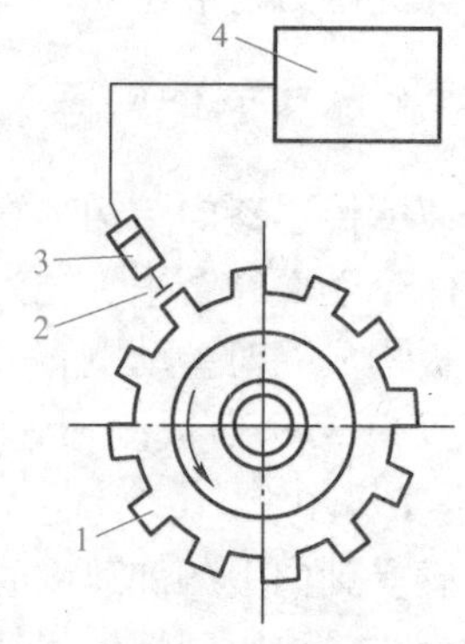

图4-17 电容式传感器测转速
1—齿轮 2—定极板 3—电容式传感器 4—频率计

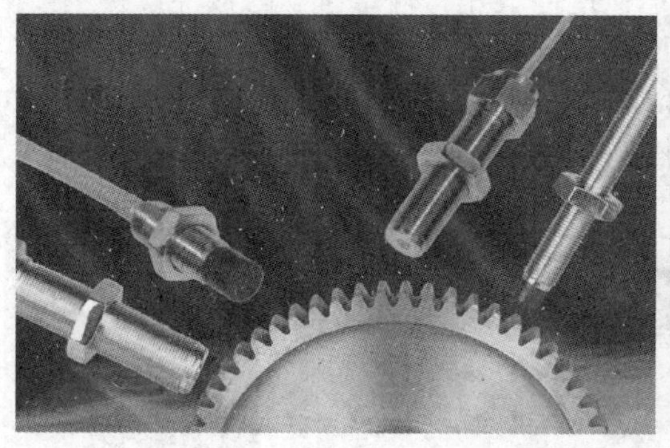

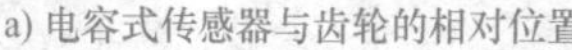
a) 电容式传感器与齿轮的相对位置

b) 电容式传感器测转速的应用

图4-18 电容式传感器测转速

当汽车装上货物后，轮轴上安装的钢板弹簧就会出现弹性变形，称重传感器极板间距 d 就会与原来不同，称重电容的电容量也将随之产生变化。由于车辆载荷和弹簧的变形量成正比，所以，可以预先通过实验的方法标定出电容测量电路输出电压值与汽车轮承受载荷之间的线性关系，然后依据各轴上安装的电容式传感器输出的电压值测出该轴承受的载荷质量。将汽车各轴上所对应的载荷质量全部相加，就可以求得该车总的载荷质量。

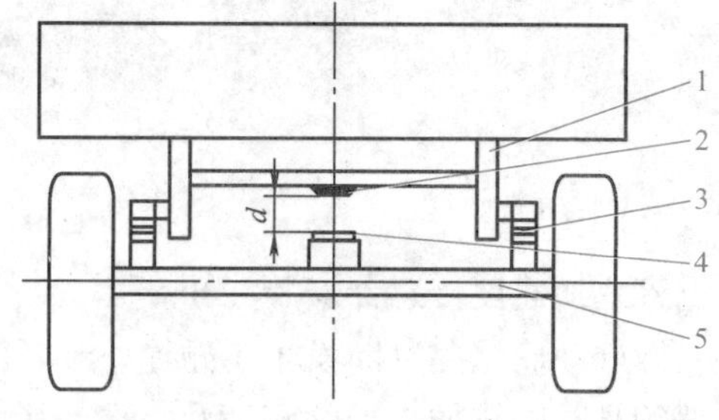

图4-19 汽车电容式称重传感器安装示意图
1—车架 2—电容上极板部件
3—钢板弹簧 4—电容下极板部件 5—轮轴

项目实施：趣味小制作——物体检测装置

【所需材料】

制作物体检测装置所需材料有电容式接近开关、中间继电器、信号灯、电源、开关、万用表、连接导线、工具。

笔记栏

【基本原理】

电容式传感器可用无接触的方式来检测任意物体。图4-20所示为电容式接近开关检测物体的电路原理图。

电容式接近开关的测量端构成电容器的一个极板，而另一个极板是开关的外壳。当有物体移向电容式接近开关时，无论该物体是否导电，由于它的介电常数总会不同于原来的环境介质（空气、水、油等），使得电容量发生变化，从而使得开关内部电路参数发生变化，引起电路状态也就是与测量端相连接的电路发生一定的变化，最终来控制电容式接近开关的断开或闭合。由此识别出有无物体接近，进而控制开关的通或断。电容式接近开关可检测任何介质，包括导体、半导体、绝缘体，甚至可以用于检测液体和粉末状物料。在检测非金属物体时，因受检测体的导电率、介电常数、体积吸水率等参数的影响，相应的检测距离将有所不同，对接地的金属导体有最大的检测距离。在实际应用中，电容式接近开关主要用于检测非金属物质。

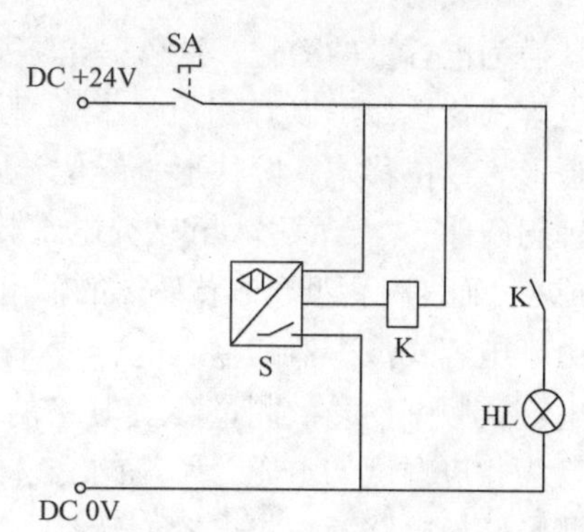

图4-20　电容式接近开关检测物体的电路原理图

图4-21所示为电容式接近开关的接线图。

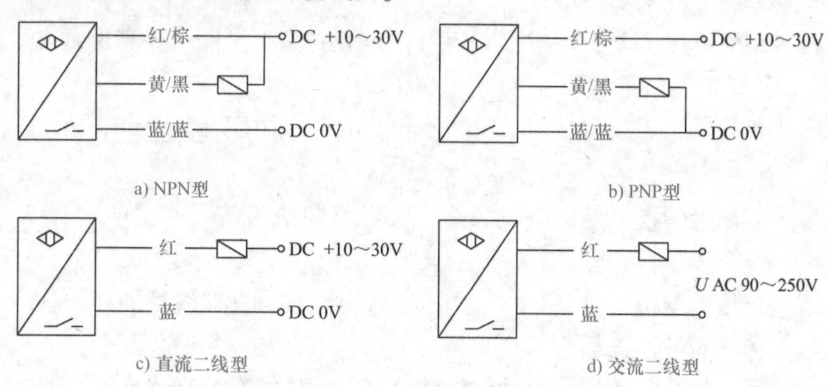

图4-21　电容式接近开关接线图

【制作提示】

1）电路制作完成后，连接图4-20中继电器触点所在的控制电路，同时为了直观，控制对象可选择指示灯或蜂鸣器。

2）电容式接近开关所检测的物体，并不限于金属导体，也可以是绝缘的液体或粉状物体。

3）请勿将电容式接近开关置于直流磁场环境下使用，以免造成误动作。

项目评价

项目评价采用小组自评、其他组互评，最后教师评价的方式，权重分布为0.3、0.3、0.4。

表4-1　物体检测装置制作任务评价表

序号	任务内容	分值	评价标准	自评	互评	教师评分
1	识别传感器	10	不能准确识别选用的电容式接近开关扣10分			
2	选择材料	20	材料选错一次扣5分			
3	连线正确	30	连线每错一次扣5分			
4	物体检测调试	40	1. 调试失败一次扣10分 2. 指示灯不能指示扣10分			
最后得分						

笔记栏

项目总结

电容式传感器是将被测非电量转换为电容变化的一种装置。由公式 $C=\varepsilon A/d$ 可知：电容量 C 是 A、d、ε 的函数，如果保持其中两个参数不变，只改变其中一个参数，就可以把该参数的变化转换为电容量的变化，这就是电容式传感器的基本工作原理。

电容式传感器可以有三种基本类型：变面积型、变极距型和变介电常数型；变面积型又分为平板形直线位移式、圆柱形直线位移式和角位移式三种结构形式。

理想条件下，变面积型和变介电常数型电容传感器具有线性输出特性，即其输出电容 C 正比于 A 或 ε，而变极距型电容传感器的输出特性是非线性的，为此常采用差动结构以减小非线性。

由于电容式传感器的输出电容值非常小，所以需要借助测量转换电路将其转换为相应的电压、电流或频率信号。测量转换电路的种类很多，大致可归纳为三类：①调幅电路，即将电容值转换为相应幅度的电压，常见的有桥式测量转换电路和运算放大器式测量转换电路；②脉宽调制测量转换电路，即将电容值转换为相应宽度的脉冲；③调频式测量转换电路，即将电容值转换为相应的频率。

电容式传感器可用来检测直线位移和角位移，以及液位或料位的测量与控制。

项目测试

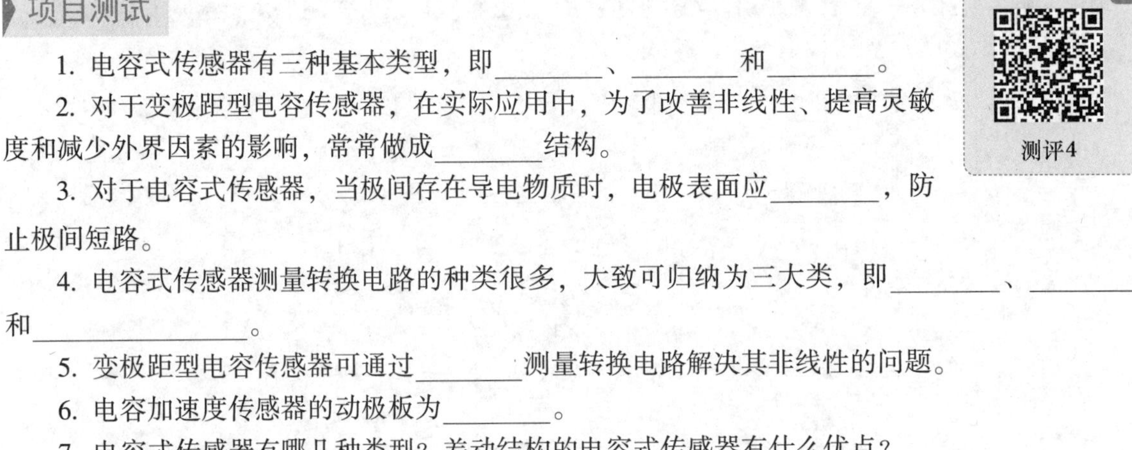

测评4

1. 电容式传感器有三种基本类型，即________、________和________。
2. 对于变极距型电容传感器，在实际应用中，为了改善非线性、提高灵敏度和减少外界因素的影响，常常做成________结构。
3. 对于电容式传感器，当极间存在导电物质时，电极表面应________，防止极间短路。
4. 电容式传感器测量转换电路的种类很多，大致可归纳为三大类，即________、________和________。
5. 变极距型电容传感器可通过________测量转换电路解决其非线性的问题。
6. 电容加速度传感器的动极板为________。
7. 电容式传感器有哪几种类型？差动结构的电容式传感器有什么优点？
8. 电容式传感器主要有哪几种类型的测量转换电路？各有什么特点？
9. 试分析图 4-16 所示电容式加速度传感器的工作原理。
10. 试画出检测不同物质中含水量的电容式传感器的可能结构。
11. 举例说明圆柱形电容式传感器的应用。
12. 简述电容测厚仪的工作原理。
13. 简述轿车安全气囊的工作原理。

阅读材料：电容式指纹识别传感器的应用

电容式指纹识别传感器有单触型和划擦型两种，都是目前最新型的固态指纹传感器。它们都是通过检测在触摸过程中电容的变化来进行信息采集的，优点是体积小，成本低，成像精度高，而且耗电量很小，因此非常适合在消费类电子产品中使用。

这两类电容式指纹识别传感器的工作原理为：当指纹中的凸起部分置于传感电容像素电极上时，其电容量会有所增加，通过检测增加的电容量来进行数据采集。传感器中的像素点为 $45\mu m^2$，间隔为 $50\mu m$，电容像素阵列的分辨率略高于 500dpi（dot per inch，每英寸打印的

点数）。这类传感器基于一种标准的单-多晶硅三层金属 CMOS 工艺，并采用 0.5μm 工艺进行设计。金属互连的第三层构成电容像素层，由氮化钛制成并覆盖着一层氮化硅，厚度仅为 7000Å。这种硬金属电极与抗磨涂敷层组合形成的传感器十分坚实耐用，使用寿命长达多年。

电容式指纹传感器的用途主要有：

1. 指纹检测

人类的指纹由紧密相邻的凹凸纹路构成，通过对每个像素点上利用标准参考放电电流，便可检测到指纹的纹路状况。每个像素先预充电到某一参考电压，然后由参考电流放电。电容阳极上电压的改变率与其上的电容之间的比例关系为

$$I_{ref} = C\mathrm{d}v/\mathrm{d}t \tag{4-11}$$

式中，I_{ref}为参考电流（A）；C 为电容量（F）；$\mathrm{d}v/\mathrm{d}t$ 为电压的改变率。

处于指纹的凸起下的像素（电容量高）放电较慢，而处于指纹的凹处下的像素（电容量低）放电较快，这种不同的放电率可通过采样保持（S/H）电路检测并转换成一个 8 位输出。这种检测方法对指纹凸起和低凹具有较高的敏感度，并可形成非常好的原始指纹图像。图 4-22 所示为指纹处理后的成像图。

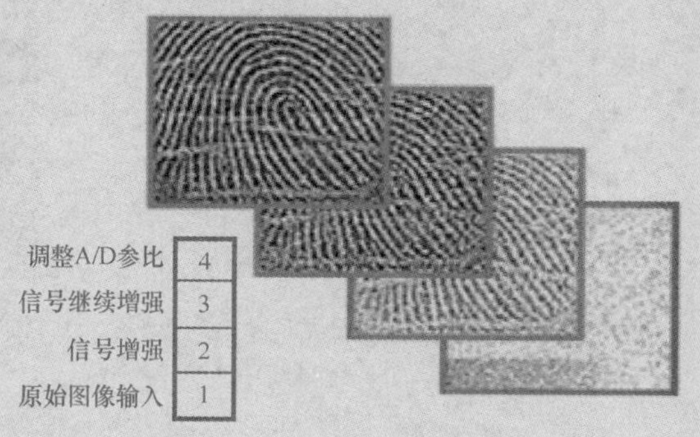

图 4-22　指纹处理后的成像图

采用复杂的软件算法可以进行指纹识别。这种软件采集原始的指纹图像，将图像信息数字化并提取其中的细节模板，然后进行测试，确定提取的细节模板是否与参考模板吻合。

单触型传感器与划擦型传感器的尺寸和成本都不一样。单触型传感器较大，通常有效接触面为 15mm×15mm，可迅速地采集最大的指纹或拇指指纹。这种传感器易于使用，并可将整个指纹图像以 500dpi（自动指纹识别标准）的精度进行快速传输。单触型传感器由 256（列）×300（行）微型金属电极组成，每一列连接到一对 S/H 电路上。指纹图像依次逐行采集，每个金属电极均作为电容的一个极，与之接触的手指则是电容的另一个极。在器件表面有一层钝化层，作为两个电容极间的电介质层。将手指置于传感器上时，指纹上的凸起和低凹会在阵列上产生不同的电容值，并构成用于认证的一整幅图像。

划擦型传感器是一种新型指纹采集器件，要求用户将手指在器件上划过。划擦型传感器的优点是尺寸小（如富士通的 MBF300 尺寸仅为 3.6mm×13.3mm）和成本低，主要用于移动设备的嵌入式安全识别应用，如手机和 PDA（掌上计算机）。精密的图像重建软件以接近 2000 帧/s 的速度快速地从传感器上采集多个图像，并将每个帧的数据细节组织到一起。

2. 信息及认证

毫无疑问，便携式低成本指纹识别技术对日常生活的影响意义深远。例如，今后警察可要求嫌疑人提供指纹而不是身份证或汽车驾照。当嫌疑人将其右手的第一、二或第三个手指置于一个与无线 PDA 相连的传感器上时，便可以迅速将嫌疑人与以前的犯罪记录进行对比确认。

这种识别技术对于被盗的手机用户也有好处。图 4-23 所示为指纹识别手机，手机开机时要求用户通过一个快速的指纹认证过程，用户将其手指划过指纹识别传感器，如果通过认证，则授权使用手机的各项功能；如果不是授权用户，手机便继续保持锁住状态；如果连续几次认证无法通过，则手机会删除存储器中的关键信息然后关机。

笔记栏

在今后的汽车应用中，用户可输入家庭成员指纹样本，经鉴别授权才能驾驶。注册过程十分简单：每个授权驾驶的成员将其手指置于指纹识别传感器上，并将汽车的各种参数按个人爱好进行设置，然后将这些设置存入车载的计算机存储器中，如图4-24所示。当驾驶员进入汽车时，将手指置于传感器上，起动识别过程。不到1s，计算机将检测到的指纹模板与存储的模板进行匹配，当指纹匹配成功时，汽车便按已编程设定的内部参数来控制后视镜、汽车座椅、无线基站以及车内空气环境。此外，还可控制驾驶速度，如果驾驶员仅为十来岁的孩子，则将速度限制在55km/h。

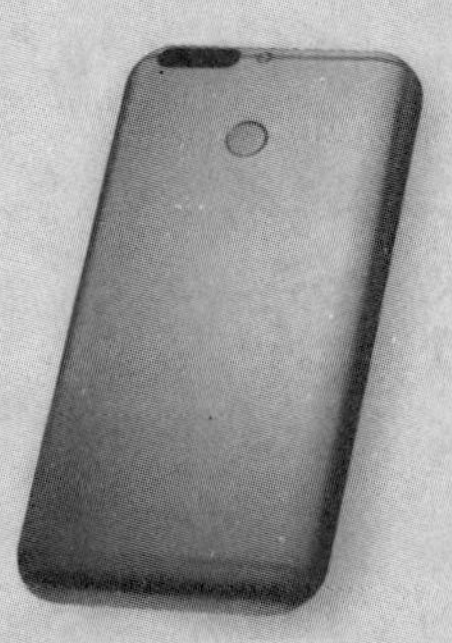
图4-23　指纹识别手机

图4-24　汽车防盗指纹识别

图4-25所示为电容式指纹识别传感器在笔记本计算机上的应用。该技术的应用使笔记本计算机的使用更加简便、安全，确保自己所使用的笔记本计算机为本人专用。

图4-25　笔记本指纹识别

当然，电容式传感器的应用领域远不止以上所列举的几个方面，它在检测及控制中的应用也十分广泛，其结构类型也不胜枚举。

项目5

光传感器的应用

项目描述

在仪表中，利用光电元件制成的传感器统称为光传感器。常用的光传感器有光电管、光电倍增管、光敏电阻、光电二极管、光电晶体管、光纤、光栅、电荷耦合器件（CCD）等。上述光电产品已广泛应用在日常生活、工业生产中。

学习目标

1. 了解光传感器的结构和工作原理，培养严密的逻辑分析能力。
2. 认识常见的光传感器。
3. 掌握光传感器的应用，提高分析问题和解决问题的能力。
4. 完成报警器趣味小制作，提高团结协作的能力，安全意识强，操作规范。

任务5.1 掌握光电式传感器的应用

任务引入

在光电式传感器中，光电元件是转换器件。它可用于检测直接引起光量变化的非电量，如光强、光照度、辐射测温、气体成分分析等，也可用来检测能转换成光量变化的其他非电量，如零件直径、表面粗糙度、应变、位移、振动、速度、加速度，以及物体的形状、工作状态的识别等。光电式传感器具有非接触、响应快、性能可靠等特点，因此在工业自动化设备和机器人中获得了广泛应用。

知识精讲

思考一： *在商场或者超市你乘坐过自动扶梯吗？在银行或者酒店你走过自动旋转门吗？你知道它们都是怎样实现自动控制的吗？*

光电式传感器是采用光电元件作为检测器件，首先把被测量的变化转变为光信号的变化，然后借助光电元件进一步将光信号转换成电信号，再由检测电路进行识别控制。光电式传感器一般由光源、光学通路和光电元件三部分组成，近年来，随着光电技术的发展，光电式传感器已成为一系列产品，其品种及产量日益增加，用户可根据需要选用相应规格的产品。光电式传感器广泛应用于工业自动化生产线中。

一、光电效应

光电式传感器是基于各种光电效应进行工作的常用传感器。

笔记栏

1. 外光电效应

光线照射在某些物体上，引起电子从这些物体表面逸出的现象称为外光电效应，也称光电发射。逸出来的电子称为光电子。

根据能量守恒定律，要使电子逸出并具有初速度，光子的能量必须大于物体表面的逸出功。由于光子的能量与光谱成正比，因此要使物体发射出光电子，光的频率必须高于某一限值，这个能使物体发射光电子的最低光频率称为红限频率。

小于红限频率的入射光，光再强也不会激发光电子；大于红限频率的入射光，光再弱也会激发光电子。单位时间内发射的光电子数称为光电流，它与入射光的光强成正比。

基于外光电效应原理工作的光电元件有光电管、光电倍增管。

2. 内光电效应

物体受光照射后，其内部的原子释放出电子，这些电子仍留在物体内部，使物体的电阻率发生变化或产生光电动势的现象称为内光电效应。内光电效应又细分为光电导效应和光生伏特效应。

（1）光电导效应

入射光强改变物质导电率的物理现象称为光电导效应。

几乎所有高电阻率的半导体都有光电导效应。如图 5-1 所示，在入射光线的作用下，电子吸收光子能量，从价带被激发到导带上，过渡到自由状态。同时价带也因此形成自由空穴，使导带的电子和价带的空穴浓度增大，引起电阻率减小。

基于光电导效应原理工作的光电元件有光敏电阻。

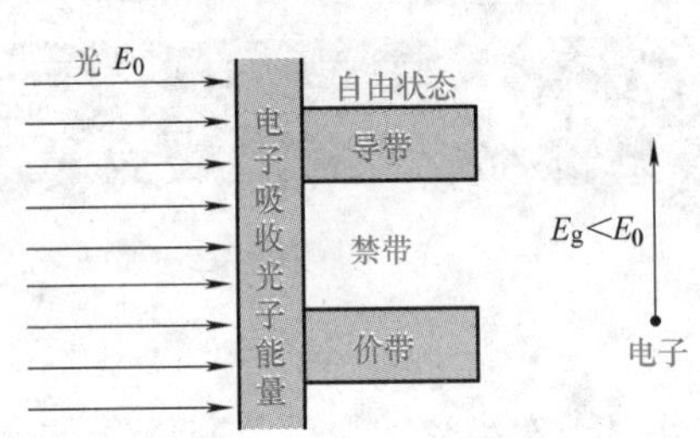

图 5-1 光电导效应示意图

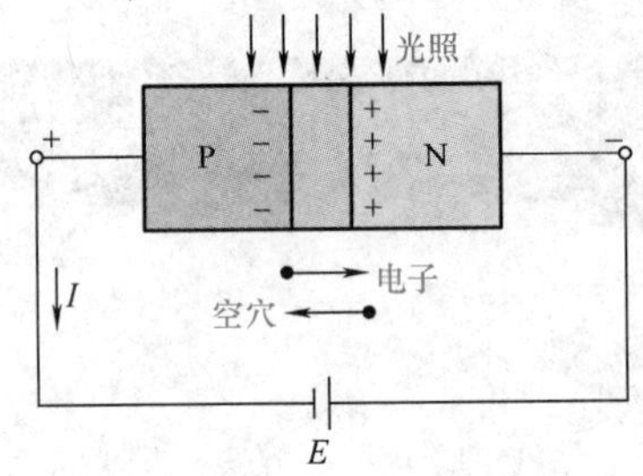

图 5-2 光生伏特效应示意图

（2）光生伏特效应

光生伏特效应是半导体材料吸收光能后，在 PN 结上产生电动势的效应。不加偏压的 PN 结，在光照射时，可激发出电子–空穴对，在 PN 结内电场作用下空穴移向 P 区，电子移向 N 区，使 P 区和 N 区之间产生电压，该电压就是光生伏特效应产生的光生电动势。基于此效应原理工作的光电元件有光电池。

图 5-2 所示为处于反偏的 PN 结，无光照时 P 区电子和 N 区空穴很少，反向电阻很大，反向电流很小；当有光照时，光子能量足够大，产生光生电子–空穴对，在 PN 结电场作用下，电子移向 N 区，空穴移向 P 区，形成光电流 I，电流 I 方向与反向电流一致，并且光照越大，光电流越大。基于此效应的光电元件有光电二极管、光电晶体管。

思考二：光电式传感器都有哪些呢？

二、光电管和光电倍增管

1. 光电管

光电管由一个光电阴极和阳极封装在玻璃壳内组成，光电阴极涂有光敏材料。图 5-3 列出了几种常见的光电管。

笔记栏

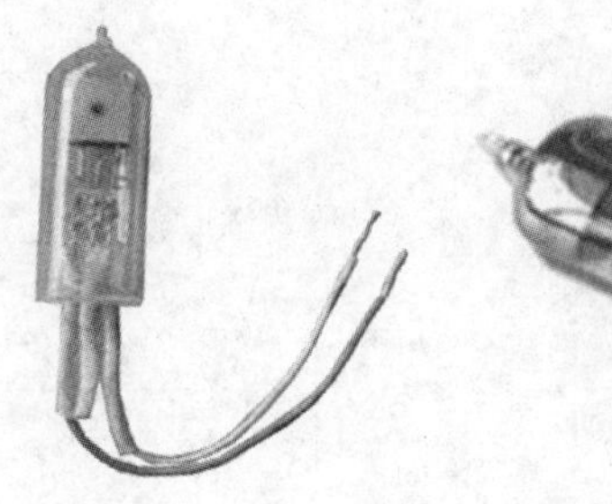

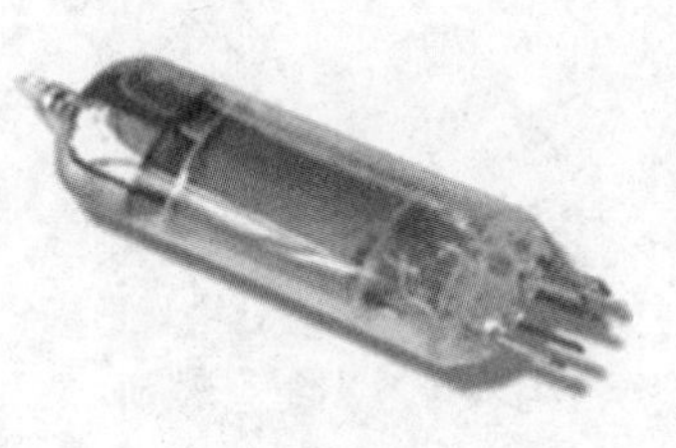

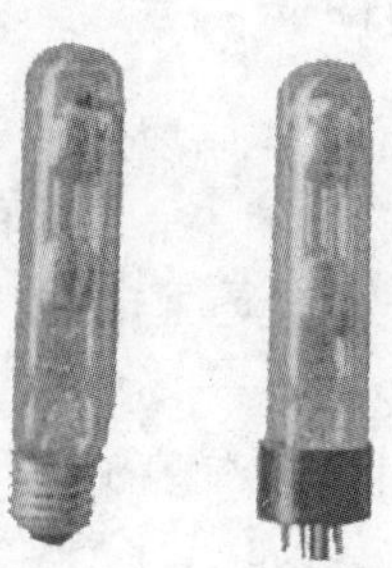

图5-3 几种常见的光电管

光电管的结构和工作原理如图5-4所示。无光照射时，电路不通。有光线照射时，如果光子的能量大于电子的逸出功，会有电子逸出产生电子发射。电子被带有正电的阳极吸引，在光电管内形成光电流，根据电流大小可知光量的大小。

阴极 阳极 光敏材料

a) 结构

光 A(阳极) K(阴极) I R U_o E

b) 工作原理

图5-4 光电管

2. 光电倍增管

当用光电管去测量很微弱的入射光时，光电管产生的光电流很小（小于零点几毫安），不易检测，误差也大，说明普通光电管的灵敏度不够高。这时可改用灵敏度较高的光电倍增管。

光电倍增管是在光电管的阴极与阳极之间（光电子飞跃的路程上）安装若干个倍增极构成的，其结构如图5-5a所示，外形如图5-5b所示。

当高速电子撞击物体表面时，将一部分能量传给该物体中的电子，使电子从物体表面逸出，称为二次电子发射。

倍增极就是二次发射的发射体。二次电子发射数量的多少，与物体的材料性质、物体的表面状况、入射的一次电子能量和入射的角度等因素有关。

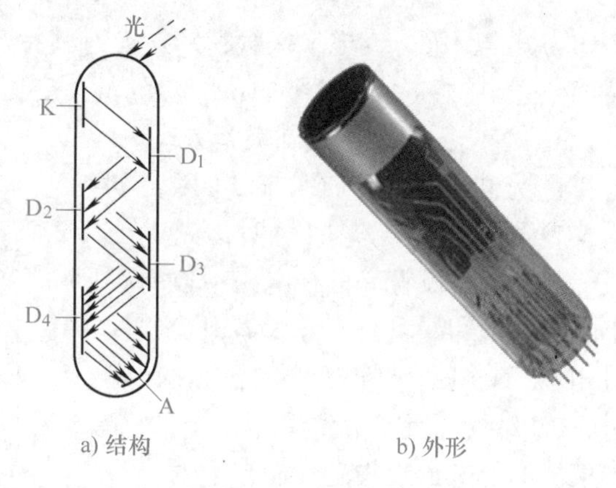

a) 结构　　b) 外形

图5-5 光电倍增管

K—阴极　A—阳极　$D_1 \sim D_4$—第1～4倍增极

光电倍增管在弱光和光度测量中得到了广泛应用，如核仪器中γ能谱仪、X射线荧光分析仪等闪烁探测器，都使用了光电倍增管作为传感器件。

温馨提示

要勤于思考，善于解决现场实际问题。

1）使用光电管和光电倍增管时，注意不要将它暴露在阳光下，否则，强的日光会损坏光电阴极。

2）不能用手摸光电管和光电倍增管的入射光窗口，要用酒精清洗，即使在正常使用情况下，也要三个月清洗一次。

笔记栏

三、光敏电阻

光敏电阻的工作原理是基于光电导效应，由掺杂的光导体薄膜沉积在绝缘基片上形成，纯粹是个电阻，没有极性，其外形如图5-6a所示。

光敏电阻上可以加直流电压，也可以加交流电压。例如，将它接在图5-6b所示电路中，当无光照时，由于光敏电阻的阻值太大，电路中电流很小；当有适当波长范围内的光线照射时，因其电阻值变得很小，电路中电流增加，根据电流表测出的电流值的变化，即可推算出照射光强度的大小。

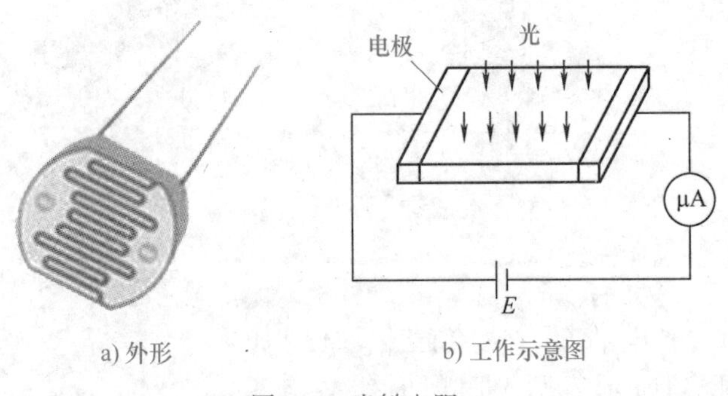

a) 外形　b) 工作示意图

图5-6　光敏电阻

利用光敏电阻无光照射和有光照射时电流值的变化可以检测光的存在和强弱，其优点是方法简单，元件体积小；缺点是电阻值不够大，限制了它的应用范围。

四、光电二极管和光电晶体管

光电晶体管的工作原理主要是基于光生伏特效应，广泛应用于可见光和远红外探测，以及自动控制、自动报警、自动计数等领域和装置。

1. 光电二极管

光电二极管与一般二极管相似，它们都有一个PN结，并且都是单向导电的非线性器件。但是作为光电元件，光电二极管在结构上有其特殊之处。如图5-7a所示，光电二极管封装在透明玻璃外壳中，PN结在管子的顶部，可以直接受到光照，为了大面积受光提高转换效率，光电二极管的PN结面积比一般二极管大。

将光电二极管加反向电压，如图5-7b所示，当无光照射时，光电二极管与普通二极管一样，电路中仅有很小的反向饱和漏电流，称为暗电流，此时相当于光电二极管截止；当有光照射时，PN结附近受光子的轰击，半导体被束缚的价电子吸收光子能被激发产生电子-空穴对，在反向电压作用下，反向饱和电流大大增加，形成光电流，此时相当于光电二极管导通，表明PN结具有光电转换功能。

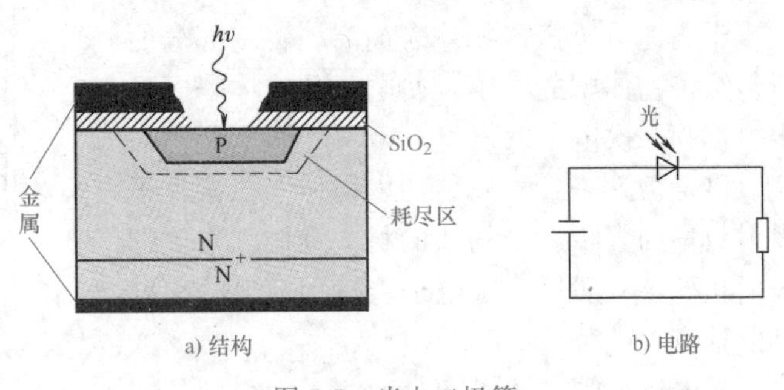

a) 结构　b) 电路

图5-7　光电二极管

2. 光电晶体管

光电晶体管把光电二极管产生的光电流进一步放大，它是具有更高灵敏度和响应速度的光电传感器。

光电晶体管与反向电压使用的光电二极管在结构上很相似，通常也只有两个引出线——发射极和集电极，基极不引出，但光电晶体管管心有两个PN结，如图5-8a所示，管心封装在窗口的管壳内。管壳同样开窗口，以便光线射入。

为了增加光照，基区面积做得很大，发射区面积较小，入射光主要被基区吸收。工作时集电集反偏，发射极正偏。光电晶体管可以看成是普通晶体管的集电极用光电二极管代替的结果。

笔记栏

图 5-8b 所示为一个光电晶体管的平面和剖面示意图。

光电晶体管电路如图 5-8c 所示，当无光照射时，集电极反偏，暗电流相当于普通晶体管的穿透电流；有光照射集电极附近的基区时，激发出新的电子-空穴对，经放大形成光电流。光电晶体管利用类似普通晶体管的放大作用，将光电二极管的光电流放大了（$1+\beta$）倍，所以它比光电二极管具有更高的灵敏度。

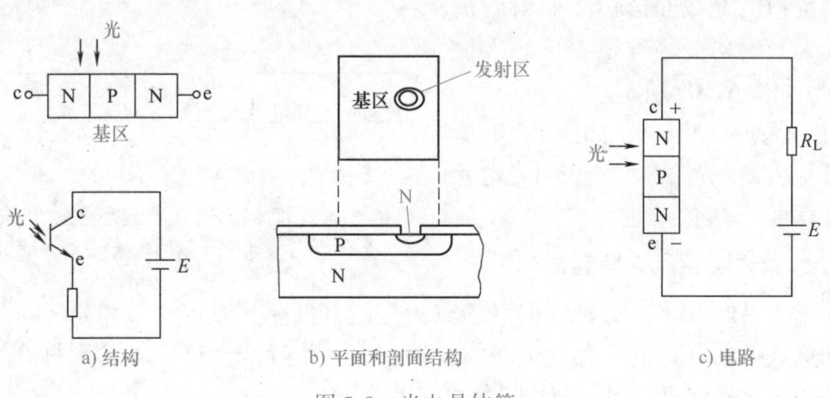

图 5-8　光电晶体管

思考三：自动扶梯是怎样控制起停的呢？除此之外，光电式传感器还有哪些方面的应用呢？

五、光电式传感器的应用

光电式传感器以其结构简单、形式灵活多样、体积小、测量精度高、反应速度快、可以实现非接触测量等优点，在生活和生产中得到了广泛的应用。

1. 光电转速传感器

光电式传感器在工业上最典型的应用就是测速，尤其可以测量 10r/min 的低速。而很多传统的转速测量方法，低速测量误差较大。

图 5-9 所示为光电转速传感器测量示意图。这种传感器利用光电元件的开关特性工作。图中光源 1 发出的光经透镜 2、半透明膜 3 和透镜 4 照射到被测转盘 5 上。被测转盘旋转平面上涂有等间距的黑白相间的标志。

当光照射到白色标志时，反射光经透镜 4、半透明膜 3 和透镜 6 入射到光电元件 7 上，使其由不通变为导通；当光照射到黑色标志时，因没有反射光，光电元件 7 仍为不通。

当被测转盘开始旋转时，每相邻一对黑、白标志，使光电元件由导通变为不导通，对应输出一个电脉冲。图 5-9 中被测转盘每转一周，产生 6 个电脉冲，通过频率计对脉冲计数，即可得到转盘的转速。

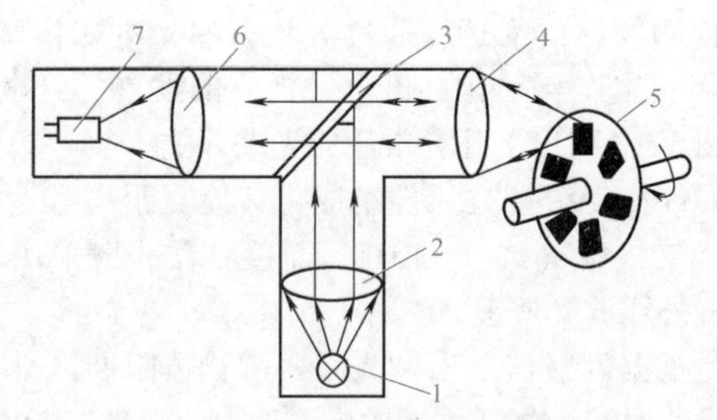

图 5-9　光电转速传感器测量示意图

1—光源　2、4、6—透镜　3—半透明膜　5—转盘　7—光电元件

微课5-1
光电测速传感器

笔记栏

2. 表面缺陷光电式传感器

在不损坏材料的前提下对材料进行无损检测是很多领域需要处理的问题，采用表面缺陷光电式传感器进行非接触检测，具有精度高、速度快等优点。

表面缺陷光电式传感器的工作原理示意图如图5-10所示。图中被测物体3表面光滑时，由光源1反射的光线经透镜2照射到被测物体表面上，其反射光经透镜4恰好入射到光电元件5，如图5-10a所示。

若被测物体表面有缺陷时，如图5-10b所示，反射光偏离原来的光路，无法入射光电元件，使其发出表面有缺陷的信号。

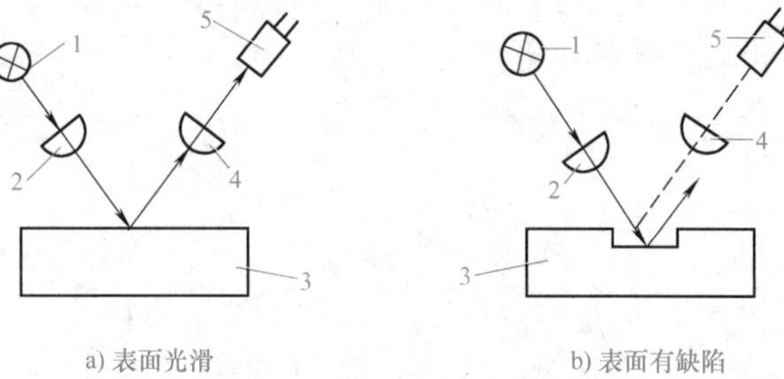

图5-10 表面缺陷光电式传感器的工作原理示意图
1—光源 2—透镜 3—被测物体 4—透镜 5—光电元件

3. 燃气热水器中脉冲点火控制器

燃气是易燃、易爆气体，对燃气器具中点火控制器的要求是安全、稳定、可靠。因此在各类燃气器具的点火控制电路中都有一个功能，即打火确认针产生火花，才可打开燃气阀门；否则燃气阀门关闭，这样就可以保证使用燃气器具的安全性。

图5-11所示为燃气热水器中的高压打火确认电路原理图。在高压打火时，火花电压可达1万多伏，这个脉冲高电压对电路工作影响极大，为了使电路正常工作，采用光电耦合器VLC进行电平隔离，以增强电路的抗干扰能力。当高压打火针对打火确认针放电时，光电耦合器中的发光二极管发光，耦合器中的光电晶体管导通，经VT_1、VT_2、VT_3放大，驱动强吸电磁阀，将气路打开，燃气碰到火花即燃烧。若高压打火针与打火确认针之间不放电，则光电耦合器不工作，VT_1等不导通，燃气阀门关闭。

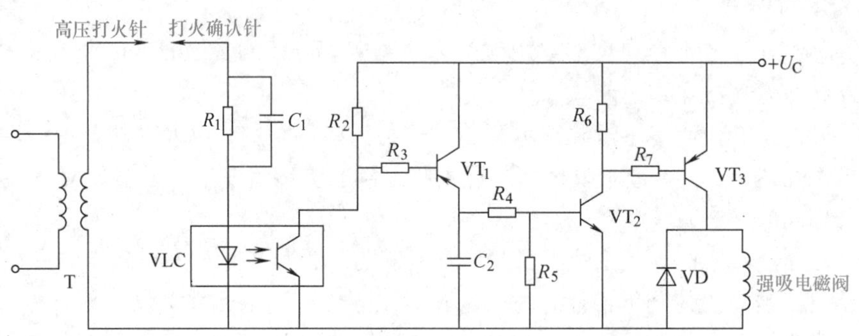

图5-11 燃气热水器中高压打火确认电路原理图

4. 红外光电开关

红外光电开关是用来检测物体的靠近、通过等状态的光电式传感器，也称为红外传感器，简称光电开关。近年来，随着生产自动化、机电一体化的发展，光电开关已发展成系列产品，其品种及产量日益增加。图5-12列出了几种常用的光电开关。

光电开关由红外发射元件与光敏接收元件组成，其检测距离可达数十米。红外发射元件一般采用功率较大的红外发光二极管（红外LED），而接收器一般采用光电晶体管。为了防止干扰，可在光电元件表面加红外线滤光透镜。

光电开关的工作原理是根据发射器发出的光束，被物体阻断或部分反射，接收器最终据此做出判断和反应。接收到光线时，光电开关有输出，称为“亮动”（可以是电平输出或者触点动作）；当光线被隔断或者低于一定数值时，光电开关有输出，称为“暗动”（可以是电平输出或者触点动作），其应用实例见表5-1。

笔记栏

图 5-12　常用的光电开关

表 5-1　光电开关应用实例

自动扶梯自动起停 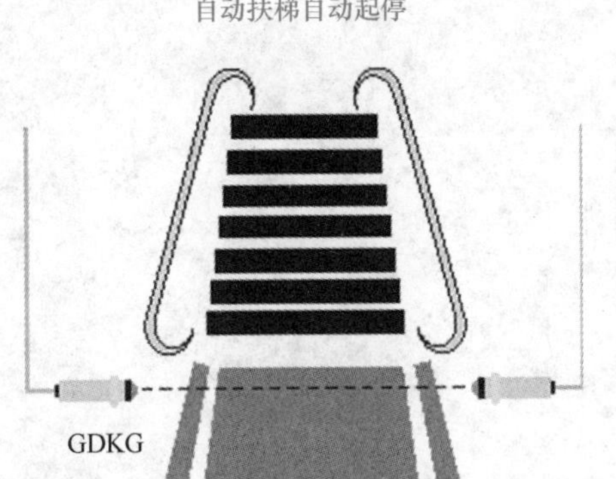 透射型光电开关，当光路被隔断时光电晶体管发出一个电脉冲，驱动电梯运行	产品计数 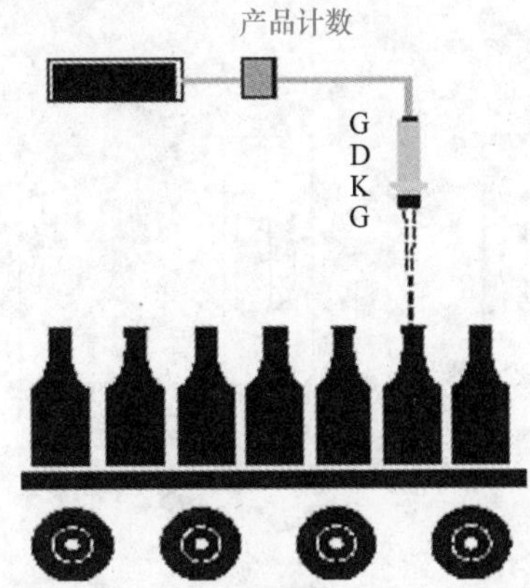 被测体反射型光电开关，每通过一个产品，光电二极管发出的红外线经瓶盖反射被光电晶体管接收，光电晶体管就会发出一个脉冲进行计数
烟雾检测  反射镜反射型光电开关，当有烟雾产生时，光路被隔断，光电晶体管输出一个电脉冲信号驱动报警系统	高度辨认 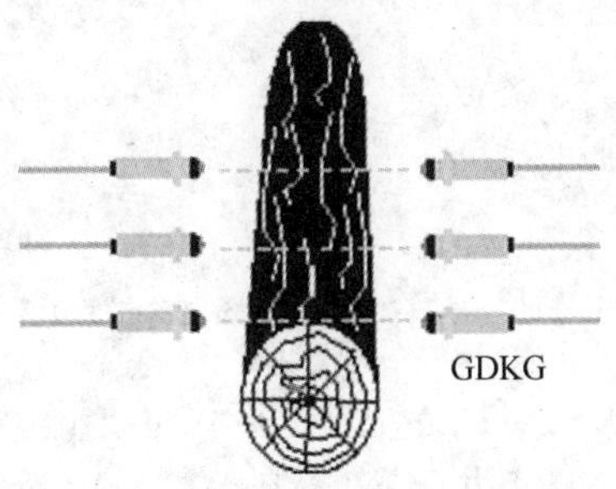 透射型光电开关，可以上下移动，当检测到物体时，光路被隔断，根据光电开关的位置即可知被测物体的高度
仓库门警卫 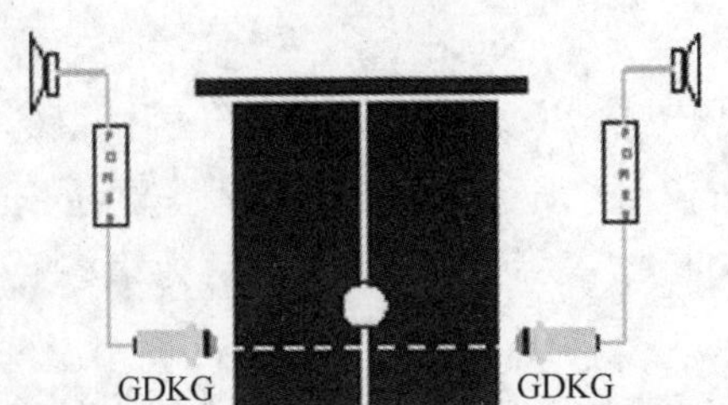 透射型光电开关，光路被切断说明有人走过，光电晶体管发出脉冲，驱动扬声器报警	自动注料 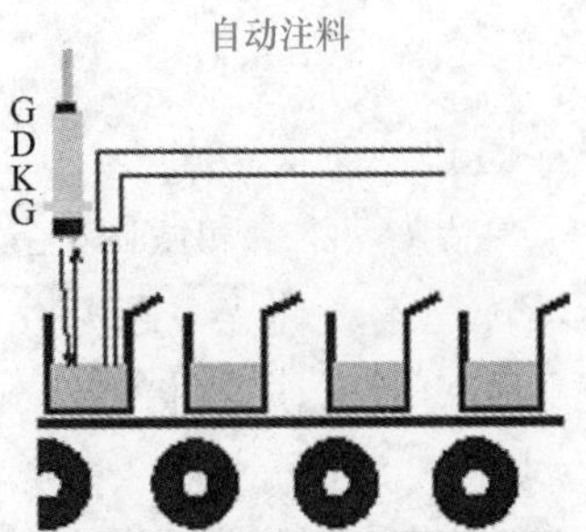 被测体反射型光电开关，光电晶体管接收到红外反射信号后自动注料

笔记栏

光电开关可分为透射型和反射型两种。透射型光电开关如图5-13a所示，发光二极管和光电晶体管相对安放，轴线严格对准。当有不透明物体在两者中间通过时，红外光束会被阻断，光电晶体管因接收不到红外线而产生一个电脉冲信号。

反射型又分为两种情况：反射镜反射型和被测体反射型。

反射镜反射型传感器单侧安装，如图5-13b所示，需要调整反射镜的角度以取得最佳反射效果。当有物体通过时，红外光束被隔断，光电晶体管接收不到红外线而产生一个电脉冲信号，其检测距离不如透射型光电开关。

被测体反射型安装最为方便，如图5-13c所示，发光二极管与光电晶体管光轴在同一平面上，以某一角度相交，交点处为待测点，当有物体经过待测点时，发光二极管的红外线经被测体上的标记反射，被光电晶体管接收，从而使光电晶体管产生电脉冲信号。

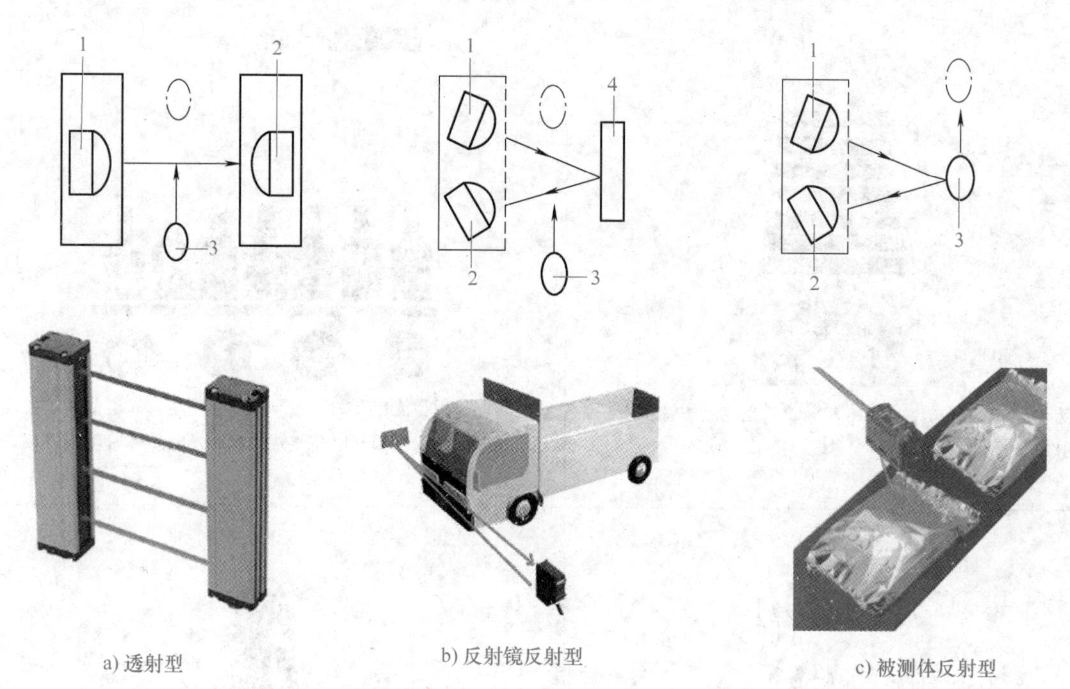

a) 透射型　b) 反射镜反射型　c) 被测体反射型

图5-13　光电开关类型

1—发光二极管　2—光电晶体管　3—被测物　4—反射镜

光电开关可用于统计生产线上产量、监测装配线到位与否以及检测装配质量（如瓶盖是否压上、标签是否漏贴等），目前广泛用于自动包装机、自动灌装机、装配流水线等自动化机械装置中。

思考四：你天天用鼠标，可你了解手中的鼠标是哪一代产品吗？

5. 光电鼠标

光电鼠标产品按其年代和使用的技术可以分为两代产品，其共同特点是没有机械鼠标必须使用的鼠标滚球。第一代光电鼠标由光断续器来判断信号，最显著的特点是需要使用一块特殊的反光板作为鼠标移动时的垫子。图5-14所示为机械鼠标，图5-15所示为第一代光电鼠标。

目前市场上的光电鼠标产品都是第二代光电鼠标。第二代光电鼠标的原理其实很简单：它使用了光眼技术，这是一种数字光电技术，较之以往的机械鼠标完全是一种全新的技术突破，如图5-16所示。

笔记栏

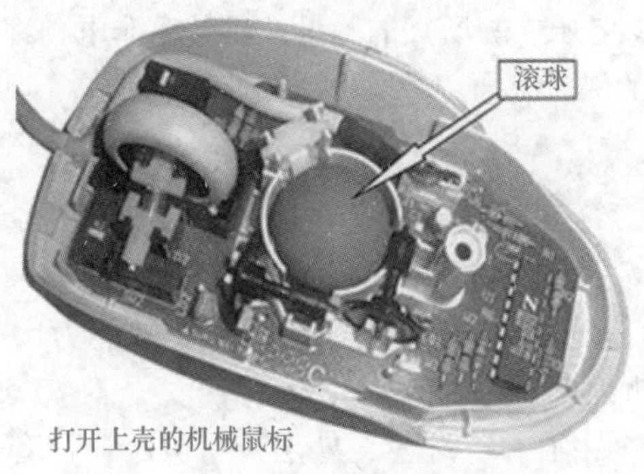

图 5-14　机械鼠标

图 5-15　第一代光电鼠标

图 5-16　第二代光电鼠标

当光线照射在鼠标操作桌面上时，鼠标底部的光学透镜就会把桌面反射光线聚焦并投影到内部的"光眼"上。每隔一段时间，"光眼"会根据这些反射光做一次"快速拍照"，并把所拍摄到的图片传送到内部主 IC 芯片，主 IC 芯片会从图片中找到数个定位关键点，并对比前后两次"快照"中关键点的变化，通过分析这些关键点的变化，主 IC 芯片将判断出鼠标的实际位移方向和位移量。然后将分析结果以数字信号的方式传给计算机的相关设备，最终在显示器上体现出来。

光电鼠标的光学传感器，跟随操作者的移动连续记录它途经表面的"快照"，这些"快照"（即帧）有一定的频率（即扫描频率、刷新率、帧速率等）、尺寸及分辨率（即光学传感器的 CMOS 晶阵有效像素数），并且光学传感器的透镜应具备一定的放大作用；而光电鼠标的核心——DSP 通过对比这些"快照"之间的差异从而识别移动的方向和位移量，并将这些确定的信息加以封装后通过 USB 接口源源不断地输入计算机；而驱动程序（可以是 Windows 的默认驱动）则将这些信号经过一定的转换后（参照关系由驱动设置）最终决定鼠标指针在屏幕上的移动位置。

任务 5.2　熟悉光纤式传感器的应用

>> 任务引入

近几年，光纤式传感器的发展异常迅速，显现出巨大的开发潜力，受到一些发达国家政府和研究单位的高度重视，我国亦非常重视这一新领域的研究应用。那么光纤式传感器具有哪些优势呢？都在哪些领域开始应用了呢？

>> 知识精讲

思考五： 你使用过光纤上网的吗？那你知道光纤的结构和原理吗？

光纤自 20 世纪 60 年代问世以来，就在传递图像和检测技术等方面得到了应用。利用光导纤维作为传感器的研究始于 20 世纪 70 年代中期。光纤传感器具有不受电磁场干扰、传输信号安全、

笔记栏

可实现非接触测量，以及高灵敏度、高精度、高速度、高密度、适于各种恶劣环境下使用、非破坏性和使用简便等优点。因此，无论是在电量（电流、电压、磁场）的测量，还是在非电物理量（位移、温度、压力、速度、加速度、液位、流量等）的测量方面，都取得了快速的发展。

一、光纤的结构和原理

1. 结构

光导纤维简称光纤，目前基本采用石英玻璃，有不同掺杂。光导纤维的导光能力取决于纤芯和包层的性质，纤芯的折射率 N_1 略大于包层的折射率 N_2。

光纤结构如图 5-17 所示，主要由三部分组成：中心——纤芯、外层——包层、护套——尼龙塑料。

2. 传光原理

光在空间是直线传播的。在光纤中，光被限制在其中，并随光纤传递很远的距离。光纤的传播是基于光的全反射。当光线以不同角度入射到光纤端面时，在端面发生折射后进入光纤，进入光纤后入射到纤芯（光密介质）与包层（光疏介质）交界面，一部分透射到包层，一部分反射回纤芯。但当光线在光纤端面中心的入射角 θ 减小到某一角度 θ_c 时，光线就会全部反射。光被全反射时的入射角 θ_c 称为临界角，只要 $\theta < \theta_c$，光在纤芯和包层界面上就会经若干次全反射向前传播，最后从另一端面射出，如图 5-18 所示。

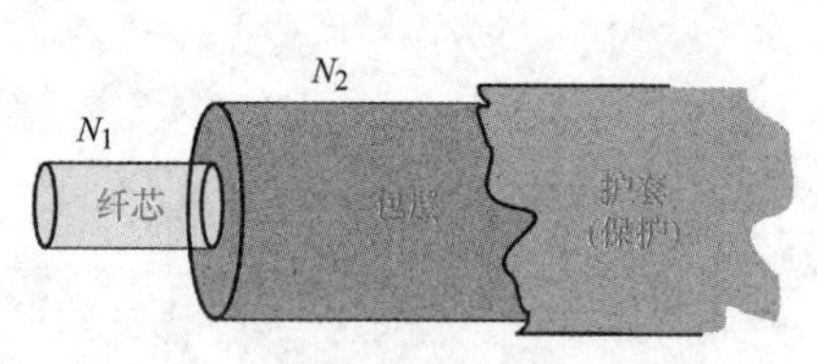

图 5-17 光纤的结构

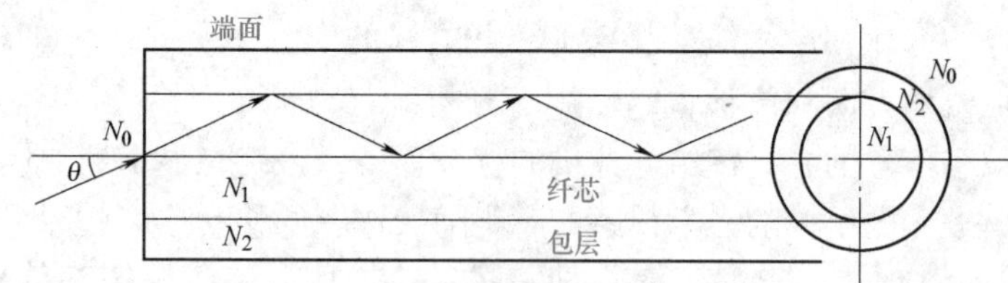

图 5-18 光纤传光示意图

为保证全反射，必须满足全反射条件（即 $\theta < \theta_c$）。由斯乃尔（Snell）折射定律可导出光线由折射率为 N_0 处的介质射入纤芯时，实现全反射的临界入射角为

$$\theta_c = \arcsin\left(\frac{1}{N_0}\sqrt{N_1^2 - N_2^2}\right)$$

外介质一般为空气，空气中 $N_0 = 1$，则

$$\theta_c = \arcsin\left(\sqrt{N_1^2 - N_2^2}\right) \tag{5-1}$$

由式(5-1) 可见，光纤临界入射角的大小是由光纤本身的性质（N_1、N_2）决定的，与光纤的几何尺寸无关。

二、光纤式传感器的分类

光纤式传感器的类型较多，大致可分为物性型（或称功能型）与结构型（或称非功能型）两类。图 5-19 所示为几种光纤式传感器。

1. 物性型光纤式传感器

物性型光纤式传感器是利用光纤对环境变化的敏感性，将输入物理量变换为调制的光信号。其工作原理基于光纤的光调制效应，即光纤在外界环境因素（如温度、压力、电场、磁场等）改变时，其传光特性（如光相位与光强）会发生变化。因此，如果能测出通过光纤的光相位、光强变化，就可以知道被测

微课5-2
光纤的结构
原理

笔记栏

物理量的变化。这类传感器又称为敏感元件型或功能型光纤式传感器。

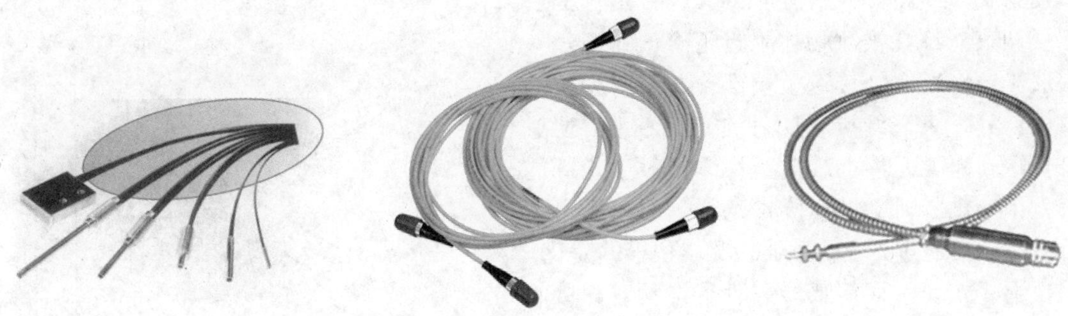

图 5-19　几种光纤式传感器

物性型光纤式传感器利用了光纤本身对外界被测对象具有的敏感性和检测功能，光纤不仅起传光作用，而且是传感元件，在被测对象作用下，光强、光相位、偏振态等光学特性得到调制，调制后的信号携带着被测信息。如果外界作用时光纤传播的光信号发生变化，使光的路程改变，相位改变，那么将这种信号接收处理后，就可以得到被测对象信号的变化，如图 5-20a 所示。

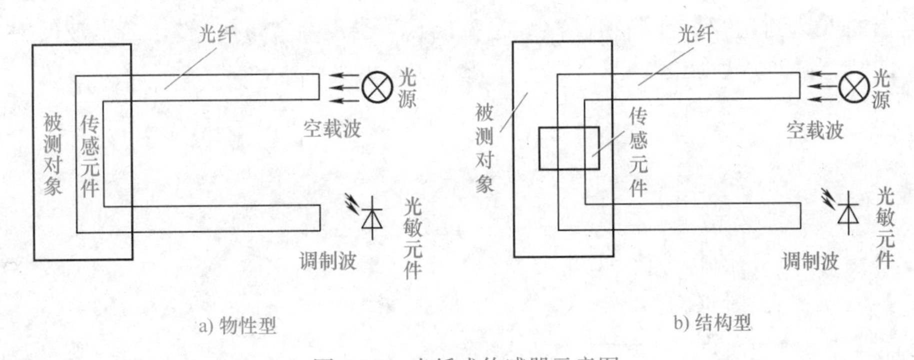

图 5-20　光纤式传感器示意图

2. 结构型光纤式传感器

结构型光纤式传感器是由光检测元件与光纤传输回路及测量电路所构成的测量系统。其中光纤仅起传光作用，所以又称这类传感器为传光型或非功能型光纤式传感器。

结构型光纤式传感器的光纤只作为传播光的媒介，被测对象的调制功能由其他光电转换元件作为传感元件来实现，如图 5-20b 所示。

思考六：近几年，光纤传感器的发展异常迅速，显示出巨大的开发潜力，受到一些研究单位的高度重视，我国亦非常重视这一新领域的研究应用，那你知道使用光纤式传感器的优势吗？都在哪些领域开始使用了吗？

三、光纤式传感器的应用

光纤式传感器具有一些常规传感器无法比拟的优点。例如，光纤式传感器具有灵敏度高、响应速度快、动态范围大、防电磁场干扰、超高压绝缘、无源性、防燃防爆、适于远距离遥测、多路系统无地回路“串音”干扰、体积小、机械强度大、材料资源丰富、成本低等优点。

另外，光纤式传感器可实现的传感信息量很广，现已实现的传感信息量有磁、声、力、温度、位移、旋转、加速度、液位、转矩、应变、电流、电压、图像和某些化学量等。

笔记栏

1. 反射式光纤位移传感器

反射式光纤位移传感器工作示意图如图 5-21 所示，两束光纤在被测物体附近汇合，光源经一束多股光纤将光信号传送至端部，并照射到被测物体上；另一束光纤接收反射的光信号，再通过光纤传送到光敏元件上。被测物体相对于光纤的位移发生变化，则反射到接收光纤上的光通量将发生变化，再通过光电传感器检测出位移的变化。

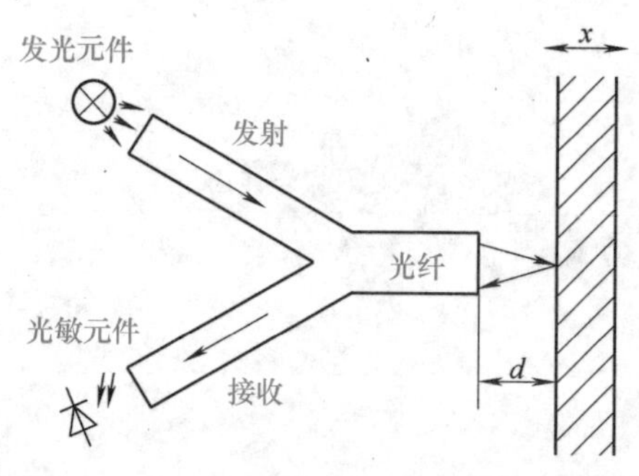

图 5-21 反射式光纤位移传感器工作示意图

d—光纤与被测物体之间的距离

反射式光纤位移传感器一般是将发射和接收光纤捆绑组合在一起，组合的形式多样，有半分式、共轴式、混合式等。其中，半分式测量范围大，混合式灵敏度高。

如图 5-22a 所示，由于光纤有一定的数值孔径，当光纤探头端紧贴被测物体时，发射光纤中的光信号不能反射到接收光纤中，接收端光敏元件无光电信号；当被测物体逐渐远离光纤时，发射光纤照亮被测物体的面积 A 越来越大，使相应的发射光锥和接收光锥重合面积 B_1 越来越大，于是接收光纤端面上照亮的 B_2 区域也越来越大；当整个接收光纤被照亮时，输出达到最大，相对位移输出曲线达到光峰；被测物体继续远离时，光强开始减弱，部分光线被反射，输出光信号减弱，曲线下降进入后坡区。

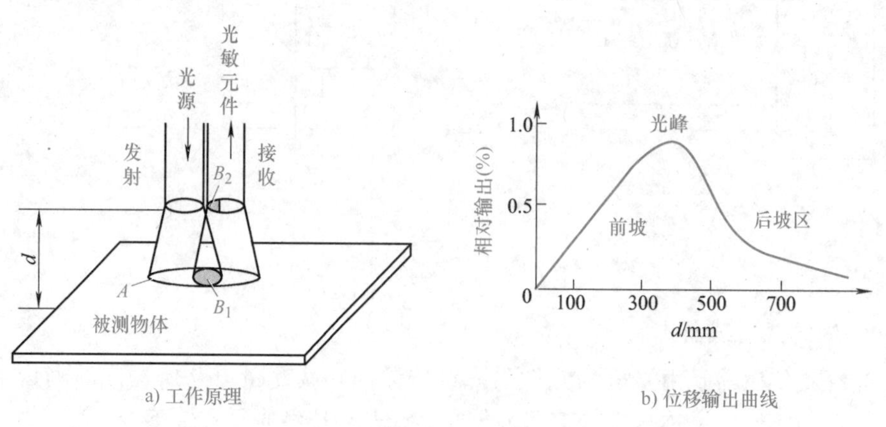

图 5-22 反射式光纤位移传感器

d—光纤与被测物体之间的距离

2. 光纤式温度传感器

光纤测温技术是在近年来发展起来的新技术，目前，这一技术仍处于研究发展和逐步推广实用的阶段。在某些传统方法难以解决的测温场合，光纤测温技术已逐渐显露出它的某些优异特性。但光纤测温技术并不能完全代替传统方法，而仅是对传统测温方法的补充，应有选择地将其用于常规测温方法和普通测温仪表难以胜任的场合。图 5-23 所示为光纤式温度传感器。

光纤式温度传感器是采用光纤作为敏感元件或能量传输介质而构成的新型测温传感器，根据其工作原理可分为功能型和非功能型。功能型光纤式温度传感器利用光纤的各种特性，由光纤本身感受被测量的变化，光纤既是传输介质，又是敏感元件；非功能型光纤式温度传感器又称传光型光纤温度传感器，由其他敏感元件感受被测量的变化，光纤仅作为光信号的传输介质。图 5-24 所示为功能型光纤温度传感器，图 5-25 所示为传光型光纤温度传感器。下面以功能型光纤温度传感器为例说明光纤式传感器的测温原理。

笔记栏

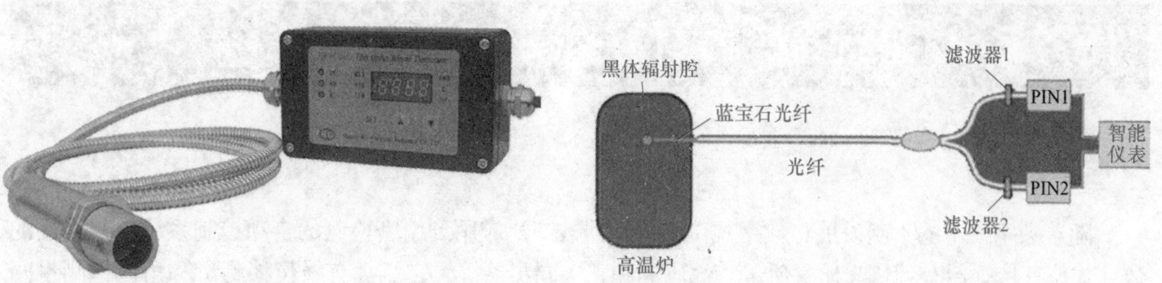

图5-23　光纤式温度传感器　　　　图5-24　功能型光纤温度传感器

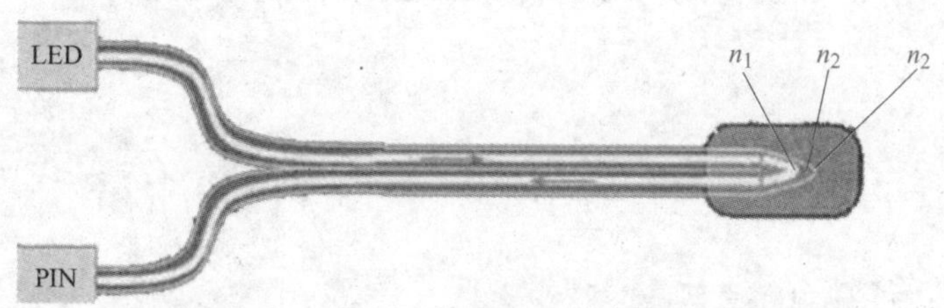

图5-25　传光型光纤温度传感器

功能型温度传感器基于光纤芯线受热产生黑体辐射现象来测量被测物体内热点的温度，此时，光纤本身成为一个待测温度的黑体辐射腔。在光纤长度方向上的任何一段，因受热而产生的辐射都在端部收集起来，用来确定高温段的位置与温度。这种传感器是靠被测物体加热光纤，使其热点产生热辐射，所以，它不需要任何外加敏感元件，可以测量物体内部任何位置的温度。而且，传感器对光纤要求较低，只要能承受被测温度就可以。

光纤式温度传感器的热辐射能量取决于光纤温度、发射率与光谱范围。当一定长度的光纤受热时，光纤的所有部分都将产生热辐射，但光纤各部分的温度相差很大，所辐射的光谱成分也不同。由于热辐射随物体温度的增加而显著增加，所以，在光纤终端探测到的光谱成分将主要取决于光纤上的最高温度，即光纤中的热点，而与其长度无关。

3. 其他光纤式传感器

下面简单介绍两种功能型光纤式传感器的应用，即光纤式流速传感器和光纤式压力传感器。

（1）光纤式流速传感器

如图5-26所示，光纤式流速传感器主要由多模光纤、光源、铜管、光电二极管及测量电路组成。多模光纤插入顺流而置的铜管中，由于流体流动而使光纤发生机械变形，从而使光纤中传播的光的相位发生变化，光纤的发射光强出现强弱变化，其振幅的变化与流速成正比。这就是光纤式传感器测流速的工作原理。

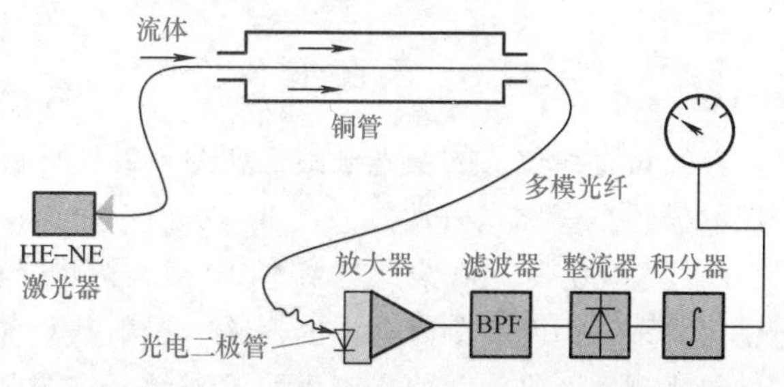

图5-26　光纤式流速传感器的工作原理

（2）光纤式压力传感器

施加均衡压力和施加点压力的两种光纤式压力传感器的工作原理如图5-27所示。图5-27a中，光纤式压力传感器在均衡压力的作用下，由于光的弹性效应而引起光纤折射率、形状和尺寸的变化，从而导致光纤传播光的相位变化和偏振面旋转；图5-27b中，光纤式压力传感器在点压力的作用下，引起光纤局部变形，使光纤由于折射率不连续变化导致传播光散乱而增加损耗，从而引起光振幅变化。

笔记栏

任务5.3 熟悉光栅式传感器的应用

任务引入

随着数字技术的不断发展，数字式位移传感器被广泛应用到精密检测的自动控制系统中。常用的数字式位移传感器有计量光栅、磁尺、编码器和感应同步器等，它们都有线位移测量和角位移测量两种结构形式。光栅式位移传感器具有分辨力高（可达1μm或更小）、测量范围大（几乎不受限制）、动态范围宽、易于实现数字化和自动控制等优点，是数控机床和精密测量中应用较广的检测元件。

知识精讲

思考七：你了解光栅式传感器吗？你知道光栅式传感器的结构和类型吗？

一、光栅位移传感器的结构和类型

用于位移测量的光栅称为计量光栅。按光栅的光线走向分类，可分为透射式光栅和反射式光栅两大类；按用途来分类，光栅又可分为长光栅（直线光栅）和圆光栅两种。透射式光栅是在光学玻璃基体上均匀地刻画间距、宽度相等的条纹，形成断续的透光区和不透光区。反射式光栅一般用不锈钢作为基体，用化学方法制作出黑白相间的条纹，形成强光反光区和不反光区。长光栅用于长度测量，圆光栅用于角度测量。图5-28所示为测量位移的长光栅的结构。

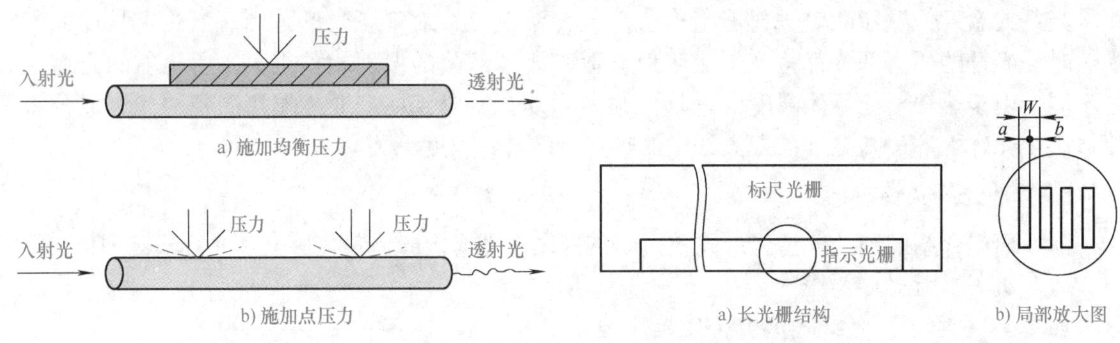

图5-27 光纤式压力传感器的工作原理

图5-28 用于测量位移的长光栅的结构

在测量直线位移的长光栅中，如图5-28b所示，若a为刻线宽度，b为缝隙宽度，则W称为光栅的栅距，也称光栅常数，且$W=a+b$。通常$a=b$，或$a{:}b=1.1{:}0.9$。线纹密度一般为每毫米200线、100线、50线、25线和10线，标尺光栅的有效长度即为测量范围。指示光栅比标尺光栅短得多，但两者刻有同样的栅距。透射式计量光栅使光线通过光栅后产生明暗条纹，反射式计量光栅反射光线并使之产生明暗条纹。在测量角位移的圆光栅中，光栅两条相邻刻线的中心线的夹角称为角介距，线纹密度一般为每周（360°）100~21600线。

二、光栅位移传感器的工作原理

如图5-29所示，光栅传感器主要由标尺光栅、指示光栅、光路系统和光电元件等组成。下面以黑白透射式长光栅为例说明光栅位移传感器的原理。

1. 光栅位移传感器的转换元件

图5-30所示为用于位移测量的光栅的结构。使用时两光栅相互重叠，两者之间有微小的空

隙 d（取 $d = W_2/\lambda$，W 为栅距，λ 为有效光波长），使其中一片固定，另一片随着被测物体移动，即可实现位移测量。当指示光栅和标尺光栅的线纹相交一个微小的夹角 θ 时，在刻线的重合处，光从缝隙透过形成 a－a 亮带。两光栅刻线彼此错开处，光栅相互挡光形成 b－b 暗带。由于挡光效应（当线纹密度≤50 条/mm 时）或光的衍射作用（当线纹密度≥100 条/mm 时），在与光栅线纹大致垂直的方向上（两线纹夹角的等分线上）产生出亮、暗相间的条纹，这些条纹称为莫尔条纹。

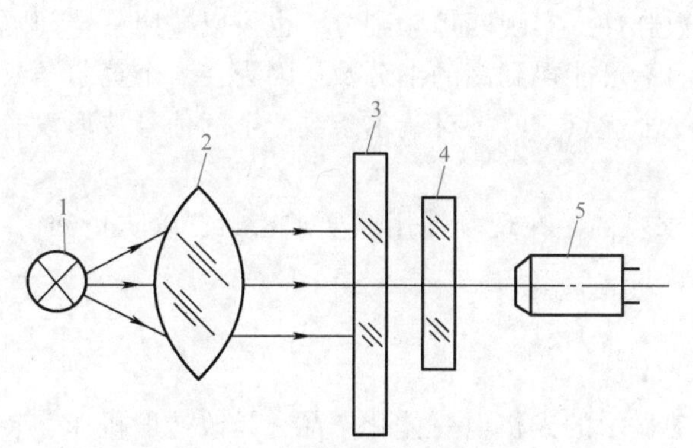

图 5-29　光栅位移传感器的组成

1—光源　2—聚光镜　3—标尺光栅　4—指示光栅　5—光电元件

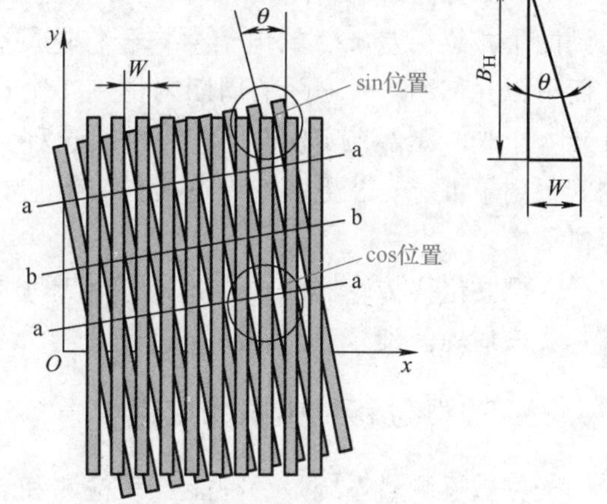

图 5-30　用于位移测量的光栅的结构

2. 光栅位移传感器的测量电路

光栅位移传感器的测量电路由光栅式光电转换元件、放大与整形电路、辨向与细分电路、可逆计数器和数字显示电路组成，如图 5-31所示。光栅式光电转换元件把位移量转换成电压信号 U_o后，由放大与整形电路将光电元件的电压信号 U_o进行放大整形，转换成方波信号 U'_o。然后再由辨向与细分电路转换成脉冲信号 U'_z，经过可逆计数器计数后，在显示器上实时地以数字形式显示出位移量的大小。位移量是脉冲数与栅距的乘积。当栅距为单位长度时，所显示的脉冲数直接表示位移量的大小。

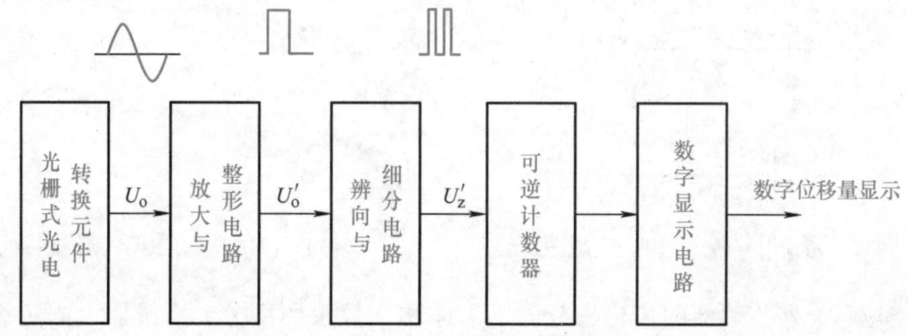

图 5-31　光栅位移传感器的测量电路原理框图

3. 辨向

图 5-32 所示为光栅位移传感器的辨向电路。由光栅位移传感器的转换元件的原理可知，若传感器只安装一套光电元件，那么可动光栅片无论是向左或向右移动，在一固定点观察时，莫尔条纹同样都是进行明暗交替的变化，后面的数字电路都将显示同样的计数脉冲，从而无法判别光栅移动的方向，也不能正确测量出有往复移动时位移的大小。因而，必须在检测电路中加

笔记栏

入辨向电路。图中 RC 微分电路将方波电信号转换成脉冲电信号，使 IC 与门产生计数脉冲，并送到可逆计数器进行计数，再由数字显示器显示被测位移量。

4. 细分技术

若以莫尔条纹移动的数量来确定位移量，其分辨力为光栅栅距。为了提高分辨力和测得比栅距更小的位移量，可采用细分技术。它是在莫尔条纹信号变化的一个周期内，给出若干个计数脉冲来减小脉冲当量的方法。细分方法有机械细分和电子细分两类。电子细分法中较常用的是四倍频细分法。由辨向原理可知，在一个莫尔条纹宽度内，按照一定间隔安装两个光电元件，得到两个相位相差 π/2 的电信号。若将这两个信号反相就可以得到 4 个依次相差 π/2 的信号，从而可以在移动一个栅距的周期内得到 4 个计数脉冲，实现四倍频细分。也可以按照一定间隔安装 4 个光电元件来实现四倍频细分，这种方法不可能得到高的细分数，因为在一个莫尔条纹的间距内不可能安装更多的光电元件。但它有一个优点，就是对莫尔条纹产生的信号波形没有严格要求。

光栅式位移传感器的缺点是对使用环境要求较高，在现场使用时要求密封，以防止油污、灰尘、铁屑等污染。

三、光栅位移传感器的应用

光栅数显测量系统是一种能自动检测和自动显示的光机电一体化产品，是改造旧机床、装备新机床以及改进长度计量仪器的重要配套件，是用微电子技术改造传统工业的方向之一。由于光栅数显测量系统具有精度高、安装及操作容易等优点而得到大量使用。如图 5-33 所示，BG1 型线位移光栅传感器将发光器件、光电转换器件和光栅尺（50 线/mm）封装在紧固的铝合金盒内。发光器件采用红外发光二极管，光电转换器件采用光电晶体管。在铝合金盒内的下部有柔性的密封胶条，可以防止铁屑、切屑和冷却剂等污染物进入尺体中。电气连接线经过缓冲电路进入传感头，然后再通过能防止干扰的电缆线送进光栅数显表，显示位移的变化。

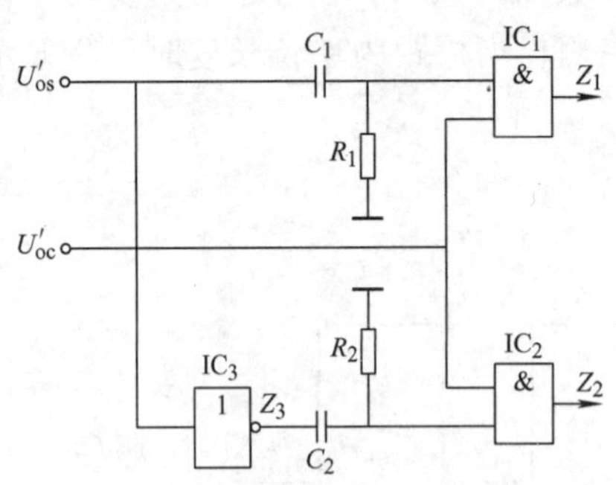

图 5-32 光栅位移传感器的辨向电路

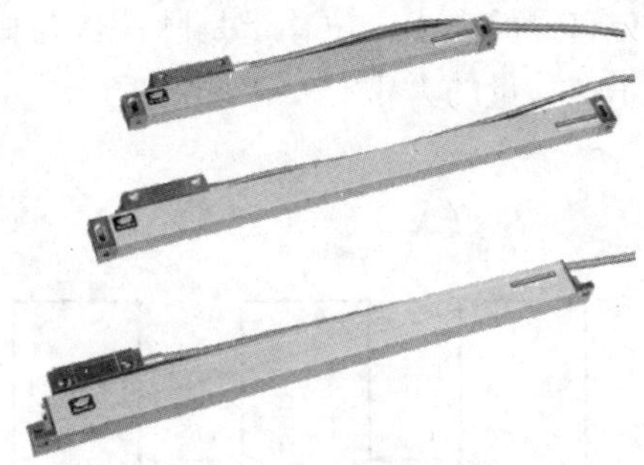

图 5-33 BG1 型线位移光栅传感器

BG1 型线位移光栅传感器的传感头分为下滑体和读数头两部分。下滑体上固定有五个精确定位的微型滚动轴承沿导轨运动，保证运动中副光栅（即指示光栅）与主光栅（即标尺光栅）之间保持准确夹角和正确的间隙。读数头内装有前置放大和整形电路。读数头与下滑体之间采用刚柔结合的连接方式，既保证了很高的可靠性，又有很好的灵活性。读数头带有两个连接孔，主光栅两端带有安装孔，将其分别安装在相对运动的两个部件上，实现主光栅与副光栅之间的运动的线性测量。

BG1 型线位移光栅传感器是一种长度检测装置，具有精度高、便于数字化处理、体积小、重量轻等特点，适用于机床、仪器的长度测量、坐标显示和数控系统的自动测量等。

笔记栏

项目实施：趣味小制作——报警器

【所需材料】

制作报警器所需材料有透射式光电开关、开关电源、蜂鸣器、LED 信号灯、导线、双面胶。元器件清单见表 5-2。

表 5-2　元器件清单

序号	元器件名称	规格型号	数量
1	光电开关	E3F－5DN1（NPN 常开）	1 对
2	开关电源（220V 输入转 DC 24V 输出）	HS－35－24	1 块
3	蜂鸣器	DC 24V	1 个
4	LED 信号灯	DC 24V	1 个
5	导线		若干
6	双面胶		若干

【基本原理】

E3F－5DN1（NPN 常开）型光电开关有 3 条引出线，如图 5-34a 所示。光电报警器接线示意图如图 5-34b 所示。

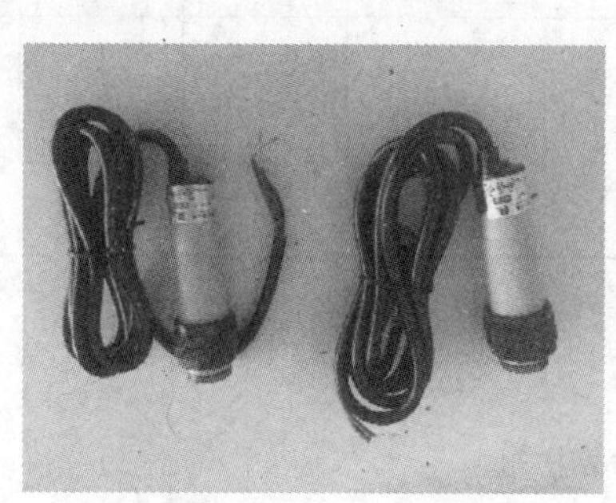

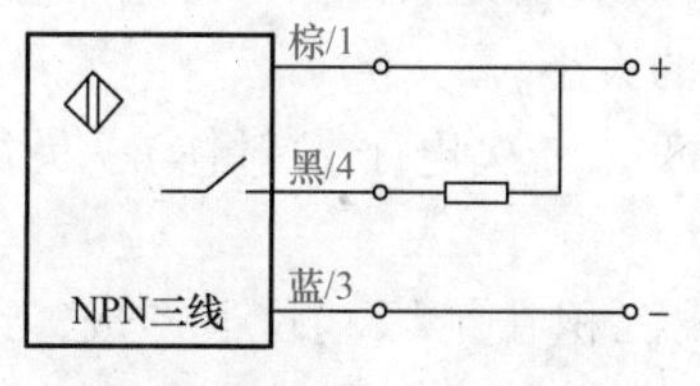

a) 光电开关接线示意图

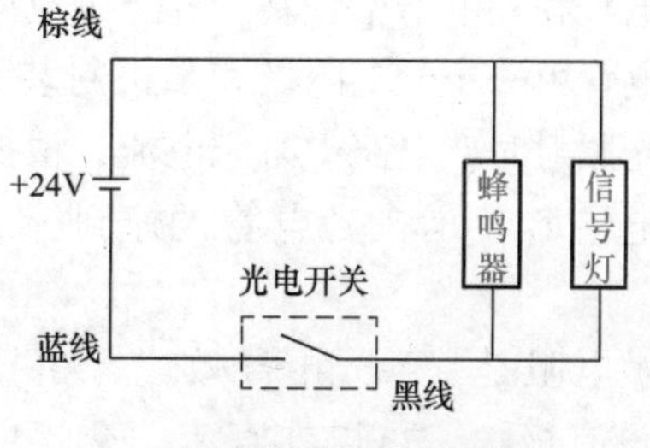

b) 光电报警器接线示意图

图 5-34　光电报警器基本原理接线示意图

【制作步骤】

1）将光电开关发射器棕色线接开关电源 24V“＋”端，蓝色线接开关电源 24V“－”端。

笔记栏

2）将光电开关接收器棕色线接开关电源24V“+”端，蓝色线接开关电源24V“-”端。

3）将蜂鸣器和信号灯并联后，两端分别接光电开关接收器的棕色线和黑色线端。

4）选择适当位置安装光电开关，调节光电开关位置，使光电开关接收器与发射器相对，用双面胶固定光电开关。

5）开关电源供电。当光电开关光路被隔断时，光电开关常开触点闭合，蜂鸣器响，同时信号灯闪烁，声光同时报警。

【制作提示】

1）根据现场具体情况，选取合适的光电开关的位置，越隐蔽越好。

2）如果是重要场所，可以使用两对光电开关，分别放置在两个不同的高度处，如距离地面0.8m和1.5m处。

3）不喜欢蜂鸣器的，可以换成音乐芯片，有情况报警时直接播放音乐。

项目评价

项目评价采用小组自评、其他组互评，最后教师评价的方式，权重分布为0.3、0.3、0.4。

表5-3　光电报警器制作任务评价表

序号	任务内容	分值	评价标准	自评	互评	教师评分
1	识别传感器	10	不能准确识别选用的光电开关扣10分			
2	选择材料	20	1. 材料选错一次扣5分 2. 光电开关、蜂鸣器、信号灯、工作电压选择错误一次扣5分			
3	连线正确	30	连线每错一次扣5分			
4	报警器调试	40	1. 调试失败一次扣10分 2. 声光不能同时报警扣10分			
最后得分						

项目总结

光电管和光电倍增管基于外光电效应，将光量转换成电量。

光电管由一个光电阴极和阳极封装在真空玻璃壳内组成。在光电路中，无光照射，电路不通；有光照射时，电路中有光电流，根据其大小可知光量的大小。

光电倍增管是在光电管的基础上，增设多个倍增极（二次电子发射体），灵敏度大大提高。

光敏电阻是基于光电导效应，由掺杂的半导体薄膜沉积在绝缘基片上形成，纯粹是个电阻，没有极性，可以在直流、交流电路中工作，用有无光照时电阻的变化来检测光的存在和强度。

光电二极管和光电晶体管基于光生伏特效应，无光照射时只有很小的暗电流，管截止；有光照射时，管导通，光电流随光强的增加线性增大。

光纤式传感器有功能型和传光型两种。功能型传感器中，光纤不仅起到传光作用，而且是传感元件；传光型传感器中，光纤只起传光作用，待测对象的调制功能由其他光电转换元件作为传感元件来实现。

笔记栏

光纤式传感器常用来测量位移、温度等，同时也在压力、流速等方面的测量中得到了应用。

项目测试

测评5

1. 能使物体发射光电子的________称为红限频率。

2. 基于外光电效应的光电元件有________、________；基于光电导效应的光电元件有________；基于光生伏特效应的光电元件有________、________。

3. 光电管由一个________和________封装在________组成，________涂有光敏材料。

4. 当________撞击物体表面时，它将一部分能量传给________，使电子从________逸出，称为二次电子发射。

5. 光敏电阻的工作原理是基于________效应，由掺杂的________沉积在________上形成，纯粹是个________，没有极性。

6. 光纤主要由________、________和________三部分组成。

7. 光纤大致可分为________型与________型两类。

8. 互联网上使用的光纤是________型。

9. 第二代光电鼠标、第一代光电鼠标和机械鼠标最明显的区别是什么？

10. 连连看

红外光电开关　　光敏电阻　　光电管　　光纤传感器　　光电倍增管

a)　　b)　　c)　　d)　　e)

阅读材料：光电式传感器在自动化生产线上的应用

光电式传感器在工业自动化生产线中被广泛应用。下面介绍光电式传感器在带材跑偏检测、包装填充物高度检测、光电色质检测、彩塑制袋塑料薄膜位置控制，以及对产品流水线上的产量统计、对装配件是否到位及装配质量进行检测、对布料的有无和宽度进行检测等方面的应用。

1. 光电式带材跑偏检测器

光电式带材跑偏检测器用来检测带型材料在加工中偏离正确位置的大小及方向，从而为纠偏控制电路提供纠偏信号，主要用于印染、送纸、胶片、磁带等的生产过程中。

光电式带材跑偏检测器的工作原理如图5-35a所示。光源发出的光线经过透镜1汇聚为平行光束，投向透镜2，随后汇聚到光敏电阻上。在平行光束到达透镜2的途中，有部分光线受到被测带材的遮挡，使传到光敏电阻的光通量减少，从而使电阻值发生变化。

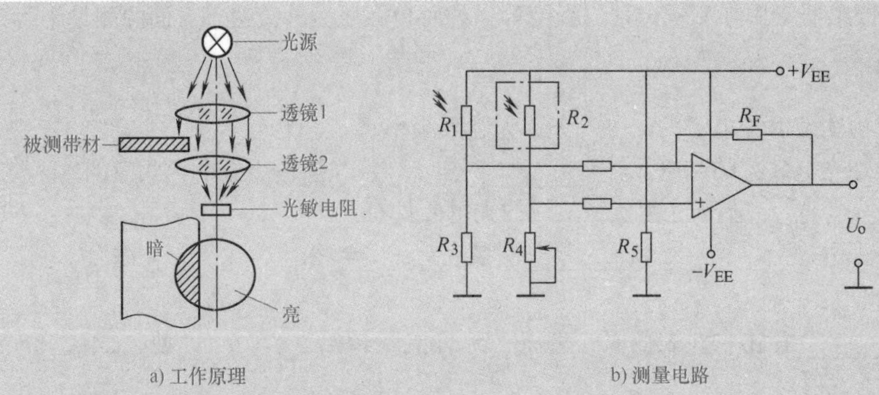

图 5-35　带材跑偏检测器

图 5-35b 为带材跑偏检测器的测量电路。R_1、R_2 为同型号的光敏电阻。R_1 作为测量元件装在带材下方，R_2 用遮光罩罩住，起温度补偿作用。当带材处于正确位置（中间位）时，由 R_1、R_2、R_3、R_4 组成的电桥平衡，使放大器输出电压 U_o 为 0。当带材左偏时，遮光面积减少，光敏电阻 R_1 阻值减少，电桥失去平衡。差动放大器将这一不平衡电压加以放大，输出电压为负值，它反映了带材跑偏的方向及大小。反之，当带材右偏时，U_o 为正值。输出信号 U_o 一方面由显示器显示出来；另一方面被送到执行机构，为纠偏控制系统提供纠偏信号。

2. 包装充填物高度检测

包装充填物高度检测是用容积法计量包装的成品，除了对重量有一定误差范围要求外，一般还对充填高度有一定的要求，以保证商品的外观质量，不符合充填高度的成品将不许出厂。图 5-36 所示为利用光电检测技术控制充填高度的原理。

当充填高度 h 偏差太大时，发光二极管发出的光信号，不能被光电开关中的光电晶体管接收，光电开关驱动执行机构将包装物品推出进行处理。

3. 光电色质检测

图 5-37 所示为包装物料的光电色质检测原理。若包装产品规定底色为白色，因质量不佳，有的产品出现泛黄，则在产品包装前先由光电检测色质，泛黄时就有比较电压差输出，接通电磁气阀，由压缩空气将泛黄产品吹出。

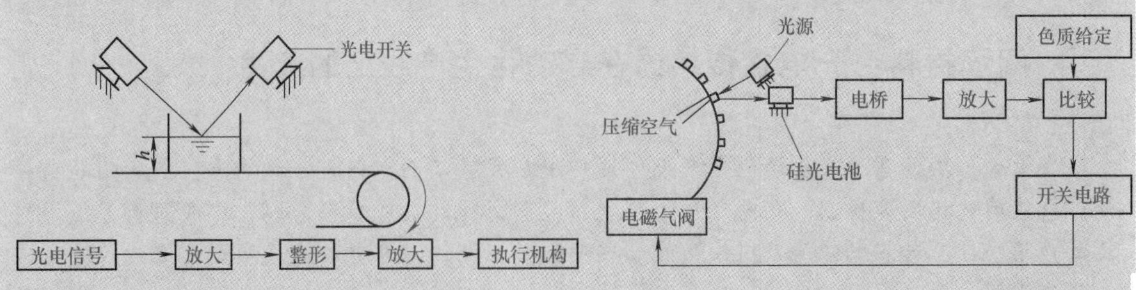

图 5-36　利用光电检测技术控制充填高度

图 5-37　包装物料的光电色质检测原理

4. 彩塑包装制袋塑料薄膜位置控制

图 5-38 所示为包装机塑料薄膜位置控制系统原理。成卷的塑料薄膜上印有商标和文字，并有定位色标。包装时要求商标和文字定位准确，不得将图案在中间切断。薄膜上商标的位置由光电系统检测，并经放大后去控制电磁离合器。薄膜上的色标（不透光的一小块面积，一般为黑色）未到达定位色标位置时，光电系统因投光器的光线能透过薄膜而使电磁离合器

有电吸合，薄膜得以继续运动，薄膜上的色标到达定位色标位置时，因投光器的光线被色标挡住而发出到位信号，此信号经光电变换、放大后，使电磁离合器断电脱开，薄膜就准确地停在该位置，待切断后再继续运动。当薄膜上的色标未到达光电管时，光电继电器线圈无电流通过，伺服电动机转动，带动薄膜继续前进。当色标到达光电管位置时，光电继电器线圈中有电流流过，伺服电动机立即停转，薄膜就停在该位置。当切断动作完成后，又使伺服电动机继续转动。如图5-39所示。

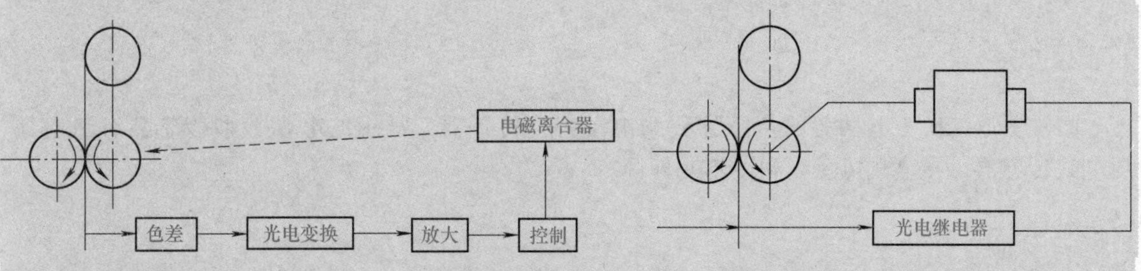

图5-38　包装机塑料薄膜位置控制系统原理　　图5-39　薄膜位置控制示意图

5. 其他方面的应用

利用光电开关还可以进行产品流水线上的产量统计、对装配件是否到位及装配质量进行检测，如灌装时瓶盖是否压上、商标是否漏贴，如图5-40所示，以及送料机构是否断料，如图5-41所示。

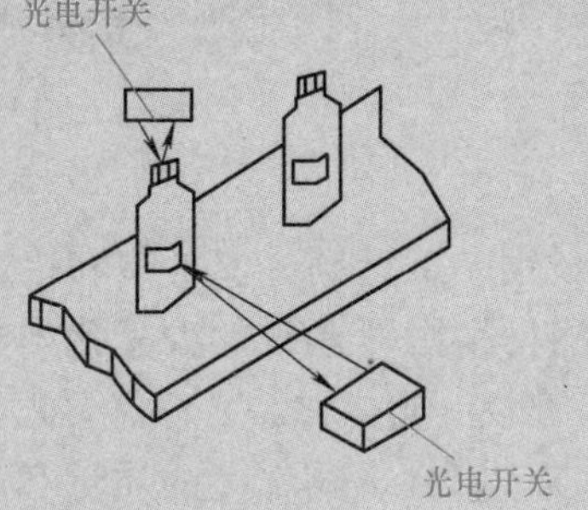

图5-40　瓶子瓶盖和商标检测示意图

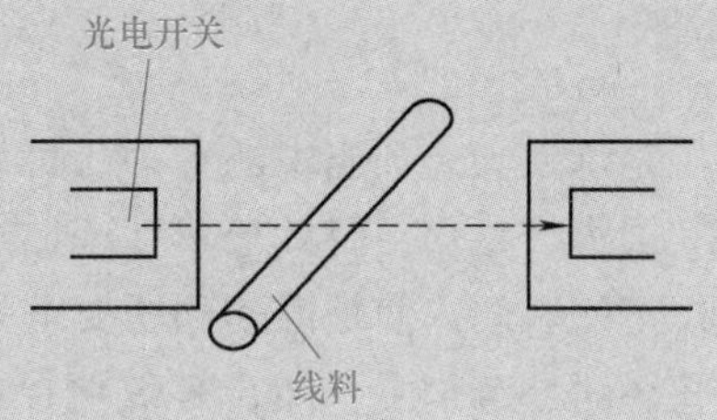

图5-41　送料机构检测示意图

此外，还可以利用反射式光电传感器检测布料的有无和宽度，利用遮挡式光电传感器检测布料的下垂度，其结果可用于调整布料在传送中的张力；利用安装在框架上的反射式光电传感器可以发现漏装产品的空箱，并利用油缸将空箱推出。

可以预见，随着自动化技术的迅速发展，光电式传感器在工业自动化生产线上作为检测装置将获得越来越广泛的应用。

项目6

电动势型传感器的应用

项目描述

将被测量转换为电动势的传感器称为电动势型传感器。常用的电动势型传感器有热电偶、压电式传感器、磁电式传感器和霍尔元件等。

学习目标

1. 了解电动势型传感器的结构和工作原理，培养归纳总结的能力。
2. 掌握电动势型传感器在生活中的应用，提高解决实际问题的能力。
3. 尝试玻璃破碎报警器的制作，培养团队协作能力。
4. 增强应对压力和挫折的能力。

任务6.1 掌握热电偶的应用

任务引入

盐浴炉是炼钢加热炉当中的一种，可用于碳钢、合金钢、工具钢、模具钢和铝合金等的淬火、退火、回火、氰化、时效等热处理加热，也可用于钢材精密锻造时的少氧化加热。盐浴加热炉能在规定的时间内使炉温达到所要求的温度，炉温一般为150~1300℃，需要跟随轧机轧制节奏的变化随时调节炉温。能否有效地控制加热炉的温度，直接影响钢坯的质量和成本，因此需要选择一款合适的热电偶对盐浴加热炉的炉温进行精确测量，并对所选择的热电偶按照标准要求进行参数分析。

知识精讲

思考一：日常生活中常用水银温度计进行温度测量，但是在工业上或者高温下测量温度时，又该使用哪种传感器呢？

一、热电偶的工作原理

1. 热电效应

两种不同类型的金属导体的两端分别接在一起构成闭合回路，当两个接点温度不等（$T>T_0$），即有温差时，回路里会产生热电动势，形成电流，这种现象称为热电效应。利用热电效应，只要知道一端接点的温度，就可以测出另一端接点的温度。

图6-1所示为热电偶结构示意图，固定温度的接点称为基准点（冷端）T_0，恒定在某一标准温度；待测温度的接点称为测温点（热端）T，置于被测温度场中。

笔记栏

这种将温度转换成热电动势的传感器称为热电偶，金属称为热电极。

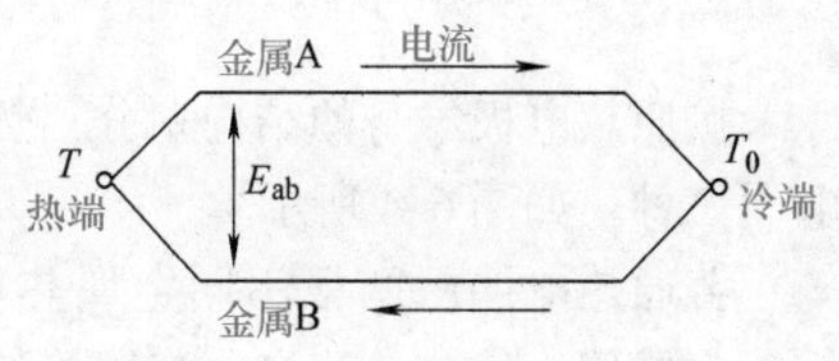

图 6-1　热电偶结构示意图

热电偶中热电动势的大小与两种导体的材料性质有关，与接点温度有关。实际应用时，不是测量回路电流，而是测量开路电压。基准端装入冰水，根据所测电压值求测温点温度。各个国家的工业标准不同，一般都以 0℃ 为基准端温度给出温差电动势电压。图 6-2 所示为几种常见的热电偶。

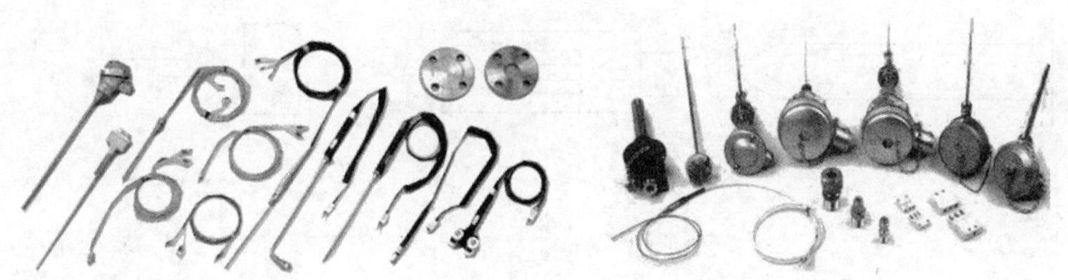

图 6-2　常见的热电偶

2. 两种导体的接触电动势

不同金属的自由电子密度不同，当两种金属接触在一起时，在接点处会发生电子扩散，电子从浓度高的金属向浓度低的金属扩散，如图 6-3 所示。浓度高的金属失去电子显正电，浓度低的金属得到电子显负电。当扩散达到动态平衡时，得到一个稳定的接触电动势。

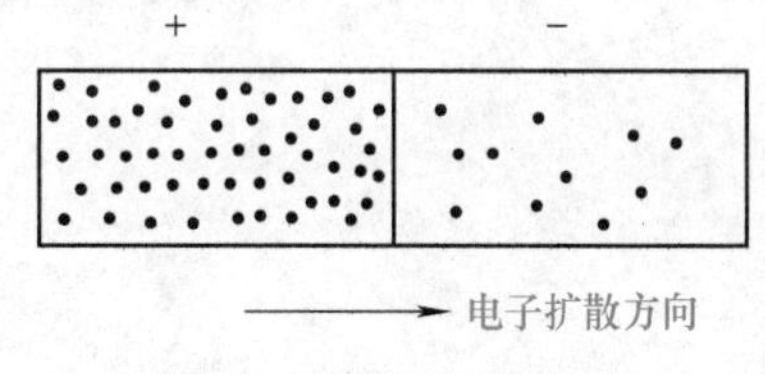

图 6-3　两种导体的接触

3. 单一导体的温差电动势

对单一导体，如果其两端温度不同，两端也会产生电动势，原因是导体内自由电子在高温端具有较大的动能，会向低温端扩散，导致高温端失去电子带正电，低温端得到电子带负电。

综上所述有如下结论：

1）热电偶两电极材料相同时，无论两端点温度如何，回路总电动势为零。

2）热电偶两接点温度相同时，即使材料不同，回路总电动势也为零。

因此，热电偶必须**用不同材料做电极，且在 T、T_0 两端必须有温度差**，这是热电偶产生热电动势的必要条件。

4. 中间导体定律

当引入第三导体 C 时，只要 C 导体两端温度相同，则回路总电动势不变，称为中间导体定律。根据这一定律，将导体 C 作为测量仪器接入回路，就可以由总电动势求出工作端温度。

5. 标准电极定律

导体 C 分别与热电偶两个热电极 A、B 组成热电偶 AC 和 BC，当保持三个热电偶的两端温度相同时，则热电偶 AB 的热电动势等于另外两个热电偶 AC 和 BC 的热电动势之差，称为标准电极定律。通常用铂丝制作导体 C，称为标准电极。该定律方便了热电极的选配工作。

笔记栏

二、热电偶的种类和结构

按照热电极本身的结构划分，热电偶有普通热电偶、薄膜热电偶、铠装热电偶三种。如图6-4所示。

普通热电偶由两根不同金属热电极用绝缘套管绝缘，外层加保护套管制成，主要用于气体、蒸汽、液体等的测温。

薄膜热电偶由热电极材料经真空蒸馏等工艺在绝缘基片上形成薄膜热电极制成。其工作端既小又薄，适用于火箭、飞机喷嘴等微小面积上的测温。

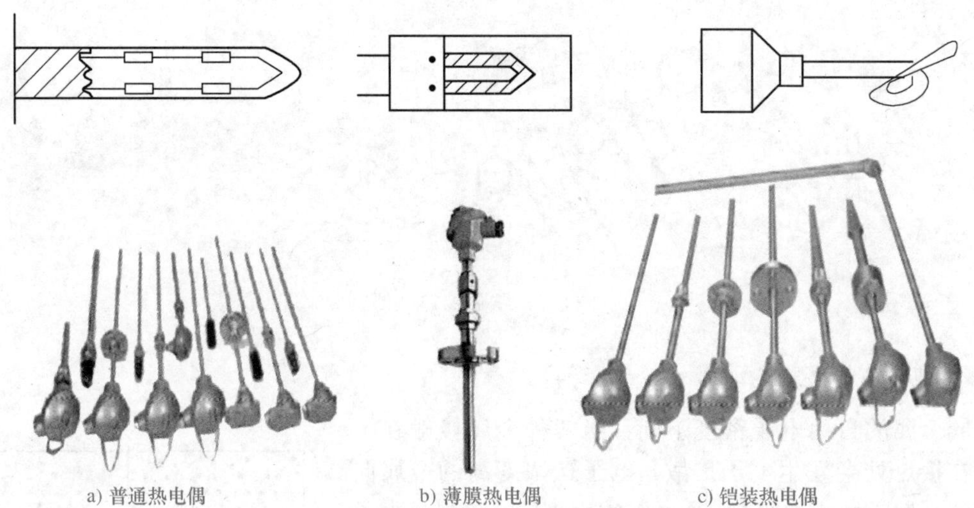

图6-4 几种热电偶的结构

铠装热电偶是由热电极、绝缘材料和金属保护套管组成一体经拉伸而成的坚实组合体，可做得又细又长，适用于狭小地点的测温。

思考二：热电偶主要用来测温，可以测量上千度的高温，并且精度高、性能好，其他温度传感器无法替代。除此之外，热电偶还有哪些应用呢？

三、热电偶的应用

1. 温度测量

对温度要求不高的场合，可以直接将仪表和热电偶连接进行温度测量，该线路简单，价格低廉。通常在测量系统中设置一个基准温度（恒定温度）。对于利用热电偶进行测温的系统，需要用冰点槽法，即将冰与水混合后置于保温桶中，保持0℃的恒定温度，如图6-5所示，并校正仪表的零点准确性。

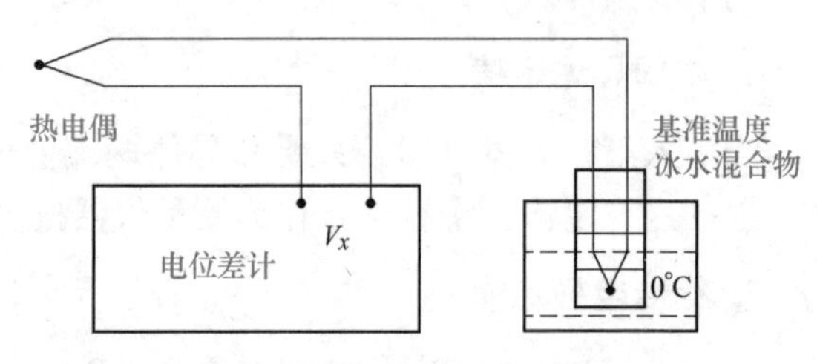

图6-5 热电偶测温示意图

将热电偶置于被测温度场中，通过电位差计将温度变化变换为电压信号输出。根据输出电压的大小即可知道被测温度的变化。

2. 炉温自动记录仪

炉温自动记录仪能测量、记录和分析在锅炉中的工件和空气的温度变化曲线，从而对锅炉

笔记栏

进行相应的控制，以节约能耗，提高效率。

当要求测量精度较高，并需要自动记录被测量时，常与自动电位差计等精密仪表配合使用。炉温自动记录仪如图6-6所示。

当炉温没有变化时，调整电位差计，使其电压 E_2 等于热电动势 E_1，则C、D之间无电势差，后续电路没有信号输出，电动机不转动。

当炉温变化时，热电偶输出的热电动势 E_1 也随之变化，C、D之间出现电势差，经变换、放大后驱动电动机旋转，调整电位差计输出，同时拖动记录仪左右移动，直到电位差计输出的电位重新等于热电动势，电动机停转。经标定后记录仪上直接显示的就是炉温温度。

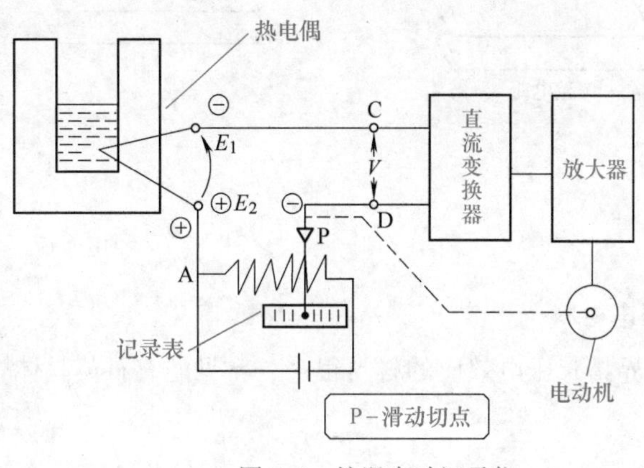

图6-6　炉温自动记录仪

温馨提示

1）热电偶在使用过程中，尤其是在高温作用下，不断受到氧化、腐蚀而引起热电特性的变化，使误差不断扩大。为此需要对热电偶进行定期校验。

2）当误差超过规定值时，需要更换热电偶，经校验后再使用。

任务6.2　熟悉压电式传感器的应用

任务引入

压电式传感器具有体积小、重量轻、结构简单、测量频率范围宽等特点，是应用较广泛的力传感器，但不能测量频率太低的被测量，特别是不能测量静态量，目前多用于加速度、动态力或者压力的测量。

知识精讲

思考三：你使用过燃气点火器吗？你知道它里面有什么传感器吗？

一、认识压电式传感器

1. 压电效应

当某些晶体在一定方向上受到外力作用时，在某两个对应的晶面上，会产生符号相反的电荷，当外力取消后，电荷也随之消失。作用力改变方向（相反）时，两个对应晶面上的电荷符号改变，该现象称为**正压电效应**。如图6-7所示。

反之，某些晶体在一定方向上受到电场（外加电压）作用时，在一定的晶轴方向上将产生机械变形，外加电场消失，变形也随之消失，该现象称为**逆压电效应**。

笔记栏

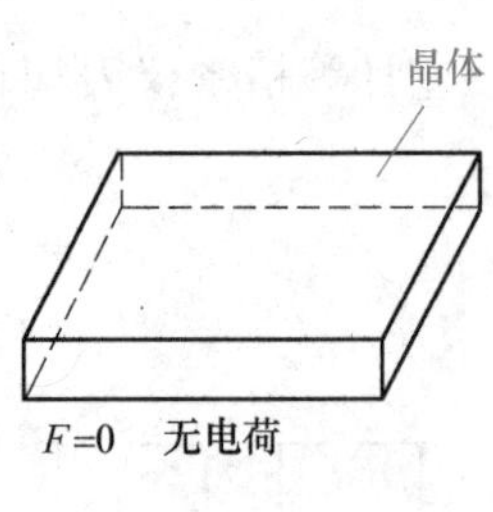

a) 不受力

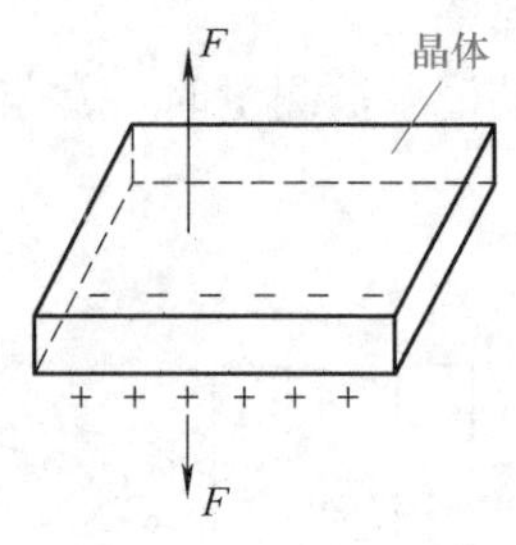

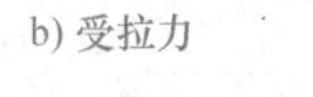

b) 受拉力

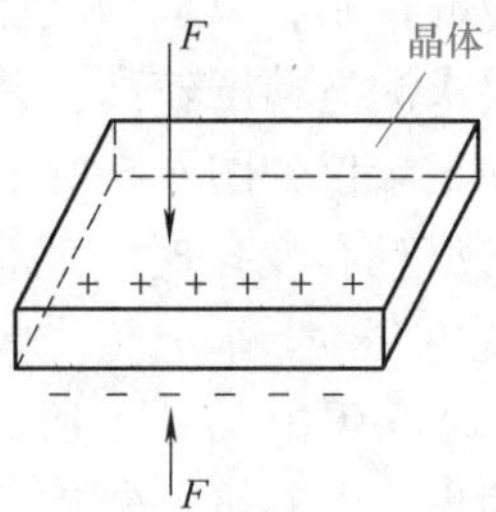

c) 受压力

图 6-7 压电效应

微课6-2
压电效应

2. 压电材料

自然界具有压电效应的材料很多，常见的有石英晶体、压电陶瓷，如图 6-8 所示。

a) 石英晶体

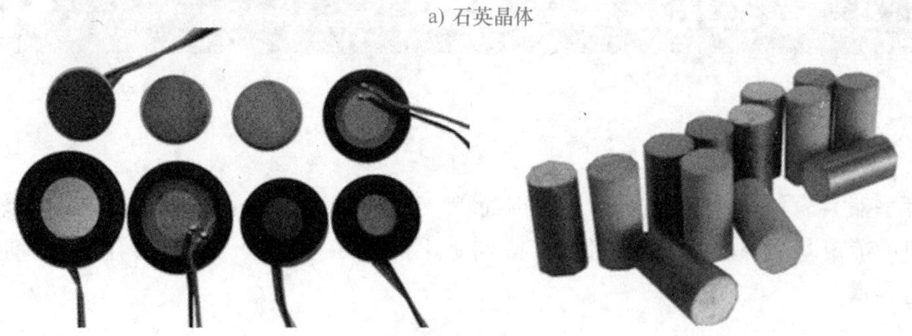

b) 压电陶瓷

图 6-8 压电材料

石英晶体是最具代表性的压电晶体，天然石英晶体和人工石英晶体都属于单晶体，外形结构呈六面体，沿各方向特征不同。如图 6-9 所示，取出一个切片，是一个六面棱柱体，其三个直角坐标中，z 轴为晶体的对称轴，该轴方向没有压电效应；x 轴称为电轴，电荷都积累在此轴晶面上，垂直于 x 轴晶面的压电效应最显著；y 轴称为机械轴，逆压电效应时，沿此轴方向的机械变形最显著。

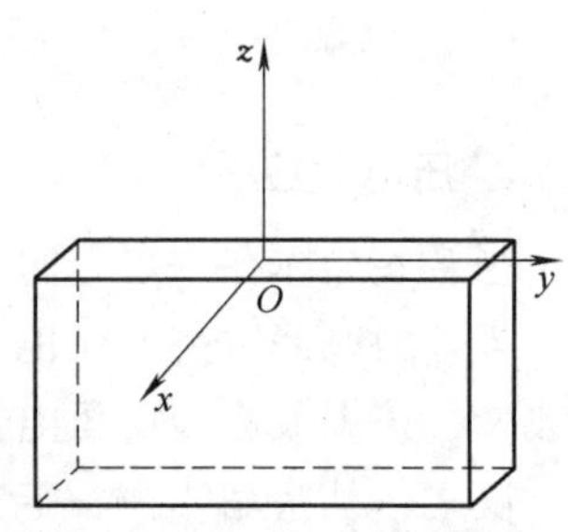

图 6-9 石英晶体

思考四：压电陶瓷与石英晶体有什么不同呢？

笔记栏

压电陶瓷是人工制造的多晶体压电材料，材料的内部晶粒有许多自发极化的电畴，有一定的极化方向。

无电场作用时，电畴在晶体中杂乱分布，极化相互抵消，呈中性。施加外电场时，电畴的极化方向发生转动，趋向外电场方向排列，如图 6-10 所示。外电场越强，电畴转向外电场的越多。外电场强度达到饱和程度时，所有的电畴与外电场一致。外电场消失后，电畴极化方向基本不变，剩余极化强度很大。所以，压电陶瓷极化后才具有压电特性，未极化时是非压电体。

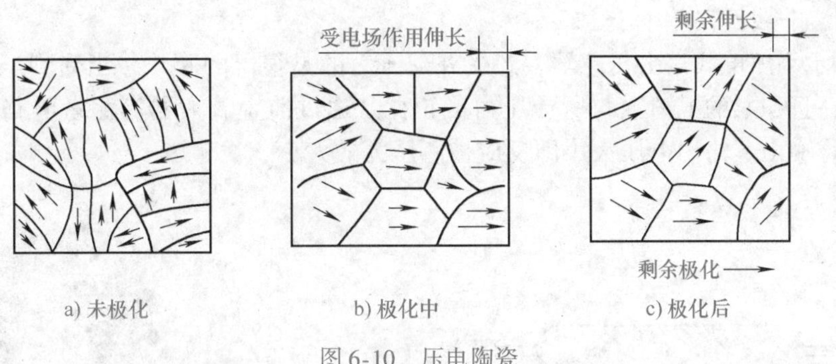

a) 未极化　b) 极化中　c) 极化后

图 6-10　压电陶瓷

压电陶瓷具有良好的压电效应，采用压电陶瓷制作的传感器灵敏度较高，但石英晶体除压电系数小外具有更多的优点，尤其是稳定性，是其他压电材料无法比的。

3. 压电元件的等效电路和电荷放大器

压电元件可以等效成一个电荷源和一个电容并联的电路，如图 6-11 所示，它是内阻很大的信号源，因此要求后面与它配接的前置放大器具有高输入阻抗。

前置放大器有两个作用，一是放大微弱的信号，二是阻抗变换。由压电元件输出的可以是电压源，也可以是电荷源。因此，前置放大器也有两种形式：电荷放大器和电压放大器。

目前多用电荷放大器，它是一个电容负反馈高放大倍数运算放大器，其等效电路如图 6-12 所示，该放大器的输出电压为

$$U_o \approx -\frac{Q}{C_f} \tag{6-1}$$

式中，U_o 为放大器输出电压；Q 为电荷量；C_f 为反馈电容。

由式(6-1) 可知，放大器输出电压只与压电元件产生的电荷量 Q 和反馈电容 C_f 有关，而与配接电缆的分布电容 C_o 无关，从而使配接电缆长度不受限制。但电缆的分布电容影响测量精度。

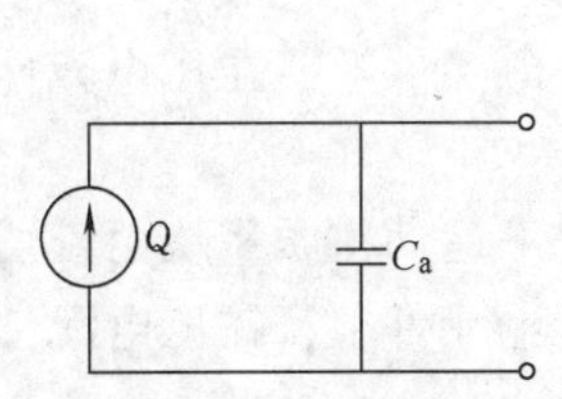

图 6-11　压电元件的等效电路

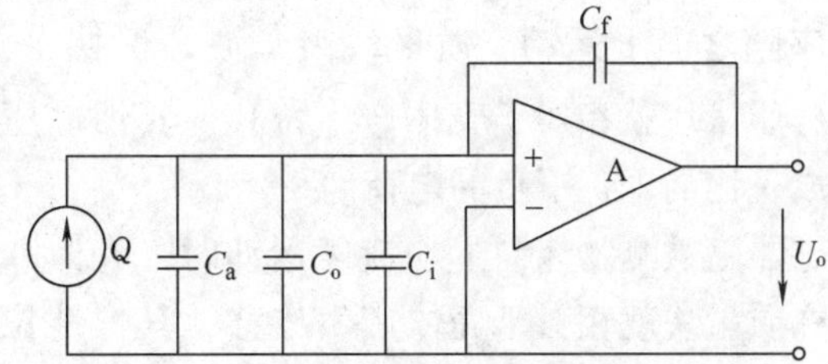

图 6-12　压电元件接电荷放大器等效电路

为了提高灵敏度，同型号的压电片叠在一起，连接电路有串联和并联之分。

笔记栏

二、压电式传感器的应用

1. 压电式力传感器

压电元件是直接将力转换为电的传感器。图6-13所示为YDS－78I型压电式单向力传感器结构，主要用于变化频率中等的动态力的测量，如车床动态切削力的测试。被测力通过传力上盖1使石英晶片2在沿电轴方向受压力作用而产生电荷，两块晶片沿电轴反方向叠起，中间是一个片形电极，负责收集负电荷。两压电片正电荷分别与传力上盖1及底座6相连，因此两块压电晶片被并联起来，提高了传感器的灵敏度。片形电极3通过电极引出插头4将电荷输出，其测力范围为0～5000N，非线性误差小于1%。

图6-14所示为压电式压力传感器，感受外部压力的是很薄的膜片。当受到压力时，压电晶片上积累电荷，且积累的电荷数与所受压力成正比。通过前置放大器等测量电路将电荷变化转换成电压的变化输出，输出电压大小即反应被测压力的大小。

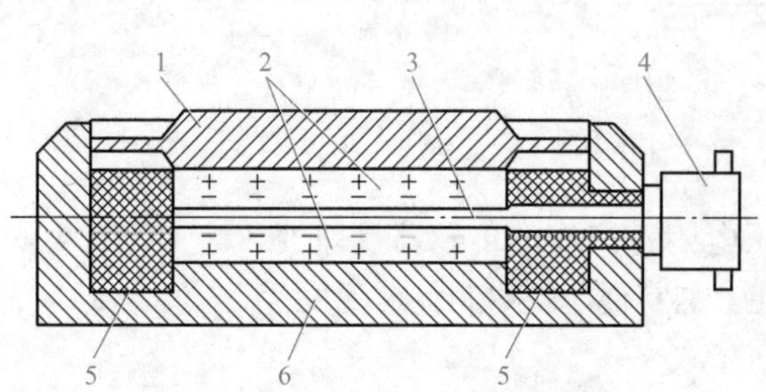

图6-13 压电式单向力传感器结构

1—上盖 2—石英晶片 3—电极

4—引出插头 5—绝缘材料 6—底座

图6-14 压电式压力传感器

2. 压电式加速度传感器

压电式加速度传感器具有固有频率高、高频响应好、结构简单、工作可靠、安装方便等优点，目前在振动与冲击测试技术中得到很广泛的应用。

为满足不同的使用要求，压电式加速度传感器具有多种结构。图6-15所示为压电式加速度传感器的一种典型结构，其中惯性质量块、两压电片和片间的金属电极通过预紧弹簧固定在机座上。

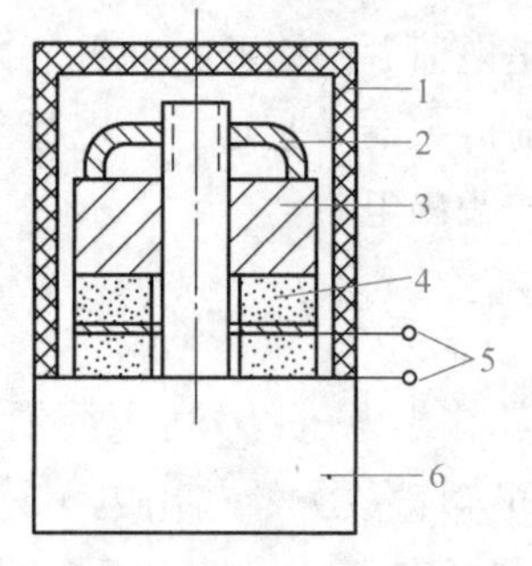
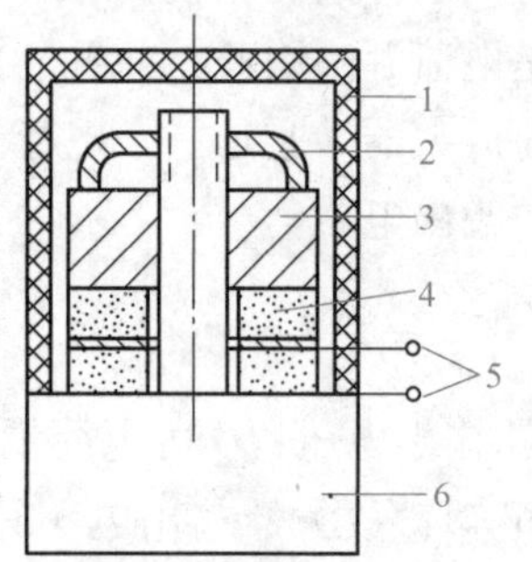

图6-15 压电式加速度传感器

1—壳体 2—弹簧 3—质量块

4—压电晶片 5—引出电极 6—基座

微课6-3
压电式加速度传感器工作原理

当传感器随被测物体受向上加速度运动时，壳体和机座随之向上运动，质量块由于惯性保持静止，这样质量块就相对于壳体产生位移，其惯性压力作用在压电元件上，在压电元件上产生与加速度成正比的上正下负的电荷。

当传感器随被测物体向下加速度运动时，壳体和机座随之向下运动，质量块由于惯性保持静止，这样质量块就相对于壳体产生位移，其惯性拉力作用在压电元件上，在压电元件上产生与加速度成正比的上负下正的电荷。

通过在压电元件上产生的电荷的输出量及极性，经测量转换电路处理，可知加速度的大小和方向。

笔记栏

3. 燃气压电点火器

点火器主要用于燃气烧烤炉、燃气灶、燃气取暖器、燃气热水器等燃气用具，另外还用于生产照明、电子、化工等方面以压电陶瓷为介质的点火装置，外形如图 6-16 所示。其原理是采用机械式压电陶瓷发火装置产生电火花，先对助燃剂进行点火，再引燃喷嘴里的燃气。

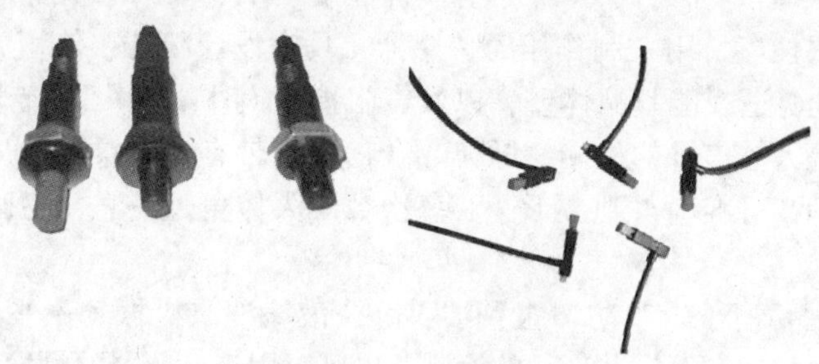

图 6-16　点火器

4. 压电式玻璃破碎报警器

压电式玻璃破碎报警器利用的是压电式微音器，装在面对玻璃面的位置，由于只对高频的玻璃破碎声音进行有效检测，因此不会受到玻璃本身的振动而引起反应，目前该报警器已广泛用于玻璃门、窗的防护上。图 6-17 所示为压电式玻璃破碎报警器测量原理框图，图 6-18 所示为常见的玻璃破碎报警器。

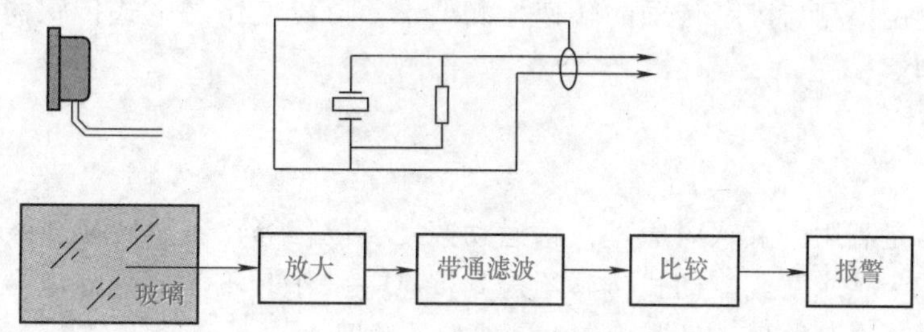

图 6-17　压电式玻璃破碎报警器测量原理框图

5. 压电式换能器

压电式换能器广泛应用于工业、农业、交通运输、生活、医疗及军事等领域。压电式超声换能器的种类很多，按伸缩振动的方向分为厚度、切向、纵向、径向等；按压电转换方式分为发射型（电声转换，如扬声器）、接收型（声电转换，如麦克风）、发射接收复合型（如超声波换能器）等。图 6-19 所示为电子血压计。

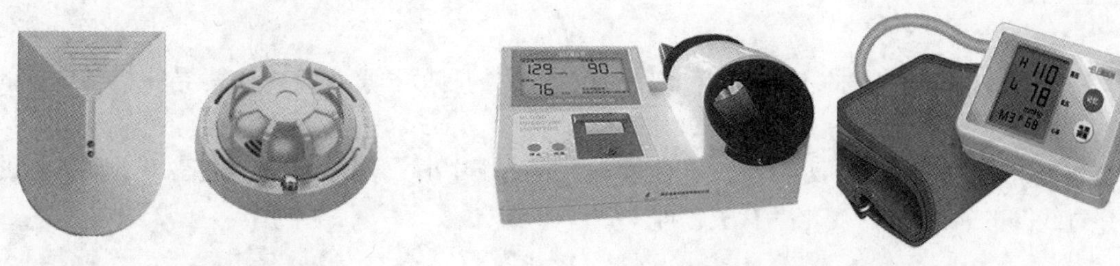

图 6-18　玻璃破碎报警器　　图 6-19　电子血压计

电子血压计利用压电换能器接收血管的压力，当气囊加压紧压血管时，因外加压力高于血管舒张压力，压电换能器感受不到血管的压力；而当气囊逐渐泄气，压电换能器对血管的压力

笔记栏

随之减小到某一数值时，两者的压力达到平衡，此时压电换能器就能感受到血管的压力，该压力即为心脏的收缩压，通过放大器发出指示信号，给出血压值。电子血压计由于取消了听诊器，减轻了医务人员的劳动强度。

6. 压电薄膜元件

PVDF 压电薄膜是一种新型的高分子压电材料，在医用传感器中应用很普遍。它既具有压电性又有薄膜柔软的机械性能，用它制作压力传感器，具有设计精巧、使用方便、灵敏度高、频带宽，与人体接触安全舒适，能紧贴体壁，以及声阻抗与人体组织声阻抗十分接近等一系列特点，可用于脉搏心音等人体信号的检测。脉搏心音信号携带有人体重要的生理参数信息，通过对这些信号的有效处理，可准确得到波形、心率次数等人体生理信息，为医生提供可靠的诊断依据。

压电薄膜元件还主要用于汽车防盗报警器，卧式滚筒洗衣机振动不平衡及其他要求安静、噪声小的家用电器中，如空调等振动信号的检测，也可以用于计数器的触发器作为柔性开关。

思考五：你知道利用电磁感应原理工作的传感器还有哪些吗？

任务 6.3 了解磁电式传感器的应用

任务引入

针对生产线物位检测与机床转轴的转速检测要求，可以使用磁电式传感器。磁电式传感器还主要用于振动测量。

知识精讲

磁电式传感器是利用电磁感应原理，将运动速度、位移等物理量转换成线圈中的感应电动势输出，所以又称为感应式或电动式传感器。其特点是工作时不需要外加电源，可直接将被测物体的机械能转换为电量输出，是典型的电动势型传感器。

磁电式传感器的优点是不需要工作电源、输出功率较大、性能稳定及具有一定的工作频带宽度（一般为 10～100Hz）等。

一、认识磁电式传感器

1. 工作原理

如图 6-20 所示，当导体在稳恒均匀磁场中沿垂直磁场方向运动时，导体内产生的感应电动势为

$$e = Blv \tag{6-2}$$

式中，B 为稳恒均匀磁场的磁感应强度（T）；l 为导体的有效长度（m）；v 为导体相对磁场的运动速度（m/s）。

当 N 匝相对静止的导体回路处于随时间变化的磁场中时，导体回路产生感应电动势 e 的大小与穿过线圈的磁通量 Φ 变化率有关，即

$$e = -N\frac{\mathrm{d}\Phi}{\mathrm{d}t} \tag{6-3}$$

式中，Φ 为导体回路每匝包围的磁通量（Wb）；N 为线圈匝数。

磁电式传感器是以导体和磁场发生相对运动而产生感应电动势为基础的电动势型传感器，

笔记栏

其外形如图 6-21 所示。磁电式传感器的结构一般分为两部分：一部分是磁路系统，通常由永久磁铁产生恒磁场；另一部分是工作线圈。

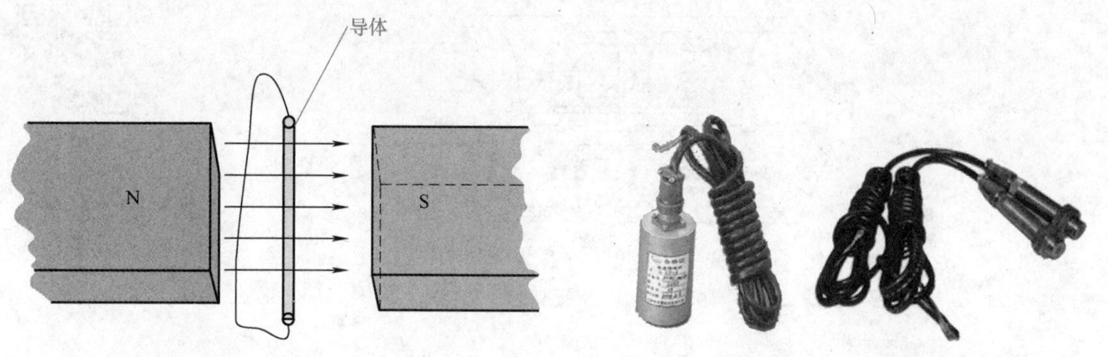

图 6-20　电磁感应原理　　　图 6-21　磁电式传感器

2. 分类及基本结构

在实际应用中，磁电式传感器按照磁路结构一般有两种类型，即变磁通式磁电传感器与恒磁通式磁电传感器。

变磁通式磁电传感器又称磁阻式磁电传感器，其线圈、磁铁静止不动，转动物体引起磁阻、磁通变化，常用于角速度的测量。其典型结构如图 6-22 所示，当铁齿轮旋转时，齿的凹凸引起永久磁铁磁路中磁阻的变化，使磁路中的磁通变化，从而使线圈中感应出电动势。

恒磁通式磁电传感器又称动圈式磁电传感器，磁路系统恒定，磁场运动部件可以是线圈也可以是磁铁，常用于振动速度的测量。其典型结构如图 6-23 所示，当被测物体进行直线运动时，线圈与固定的磁场发生相对运动产生感应电动势，其大小与直线运动速度成正比。由于恒磁通式磁电传感器的工作频率不高，输出信号足够大，故配以一般的交流放大器即能满足要求。

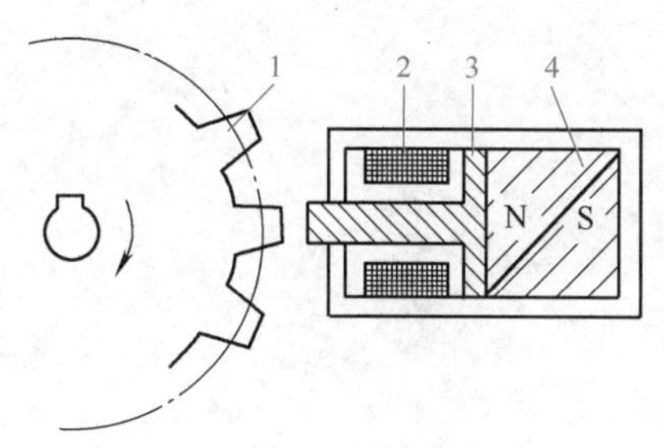

图 6-22　变磁通式磁电传感器的典型结构

1—铁齿轮　2—感应线圈

3—软铁　4—永久磁铁

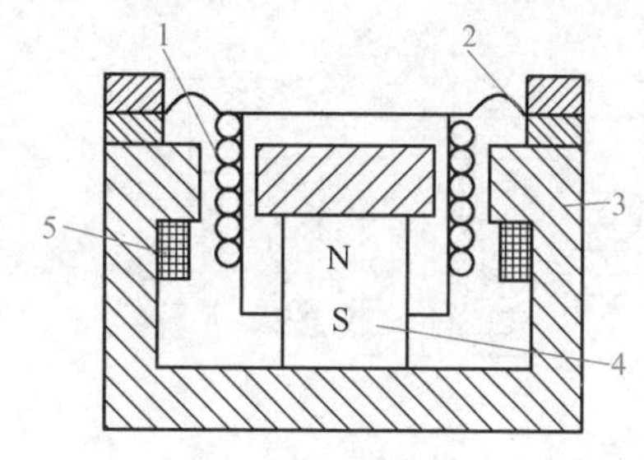

图 6-23　恒磁通式磁电传感器的典型结构

1—工作线圈　2—弹簧　3—磁轭

4—永久磁铁　5—补偿线圈

微课6-4
磁阻式磁
电传感器

二、磁电式传感器的应用

微课6-5
动圈式磁
电传感器

1. 动圈式振动速度传感器

图 6-24 所示为振动测量用的动圈式振动速度传感器结构示意图，它具有圆柱形外壳，里面用铝支架将圆柱形永久磁铁与外壳固定在一起，永久磁铁中间有一小孔，穿过小孔的芯轴两端架起线圈（动圈）和阻尼环，芯轴两端通过圆形膜片（弹簧片）支撑架空与外壳相连。

测量时将传感器与被测物体紧固在一起，当物体振动时，传感器外壳和永久磁铁随着振动，而架空的芯轴、线圈和阻尼环整体地因惯性而不随之振动。因此，磁路空气隙中的线圈切割磁

笔记栏

力线产生正比于振动速度的感应电动势，线圈的输出通过引线接到测量电路。

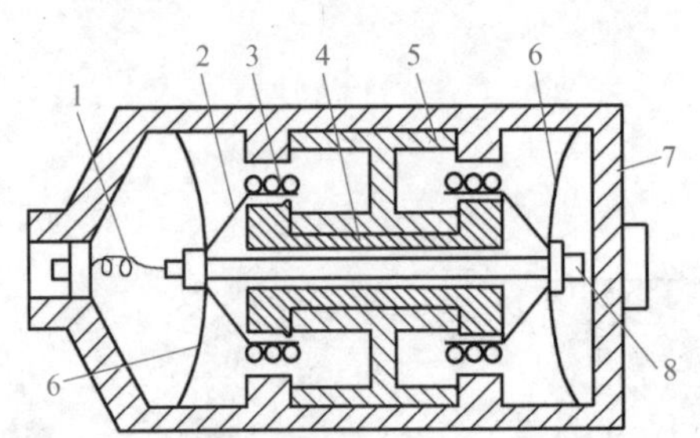

图6-24 动圈式振动速度传感器结构示意图

1—引线 2—阻尼环 3—线圈 4—永久磁铁 5—铝支架 6—弹簧片 7—外壳 8—芯轴

温馨提示

要勤于思考，善于解决现场实际问题。

动圈式振动速度传感器测量的是振动速度，若在测量电路中接入积分电路，则传感器输出感应电动势与位移成正比；若在测量电路中接入微分电路，则其输出感应电动势与加速度成正比，从而可以测量振动体的振幅（位移）和振动加速度。

2. 磁电式转速传感器

图6-25所示为磁电式转速传感器，它由转子、定子、永久磁铁、线圈等元件组成。磁电式转速传感器的转子和定子均由工业纯铁制成，在它们的圆形端面上都均匀地铣了一定数量的凹槽。

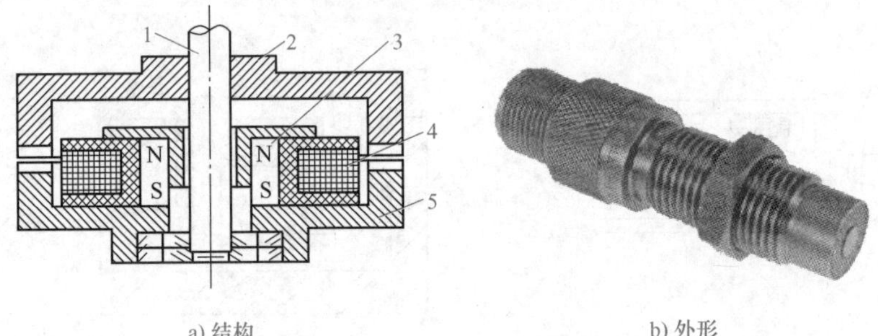

a) 结构　　b) 外形

图6-25 磁电式转速传感器

1—转轴 2—转子 3—永久磁铁 4—线圈 5—定子

测量时，将传感器的转轴与被测物体转轴相连接，当转子与定子的齿凸凸相对时，气隙最小，磁通最大；当转子与定子的齿凸凹相对时，气隙最大，磁通最小。定子不动而转子转动时，磁通就周期性地发生变化，从而在线圈中感应出近似正弦波的电动势信号。

若磁电转速传感器的输出量是以感应电动势的频率来表示的，则其频率f与转速n之间的关系式为

$$n=\frac{60f}{z} \tag{6-4}$$

式中，n为被测体转速（r/min）；z为定子或转子端面的齿数；f为感应电动势的频率（Hz）。

3. 磁电式智能流量计

图6-26所示磁电式智能流量计为新型智能流量仪表，是电磁流量计的最新替代产品。广泛

应用于石油、化工、冶金、造纸、食品、印染及环保工程的液体的流量测量。

磁电式智能流量计是根据法拉第电磁感应原理研制的，在其壳体底部放置一个永久磁铁产生的强磁场，磁力线穿过管道，当介质流过流量计强磁场时，切割磁力线感应出脉动的电动势，用电极检出电信号，在一定的流速范围内其频率正比于流量。再将电极输入高频振荡信号，该信号受流量信号调制，经调制后高频信号进入检测器，单片机进行运算与处理，准确检出流量信号，输入显示仪。

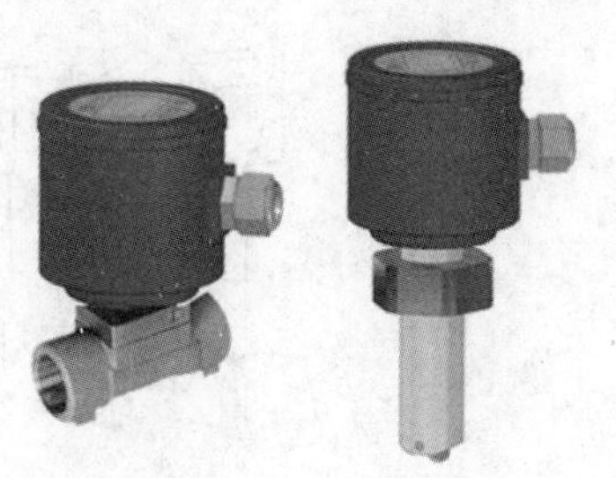

图 6-26　磁电式智能流量计

思考五：你知道霍尔是谁吗？你听说过霍尔式传感器吗？

任务 6.4　了解霍尔式传感器的应用

任务引入

在各种车辆、机械设备运行中，都需要对转速进行检测，通常会使用磁电式传感器；而对于小型直流电动机转速的测量一般采用霍尔式传感器。

知识精讲

基于霍尔效应工作的传感器称为霍尔式传感器。霍尔效应是 1879 年科学家爱德文·霍尔在金属材料中发现的，有人曾想利用霍尔效应制成测量磁场的磁传感器，但终因金属的霍尔效应太弱而没有得到应用。随着半导体材料和制作工艺的发展，人们又利用半导体材料制成霍尔式传感器，由于半导体的霍尔效应显著而得到实用和发展，现在的霍尔式传感器广泛用于非电量测量、自动控制、电磁测量和计算装置等方面。

一、认识霍尔式传感器

1. 霍尔效应

如图 6-27 所示，在一块通电的半导体薄片上加上与其表面垂直的磁场 B，则在薄片的横向两侧会出现一个电压，如图中的 V_H，这种现象就是霍尔效应，V_H 称为霍尔电动势，且

$$V_H = K_H BI \tag{6-5}$$

式中，K_H 为霍尔元件的灵敏系数［mV/(mA·T)］；B 为磁场的磁感应强度（T）；I 为半导体的激励电流（mA）。

霍尔电动势除了与磁感应强度和激励电流成正比外，还与半导体的厚度有关，为了提高霍尔电动势值，霍尔元件常制成薄片状。

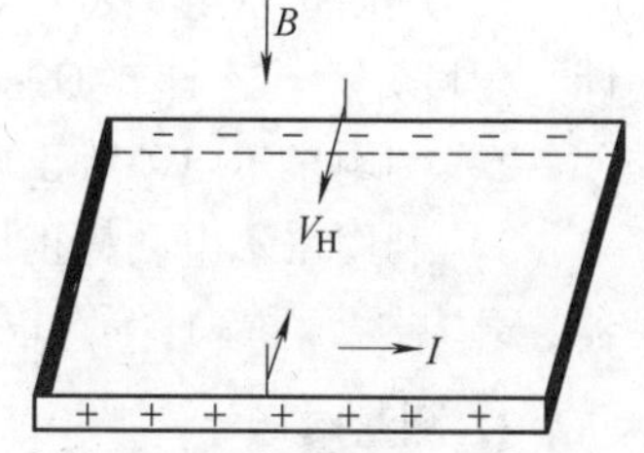

图 6-27　霍尔效应

2. 霍尔元件

霍尔元件外形如图 6-28a 所示，其结构简单，如图 6-28b 所示，从一个矩形薄片状半导体基片上的两个相互垂直方向的侧面上，各引出一对电极，一对称为激励电流端，另一对称为霍尔电动势输出端。霍尔元件符号如图 6-28c 所示。

按照功能霍尔元件可分为霍尔线性元件和霍尔开关元件。前者输出模拟量，后者输出数字量。

笔记栏

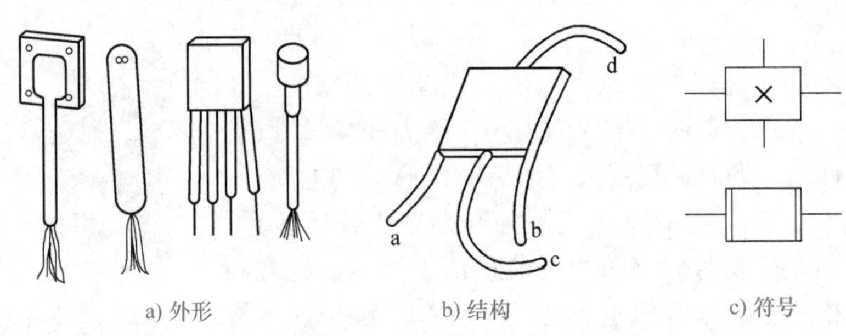

图 6-28 霍尔元件

霍尔元件具有许多优点，如结构牢固，体积小，重量轻，寿命长，安装方便，功耗小，频率高（可达 1MHz），耐振动，不怕灰尘、油污、水汽及盐雾等的污染或腐蚀。

霍尔线性元件的精度高、线性度好；霍尔开关元件无触点、无磨损、输出波形清晰、无抖动、无回跳、位置重复精度高（可达 μm 级）。采用了各种补偿和保护措施的霍尔元件的工作温度范围宽，可达 −55～150℃。

3. 测量电路

霍尔式传感器的基本测量电路如图 6-29 所示，激励电流 I 由电压源 E 供给，其大小由可变电阻来调节。霍尔电动势 V_H 加在负载电阻 R_L 上，R_L 可以是一般电阻，也可以代表显示仪表、记录装置或者放大器的输入电阻。

在磁场与控制电流的作用下，负载上就有电压输出。在实际使用时，I 或 B 或两者可同时作为输入信号，输出信号则正比于 I 或 B 或两者乘积。

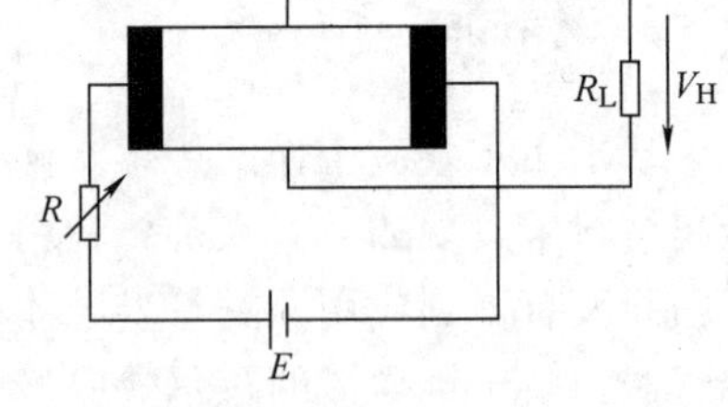

图 6-29 霍尔式传感器的基本测量电路

4. 集成霍尔元件

随着微电子技术的发展，目前的霍尔元件多已集成化。集成霍尔元件有许多优点，如体积小、灵敏度高、输出幅度大、温漂小、对电流稳定性要求低等。

集成霍尔元件可分为线性型和开关型两大类，线性型是将霍尔元件和恒流源、线性放大器等装配在一个芯片上，输出电压较高，使用非常方便，目前已得到广泛的应用。开关型是将霍尔元件、稳压电路、放大器、施密特触发器、OC 门等电路装配在同一块芯片上。

二、霍尔式传感器的应用

霍尔式传感器主要有以下三个方面的应用：

1）利用霍尔电动势正比于磁感应强度的特性可制作磁场计、方位计、电流计、微小位移计、角度计、转速计、加速度计、函数发生器、同步传动装置、无刷直流电机、非接触开关等。

2）利用霍尔电动势正比于激励电流的特性可制作回转器、隔离器、电流控制装置等。

3）利用霍尔电动势正比于激励电流与磁感应强度乘积的规律可制作乘法器、除法器、乘方器、开方器、功率计等，也可以用于混频、调制、斩波、解调等用途。

1. 测量磁场

使用霍尔元件检测磁场的方法极为简单，将霍尔元件做成各种形式的探头，放在被测磁场中，因霍尔元件只对垂直于霍尔片表面的磁感应强度敏感，因而必须令磁力线和元件表面垂直，通电后即可由输出电压得到被测磁场的磁感应强度。若不垂直，则应求出其垂直分量再计算被测磁场的磁感应强度值。而且，因霍尔元件的尺寸极小，可以进行多点检测，由计算机进行数

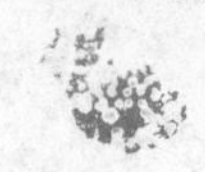

笔记栏

据处理后得到场的分布状态。霍尔元件也可对狭缝、小孔中的磁场进行检测。

2. 测量微位移

如图6-30所示，当激励电流I恒定时，霍尔电动势与磁感应强度B成正比，若磁感应强度B是位置的函数，则霍尔电动势的大小就可以反映霍尔元件的位置。

这就需要制造一个某方向上磁感应强度B线性变化的磁场，当霍尔元件在这个磁场中移动时，其输出电动势反映了霍尔元件的位移Δx。

因为霍尔元件需要工作电源，一般令工作磁体随被检测物体运动，将霍尔元件固定在工作系统的适当位置，用它去检测工作磁场，再从检测结果中提取被检测信息。

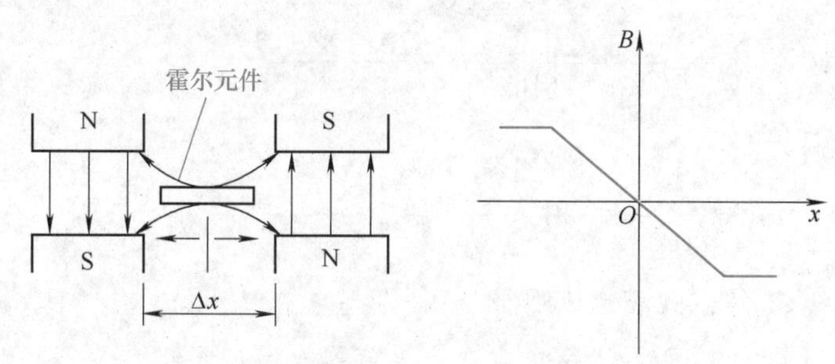

图6-30 位移测量原理

霍尔元件与工作磁体间的运动方式如图6-31所示，有对移、侧移、旋转和遮断四种方式。

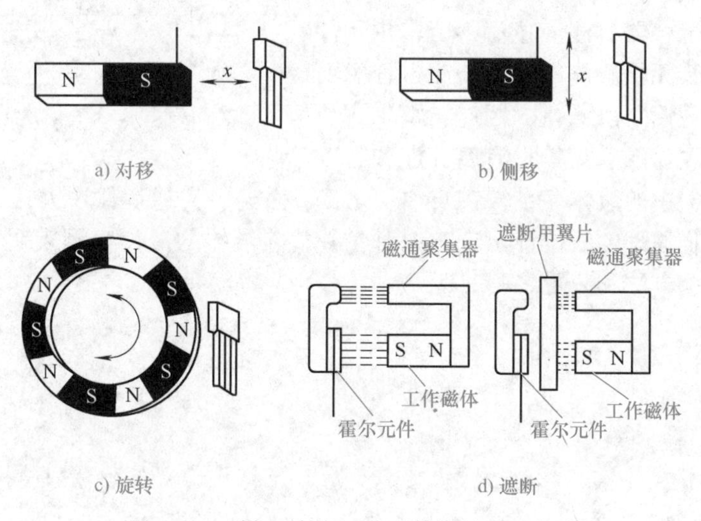

图6-31 霍尔元件与工作磁体间的运动方式

3. 测量转速

图6-32所示为霍尔式传感器转速测量示意图。在被测转速的转轴上安装一个齿盘，也可选取机械系统中的一个齿轮，将霍尔元件及磁路系统靠近齿盘。随着齿盘的转动，磁路的磁阻也周期性地变化，测量霍尔元件输出的脉冲频率就可以确定被测物体的转速。

4. 霍尔式压力传感器

霍尔式微压力传感器如图6-33所示。被测压力p使波纹膜盒膨胀，带动杠杆向上移动，从而使霍尔元件在磁路系统中运动，改变了霍尔元件所感受的磁场大小及方向，引起霍尔电动势大小和极性的变化。由于波纹膜盒及霍尔元件的灵敏度很高，所以可用于测量微小压力的变化。

图6-34所示为霍尔式压力传感器，感受压力的敏感元件不是波纹膜盒而是波登管，其原理大致相同。

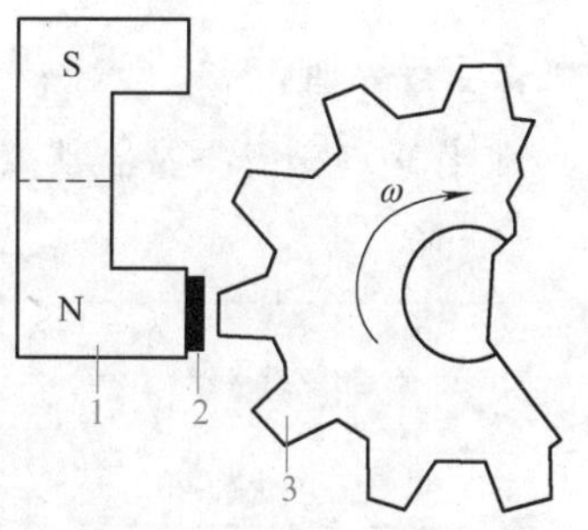

图6-32 霍尔式传感器转速测量示意图

1—磁铁 2—霍尔元件 3—齿盘

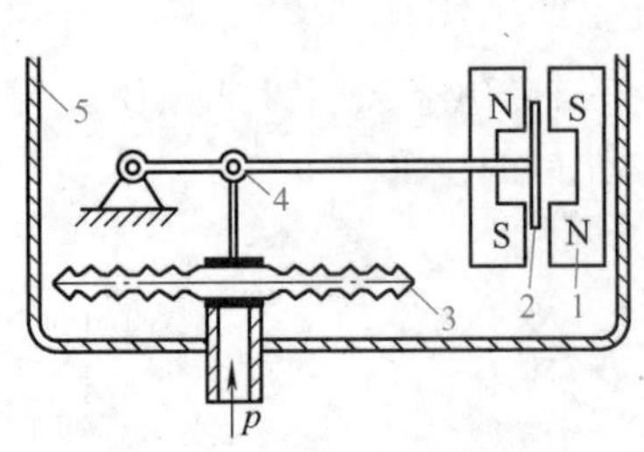

图 6-33 霍尔式微压力传感器

1—磁路 2—霍尔元件 3—波纹膜盒 4—杠杆 5—外壳

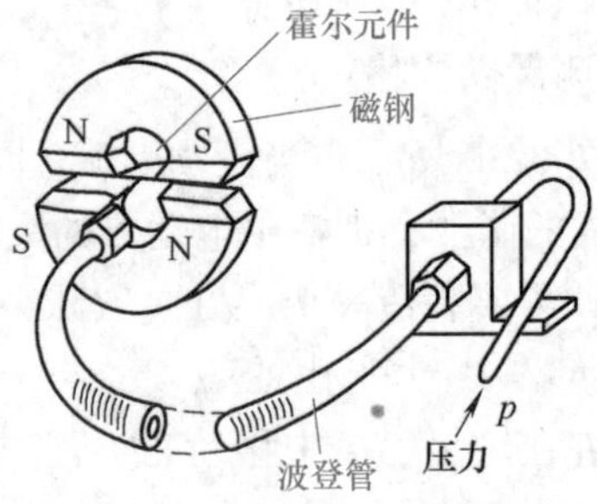

图 6-34 霍尔式压力传感器

5. 霍尔式液位传感器

图6-35 所示为霍尔式液位传感器，霍尔元件装在容器外面，永久磁体支在浮球上，随着液位变化，作用到霍尔元件上的磁场的磁感应强度也发生改变，从而可测得液位。

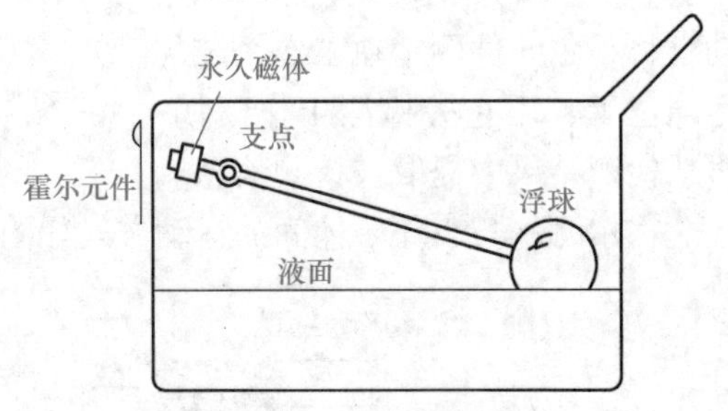

图 6-35 霍尔式液位传感器

用霍尔式液位传感器检测液位时，因霍尔元件在液体之外，可进行无接触测量，在检测过程中不产生火花，且可实现远距离测量，因此，霍尔式液位传感器可用来检测易燃、易爆、有腐蚀性和有毒的液体的液位和容器中的液体存量，在石油、化工、医药、交通运输中有广泛的用途。尽管目前已有许多不同工作原理的液位计出现，但对各种危险液体的液位实测表明，霍尔式液位传感器是其中最优的检测方法和装置之一。

温馨提示

要勤于思考，善于解决现场实际问题。

1）为了得到较大的霍尔电动势，在直流激励时，将几块霍尔元件的输出串接；在交流激励时，通过变压器使几块霍尔元件的输出达到串接的效果。

2）用恒流源供电或者将激励电极并联分流电阻，可以减小系统的温度误差。

项目实施：趣味小制作——玻璃破碎报警器

【所需材料】

制作玻璃破碎报警器共需要压电陶瓷片等元器件 16 种，详见表 6-1。

表 6-1 制作玻璃破碎报警器所需元器件清单

序号	元器件名称	规格型号	数量
1	报警扬声器 HA	LQ46 - 88D	1 台
2	压电陶瓷片 B	HTD27A - 1 或 FT27	1 片
3	单向晶体管 VS	1A、100V	1 只
4	NPN 晶体管 VT_1 ~ VT_3	9014 或 3DG，$\beta>200$	3 只

（续）

序号	元器件名称	规格型号	数量
5	硅二极管 $VD_1 \sim VD_3$	1N4001	3只
6	全桥整流 UR	QL－1A/50V	1只
7	电源变压器 T	220V/12V、5W	1台
8	12V 电池组 G	5号干电池8节串联而成	1组
9	微调电阻器 R_P	WH7，470kΩ	1台
10	电阻 R_1、R_2	4.7kΩ	2个
11	电阻 R_3、R_4	1kΩ	2个
12	电解电容 C_1	CD11－16V，4.7μF	1个
13	电解电容 C_2、C_3	CD11－16V，1μF	2个
14	瓷介电容器 C_4	CT1，0.01μF	1个
15	电解电容 C_5	CD11－25V，1000μF	1个
16	复位按钮 SB	常闭型	1个

HTD27A－1 或 FT27 型压电陶瓷片，是一种对振动敏感的传感器，对玻璃破碎的响声等高频振动很敏感，而对缓慢变化的声响无效。

全桥整流可用4只1N4001型二极管替代。

【基本原理】

该报警器利用压电陶瓷对振动敏感的特性来接收玻璃受撞击和破碎时产生的振动波，将玻璃破碎发出的振动信号或响声转换成电信号，经由晶体管 VT_1 和 VT_2 构成的直耦式放大器放大后，利用 C_2 从 VT_2 的集电极上取出放大信号，然后经二极管 VD_1、VD_2 倍压整流后使 VT_3 导通。VT_3 导通后在 R_4 两端产生电压降使单向晶体管 VS 导通并锁存，于是语言报警扬声器 HA 通电反复发出“抓贼呀……”喊声报警。这时，只有按一下复位按钮 SB，方可解除警报声。电路原理如图 6-36 所示。

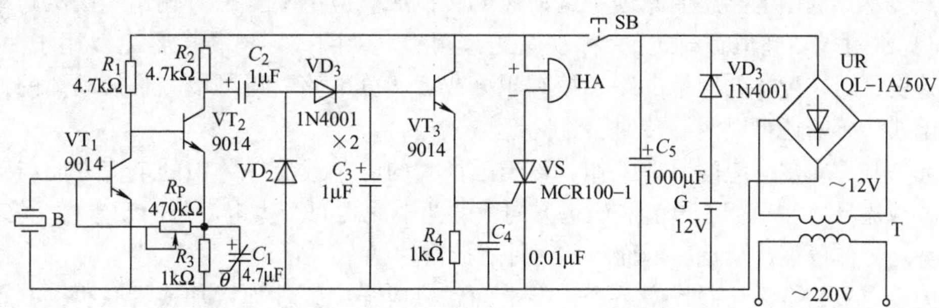

图 6-36　玻璃破碎报警器电路原理

电路电源是用变压器 T 将 220V 市电降压为 12V，经全桥整流 UR、C_5 滤波后供给整机工作。为了防备断电，还增加了 12V 电池组 G。当电网停止供电时，G 自动续接供电，当电网复电后，G 自动停止供电，始终让报警电路处于准备状态，实用可靠。

【制作提示】

1）压电陶瓷 B 在安装时，可在玻璃橱窗内贴上一些装饰画或字，将压电陶瓷用强力胶粘贴在装饰画或字上，使人从外面看不出里面安有报警装置，然后用两根细导线将压电陶瓷接至主机。

2）元器件焊接建议依次为电阻、电容、二极管、晶体管、集成元件，从小到大。

笔记栏

项目评价

项目采用小组自评、其他组互评，最后教师评价的方式，权重分布为0.3、0.3、0.4。

表6-2 玻璃破碎报警器制作任务评价表

序号	任务内容	分值	评价标准	自评	互评	教师评分
1	选用元器件	20	1. 元器件选错一个扣5分 2. 没识别元器件好坏扣10分			
2	焊接电路	30	1. 每虚焊一处扣2分 2. 每焊坏一个元器件扣5分			
3	连线正确	30	1. 连线每错一次扣5分			
4	调试玻璃破碎报警器	20	1. 调试失败一次扣10分 2. 报警功能不正常一次扣10分			
最后得分						

项目总结

热电偶是两种不同金属组成的闭合回路。当热电偶两个接点温度不同时，回路中产生热电动势。热电动势由接触电动势和温差电动势组成。

接触电动势是由于电子密度不同的两种金属的接触点存在电子扩散形成的；温差电动势是同一金属两端温度不同引起热扩散形成的。通常，热电偶中温差电动势比接触电动势小得多。热电偶工作的必要条件：两个热电极材料不同；两个接点的温度不同。热电偶按照热电极本身的结构可分为普通热电偶、薄膜热电偶和铠装热电偶。热电偶主要用来测温。

压电式传感器主要包括石英晶体和压电陶瓷等。压电元件可以等效成一个电荷源和一个电容并联，它是个内阻很大的信号源，测量中要求与它配接的放大器具有高输入阻抗，目前多用电荷放大器。该放大器的输出电压只与压电元件产生的电荷量和反馈电容有关，而与配接电缆长度无关。但电缆的分布电容影响测量精度。压电传感器多用于加速度和动态力或者压力的测量。

磁电式传感器利用电磁感应原理将运动速度转换成感应电动势信号输出。按磁路结构有变磁通式(又称磁阻式)和恒磁通式(又称动圈式)两种。动圈式磁电传感器主要用于测量振动，可测振动速度，若在配接的测量电路中接有积分或者微分电路，还可以测量振动体的振幅或加速度。磁电式传感器还可以测量转速、流量等。

霍尔元件基于霍尔效应的原理工作。置于磁场中的静止载流导体中的电流方向与磁场方向不一致时，载流导体在平行于电流和磁场方向上的两个面之间产生电动势的现象称为霍尔效应。霍尔电动势与导体厚度成反比，因而霍尔元件制成薄片状。

保持激励电流恒定，让磁场中某个方向上的磁感应强度线性地增加或者减少，则霍尔元件在该方向上移动时，霍尔电动势的变化反应霍尔元件的位移，利用这个原理可以进行微位移测量。以此为基础可以测量如力、压力、加速度等与微位移有关的非电量。

项目测试

测评6

1. 热电偶按照热电极本身的结构分为________、________和________。其工作的必要条件：________，________。

2. 压电式传感器主要包括________和________。

3. 磁电式传感器利用________原理将运动速度转换成感应电动势信号输出。按磁路结构有________式和________式两种。

4. 置于磁场中的静止载流导体中的________与________不一致时，载流导体在平行于

________和________方向上的两个面之间产生________的现象称为霍尔效应。

5. 霍尔元件从一个________形薄片状半导体基片上的两个相互________方向的侧面上，各引出一对电极。

6. 连连看

压电陶瓷　　霍尔式传感器　　热电偶　　磁电式传感器　　石英晶体

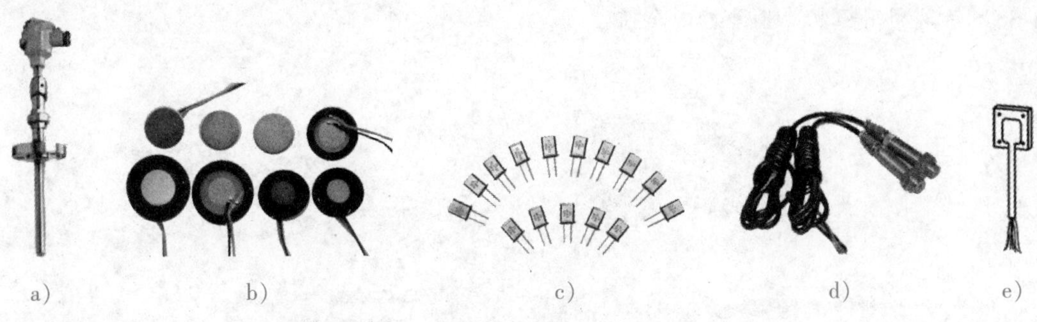

a)　　b)　　c)　　d)　　e)

阅读材料：压电薄膜传感器的典型应用

压电薄膜（piezo film）是一种柔性、很薄、质轻、高韧度塑料膜，可制成多种厚度和较大面积的阵列元件。作为一种高分子功能传感材料，在同样受力条件下，压电薄膜输出信号比压电陶瓷高，具有动态范围宽、低声阻抗、高弹性、柔顺性好、高灵敏度、可耐受强电场作用、高稳定性、耐潮湿、易加工、易安装等特点。图6-37为几种常见的压电薄膜元件。

1. 加速度计

1）ACH－01（通用）型：如汽车报警器、机器监控、扬声器动态反馈、电器监测。

2）ACH－04－08－05（多轴）型：如磁盘驱动器振动传感器、冲击开关、地震监测、生物医学监控。

2. 振动/动作薄膜传感器

1）DT系列（无叠片，无屏蔽）：如动态应力计、声学拾音器、乐器触发器。

2）LDT（叠片，非屏蔽）及LDTC系列：防盗警报器、售卖机应用（分发检验、投币计数器、防篡改、穿插面板）。

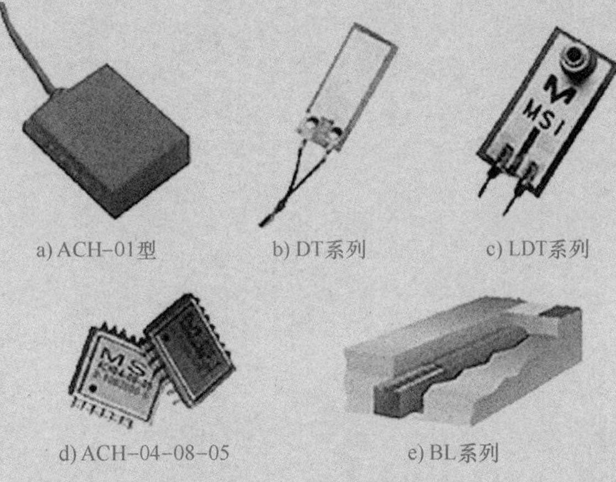

a) ACH-01型　b) DT系列　c) LDT系列

d) ACH-04-08-05　e) BL系列

图6-37　压电薄膜元件

3）电器监测：洗衣机不平衡、微波拾音器、洗碗机喷洒装置、水流传感器、真空土壤监测。

4）SDT系列（无叠片，屏蔽）：乐器触发器、接触麦克风。

5）定制传感器：断纱/张力、医疗监控（病床监测、血压和脉搏检测、胎儿心脏监视器、窒息监控、麻醉监视器、呼吸气流监控、睡眠紊乱监控、心脏起搏器传感器）。

3. 音频/声学

扩音器（水下听音器）、听诊器、声学拾音器、流体传感器、扬声器（高频扬声器、寻呼

笔记栏

笔记栏

机）等。

4. 超声波（40kHz&80kHz）

40kHz电子白板、80kHz手写笔、医用成像导管、相控阵、无损探伤、水平传感器（喷墨，调色）、机器人触觉感受器。

5. 交通传感器

BL系列：汽车分类、行驶中称重、速度/红灯管制、机场滑行道监控、停车场监控。图6-38所示为利用压电薄膜进行汽车监控。

图6-38 利用压电薄膜进行汽车监控

项目 7

半导体传感器的应用

项目描述

利用半导体材料的各种物理、化学和生物学特性制成的半导体传感器，所采用的半导体材料多数是硅以及Ⅲ-Ⅴ族和Ⅱ-Ⅵ族元素化合物。半导体传感器种类繁多，具有类似于人的眼、耳、鼻、舌、皮肤等多种感觉功能，优点是灵敏度高、响应速度快、体积小、重量轻、便于检测转换一体化。半导体传感器的主要应用领域是工业自动化、遥测测量、工业机器人、家用电器、环境污染监测、医疗保健、医药工程和生物工程等。

学习目标

1. 理解热敏电阻、湿敏传感器、气敏传感器、磁敏传感器的结构原理。
2. 熟悉热敏电阻、湿敏传感器、气敏传感器、磁敏传感器的应用，养成勤于思考的学习习惯。
3. 锻炼解决问题的逆向思维能力。

任务 7.1 熟悉热敏电阻的应用

思考一： 热敏电阻，从字面上理解，那就是对热（即温度）敏感的电阻；温度变化时，其阻值就会发生变化。除了这些知识，你还了解热敏电阻的其他知识吗？

任务引入

家用电器中，如电冰箱、电饭煲、热水器、电熨斗、洗衣机等，都要对温度进行测量。现在的冰箱要求保鲜温度越来越精确，对温度控制的要求也更高，这就需要对其温度进行检测，使用的温度传感器要求体积小、重量轻、价格低，可以选用热敏电阻作为测温传感器。

知识精讲

半导体传感器包括热敏电阻、湿敏传感器、气敏传感器和磁敏传感器等。本项目分别介绍它们的结构原理及应用。

一、认识热敏电阻

1. 组成材料

热敏电阻是一种电阻值随温度变化而发生变化的半导体热敏元件，常用的热敏电阻是由金属氧化物半导体材料（如 Mn_3O_4、CuO 等）、半导体单晶锗和硅，以及热敏玻璃、热敏塑料等材料，按特定工艺制成的感温元件。

笔记栏

2. 结构外形与符号

热敏电阻为满足各种使用需要，通常封装加工成各种形状的探头，常见的结构外形有圆片形、柱形、珠形等。热敏电阻的结构外形与符号如图 7-1 所示。

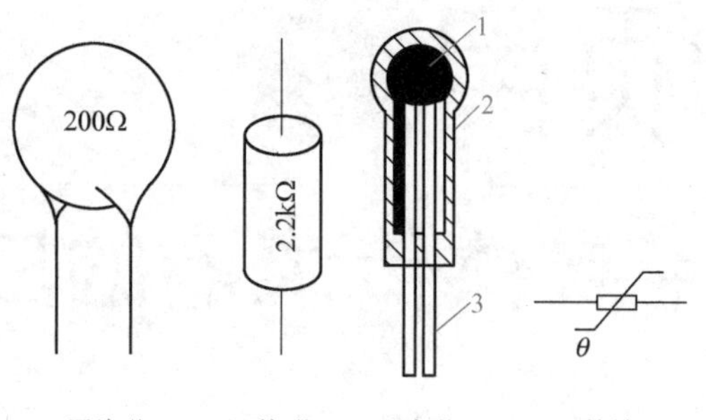

a) 圆片形 b) 柱形 c) 珠形 d) 符号

图 7-1 热敏电阻的结构外形与符号

1—热敏电阻 2—玻璃外壳 3—引出线

3. 热敏电阻的分类

热敏电阻按温度系数可分为两大类：负温度系数热敏电阻（NTC）和正温度系数热敏电阻（PTC）。NTC 热敏电阻以 MF 为其型号，PTC 热敏电阻以 MZ 为其型号。

（1）NTC 热敏电阻

NTC 热敏电阻研制较早，也较成熟。最常见的 NTC 热敏电阻由金属氧化物组成，如锰、钴、铁、镍、铜等多种氧化物混合烧结而成。

根据不同的用途，NTC 热敏电阻又可分为两大类：第一类为负指数型 NTC，其电阻值与温度之间呈负的指数关系，主要用于测量温度；另一类为负突变型 NTC，当其温度上升到某一设定值时，其电阻值突然下降，多用于各种电子电路中抑制浪涌电流，起到保护作用。

（2）PTC 热敏电阻

根据不同的用途，PTC 热敏电阻又可分为两大类：第一类为正突变型 PTC，通常是在钛酸钡陶瓷中加入杂质以增大温度系数，当流过 PTC 的电流超过一定限度或 PTC 感受到的温度超过一定限度时，其电阻值突然增大，它在电子电路中多起限流、保护作用；另一类是近年来研制出的用本征锗或本征硅材料制成的线性型 PTC 热敏电阻，其线性度和互换性均较好，可用于测温。

热敏电阻的温度-电阻特性曲线如图 7-2 所示。

（3）其他分类

热敏电阻的其他分类还包括：按结构形式可分为体型、薄膜型和厚膜型三种；按工作方式可分为直热式、旁热式和延迟电路式三种；按工作温区可分为常温区（$-60 \sim +200$℃）、高温区（>200℃）、低温区三种。

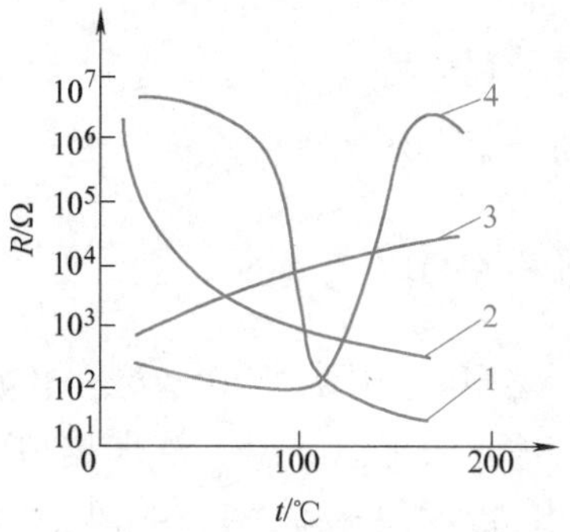

图 7-2 热敏电阻的温度-电阻特性曲线

1—负突变型 NTC 2—负指数型 NTC

3—线性型 PTC 4—正突变型 PTC

4. 热敏电阻的特点

与金属热电阻相比，热敏电阻具有以下特点：

1）灵敏度高，通常可达（1% ~6%）/℃，电阻温度系数大。

2）体积小，能测量其他温度计无法测量的空隙、体腔内孔等处的温度。

3）使用方便，热敏电阻阻值范围广（$10^2 \sim 10^3\Omega$），热惯性小且无须冷端补偿引线。

4）热敏电阻的温度与阻值之间呈非线性转换关系，其稳定性以及互换性差。

二、热敏电阻的应用

热敏电阻以电阻的变化值表示温度的变化，适用于动态和静态温度测量，用途广泛。热敏电阻一般可用于温度测量、温度控制、温度补偿、稳压稳幅、自动增益调整、气压测定、气体和液体分析、火灾报警、过载保护和红外探测等。

笔记栏

1. 热敏电阻用于温度测量

图7-3所示为热敏电阻温度计的原理图。测量温度的热敏电阻一般结构简单，价格低廉。外面未涂保护层的热敏电阻只能应用在干燥的地方。密封的热敏电阻不怕湿气的侵蚀，可以使用在较恶劣的环境下。由于热敏电阻的阻值较大，其连接导线的电阻值和接触电阻值可以忽略，使用时采用二线制即可。

2. 热敏电阻用于温度补偿

仪表中常用的一些零件多数是用金属丝做成的，如线圈、绕组电阻等。由于金属丝一般具有正的温度系数，故采用负温度系数的热敏电阻进行补偿，以抵消由于温度变化所产生的误差。仪表温度补偿原理图如图7-4所示。为了对热敏电阻的温度特性进行线性化补偿，可采用串联或并联一个固定电阻的方式。

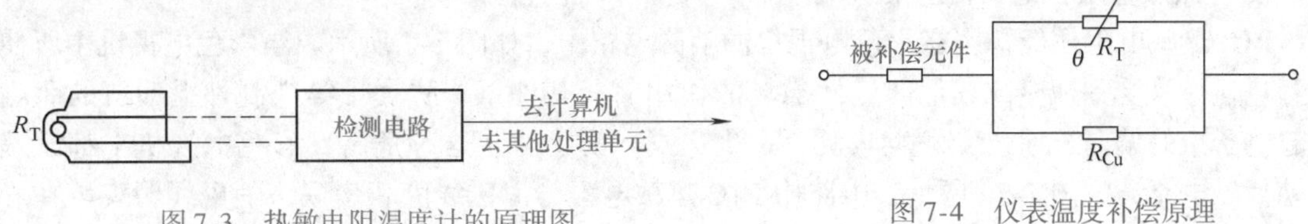

图7-3　热敏电阻温度计的原理图

R_T—热敏电阻温度计

图7-4　仪表温度补偿原理

3. 热敏电阻用于温度控制

热敏电阻除用于温度测量、温度补偿外，还有一个重要的应用就是温度控制。其中，继电保护就是最典型的应用。

将突变型热敏电阻埋设在被测物中，并与继电器串联，给电路加上恒定电压。当周围介质温度升到某一数值时，电路中的电流便可由零点几毫安突变为几十毫安，此时继电器动作，从而实现温度控制或过热保护。图7-5所示为热继电器原理图。

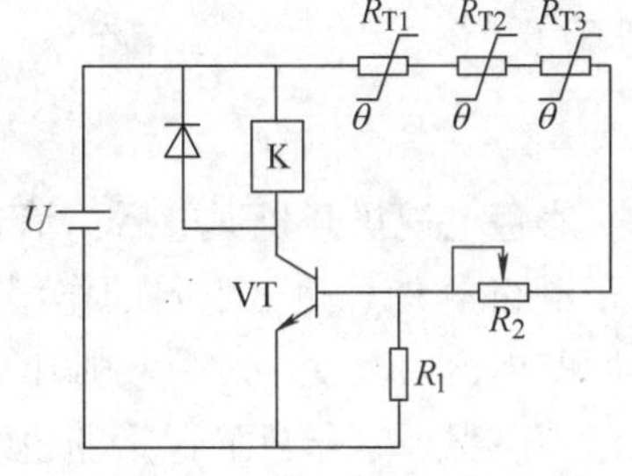

图7-5　热继电器原理图

用热敏电阻作为对电动机过热保护的热继电器。把3只特性相同的热敏电阻放在电动机绕组中，紧靠绕组每相各放一只，用万能胶固定。经测试，在20℃时其阻值为10kΩ，100℃时为1kΩ，110℃时为0.6kΩ。当电动机正常运行时温度较低，晶体管VT截止，继电器J不动作。当电动机过载、断相或一相接地时，电动机温度急剧升高，使热敏电阻阻值急剧减小，达到一定值后，VT导通，继电器J吸合，使电动机工作回路断开，实现保护功能。调节图中偏置电阻R_2的值，从而确定晶体管VT的动作点。

4. 热敏电阻的应用实例

热敏电阻用途十分广泛，如家用电器、医疗设备、制造工业、运输、通信、保护报警和科研等。

（1）热敏电阻在电冰箱上的应用

PTC热敏电阻在家用电冰箱起动电路中的应用如图7-6所示。在电冰箱压缩机的起动绕组上串接1只PTC热敏电阻，当温控器接通电源时，电源电流全部加在起动绕组上，此时，PTC热敏电阻可将约7A的电流在0.1~0.4s之内衰减至4A左右，然后再经3s左右的时间使电流降为10~15mA，起动绕组因PTC热敏电阻关闭而停止工作，这时运行绕组已处于正常工作状态。这

笔记栏

种起动装置的特点是性能可靠、寿命长，实现了无触点起动，而且这种方法对低电压起动有较强的适应性。供电电压在160V时，只要输入电流稍大于2A，电冰箱压缩机就能正常起动。

用于电冰箱压缩机起动装置的PTC热敏电阻，通常具有如下主要参数：标称电阻值为20～40Ω，额定电压为270V，击穿电压≥400V，最大起动电流为8A，稳定时间为0.1～1s，稳态功耗<4W，恢复时间≤3s。

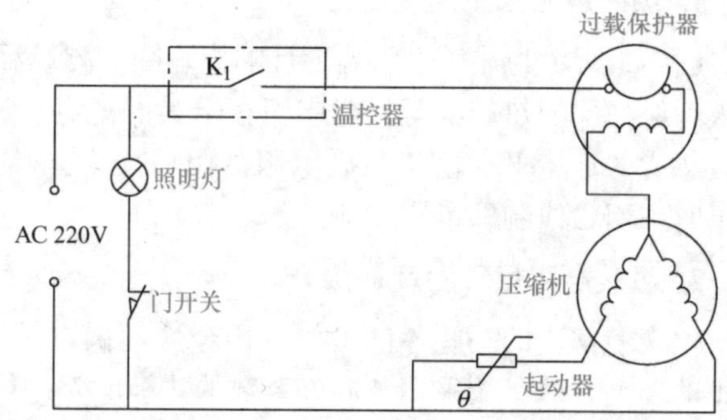

图7-6 PTC热敏电阻在家用电冰箱起动电路中的应用

（2）热敏电阻在电视机上的应用

PTC热敏电阻还经常用在彩色电视机的消磁电路中，如图7-7所示。当彩色电视机中所使用的彩色显像管受到地磁或其他偶然性磁场的作用时，其外罩、防爆带等铁制件上残留的剩磁会引起电子束的偏向，使色彩发生紊乱，产生失真。为了防止这种危害，彩色电视机中都设置了自动消磁电路，如图7-7a所示，电路中PTC热敏电阻与消磁线圈相串联。消磁线圈安装在彩色显像管防爆带周围，如图7-7b所示。

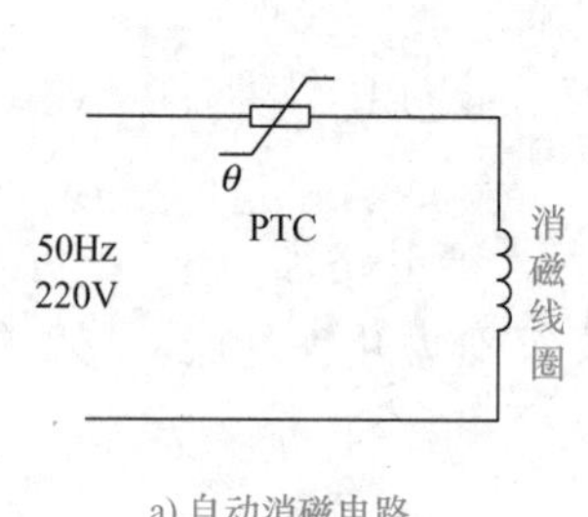

a) 自动消磁电路

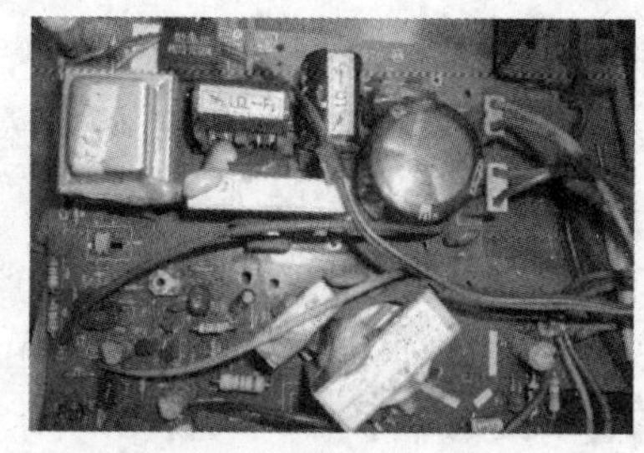

b) 消磁线圈的安装

图7-7 PTC热敏电阻在彩色电视机消磁电路中的应用

彩色电视机开机通电后，消磁回路会产生一个很大的电流，同时产生一个很强的交变磁场。由于电路中PTC热敏电阻的作用，这一强交变磁场可在相当短的时间内衰减到极弱的程度。随着回路电流由大变小，磁场则由强变弱，从而自动将彩色显像管阴罩、防爆带等铁制件上的剩磁消掉，保证了彩色显像管的色纯度。在自动消磁电路中，PTC热敏电阻是关键元件。

（3）热敏电阻在汽车上的应用

在汽车电路中，比较常用的是NTC热敏电阻，如电喷车发动机控制用的冷却液温度传感器、空气温度传感器、自动变速箱中的油温传感器等。汽车电路中的NTC热敏电阻具有如下性能特点：在工作温度范围内，电阻值随温度的升高而降低，随着温度的大幅度升高，电阻值也相应下降3～5个数量级。

任务7.2 掌握湿敏传感器的应用

思考二：夏季里若空气湿度过大，你的感觉会是怎样的呢？汽车挡风玻璃若因湿度而模糊，应如何处理？粮油肉中若含有水分应如何检查？用微波炉去烘烤食品，炉中湿度会怎样变化呢？

笔记栏

任务引入

浴室中的水蒸气很大，会使其中的镜子功能丧失，当浴室的湿度达到一定程度时，镜面会结露，表面一层雾气，市场上所谓的不结露镜面，都是要安装镜面水汽清除器，这里就要用到湿敏传感器。

知识精讲

一、认识湿敏传感器

1. 湿度的定义

在自然界中，凡是有水和生物的地方，在其周围的大气环境里总是含有或多或少的水汽，大气中含有水汽的多少表明了大气的干、湿程度，通常用湿度来表示。

湿度是表示空气中水汽含量的物理量，常用的表示方法有绝对湿度、相对湿度、露点等。

（1）绝对湿度

绝对湿度表示单位体积空气里所含水汽的质量，其定义式为

$$H_a = \frac{M_V}{V} \tag{7-1}$$

式中，M_V为待测空气的水汽质量（g或mg）；V为待测空气的总体积（m^3）；H_a为待测空气的绝对湿度（g/m^3或mg/m^3）。

（2）相对湿度

相对湿度表示空气中实际水汽分压与相同温度下饱和水汽分压比值的百分数，这是一个无量纲的值，常表示为%RH（RH为相对湿度），其定义式为

$$H_T = \left(\frac{P_W}{P_N}\right)_T \times 100\%\,\mathrm{RH} \tag{7-2}$$

式中，T为空气温度（℃）；P_W为待测空气温度为T时的水汽分压（Pa）；P_N为相同温度下饱和水汽的分压（Pa）。

（3）露点温度

在一定温度下，气体中所能容纳的水汽含量有限，超过此限就会凝成液滴，此时的水汽分压称为饱和水汽分压P_N。饱和水汽分压随温度的降低而减小。将未饱和气体降温到水汽饱和的温度称为露点温度（简称露点）。显然，饱和水汽分压等于露点时的水汽分压。

人们为了测量湿度，从最早的通过人的头发随大气湿度变化伸长或缩短的现象而制成毛发湿度计开始，相继研制出电阻湿度计、半导体湿度传感器等。

湿度与人们的生产、生活密切相关，如纺织厂的纱线，若湿度太低，会造成纱线断线，直接影响产品质量和产量；温室农作物栽培，对湿度若不能合理控制，将影响产量；人们生活、工作的空间，除了对温度的要求外，还对湿度提出了要求，加湿器的应用就是一个例子。湿度控制得好才会令人感到舒适。

2. 湿敏元件

湿敏元件种类较多，主要有电阻式、电容式两大类。

湿敏电阻的特点是在基片上覆盖一层用感湿材料制成的膜，当空气中的水蒸气吸附在感湿膜上时，元件的电阻率和电阻值都发生变化，利用这一特性即可测量湿度。

湿敏电容一般是用高分子薄膜电容制成，常用的高分子材料有聚苯乙烯、聚酰亚胺、酪酸

笔记栏

醋酸纤维等。当环境湿度发生改变时，湿敏电容的介电常数发生变化，使其电容量也发生变化，其电容变化量与相对湿度成正比。

3. 湿敏传感器的分类

目前湿敏传感器的种类很多，一般可以简单地将其分为两大类：水分子亲和力型和非水分子亲和力型。

利用水分子易于吸附并由表面渗透到固体内的这一特点而制成的湿敏传感器称为水分子亲和力型；其湿敏材料有氯化锂电解质、高分子材料（如醋酸纤维素、硝酸纤维素、尼龙等）、金属氧化物（如 Fe_3O_4）、金属氧化物半导体陶瓷（如 $MgCr_2O_4-TiO_2$ 多孔陶瓷）等。

非水分子亲和力型的湿敏传感器与水分子亲和力没有关系，如热敏电阻式、红外线吸收式、微波式以及超声波式湿敏传感器等。

图 7-8 所示为常见的湿敏传感器产品。

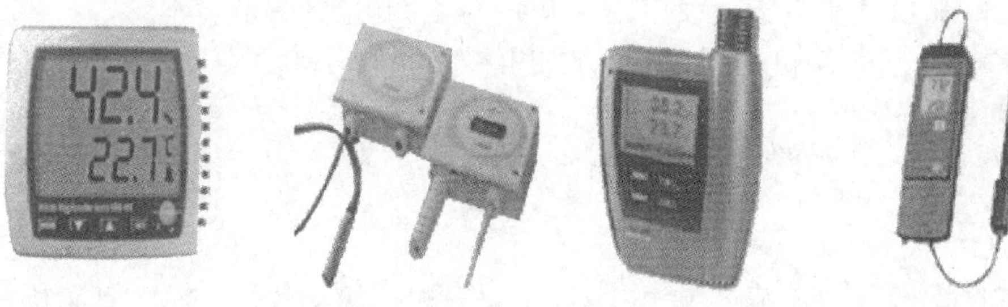

图 7-8 常见的湿敏传感器产品

二、湿敏传感器的应用

湿敏传感器广泛应用于各种场合的湿度监测、控制与报警。

1. 利用湿敏传感器测量花卉土壤湿度

盆中的花卉是否缺水，光凭观察土壤表层是否湿润是不科学的。利用湿敏元件制作缺水指示器，当盆中缺水时，它会发出闪光，提醒及时浇水。土壤缺水指示器电路如图 7-9 所示。其中湿度传感器由埋在土壤中的两个电极组成，如果土壤的湿度较小，其电阻率会明显增加，此时两电极间电阻很大，致使场效应晶体管 VT_1 截止，晶体管 VT_2 导通，电阻 R_4 上产生较大电压降，使 IC555 时基电路组成的振荡器开始工作。当振荡器工作时，发光二极管 VL 将随着低频振荡信号闪耀发光，提醒给花盆浇水。

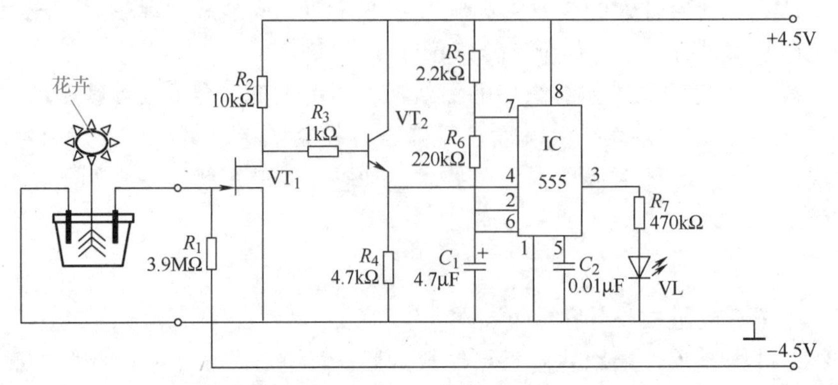

图 7-9 土壤缺水指示器电路

当花盆不缺水时，土壤电阻率很小，两电极间电阻很小，VT_1 的栅极相当于接地，则 VT_1 导通，VT_2 截止，振荡电路停止工作，发光二极管 VL 熄灭。制作完成后，需要反复试验湿度条件与电路的输出关系，直至在合适的湿度下 VL 刚好不点亮为止。调节方法的关键是改变两个电极插入土壤的深度。

2. 汽车挡风玻璃自动除湿控制

图 7-10 所示为汽车驾驶室挡风玻璃的自动除湿控制电路。其目的是防止驾驶室的挡风玻璃结露或结霜，以保证驾驶员视线清晰，避免事故发生。该电路也可用于其他需要除湿的场所。

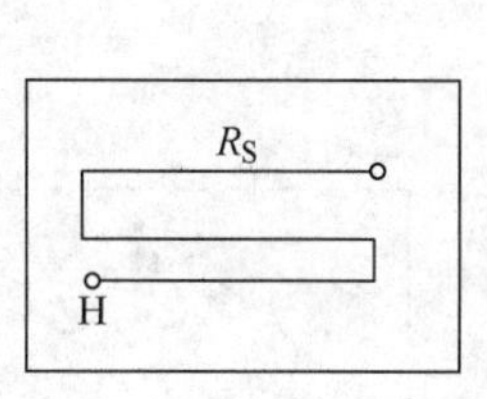

a) 加热电阻丝

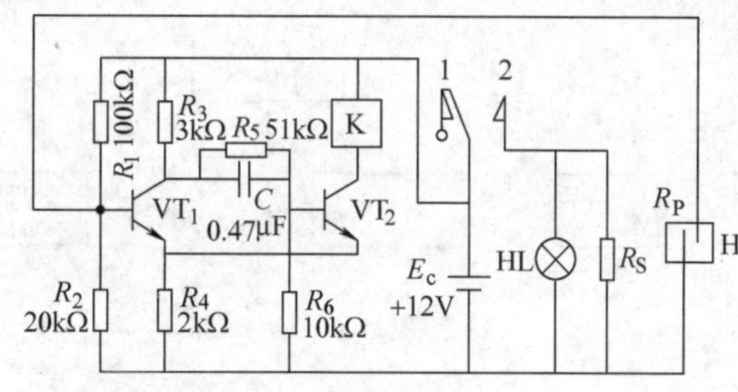

b) 控制电路

图 7-10　汽车挡风玻璃自动除湿控制电路

图 7-10 中，R_S为加热电阻丝，需将其埋入挡风玻璃内，H 为结露湿敏元件，VT_1、VT_2组成施密特触发电路，VT_2的集电极负载为继电器 K 的线圈绕组。R_1、R_2为 VT_1的基极电阻，R_P为湿敏元件 H 的等效电阻。在不结露时，调整各电阻值，使 VT_1导通，VT_2截止。

一旦湿度增大，湿敏元件 H 的等效电阻 R_P阻值下降到某一特定值，$R_2 /\!/ R_P$减小，使 VT_1截止，VT_2导通，VT_2集电极负载继电器 K 线圈通电，其常开触点 1、2 接通加热电源 E_c，并且指示灯 HL 点亮，电阻丝 R_S通电，挡风玻璃被加热，驱散湿气。当湿气减少到一定程度时，$R_P /\!/ R_2$回到不结露的电阻值，VT_1、VT_2恢复初始状态，继电器 K 断电，指示灯熄灭，电阻丝断电，停止加热，从而实现了自动除湿控制。

3. 粮油肉水分检查仪

图 7-11 所示为水分检查仪电路，该电路由 NE555 时基电路及 R_2、R_x和 C_4构成多谐振荡器，振荡频率由 $f=1.34/[(R_2+2R_x)C_4]$ 决定。水分含量多少最终体现在接触电阻 R_x电阻值的大小，水分含量高则 R_x电阻值小，振荡频率就高；反之，振荡频率就低。当 R_x增大到 2MΩ 左右时，水分含量低，接通电源后扬声器会发出“嗒嗒”声响，指示灯 VL 发出闪烁的红光；利用标准电阻 R_{01}、R_{02}、R_{03}分别参与电路振荡，反复比较 R_x的振荡频率，从而判断水分的相对含量。

4. 自动烹调湿度检测系统

图 7-12 所示为自动烹调湿度检测系统原理框图。R_S为湿敏元件，电热器用来加热湿敏元件至 550℃工作温度。由于传感器工作在高温环境中，所以湿敏元件一般采用振荡器产生的交流电供电。R_0为固定电阻，与传感器电阻 R_S构成分压电路。交-直流变换器的直流输出信号经运算单元运算，输出与湿度成比例的

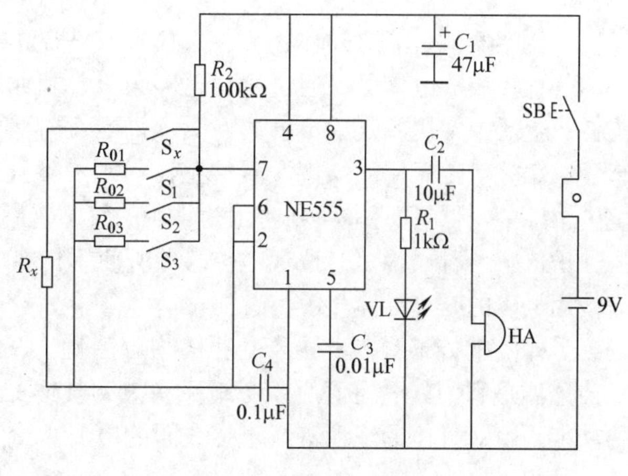

图 7-11　水分检查仪电路

笔记栏

电信号，并由显示器显示。

图 7-13 所示为采用湿敏传感器进行自动烹调湿度检测的高频电子食品加热器。湿敏传感器安装在烹调设备的排气口，用来检测烹调时食品产生的湿气。使用时首先将电热器的电源接通，使湿敏元件的温度升高到要求的工作温度。然后起动烹调设备对食品加热，依据湿度变化来控制烹调过程的进行。图 7-12 中，U_r 为比较器用来判断是否停止加热的基准信号，比较器的输出可用来对烹调设备的加热进行相应的控制。

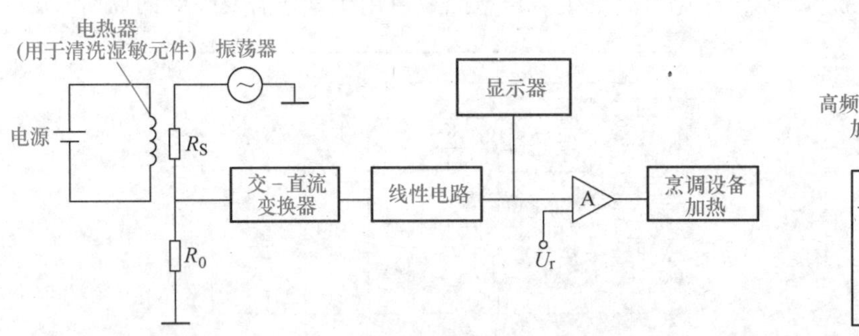

图 7-12 自动烹调湿度检测系统原理框图

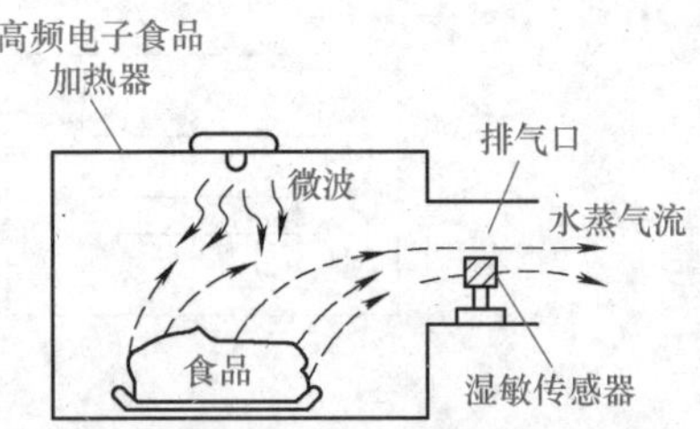

图 7-13 高频电子食品加热器

任务 7.3 了解气敏传感器的应用

思考三：可燃性、有毒、有害气体泄露以后会有哪些危害呢？酒后驾驶当然危险，那交警是怎样检查驾驶员是否饮酒了呢？

任务引入

现代生活、生产中排放的气体日益增多，这些气体中有许多是易燃、易爆的气体，如氢气、一氧化碳、氟利昂、煤矿瓦斯、天然气、液化石油气等，也有许多是对人体有害的气体。为了保护人类赖以生存的自然环境，需要对各种有害、可燃性气体在环境中存在的情况进行有效的监控。

知识精讲

一、认识半导体气敏传感器

气敏传感器就是能感知环境中某气体及其浓度的一种敏感器件，它将气体种类及其与浓度有关的信息转换成电信号，通过接口电路与计算机组成的自动检测、控制和报警系统进行相应的监控。生活中常用的气敏传感器有测饮酒者呼气中酒精量的传感器、测量汽车空燃比的氧气传感器、家庭和工厂用的煤气泄露传感器、刚发生火宅之后测建筑材料发出的有毒气体传感器和坑内沼气警报器等。图 7-14 所示为常用的气敏传感器。

气敏传感器种类很多，按气敏传感器所使用材料的不同，可分为半导体和非半导体两大类。目前使用最多的是半导体气敏传感器。

半导体气敏传感器按半导体变化的物理特性，又可分为电阻式和非电阻式。电阻式半导体气敏传感器是利用其电阻值的改变来反映被测气体的浓度，而非电阻式气敏传感器则利用半导体的功能函数对气体的浓度进行直接或间接检测。

笔记栏

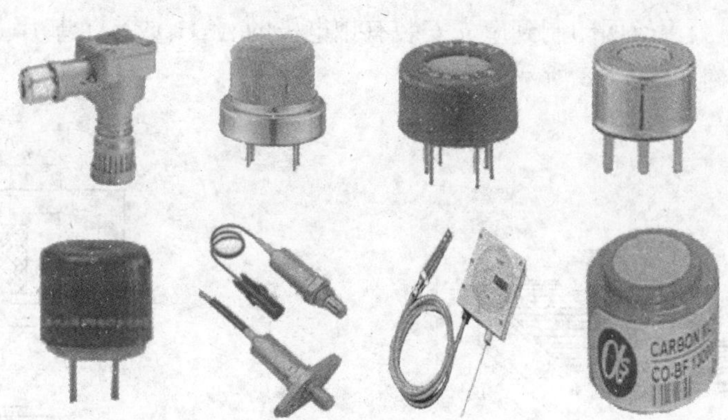

图 7-14　常用的气敏传感器

1. 电阻式半导体气敏传感器的种类及结构

目前使用较多的电阻式半导体气敏传感器结构可分为烧结型、薄膜型和厚膜型三种。其中烧结型是工艺最成熟、应用最广泛的一种。

（1）烧结型

烧结型气敏传感器以 SnO_2 半导体材料为基体，将铂电极和加热丝埋入 SnO_2 材料中，采用传统制陶工艺烧结成形，并称为半导体陶瓷。这种类型主要用于检测还原性气体、可燃性气体和液体蒸汽。烧结型气敏传感器按其加热方式又分为内热式和旁热式两种。

内热式烧结型气敏传感器的结构与符号如图 7-15 所示。其特点是：热容量小，容易受环境气流的影响；测量回路与加热回路没有隔离，容易互相影响；加热丝在加热和不加热状态下产生胀缩，容易造成与材料的接触不良。

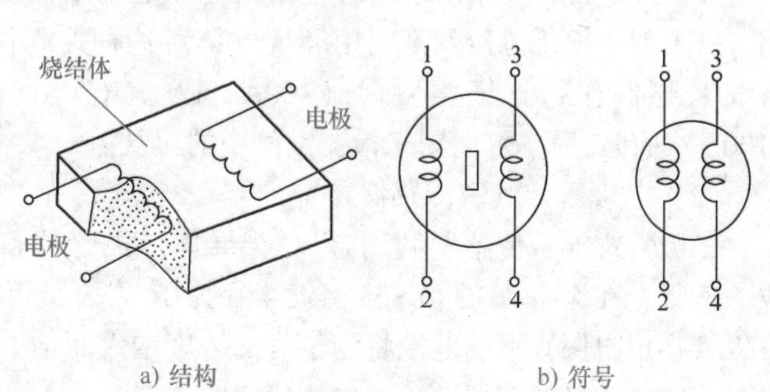

a) 结构　　b) 符号

图 7-15　内热式烧结型气敏传感器

旁热式烧结型气敏传感器的结构与符号如图 7-16 所示。旁热式克服了内热式的缺点，其热容量大，降低了环境对器件加热温度的影响，保持了材料结构的稳定性，其测量电极与加热丝分开，加热丝不与气敏元件接触，避免了回路间的互相影响，检测更准确。

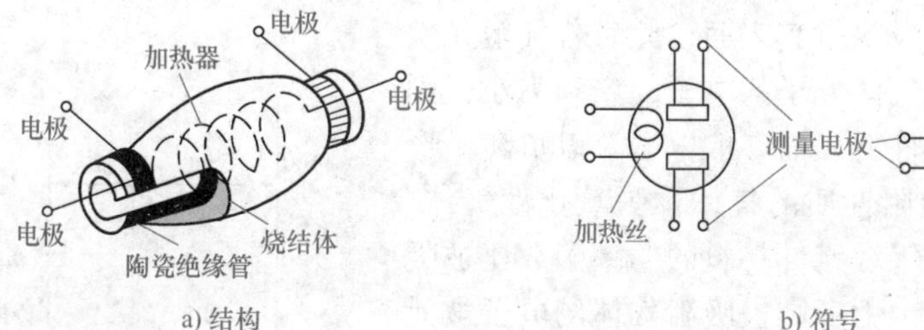

a) 结构　　b) 符号

图 7-16　旁热式烧结型气敏传感器

（2）薄膜型

薄膜型气敏传感器结构如图 7-17 所示，采用蒸发或溅射工艺，在石英基片上形成氧化物半导体膜（其厚度在 1000nm 以下），其性能受工艺条件及薄膜的物理、化学状态的影响。

（3）厚膜型

厚膜型气敏传感器是将 SnO_2 和 ZnO 等材料与 3% ~15%（重量）的硅凝胶混合制成能印制

笔记栏

的厚膜胶后，把厚膜胶用丝网印制到事先安装有铂电极的 Al_2O_3 或 SiO_2 基片上，再经400～800℃烧结1h制成，其结构如图7-18所示。

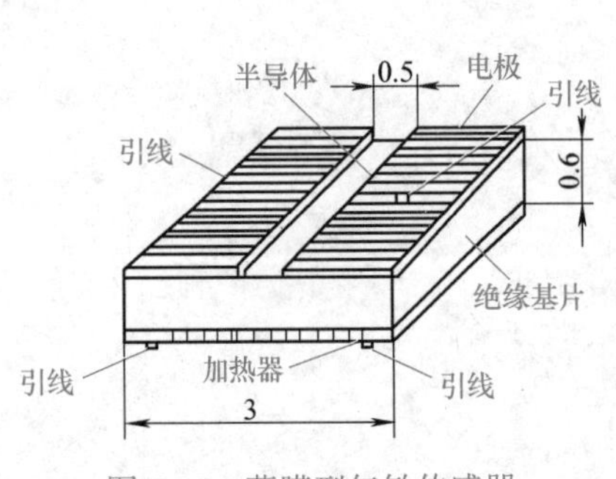

图7-17 薄膜型气敏传感器

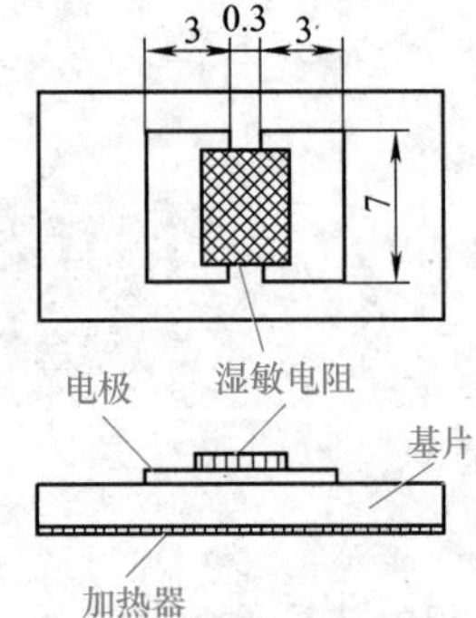

图7-18 厚膜型气敏传感器

上述三种气敏传感器的共同之处是皆附有加热丝，其作用是在200～400℃温度下，将吸附在敏感元件表面的尘埃、油雾等烧掉，同时加速气体的吸附或脱附，从而提高其响应速度。

2. 非电阻式半导体气敏传感器的种类及结构

（1）FET型气敏传感器

MOSFET场效应晶体管可通过栅极外加电场来控制漏极电流，这是场效应晶体管的控制作用。FET型气敏传感器就是利用环境气体对这种控制作用的影响而制成的气敏传感器。有一种将 SiO_2 层制作得比通常更薄（100Å，$1Å = 10^{-10}m$）的MOSFET，在栅极上加上一层很薄（100Å）的Pd后，可以用来检测空气中的氢气。

（2）二极管式气敏传感器

二极管式气敏传感器利用金属/半导体二极管的整流特性随周围气体变化而变化的效应制成。例如，在涂有In的CdS上蒸镀半径为0.1cm、厚度为800Å的Pd制成Pd/CdS二极管，这种二极管在正向偏置下的电流将随氢气的浓度增大而增大。因此，可根据一定偏置电压下的电流，或者一定电流时的偏置电压来检测氢气的浓度。

二、半导体气敏传感器的工作原理

电阻式半导体气敏传感器的工作原理可以用吸附效应来解释。当半导体气敏元件加热到稳定状态时，若有气体吸附，则被吸附的分子首先在表面自由扩散，其中一部分分子被蒸发，另一部分分子产生热分解而吸附在其表面。此时若气敏元件材料的功率函数比被吸附气体分子的电子的亲和力小，则被吸附的气体分子就从元件的表面夺取电子，以负离子形式被吸附。具有负离子吸附性质的气体称为氧化性气体，如氧气和氮氧化物等。若气敏元件材料的功率函数比被吸附气体分子的电子的亲和力大，则被吸附气体的电子被元件俘获，而以正离子形式吸附。具有正离子吸附性质的气体称为还原性气体，如氢气、一氧化碳、碳氢化合物和醇类。图7-19所示为N型半导体吸附气体的电阻特性。

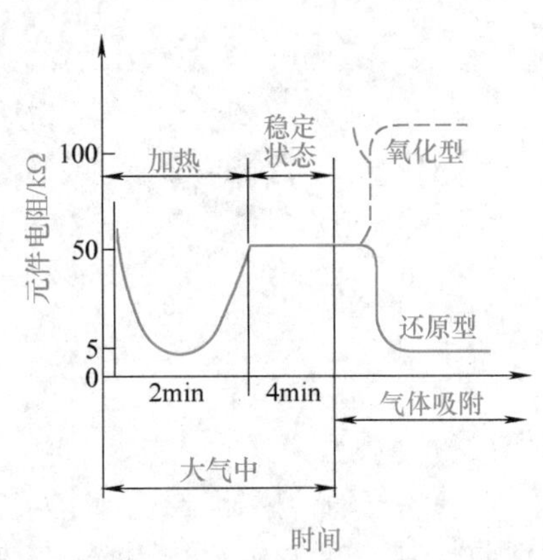

图7-19 N型半导体吸附气体的电阻特性

当氧化性气体吸附到N型半导体上或还原性气体吸附到P型半导体上时，将使半导体载流子减少，从而使敏感元件的电阻率增大；当氧化性气体吸附到P型半导体上或

还原性气体吸附到N型半导体上时，将使半导体载流子增多，从而使敏感元件的电阻率减小。

三、气敏传感器的应用

近年来，由于工业生产、家庭安全、环境监测和医疗等领域对气敏传感器的精度、稳定性方面的要求越来越高，因此对气敏传感器的研究和开发也越来越多。随着先进科学技术的应用，气敏传感器发展的趋势是微型化、智能化和多功能化。目前，气敏材料的发展使得气敏传感器具有灵敏度高、性能稳定、结构简单、体积小、价格低廉等优势，并提高了传感器的选择性和敏感性。气敏传感器在民用、工业、环境检测等方面都有着广泛的应用。

1. 气敏传感器在民用领域的应用

目前，民用领域主要应用的是半导体金属氧化物气敏传感器，原因是半导体金属氧化物气敏传感器的价格低廉，性能也能满足家庭报警器的使用需求。具体应用主要有：厨房里，检测天然气、液化石油气和城市煤气等民用燃气的泄漏；通过检测微波炉中食物烹调时产生的气体，从而自动控制微波炉烹调食物；住房、大楼、会议室和公共娱乐场所用二氧化碳传感器、烟雾传感器等控制空气净化器或电风扇的自动运转；在一些高层建筑物中，气敏传感器还可以用于检测火灾苗头并报警。

2. 气敏传感器在工业领域的应用

在石化工业方面，二氧化碳传感器、氨气传感器、一氧化氮传感器等能够检测二氧化碳、氨气、一氧化氮等有害气体，还能检测半导体和微电子工业的有机溶剂和磷烷等剧毒气体；电力工业方面，氢气传感器能够检测电力变压器油变质过程中产生的氢气；在食品行业方面，可以检测肉类等易腐败食物的新鲜度；在果蔬保鲜方面，能检测保鲜库中的氧气、乙烯、二氧化碳的浓度，以保证水果的新鲜安全；在窑炉和汽车工业方面，能检测废气中的氧气、公路交通检测驾驶员呼气中的乙醇浓度。

3. 气敏传感器在环境检测领域的应用

用气敏传感器检测氮的氧化物、硫的氧化物、氯化氢等引起酸雨的气体；二氧化碳传感器、臭氧传感器等检测温室效应气体等。

在未来，经过对气敏传感器的进一步改造，其应用的范围会越来越广泛。

四、气敏传感器的应用实例

1. 用于可燃气体检测报警

现有的燃气报警器多采用氧化锡加贵金属催化剂气敏元件，但其选择性差，并且因催化剂中毒影响报警的准确性。半导体气敏材料对气体的敏感度与温度有关。常温下敏感度较低，随着温度的升高，敏感度增加，在一定温度下达到峰值。气体传感器的发展解决了这一问题。如由氧化铁系气敏陶瓷所制成的气体传感器，不需要添加贵金属催化剂就可制成灵敏度高、稳定性好、具有一定选择性的气体传感器。其降低半导体气敏材料的工作温度，大大提高其在常温下的灵敏度，使其能在常温下工作。目前，除了常用的单一金属氧化物陶瓷外，又开发了一些复合金属氧化物半导体气敏陶瓷和混合金属氧化物气敏陶瓷。

将气敏传感器安装在易燃、易爆、有毒、有害气体的生产、储运、使用等场所中，及时检测气体含量，及早发现泄漏事故。同时，将气敏传感器与保护系统联动，使保护系统在气体到达爆炸极限前动作，将事故损失控制在最低。

图7-20所示为可燃气体检测报警器。在气体泄漏事故发生后，由于有毒气体可通过人的呼吸系统进入人体而造成伤害，因此在处置有毒气体泄漏事故时的安全防护必须迅速完成。这就

笔记栏

要求事故处置人员在到达事故现场后，在最短的时间内能够了解气体的种类、毒性等特性。将气敏传感器阵列与计算机技术相结合，组成智能气体传感系统，能够做到迅速、准确识别气体种类，从而测出气体的毒性。

图 7-20 可燃气体检测报警器

微课7-2
应用气敏传感器的煤气报警系统

智能气体传感系统由气敏传感器阵列、信号处理系统和输出系统组成。采用多个具有不同敏感特性的气敏元件组成阵列，利用神经网络模式识别技术对混合气体进行气体识别和浓度监测。同时，将常见有毒、有害、易燃气体的种类、性质、毒性输入计算机，并根据气体的性质编制事故处置预案输入计算机。当泄漏事故发生后，智能气体传感系统将按以下程序工作：进入现场→吸附气体样品→气敏元件产生信号→计算机识别信号→计算机输出气体种类、性质、毒性及处置方案。

由于气敏传感器的灵敏度较高，在气体浓度很低的时候就可以进行检测，而不必深入事故现场，以避免不了解情况而造成不必要的伤害，从而可以迅速准确地采取有效的防护措施，实施正确的处置方案，将事故损失降低到最低程度。另外，由于系统中存储有常见气体的性质及处置预案等信息，如果知道泄漏事故中气体的种类，可直接在系统中查询气体的性质和处置方案。

2. 用于半导体制造工业中的气体报警仪

在以硅材料为主体的半导体制造工业中，涉及种类繁多的气体，相关工艺过程有气相淀积、离子注入、等离子刻蚀、钝化保护等。半导体制造工业中的安全隐患主要是有毒气体和腐蚀性气体。其中，毒性较强的气体包括锗烷（GeH_4）、磷烷（PH_3）、砷烷（AsH_3）、氢化锑（SbH_3）、三氟化磷（PH_3）等，毒性较弱但具有刺激性的气体包括氨气（NH_3）、硅烷（SiH_4）、三氟化硼（BF_3）、四氟化硫（SF_4）等，具有强腐蚀性的气体包括 SiF_4、HF 等。其中，用于硅及其化合物气相淀积最常用的硅烷在室温下浓度超过 1% 时在空气中会发生自燃，容易引起火灾；而用于外延、掺杂等工艺的磷烷、砷烷，则具有强烈的血溶性毒性，与硅烷一起作为半导体工业中最主要的检测气体；在Ⅲ-Ⅴ族材料刻蚀中常常用到氯基的气体，容易引起眼及上呼吸道刺激症状，一般报警点在 8ppm（1ppm = 1mg/L）左右；还有一些气体，如 SF_6，主要用于硅及其化合物的刻蚀，虽然纯品无毒，但在高温电弧作用下会分解成一系列有毒的气体，包括 SF_4、S_2F_2、HF 等，因此这些含硫或含氟的有毒气体也是半导体工业中重点监控的对象。图 7-21 所示为半导体制造工业中的气敏报警仪。

图 7-21 半导体制造工业中的气敏报警仪

由于半导体制造工业中的危害性气体种类繁多，每个半导体制造行业的工厂都会需要大量的气体报警仪，目前该领域中应用的气敏元件绝大多数是电化学气敏传感器。

笔记栏

3. 用于室内有害气体的检测

（1）新房装修有害气体的检测

新装修居室 90% 以上的有害气体都严重超标，以甲醛为例，新居初装完成时含量都在 2.5ppm 以上，有的高达十几甚至几十 ppm（GB/T 18883—2002《室内空气质量标准》规定甲醛含量最高不超过 0.1mg/m^3，即 0.074ppm）。装修材料是有害气体的主要来源，如人造板材、夹心板、胶、漆、涂料、黏合剂、花岗岩、瓷砖及石膏等，这些材料均含有不同程度的甲醛、苯、氨、氡等污染物，零污染的装修材料是不存在的。

传统的做法是闲置新装修房子半年，并且保持室内通风，让有害气体完全挥发，然后再入住。但如此费时费力也只是可以降低危害，避过甲醛等危害最大的时段而已，并不能消除危险。将气敏传感器应用于家庭生活环境，针对甲醛、苯、甲苯等挥发性有机物（VOCs）添加独立的气体检测产品，或将气敏传感器与空调、空气清新器、空气净化器等融为一体，达到室内污染检测与治理相结合的目的。半导体气敏传感器以响应恢复快、适用检测气体种类多、寿命长等优点脱颖而出，而电化学气敏传感器则以灵敏度高、线性度等突出优点获得青睐。

（2）室内空气 PM2.5 粉尘的检测

室内 PM2.5 主要来源于吸烟、炒菜时的油烟以及不完全燃烧的煤气等，容易导致多种疾病，特别对于老人、儿童、婴儿或者是原本就有呼吸、心血管系统疾病的人伤害严重。传统的做法是开窗通风，在做饭时使用抽油烟机强行排出粉尘气体，但这些做法并不能确保室内空气的干净。PM2.5 粉尘传感器通过红外光对灰尘颗粒物的散射作用统计空气中的颗粒数量，可以灵敏检测直径 1μm 以上的粒子，内置加热器可实现自动吸入空气，减少测量误差，并且体积小，易于安装使用。图 7-22 所示为室内空气 PM2.5 粉尘检测仪。

图 7-22　室内空气 PM2.5 粉尘检测仪

（3）新车室内空气的检测

据调查，93.6% 的新车室内空气污染严重超标，而车内空气污染源主要来自车体本身、装饰用材等，其中甲醛、二甲苯、苯等有毒物质污染最为严重，可能诱发癌变。另一种屡见报端的车内危害气体，是被称为“沉默的杀手”的一氧化碳，其主要来源是汽车发动机和汽车尾气，因停车时开启空调而产生，若聚集于车内时，车内人员会因吸入这种无色无味的毒气而中毒身亡。采用适合的气敏传感器，不仅可监测车内甲醛、二甲苯、苯等挥发性有机物，也可以监测车内的一氧化碳浓度，起到安全预警的作用，提醒驾驶员采取有效的空气改善措施，防止悲剧的发生。

在上述室内空气检测应用实例中，气敏传感器能够尽责地完成检测任务，给用户提供准确的参考数据。但是还不止于此，基于这些精确数据的联动才是未来的发展方向，如检测到室内甲醛或 PM2.5 超标时，可及时联动排气系统或者负氧离子设备，以改善室内空气质量；检测到

笔记栏

家中燃气泄漏时，应及时关闭阀门，同时打开排气系统，并发出报警通知用户与控制中心；检测到车内污染物即启动空调换气系统，消除有害气体危害等。

4. 用于城市燃气管理与油气管道的保护

目前，在很多城市的天然气、油气管道监测系统中，气敏传感器检测技术逐渐成为一种常见的监测手段之一。通过建设智能居家燃气管理系统，实现燃气大数据搜集，从而在用气高峰时实现有效供应。

以在一处高层住宅安装一台可燃气体探测报警器为例，可以实现实时探测室内空气成分，旁侧设置无线通信模块，用于实时上传数据信息，厨房内安装一个可视摄像头用于实时监控。当内置有可燃气敏传感器的探测器，检测到室内环境中可燃气体泄漏达到设定值时，燃气安全智能系统开始处理。此时，管道燃气自动阀门关闭，防止燃气继续泄漏；室内排风装置开启，更新室内空气。同时，无线通信模块会及时将收集的数据传输到控制平台。图7-23所示为燃气管路气体报警控制器。

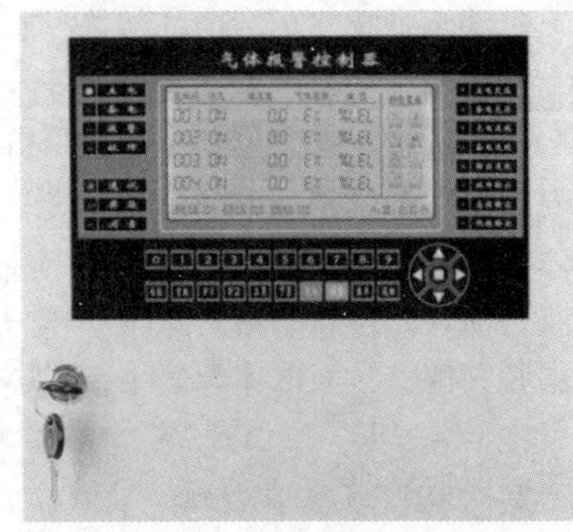

图7-23 燃气管路气体报警控制器

针对油气管道的动态智能监测系统，使用视频技术远程监控管道上方重点部位，使用气敏传感器检测报警技术监控泄漏气体，依托原有社会治安综合治理信息平台，可以实现精准预警、远程指挥。

5. 其他气敏传感器的应用实例

图7-24a为酒精测试仪。被测者深呼吸后，只要对着管口吹一口气，测试仪就能快速测试出结果，简单易用。当被测者呼出气体中的酒精含量超过设定值时，测试仪会自动发出声音报警。若已连接微型打印机，还可以打印测试结果。

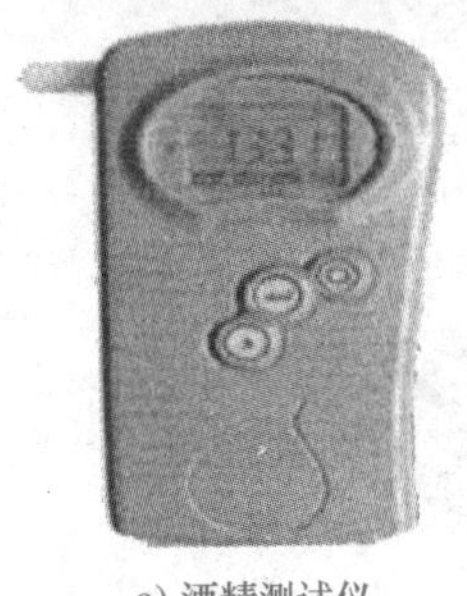
a) 酒精测试仪

b) 家用煤气报警器

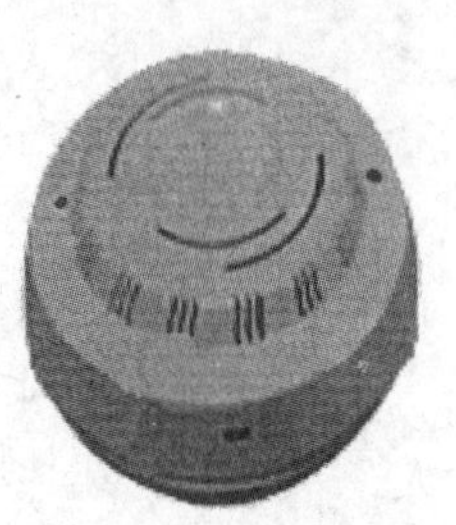
c) 烟雾报警器

微课7-3
烟雾传感器
报警系统

图7-24 其他气敏传感器

图7-24b为家用煤气报警器，它采用优质催化燃烧式传感器，彻底消除了误报警，低功耗设计，设有自动/手动控制外接排风扇功能。

图7-24c为烟雾报警器，左边设有测试按钮，右边设有工作指示灯。当有烟雾出现，并达到一定浓度时，发出声响进行报警。烟雾报警器一般分为离子烟雾报警器和光电烟雾报警器。离子烟雾报警器是一种技术先进、工作稳定可靠的传感器，被广泛运用到各种消防报警系统中，性能远优于气敏电阻类的火灾报警器。它在内外电离室里置有放射源镅241，电离产生的正、负离子，在电场的作用下各自向正、负电极移动。在正常情况下，内外电离室的电流、电压都是稳定的，一旦有烟雾窜逃进电离室，干扰了带电粒子的正常运动，电流和电压就会有所改变，破坏了内外电离室之间的平衡，于是无线发射器发出无线报警信号，通知远方的接收主机，将报警信息传递出去。

任务7.4 了解磁敏传感器的应用

思考四：或许你已见过验钞笔或验钞机的使用，可你知道它的工作原理吗？

任务引入

在工业生产中，磁敏传感器被广泛用于压力、液位、电磁、振动、转速、加速度等的测量。在日常生活中，磁敏传感器被广泛用于磁头、电子罗盘、接近开关等系统中。

知识精讲

磁敏传感器是把被测物理量通过磁介质转换为电信号再进行检测的传感器。半导体磁敏器件主要包括霍尔元件、磁阻元件、磁敏二极管及磁敏晶体管等。其中，霍尔式传感器在前面已有详述，本节任务只介绍其他几种。

一、磁阻传感器

磁阻传感器是利用半导体的磁阻效应而制成的磁阻元件。一般情况下，磁阻元件的灵敏度比霍尔元件低，因此，磁阻传感器一般不是使用单体磁敏电阻，而大都是由多个磁敏电阻复合构成。

1. 磁敏电阻的结构

选用迁移率大的 InSb、InAs 材料，利用磁阻效应制成的磁敏电阻的结构如图 7-25 所示。图 7-25a是采用真空镀膜工艺，在元件表面蒸镀许多细的金属栅膜。图 7-25b 是将镍掺入 InSb 半导体中，让其形成 InSb－NiSb 共晶材料，其特点是在晶体中 NiSb 析出一定方向的针状导电晶体，直径约 1μm，长为 50～100μm，平行排列于 InSb 晶体中，与栅格状金属膜相当。

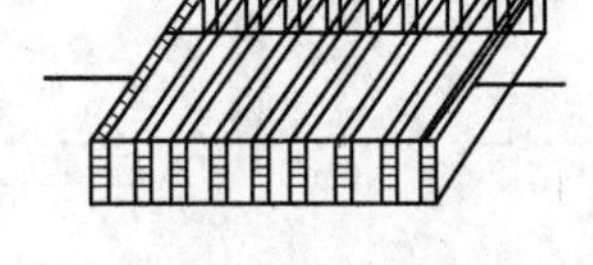

a) 金属栅膜磁敏电阻

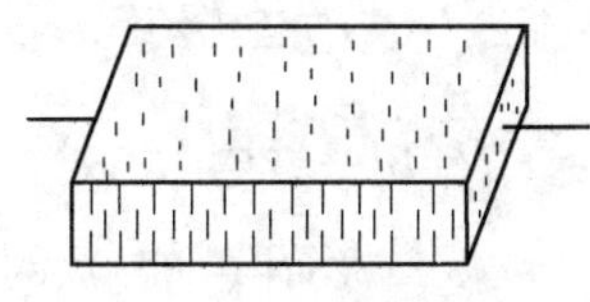

b) 共晶型磁敏电阻

图 7-25 磁敏电阻的结构

磁阻的大小除了与材料有关外，还与磁敏电阻的几何形状有关。若考虑磁敏电阻形状的影响，对于长方形元件，其电阻率的相对变化可近似表示为

$$\frac{\Delta\rho}{\rho_0}\approx K(\mu B)^2\left[1-f\left(\frac{L}{b}\right)\right] \tag{7-3}$$

式中，L 为电阻的长度(m)；K 为常量；B 为磁场的磁感应强度(T)；μ 为电子迁移率[$m^2/(V\cdot s)$]；b 为电阻的宽度(m)；$f\left(\frac{L}{b}\right)$为形状效应系数。

常见的磁敏电阻是圆盘形的，中心和边缘处为两电极，如图 7-26所示。这种圆盘形磁敏电阻称为科尔比诺圆盘磁阻，其磁阻效应称为科尔比诺效应。

在恒定磁感应强度下，磁阻的长宽比（L/b）越小，磁阻比 R_B/R_0 越大。不同形状磁阻元件的磁阻效应如图 7-27 所示。由图可知，圆盘形磁阻元件的磁阻效应最为明显。

2. 磁阻效应

将通以电流的半导体放在均匀磁场中，运动的载流子受到洛伦兹力的作用而发生偏转，这种偏转导致载流子的漂移路径增加；或者说，沿外加电场方向运动的载流子数减少，从而使电

笔记栏

阻增加，这种现象称为磁阻效应。

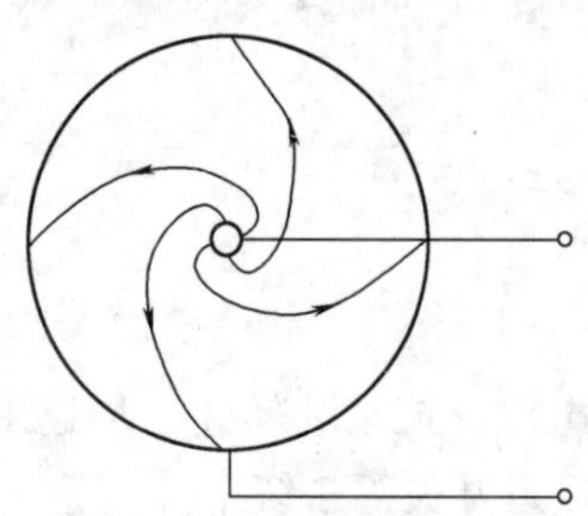

图 7-26 科尔比诺圆盘磁阻

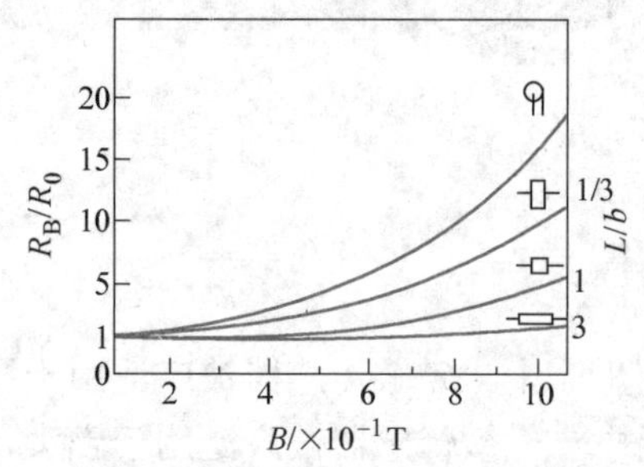

图 7-27 不同形状磁阻元件的磁阻效应

迁移率是指载流子（电子和空穴）在单位电场作用下的平均漂移速度，即载流子在电场作用下运动快慢的量度，运动得越快，迁移率越大；运动得慢，迁移率小。同一种半导体材料中，载流子类型不同，迁移率不同，一般是电子的迁移率高于空穴。

当温度恒定时，在弱磁场范围内，磁阻与磁感应强度 B 的二次方成正比，其表达式为

$$\rho_B = \rho_0(1 + 0.273\mu^2B^2) \tag{7-4}$$

式中，B 为磁感应强度（T）；μ 为电子迁移率（$cm^2v^{-1}s^{-1}$）；ρ_0为零磁场下的电阻率（$\Omega\cdot m$）；ρ_B为磁感应强度为 B 的电阻率（$\Omega\cdot m$）。

设电阻率变化为 $\Delta\rho = \rho_B - \rho_0$，则电阻率的相对变化为

$$\frac{\Delta\rho}{\rho_0} = 0.273\mu^2B^2 = K(\mu B)^2 \tag{7-5}$$

由式(7-5) 可知，磁场一定时，迁移率高的材料其磁阻效应越明显。

3. 磁敏电阻的特性

磁敏电阻在弱磁场（$B<0.1$T）范围内，其电阻值 R 与 B^2成正比，在强磁场（$B>0.1$T）范围内，其电阻值 R 与 B 成正比，且与磁场方向无关，R_s/R_0 为磁阻比，如图 7-28 所示。图中不同曲线表示不同材料的特性，其中 D 表示本征 InSb－NiSb，P、L 表示掺杂 InSb，T、M 表示掺杂 InSb－NiSb。

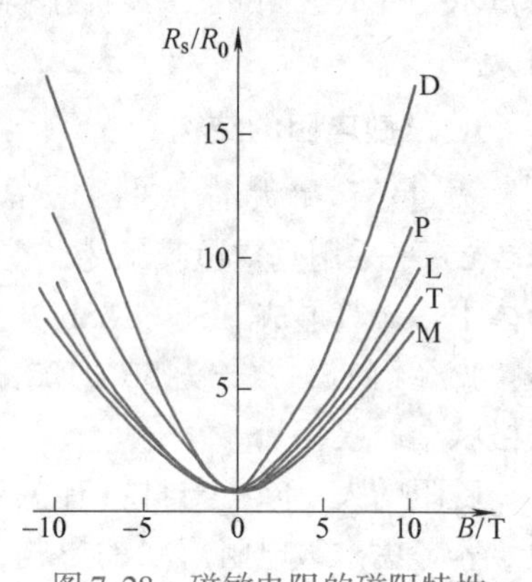

图 7-28 磁敏电阻的磁阻特性

二、磁敏二极管

1. 结构示意图

磁敏二极管（SMD）的结构示意图如图 7-29 所示。磁敏二极管的 P 型和 N 型电极由高阻材料制成，在 P、N 之间有一个较长的本征区 I，本征区 I 的一面磨成光滑的复合表面（为I 区），另一面打毛，设置成高复合区（为 r 区），该区可使电子-空穴对在粗糙表面快速复合而消失。当通以正向电流后就会在 P－I－N 结上形成电流，所以磁敏二极管为 PIN 型。

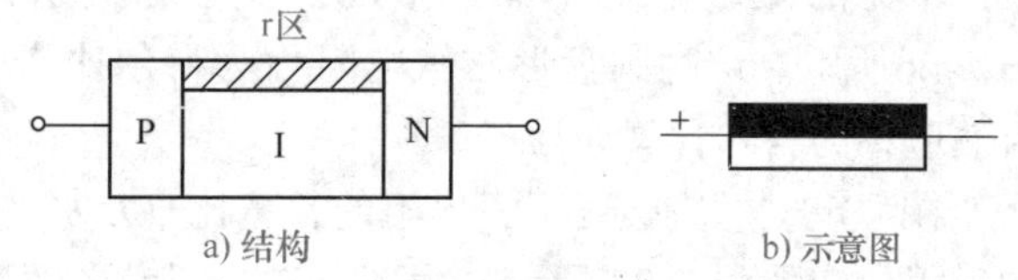

a) 结构　　b) 示意图

图 7-29 磁敏二极管

2. 工作原理

当磁敏二极管未受到外界磁场作用时，外加正偏压，如图 7-30a 所示，会有大量的空穴从 P 区通过 I 区进入 N 区，同时也有大量的电子注入 P 区，形成电流。只有少量电子和空穴在 I 区复合。

笔记栏

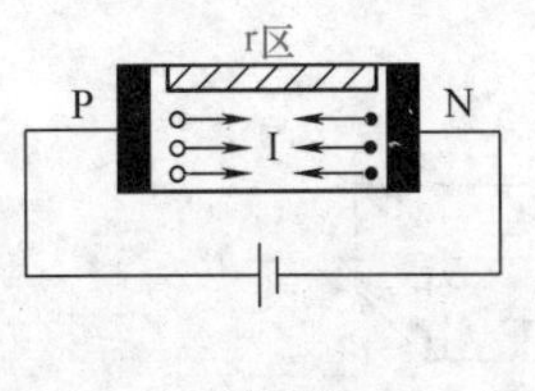

a) 无磁场时

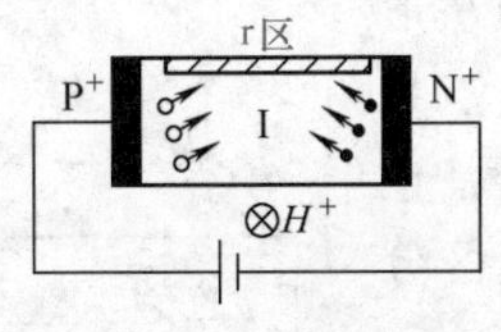

b) 正向磁场时

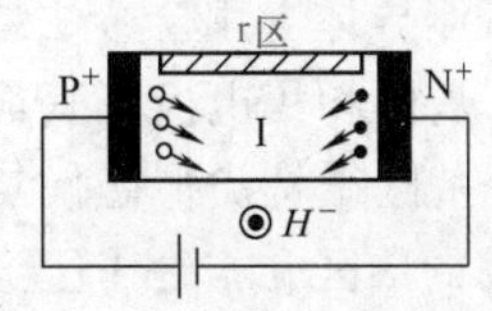

c) 反向磁场时

图 7-30 磁敏二极管工作原理示意图

当磁敏二极管受到外界磁场 H^+（正向磁场）作用时，如图 7-30b 所示，电子和空穴受到洛伦兹力的作用而向 r 区偏转，由于 r 区的电子和空穴复合速度很快，因此，形成的电流减小，电阻值增大。

当磁敏二极管受到外界磁场 H^-（反向磁场）作用时，如图 7-30c 所示，电子和空穴受到洛伦兹力的作用而向 I 区偏转，由于它们的复合率明显变小，所以电流变大，电阻值减小。从而根据电流的大小可测得磁场的方向和强度。

3. 主要特性

（1）磁电特性

在给定条件下，磁敏二极管的输出电压与外加磁场的关系称为磁敏二极管的磁电特性。磁敏二极管通常有单管使用和互补使用两种方式，其磁电特性如图 7-31 所示。单管使用时，正向磁灵敏度大于反向；互补使用时，正、反向磁灵敏度曲线对称，且在弱磁场下有较好的线性。

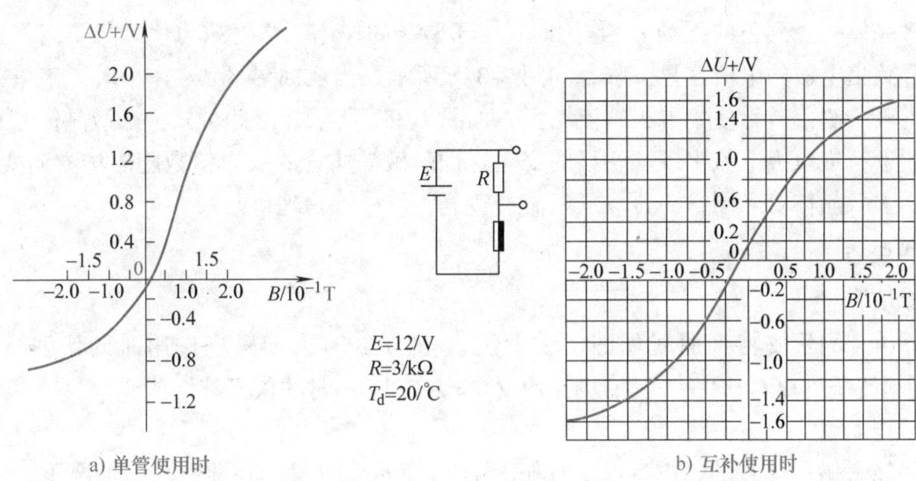

a) 单管使用时 b) 互补使用时

图 7-31 磁电特性

（2）伏安特性

磁敏二极管正向偏压与通过其上的电流的关系称为磁敏二极管的伏安特性，锗磁敏二极管的伏安特性如图 7-32 所示。当磁场保持恒定时，通过二极管的电流越大，输出电压就越大。当电压保持恒定时，随着外加磁场由负到正逐渐增大，则磁敏二极管的电流逐渐减小。

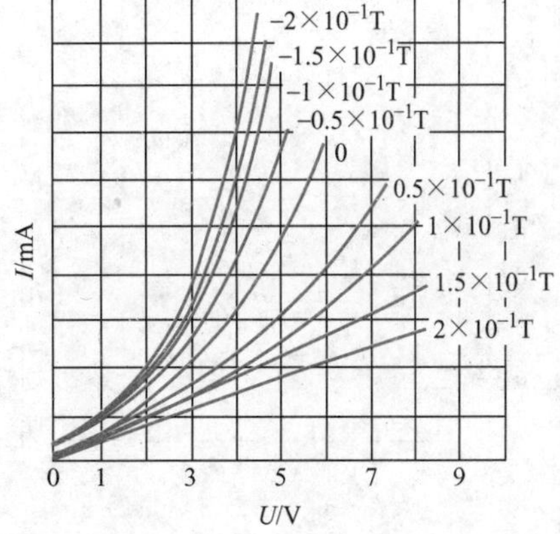

图 7-32 锗磁敏二极管的伏安特性

三、磁敏晶体管

1. 结构示意图

磁敏晶体管的结构示意图如图 7-33 所示。在弱 P 型或

笔记栏

弱 N 型本征半导体上用合金法或扩散法形成发射极、基极和集电极。其最大特点是基区较长，基区结构类似磁敏二极管，也有高复合率的 r 区和本征 I 区。长基区分为输运基区和复合基区。

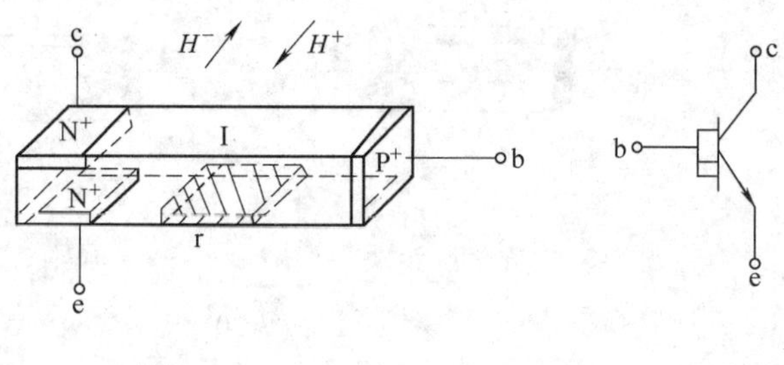

a) 结构(NPN)　　b) 示意图

图 7-33　磁敏晶体管

2. 工作原理

当磁敏晶体管未受到磁场作用时，如图 7-34a 所示。由于基区宽度大于载流子有效扩散长度，大部分载流子通过 e-I-b，形成基极电流；少数载流子输入到 c 极。因而形成基极电流大于集电极电流的情况，$\beta = I_c/I_b < 1$。

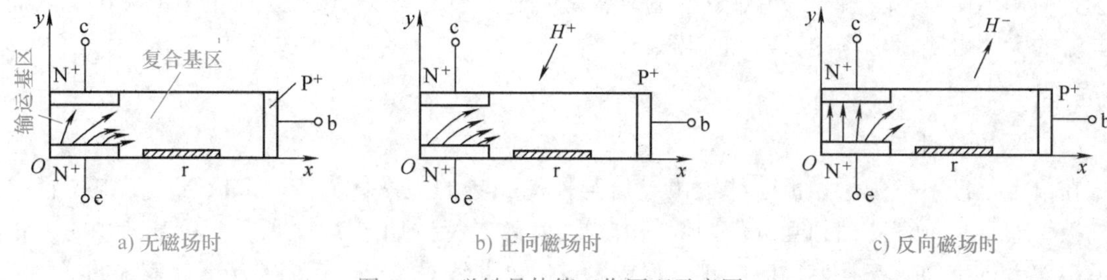

a) 无磁场时　　b) 正向磁场时　　c) 反向磁场时

图 7-34　磁敏晶体管工作原理示意图

当磁敏晶体管受到正向磁场 H^+ 作用时，由于磁场的作用，洛伦兹力使载流子向发射极的一侧偏转，导致集电极的电流明显下降，如图 7-34b 所示。当反向磁场 H^- 作用时，洛伦兹力使载流子向集电极一侧偏转，使集电极电流增大，如图 7-34c 所示。由此可知，磁敏晶体管在正、反向磁场作用下，集电极电流出现了明显的变化（即磁敏晶体管的放大倍数随磁场方向变化）。据此，可利用磁敏晶体管来测量弱磁场、电流、转速、位移等物理量。

3. 主要特性

（1）伏安特性

磁敏晶体管的伏安特性曲线如图 7-35 所示。图 7-35a 为无磁场作用时的伏安特性曲线。图 7-35b为恒流条件（$I_b = 3\text{mA}$），磁场作用（$B = \pm 0.1\text{T}$）时的伏安特性曲线。

（2）磁电特性

NPN 型锗磁敏晶体管的磁电特性曲线如图 7-36 所示。可见，在弱磁场的情况下，磁敏晶体管的磁电特性曲线近似线性变化。

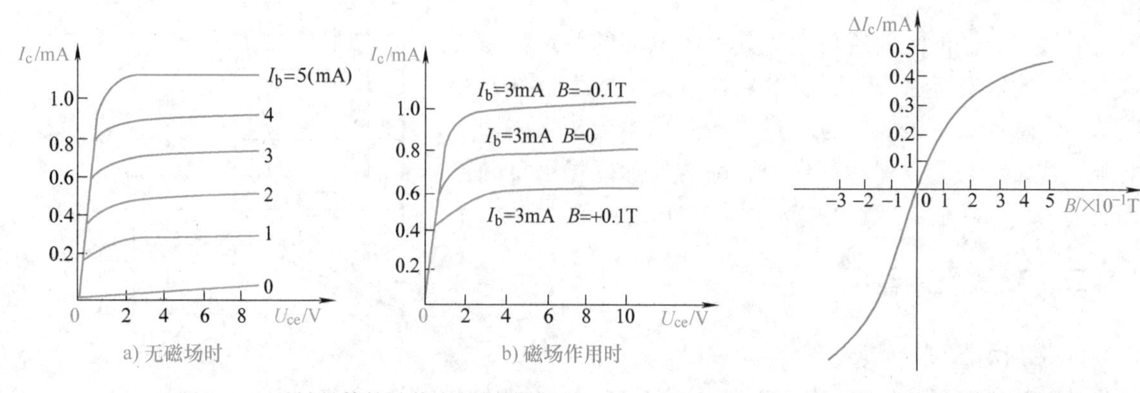

a) 无磁场时　　b) 磁场作用时

图 7-35　磁敏晶体管的伏安特性曲线

图 7-36　锗磁敏晶体管的磁电特性曲线

笔记栏

除了上述磁敏传感器之外，还有利用强磁材料的磁致收缩效应制成的磁致传感器。

需要注意的是，霍尔效应与磁阻效应是并存的。在制造霍尔元件时应努力减少磁阻效应的影响，而制造磁阻元件时应努力避免霍尔效应的影响。

四、磁敏传感器的应用

1. 磁阻转速传感器

磁阻转速传感器如图7-37所示，它由强磁性金属薄膜磁阻元件、永久磁铁、放大器和整形电路组成。永久磁铁装在旋转体上，每当它和磁阻元件重合时，就有一个脉冲输出。输出脉冲的频率便是旋转体每秒的转数。由于强磁性金属薄膜磁阻元件的灵敏度高，因此永久磁铁可做得很小，只需千分之几特斯拉的场强便能进行可靠地测量。

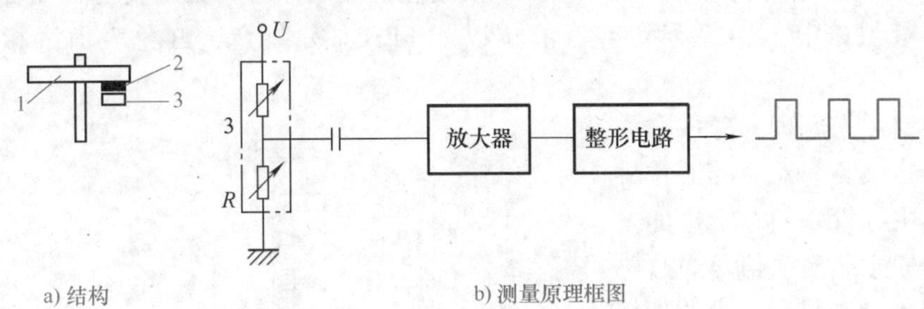

图7-37　磁阻转速传感器

1—旋转体　2—永久磁铁　3—磁阻元件

2. 磁敏二极管漏磁探伤仪

磁敏二极管漏磁探伤仪是利用磁敏二极管可以检测弱磁场变化的特性设计的，其原理如图7-38所示。

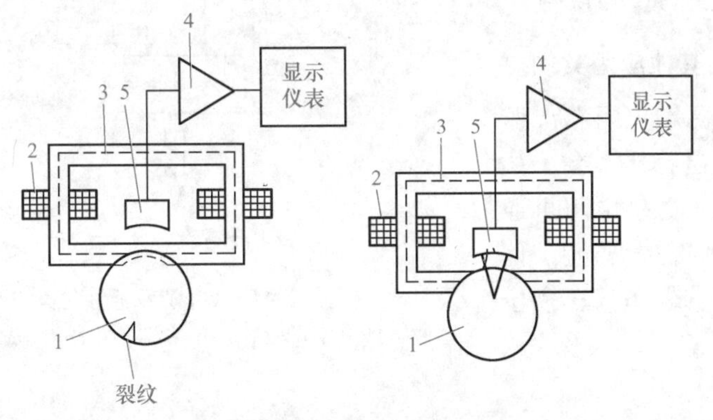

图7-38　漏磁探伤仪的工作原理

1—钢棒（待测物）　2—励磁线圈　3—铁心　4—放大器　5—磁敏二极管探头

磁敏二极管漏磁探伤仪由励磁线圈、铁心、放大器、磁敏二极管探头等部分构成。将待测物（钢棒）置于铁心之下，并使之不断转动，在励磁线圈励磁后，钢棒被磁化。若待测钢棒无损伤部分在铁心之下，铁心和钢棒被磁化部分构成闭合磁路，此时无泄漏磁通，磁敏二极管探头无信号输出。若钢棒上的裂纹旋至铁心下，裂纹处的泄漏磁通便作用于探头，探头将泄漏磁通量转换成电压信号，经放大器放大输出，根据指示仪表的示值便可以得知待测钢棒中的缺陷。

3. 磁敏电子双色液位计

以前锅炉等设备的液位测量大多采用磁翻板液位计，由于磁吸附作用，微细铁屑把磁翻板的红、绿颜色覆盖，无法观察液位。磁敏电子双色液位计是磁翻板液位计的换代产品，选用优质不锈钢及进口电子元件制造，显示部位采用高亮度 LED 双色发光管，组成柱状显示屏，通过 LED 光柱的红绿变化来检测所测液位的高低；白天观察距离为 60m，夜间可达 200～300m。具有显示亮度高，可视距离远，标尺清晰，显示角度大，产品更具系列化、智能化等优点。全过程测量防雨防雷，防腐防爆，可耐高温、高压，高密封，防泄露，无盲区，显示醒目，读数直观，且测量范围广，适用于各种塔、罐、槽球形容器及锅炉等设备的介质液位测量。

磁敏电子双色液位计如图 7-39 所示。在液位计主导管内有一个磁浮子，磁浮子根据介质比重设计，浮子内的永久磁铁与容器内液面位于同一高度，液位 LED 显示标尺内装有半导体磁敏传感器，并和 LED 发光模块上下有序排列，与磁场相对应的半导体磁敏传感器受磁，触发相应的数字电路，液位以上 LED 显示红色，液位以下 LED 显示绿色，红色表示汽相，绿色表示液相。

液位计根据浮力原理和磁耦合作用原理工作。当被测容器中的液位升降时，液位计主导管中的浮子也随之升降，浮子内的永久磁铁信号通过磁耦合作用传递到现场显示盒内的高精度电子感应元件，触发相应的数字电路，使 LED 双色发光管转换颜色，无液全红，满液全绿，红绿交界处就是容器内的实际液位，从而实现液位的现场指示，一目了然；加装限位开关可实现液位报警和控制，加装变送器可实现数字信号输出供显示与控制。

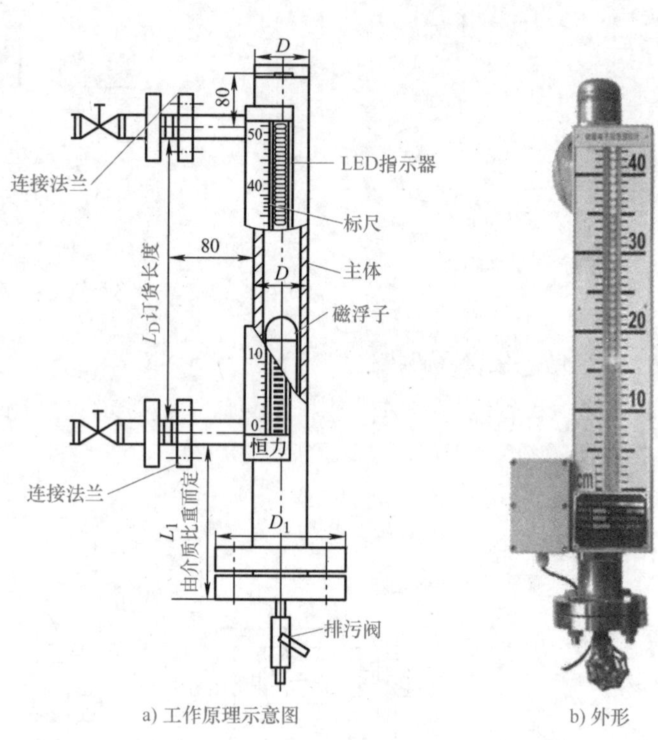

a) 工作原理示意图　　b) 外形

图 7-39　磁敏电子双色液位计（单位：mm）

D—液位计主导管直径　D_1—液位计法兰盖直径　L_1—沉筒距

4. 磁敏传感器的其他应用实例

图 7-40a 所示为磁敏电阻路况监测系统。汽车含有铁磁物质，会干扰地球磁场的分布状况，磁敏电阻可通过检测这一变化来进行路况监测。该系统可用于自动开门、停车场车辆位置监测、红绿灯控制等。

a) 路况监测系统

b) 笔式验钞器

c) 测量地球磁场

图 7-40　磁敏传感器应用实例

图7-40b所示为磁敏电阻笔式验钞器。为防伪在纸币上印刷磁性油墨作为磁性体，可利用磁敏电阻为核心部件的磁头制成笔式验钞器，将笔式验钞器靠近纸币便可辨别纸币真伪。

图7-40c所示为磁敏电阻用于测量地球磁场。它不但可以测量地球磁场的方向，而且可以测量地球磁场强度的变化，而指南针只能指示地球磁场的方向。地球是一个大磁铁，地球磁场平行地球表面并始终指向北方。利用巨磁电阻（GMR）薄膜可做成用来探测地球磁场的高级罗盘。将可以同时探测平面内磁场X和Y方向分量的GMR磁场传感器固定在交通工具上，瞬间航向与地球北极的夹角可通过GMR传感器的X和Y方向的电压相对改变而确认下来。

笔记栏

项目实施：趣味小制作——热敏电阻温度计

【所需材料】

制作热敏电阻温度计所需材料清单见表7-1。

表7-1　制作热敏电阻温度计所需材料清单

序号	材料名称	规格型号	数量
1	直流电池	1.5V	2个
2	热敏电阻	RRC6	1个
3	微安表	50μA	1台
4	毫安表	5mA	1台
5	电阻R	4kΩ	2个
6	可调电阻R_P	0~10kΩ	2个
7	导线		若干
8	装有热水的水瓶		1个
9	水银温度计	0.5℃分度值	1个

【基本原理】

负温度系数（NTC）热敏电阻器一般可用于各种电子产品中的温度检测，这里选用RRC6型号的热敏电阻。NTC热敏电阻器的原理是当温度升高时，电阻值降低。

热敏电阻温度计的电路原理如图7-41所示。首先测量电阻温度特性，把热敏电阻R_T接在图中所示电桥臂中，检流计用50μA的微安表，取$R_1=R_2\approx4\text{k}\Omega$，毫安表量程可取5mA。

1）把热敏电阻放在水瓶中，瓶中开始放冰水混合物，用0.5℃分度值的水银温度计测量水温。

2）接通电桥电源，调节R_{P1}，使毫安表读数不大于1mA，再调节R_{P2}，使电桥平衡，测出对应温度下热敏电阻的阻值。

3）逐步提高水温，测出不同温度下的热敏电阻阻值。

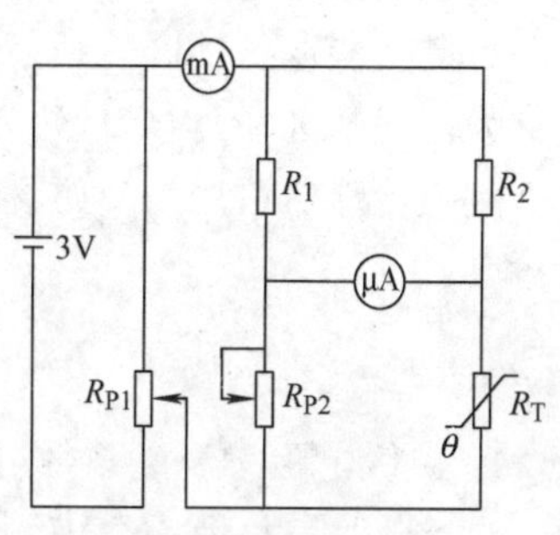

图7-41　热敏电阻温度计的电路原理

【制作提示】

1）测量时电桥干路中的电流不能超过一定值，这是由热敏电阻的伏安特性决定的。当电流上升到一定值后，电阻两端的电压反而下降，其原因是通过热敏电阻的电流过大使它本身发热升温，而温度升高又使热敏电阻的阻值下降，电阻上的电压降减小。设计中应避免电流进入这一阶段。

2）用热水时，请注意防止烫伤。

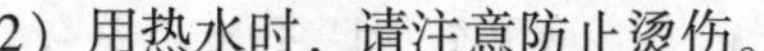

笔记栏

项目评价

项目评价采用小组自评、其他组互评，最后教师评价的方式，权重分布为0.3、0.3、0.4。

表 7-2 制作热敏电阻温度计任务评价表

序号	任务内容	分值	评价标准	自评	互评	教师评分
1	识别元件	10	不能准确识别选用的电气元件扣10分			
2	选择材料	20	材料选错一次扣5分			
3	连线正确	30	连线每错一次扣5分			
4	系统调试	40	调试失败一次扣10分			
最后得分						

项目总结

半导体传感器具有类似于人的眼、耳、鼻、舌、皮肤等多种感觉功能。本项目重点介绍了热敏电阻、湿敏传感器、气敏传感器及磁敏传感器四种常用的半导体传感器。

热敏电阻是半导体测温元件。按温度系数可分为负温度系数（NTC）热敏电阻和正温度系数（PTC）热敏电阻。广泛用于温度测量、电路的温度补偿以及温度控制。

湿度是表示空气中水汽含量的物理量，常用绝对湿度、相对湿度、露点等表示。湿敏传感器一般可以简单地分为两大类：水分子亲和力型和非水分子亲和力型。

湿敏传感器的敏感材料种类较多，其中常用的是半导体陶瓷。半导体陶瓷的湿敏特性按其电阻随湿度变化的规律，可分为负湿敏特性和正湿敏特性两类。湿敏传感器广泛应用于各种场合的湿度监测、控制与报警。

气敏传感器就是能感知环境中某气体及其浓度的一种敏感器件。半导体气敏传感器按半导体变化的物理特性，又可分为电阻式和非电阻式。

电阻式半导体气敏传感器的结构可分为烧结型、薄膜型和厚膜型三种，其中烧结型是工艺最成熟、应用最广泛的一种。

气敏传感器广泛应用于有害、可燃性气体的探测与报警，以预防灾害性事故的发生。

磁敏传感器是把被测物理量通过磁介质转换为电信号的传感器。

磁阻传感器是利用半导体的磁阻效应而制成的磁敏元件，其磁阻效应除了与材料有关外，还与几何形状有关。

磁敏二极管是PIN型的，其主要特性有磁电特性和伏安特性。

磁敏晶体管是在弱P型或弱N型本征半导体上用合金法或扩散法形成发射极、基极和集电极。其最大特点是基区较长，基区结构类似磁敏二极管，也有高复合率的r区和本征I区。长基区分为输运基区和复合基区。其主要特性也有磁电特性和伏安特性。

磁敏传感器可用来对磁场、电流、位移和方位等物理量进行测量，还可用于自动控制及自动检测。

项目测试

测评7

1. 热敏电阻按温度系数可分为两大类，即________和________。
2. 湿度是表示空气中水汽含量的物理量，常用________、________、________等表示。
3. 半导体陶瓷的湿敏特性，可分为________和________两类。

4. 电阻式半导体气敏传感器结构可分为________、________和________三种。
5. 磁阻传感器是利用半导体的磁阻效应而制成的磁敏元件，其磁阻效应除了与材料有关外，

笔记栏

还与________有关。

6. 磁敏晶体管的长基区可分为________基区和________基区。
7. 磁敏二极管通常有________和________两种使用方式。
8. 与金属热电阻相比，热敏电阻有哪些特点？
9. 表示空气湿度的物理量有哪些？如何表示？
10. 简述半导体陶瓷湿敏电阻的转换机理。
11. 为什么多数气敏传感器都要附有加热器？
12. 解释磁阻效应，并简述磁阻效应与材料、形状之间的关系。

阅读材料：磁敏传感器的国内外概况及其应用

磁敏传感器是传感器产品的一个重要组成部分，随着我国磁敏传感器技术的发展，其产品种类和质量得到了进一步发展和提高，国产的电流传感器、高斯计等产品目前已经开始走入国际市场，与国外产品的差距正在快速缩小。

一、磁敏传感器的发展特点

1）集成电路技术的应用。将硅集成电路技术应用于磁敏传感器，制成集成磁敏传感器。

2）InSb 薄膜技术的开发成功，使得霍尔元件产能剧增，成本大幅度下降。

3）强磁体合金薄膜得到广泛应用。各种磁阻元件出现，应用领域广泛。

4）巨磁电阻（GMR）多层薄膜的研究与开发。新器件的高灵敏度、高稳定性，引起研制高密度记录磁盘读出头的科技人员的极大关注。

5）非晶合金材料的应用。与基础器件配套应用，大大改善了磁敏传感器的性能。

6）Ⅲ-Ⅴ族半导体异质结构材料的开发和应用。通过外延技术，形成异质结构，提高了磁敏器件的性能。

二、国外磁敏传感器的现状

（1）国外磁敏传感器的常见种类

就市场占有情况来看，国外磁敏传感器的主要品种依然是霍尔元件、磁阻元件。

（2）国外磁敏传感器的应用情况

磁敏传感器应用的最大特点就是无接触测量。

1）霍尔元件的应用主要有磁场测量，如做成高斯计（特斯拉计）的检测探头；电流检测，如做成电流传感器/变送器的一次元件；直流无刷电动机，用于检测转子位置并提供激励信号；集成开关型霍尔元件的转速/转数测量。图 7-42 所示为霍尔元件的应用实例。

2）强磁体薄膜磁阻元件的应用主要有位移传感器，如磁尺的线性长距离位移测量；角位移传感器，用于转动角度测量，广泛应用于汽车制造业；脉冲发讯传感器，用于流量检测和转速/转数测量，如电子水表和流量计的发讯传感器。

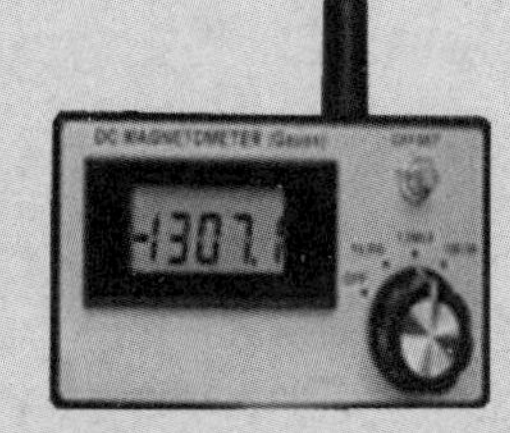

a) 高斯计　　b) 汽车点火装置　　c) 钳形电流表

图 7-42　霍尔元件的应用实例

3）半导体磁阻元件的应用有 InSb 磁阻元件；微弱磁场检测，主要用于伪钞识别；脉冲测量，主要用于转速/转数测量。图 7-43 所示为防伪识别的点钞机。

笔记栏

三、国内磁敏传感器的现状

1. 国内磁敏传感器的常见种类

目前国内的磁敏传感器经过几十年的发展，就基础器件的研究与开发情况，除巨磁磁阻元件存在差距以外，常用的其他磁敏传感器，如霍尔元件、磁阻元件等已经与国外同类产品的水平相当。市场上应用的国产磁敏传感器的种类也与国外产品相当，依然是霍尔元件、磁阻元件。

图 7-43 防伪识别的点钞机

2. 国内磁敏传感器的应用情况

（1）电流传感器

国内有二、三十家大小不同的企业在生产和销售电流传感器/变送器，其市场竞争已经白热化。该领域是国内磁敏传感器应用最早、最普及、最成熟的领域。图 7-44 所示为电流传感器。

（2）直流无刷电机领域

以 InSb 霍尔元件为主，主要用于直流无刷电动机转子位置检测，并提供定子线圈电流换向的激励信号。该领域是磁敏传感器用量最大的领域，但在国内目前未形成工业化生产。图 7-45 所示为用于电动车的无刷电动机，采用 PWM 调速。

图 7-44 电流传感器

图 7-45 用于电动车的无刷电动机

（3）流量计量领域

用于电子水表、电子煤气表、流量计等流量发讯传感器的低功耗薄膜磁体磁阻元件，市场空间可观。该领域是磁敏传感器国内最具发展潜力的新兴应用领域，目前处于市场成长期。

（4）专用测量仪表

高斯计，用于磁场检测，在磁性材料生产及应用方面用量较多。

另外，国内的磁敏传感器在转速/转数测量、伪钞识别等领域也均有应用，但没有形成规模。

四、国内磁敏传感器与国外磁敏传感器的差距

1）生产规模小，成本高。

2）部分元件的稳定性、可靠性差。

3）实际应用且具规模的领域少，特别是汽车领域，尚处空白。

4）科研成果转化慢，生产条件配套性差，缺少资金投入。

项目 8

超声波传感器的应用

项目描述

超声波具有频率高、方向性好、能量集中、穿透本领大、遇到杂质或分界面能产生显著的反射等特点，因此，在许多领域得到广泛的应用。近年来已经应用的超声波传感器有超声波探伤、超声波遥控、超声波防盗窃器以及超声医疗诊断装置等。

学习目标

1. 了解超声波的定义、特点及应用，养成勤于思考的学习习惯。
2. 熟悉超声波传感器的基本工作原理及分类，提高分析问题的能力。
3. 掌握超声波传感器在工业和医学上的应用，培养良好的观察力和解决实际问题的能力。
4. 了解超声波在污水处理和日常生活方面的应用，锻炼考虑问题的换位思考能力。

任务 8.1 认识超声波传感器

任务引入

你在日常生活中都了解哪些超声知识呢？你知道为什么蝙蝠在没有光亮的情况下飞翔而不会迷失方向吗？

知识精讲

一、超声波的概念

众所周知，当物体振动时会发出声音。科学家们将每秒振动的次数称为声音的频率，其单位为赫兹（Hz）。人耳能听到的声音频率为20Hz～20kHz，低于20Hz的声波为次声波，人耳是听不到的；当物体的振动高于人耳听阈的上限频率，即高于20kHz时，人耳也是听不到的，这样的声波称为超声波。

虽然说人类听不出超声波，但不少动物却有此本领。它们可以利用超声波“导航”、追捕食物或避开危险物。蝙蝠在没有光亮的情况下飞翔而不会迷失方向，原因就是蝙蝠能发出2～10万Hz的超声波，如图8-1所示，这好比是一座活动的“雷达站”。

蝙蝠正是利用这种“雷达”判断飞行前方是昆虫或是障碍物。人们根据蝙蝠“看”事物的原理，发明了声呐探测器，用来测量水深。

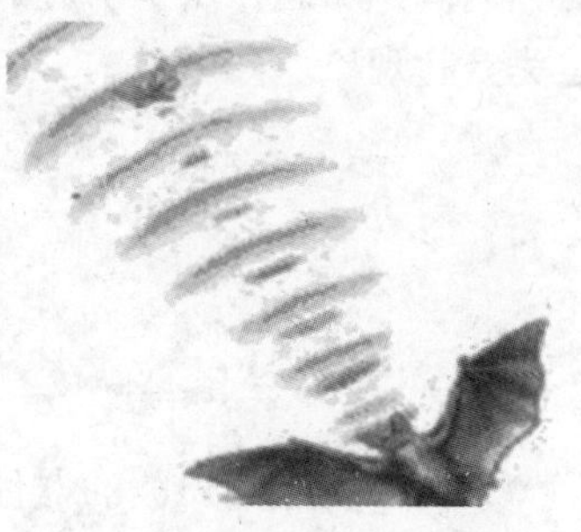

图 8-1　蝙蝠利用超声波飞翔

笔记栏

二、超声波的特点

1. 束射特性

由于超声波的波长短，超声波射线可以和光线一样，能够反射、折射、聚焦，而且遵守几何光学上的定律。即超声波射线从一种物质表面反射时，入射角等于反射角，当射线透过一种物质进入另一种密度不同的物质时就会产生折射，也就是要改变它的传播方向，两种物质的密度差别越大，折射也越大。

2. 吸收特性

声波在各种物质中传播时，随着传播距离的增加，强度会渐进减弱，这是因为物质要吸收掉它的能量。对于同一物质，声波的频率越高，吸收越强。对于频率一定的声波，在气体中传播时吸收最强，在液体中传播时吸收比较弱，在固体中传播时吸收最小。

3. 超声波的能量传递特性

超声波之所以在各个工业部门中有广泛的应用，主要还在于超声波比声波具有强大得多的功率。

当声波到达某一物质中时，由于声波的作用使物质中的分子也跟着振动，振动的频率和声波频率一样，分子振动的频率决定了分子振动的速度。频率越高速度越大。物质分子由于振动所获得的能量除了与分子的质量有关外，还由分子振动速度的二次方决定，所以如果声波的频率越高，也就是物质分子能获得越高的能量。而超声波的频率比声波高很多，所以它可以使物质分子获得很大的能量；换句话说，超声波本身可以供给物质足够大的功率。

4. 超声波的声压特性

当声波通入某物质时，由于声波振动使物质分子产生压缩和稀疏的作用，将使物质所受的压力产生变化。由于声波振动引起附加压力的现象称为声压作用。

5. 空化现象

由于超声波具有的能量很大，有可能使物质分子产生显著的声压作用，如当水中通过一般强度的超声波时，产生的附加压力可以达到好几个大气压力。当超声波振动使液体分子压缩时，好像分子受到来自四面八方的压力；当超声波振动使液体分子稀疏时，好像分子受到向外散开的拉力。由于液体比较受得住附加压力的作用，所以在受到压缩力的时候，不大会产生反常情形，但是在拉力的作用下，液体就会无法支撑，在拉力集中的地方，液体就会断裂开来，这种断裂作用特别容易发生在液体中存在杂质或气泡的地方，因为这些地方液体的强度特别低，也就特别经受不起几倍于大气压力的拉力作用。由于发生断裂的时候，液体中会产生许多气泡状的小空腔，这种空泡存在的时间很短，一瞬时就会闭合起来。空腔闭合的时候会产生很大的瞬时压力，一般可以达到几千甚至几万个大气压力。液体在这种强大的瞬时压力作用下，温度会骤然增高。断裂作用所引起的瞬时压力，可以使浮悬在液体中的固体表面受到急剧破坏，常称之为空化现象。

思考一：*超声波遇到到杂质或分界面会产生显著反射而形成反射回波，那超声波是如何发射和接收的呢？*

三、超声波的基本工作原理

发射和接收超声波的器件称为超声波换能器，也称为超声波探头。超声波换能器通常由压电晶片制成。

压电晶片有正、逆压电效应。当压电晶片受发射脉冲激励后产生振动，即可发射声脉冲；当超声波作用于晶片时，晶片受迫振动引起的形变可转换成相应的电信号。前者是超声波的发射，依据于压电晶片的逆压电效应；后者是超声波的接收，依据于压电晶片的正压电效应。

超声波是频率超过20kHz的机械振动波。由于频率高，其能量远远大于振幅相同的声波能量，具有很高的穿透能力，在钢材中甚至可穿透10m以上。超声波在介质中传播时，也像光波一样产生反射、折射等现象，经过反射、折射的超声波其能量或波形均将发生变化。利用这一性质可以实现液位、流量、温度、黏度、厚度、距离以及探伤等参数的测量。

四、超声波探头的种类

凡能将任何其他形式能量转换成超音频振动形式能量的元件均可用来产生超声波，这类元件即超声波探头。超声波探头根据其工作原理不同有压电型、磁致伸缩型、电致伸缩型、振板型、弹性表面波型等数种，最常用的是压电型，本项目仅讨论压电型超声波探头。

超声波探头是实现电能和声能相互转换的一种换能器件。按其结构不同又分为直探头、斜探头、联合双探头和液浸探头等。

1. 直探头

超声波垂直于辐射面而发出，用以检测基本平行于探测面的平面形或者立体形物质，其外形如图8-2所示。工业上广泛用于锻件、铸件、板材等的超声波探伤。

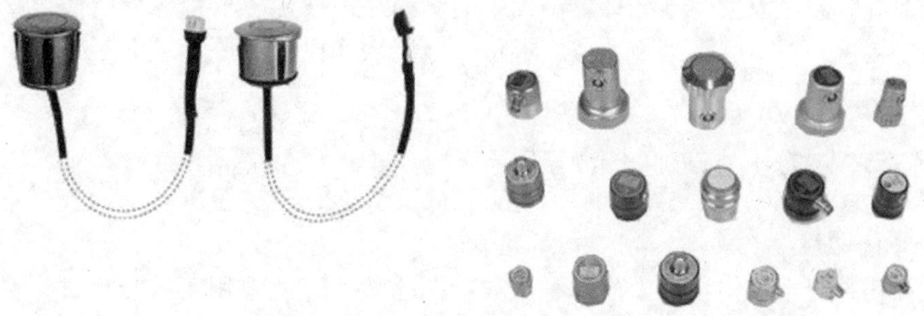

图8-2　直探头

2. 斜探头

斜探头主要用于检测与探测面呈一定角度的平面形及立体形物质，其外形如图8-3所示。工业上广泛用于焊缝、管材等的超声波探伤。

3. 联合双探头

联合双探头就是两个单探头的组合，一个用于发射，一个用于接收。如图8-4所示。

图8-3　斜探头　　　　图8-4　联合双探头

笔记栏

4. 液浸探头

液浸探头常用于水浸法（被检测体和探头均浸于水中）的手工或者自动探伤。

思考二：你做过B超检测吗？你看见过倒车雷达吗？你知道它们都是依据什么工作的吗？

任务8.2 掌握超声波传感器的应用

任务引入

在工业生产中，超声波被广泛用来进行探伤、清洗以及对各种高温、有毒和强腐蚀性液体液位进行测量。在日常生活中，超声波被广泛用于汽车倒车雷达、自动清扫机器人的避障等。

知识精讲

超声波用起来很安静，人们听不到它。这一点在高强度工作场合尤为重要。

根据超声波的传播方向，超声波传感器的应用有两种基本类型。超声波发射器与接收器分别置于被测物两侧的超声波传感器称为透射型。透射型超声波传感器可用于遥控器、防盗报警器、接近开关等。超声波发射器与接收器置于同侧的超声波传感器称为反射型，反射型超声波传感器可用于接近开关、测距、测液位或料位、金属探伤以及测厚等。下面简要介绍超声波传感器的几种应用。

一、超声波传感器在工业上的应用

1. 超声波探伤仪

超声波探伤是无损探伤技术中的一种主要检测手段。它主要用于检测板材、管材、锻件和焊缝等材料中的缺陷（如裂缝、气孔、夹渣等），测定材料的厚度、检测材料的晶粒、配合断裂力学对材料使用寿命进行评价等。超声波探伤仪具有检测灵敏度高、速度快、成本低等优点，因而在生产实践中得到广泛的应用。

超声波探伤仪是利用超声波能透入金属材料深处，并由一截面进入另一个截面时，在截面边缘发生反射的特点来检查零件缺陷的一种方法。当超声波束自零件表面由探头通至金属内部，遇到缺陷与零件底面时就分别发射反射波，在荧光屏上形成脉冲波形，根据这些脉冲波形可判断缺陷位置和大小。

超声波探伤的方法多种多样，最常用的是脉冲反射法。脉冲反射法根据工作原理不同可分为A型、B型和C型三种。A型主要应用于工业无损检测，B型和C型主要应用于医学方面，即俗称的B超和彩超。

A型反射式超声波探伤仪同步电路产生周期性的同步信号，分别送给发射电路和扫描电路，扫描电路产生扫描信号送示波管X轴。发射电路产生一个持续时间极短的电脉冲加到探头内的压电换能器上，激励晶片发射超声波。超声波射入试件，遇到界面或者缺陷即发生发射，由探头接收并转换成电脉冲输入高频放大电路处理后加到示波管Y轴，从而在示波管上显示波形。A型反射式超声波探伤仪如图8-5所示，图8-6所示为探伤波形显示。

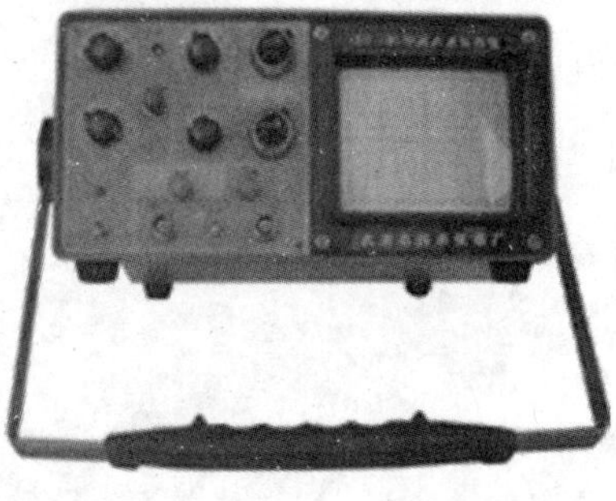

图8-5 A型反射式超声波探伤仪

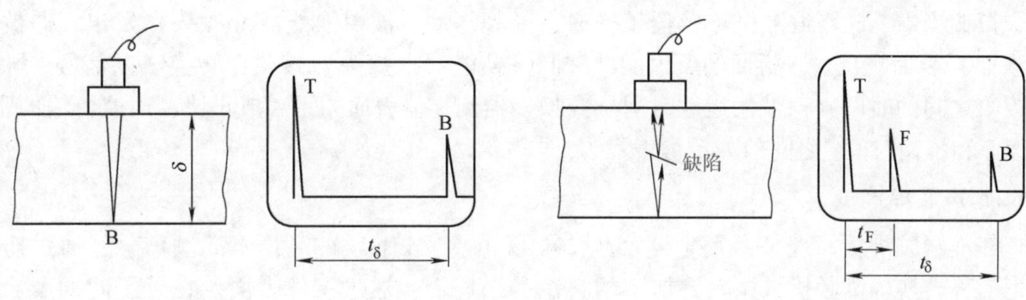

a) 无缺陷　　b) 有缺陷

图 8-6　探伤波形显示

示波管上显示的始波 T，对应于试件探测面；第一次底波 B，对应于试件底面。始波 T 和第一次底波 B 之间的距离 $t_δ$ 表示试件厚度 δ。如果在始波 T 和第一次底波 B 之间有独立的波形出现，说明该处有缺陷，缺陷波 F 的高度表示缺陷的大小，缺陷波 F 距离始波 T 的距离 t_F 表示缺陷的埋藏深度，即探测面到缺陷的距离。

微课8-1
超声波探伤

2. 超声波测厚仪

脉冲反射法测厚从原理讲，就是测量声脉冲在试件中往返传播一次的时间 t，如果试件材料声速 c 为已知，则可求出试件厚度 d 为

$$d = \frac{1}{2}ct \tag{8-1}$$

超声波测厚仪是根据超声波脉冲反射原理来测量厚度的，当探头发射的超声波脉冲通过被测物体到达材料分界面时，脉冲被反射回探头，通过精确测量超声波在材料中传播的时间来确定被测材料的厚度。凡能使超声波以一恒定速度在其内部传播的各种材料均可采用此原理测量。图 8-7 所示为几种常见的超声波测厚仪。

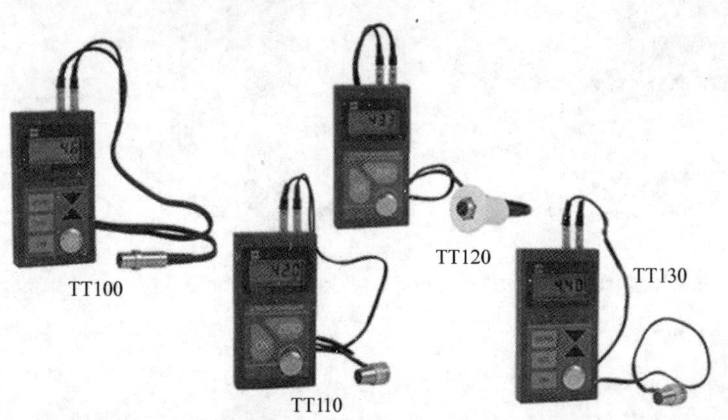

图 8-7　超声波测厚仪

微课8-2
超声波液位
传感器

超声波测厚仪可对各种板材和加工零件的厚度进行精确测量，也可以对生产设备中各种管道和压力容器进行监测，监测它们在使用过程中受腐蚀后的减薄程度。

超声波测厚仪已广泛应用于石油、化工、冶金、造船、航空、航天等各个领域。

3. 超声波液位测量

由于超声波具有易于定向发射、方向性好、强度易控制、与被测物体不需要直接接触的优点，是作为液体高度测量的理想手段。超声波液位传感器是一种常用的测量仪器，被广泛应用

笔记栏

于多个行业当中。超声波液位传感器工作时，高频脉冲声波由换能器（探头）发出，遇被测物体（水面）表面被反射，折回的反射回波被同一换能器（探头）接收，转换成电信号。脉冲发送和接收之间的时间（声波的运动时间）与换能器到物体表面的距离成正比，声波传输的距离 s 与声速 c 和传输时间 t 之间的关系可表示为：$s=ct/2$。

4. 超声波焊接机

超声波塑胶焊接原理是由发生器产生 20kHz（或 15kHz）的高压、高频信号，通过换能系统，把信号转换为高频机械振动，加于塑料制品工件上，通过工件表面及在分子间的摩擦而使传递到接口的温度升高，当温度达到此工件本身的熔点时，使工件接口迅速熔化，继而填充于接口间的空隙，当振动停止时，工件同时在一定的压力下冷却定型，便达成完美的焊接。图 8-8 所示为几种常见的超声波焊接机。

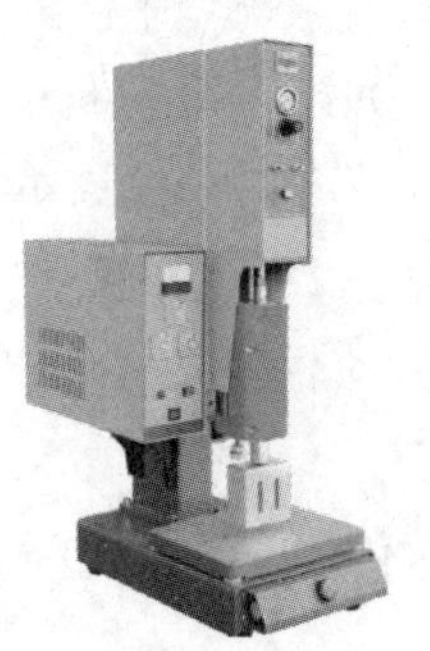

a) 超声波简易型塑料焊接机

b) 超声波口罩点焊机

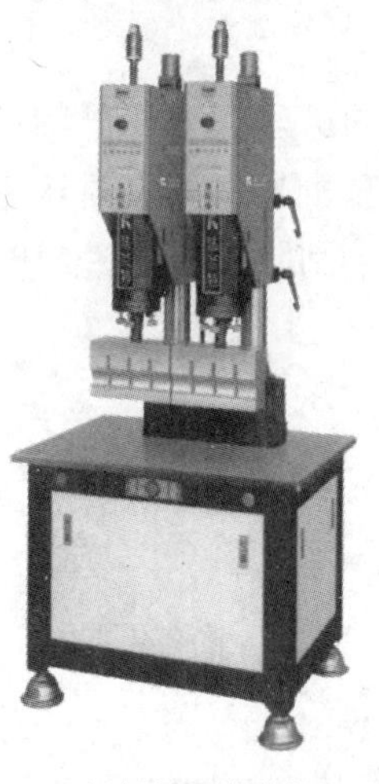

c) 超声波双头焊接机

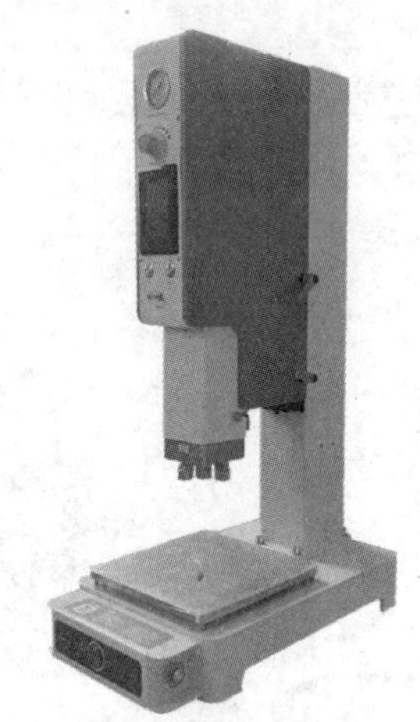

d) 自动追频超声波焊接机

图 8-8 超声波焊接机

（1）熔接法

超声波超高频率振动的焊头在适度压力下，使两块塑胶的接合面产生摩擦热而瞬间熔融接合，焊接强度可与本体媲美，采用合适的工件和合理的接口设计，可达到水密及气密，并免除采用辅助品所带来的不便，实现高效、清洁的熔接。

（2）铆焊法

将超声波超高频率振动的焊头压着塑胶品突出的梢头，使其瞬间发热融成为铆钉形状，使不同材质的材料机械铆合在一起。

（3）埋植

超声波埋植是将金属零件（如螺母、螺杆）通过超声波嵌入热塑性材料部件的过程。超声波振动通过焊头接触金属嵌入物，使其发热传递到给塑料件的嵌入孔，导致嵌入孔干涉的部分

塑料融化并流入嵌入孔的底部与嵌入物的齿纹中。这部分塑料固化后，金属嵌入物即被固定于塑胶件的嵌入孔中。

（4）成型

与铆焊法类似，将凹状的焊头压着塑胶品外圈，焊头发出超声波超高频振动后将塑胶熔融成形而包覆于金属物件使其固定，且外观光滑美观。该方法多使用在电子类、扬声器的固定成型及化妆品类的镜片固定等。

（5）点焊

1）将两片塑胶分点熔接无须预先设计焊线，达到熔接目的。

2）对比较大型、不易设计焊线的工件进行分点焊接，从而达到熔接效果，可同时点焊多点。

（6）切割封口

运用超声波瞬间发振的工作原理，对化纤织物进行切割，其优点是切口光洁不开裂、不拉丝。高周波与超声波是不同的两个概念，高周波是指频率大于100kHz的电磁波，超声波是指频率超过20kHz的声波。高周波的焊接原理与超声波也是不一样的，高周波是利用高频电磁场使物料内部分子间互相激烈碰撞产生高温完成焊接和熔接，而超声波是利用摩擦生热的原理产生大量的热量完成焊接和熔接。

二、超声波传感器在水处理中的应用

超声化学作为一门边沿科学的兴起是近十几年的事情，将超声波应用于水处理，则是近年来超声化学领域研究的新发展。

高功率超声波的空化效应为降解水中有害有机物提供了独特的物理化学环境，从而实现了超声波污水处理。

超声波污水处理设备如图8-9所示，污水的前处理装置——污水的固液分离是超声波处理的前提。污水或废水一般伴有悬浮污物或杂质，因此必须有收集装置，这种装置可以是污水池或污水槽，其中的大体积杂物和污物应与污水分离，一些细小体积的悬浮物则可添加聚丙烯酰胺絮凝剂或无机絮凝剂。

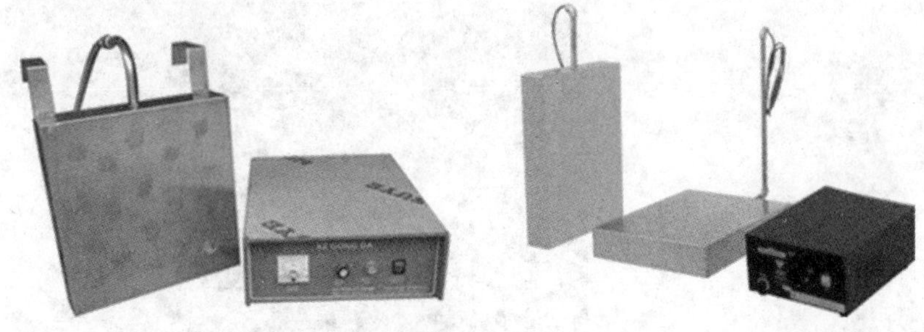

图8-9　超声波污水处理设备

阴、阳非离子型聚丙烯酰胺絮凝剂是一种水溶性的高分子聚合物或电解质。由于其分子链中含有一定数量的极性基因，它能通过吸附污水中悬浮的固位粒子，使粒子间架桥或通过电荷中和使粒子凝聚成大的絮凝物，从而加速悬浮液中粒子的沉降，有非常明显的加快溶液澄清、促进过滤等效果。若同时使用无机絮凝剂（聚合硫酸铁浓缩剂、聚氯化铝、铁盐等），则可显示出更明显的效果。絮凝剂的添加量一般为0.011g/m^3，在冷水中也能完全溶解。其主要作用是澄清净化、沉降促进、过滤促进和增稠（浓），是废水、废液处理中的常用品。

经过固液分离后的污水再导入超声波，发生超声波空化现象，超声空化泡的崩溃所产生的高能量足以断裂化学键。在水溶液中，空化泡崩溃产生氢氧基（OH）和氢基（H），同有机物发生氧化反应。空化独特的物理化学环境开辟了新的化学反应途径，骤增化学反应速度，对有

笔记栏

机物有很强的降解能力，经过持续超声波可以将有害有机物降解为无机离子、水、二氧化碳或有机酸等无毒或低毒的物质。

超声波降解水中有机污染物技术既可单独使用，也可利用超声空化效应，将超声降解技术同其他处理技术联用进行有机污染物的降解去除。联用技术有以下类型：

1）超声波与臭氧联用，将超声波降解、杀菌与臭氧消毒共同作用于污染水的处理。

2）超声波与磁化处理技术联用，磁化对污染水体既可以实现固液分离，又可以对 COD、BOD 等有机物降解，还可以对染色污水进行脱色处理。

超声波还可以直接作为传统化学杀菌处理的辅助技术，在用传统化学方法进行大规模水处理时，增加超声波辐射，可以大大降低化学药剂的用量。

思考三：在医用检查仪器中，你知道都有哪些是超声波检测仪吗？

三、超声波传感器在医学上的应用

超声医学是声学、医学和电子工程技术相结合的一门新兴学科。凡研究超声对人体的作用和反作用规律，并加以利用以达到医学上诊断和治疗目的的学科即为超声医学。它包括超声诊断学、超声治疗学和生物医学超声工程等。

超声波在外科、内科等领域，特别是治疗癌症方面都有广泛的应用，如利用超声手术切除肿瘤，也有通过超声与药物结合治疗癌症。下面重点介绍几种常用的超声波诊断仪。

1. B 超

目前，以超声图像技术为中心的 B 型超声诊断仪（简称 B 超）已经成为临床诊断不可缺少的手段之一。它能准确地显示出体内脏器或病变的轮廓范围，图像直观清楚，可使组织与器官之间的关系明确显示出来，层次分明；能够随时拍照，并可记录留作资料备存；安全无害、不影响人体；经济、实用、可重复、适应性较好。B 超不仅用于医疗诊断，还可用于 B 超指引下的治疗。

B 超是在 A 型超声波探伤仪基础上发展起来的，如图 8-10 所示，其工作原理与 A 超基本相同，都利用了脉冲回波成像技术，不同的是 B 超将 A 超的幅度调制显示改为亮度调制显示。

a) 诊断仪

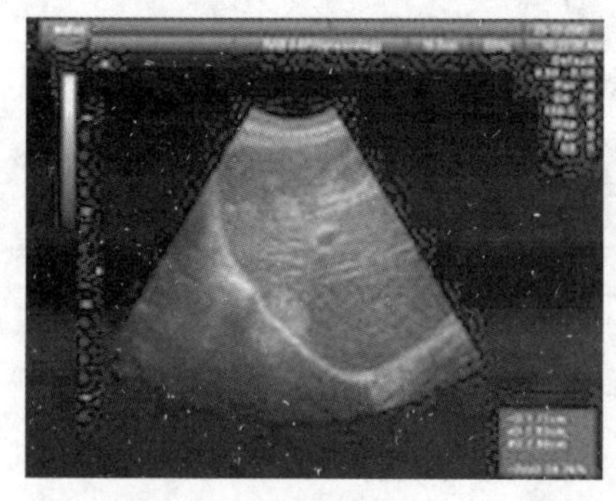

b) 屏幕显示

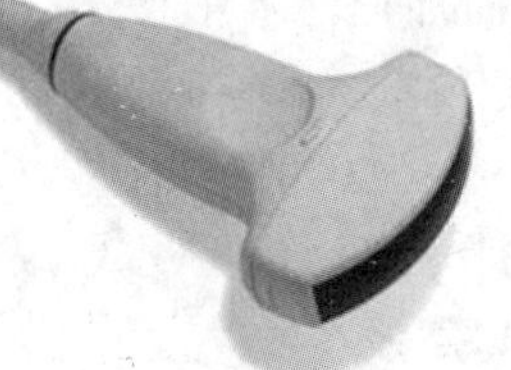

c) 腹部探头

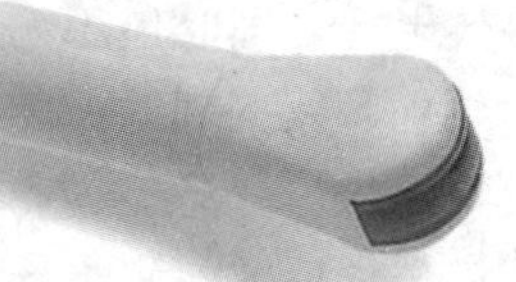

d) 内窥探头

图 8-10　B 型超声诊断仪

由于人体各组织的密度不同，不同组织具有不同的声阻抗。当入射的超声波进入相邻的两种组织或器官时，就会出现声阻抗差，在两种不同组织界面处产生反射、折射、散射等物理特性。B 超采用各种扫查方法，接收这些反射、散射信号，显示各种组织及其病变的形态，从而对病变部位、性质和功能障碍程度做出诊断。

用于诊断时，超声波只作为信息的载体，通过它与人体组织之间的相互作用获取有关生理与病理的信息，一般使用低强度超声波。

用于治疗时，超声波则作为一种能量形式，对人体组织产生结构或功能以及其他生物效应，以达到某种治疗目的，一般使用高强度超声波。

B 超检查也有其不足之处。如分辨率不够高，一些过小的病变不易被发现；一些含气量高的脏器遮盖的部分也不易被十分清晰地显示。同时检查者的操作细致程度和经验对诊断的准确性有很大关系。

2. 彩超

以上介绍了黑白 B 超，下面介绍彩色 B 超，即彩超，如图 8-11 所示。

其实彩超并不是看到了人体组织的真正的颜色，而是在黑白 B 超图像的基础上加上以多普勒效应为基础的伪彩而形成的。

那么何谓多普勒效应呢？对于静止的观测者来说，向着观测者运动物体发出的声波频率会升高，相反频率会降低，这就是著名的多普勒效应。如同人站在火车站台上，听远处开来的火车笛声，会比远离站台的火车笛声声调要高。

现代医用超声波诊断仪就是利用了多普勒效应，当超声波碰到流向远离探头方向的液体时回声信号频率会降低，碰到流向探头方向的液体时回声信号频率会升高。再利用计算机伪彩技术加以描述，便能判定超声图像中流动液体的方向及流速的大小和性质，并将此叠加在二维黑白超声图像上，形成了彩超图像。

图 8-11　彩超

3. 其他超声波诊断仪

在胆、肾结石的诊断上，超声波诊断仪是目前比较好的工具之一；在产科，它对于评估胎儿身体结构是否异常、多胎妊娠、胎儿大小以及怀孕周期等状况有着十分重要的意义；在临床上，它被广泛应用于心内科、消化内科、泌尿科和妇产科疾病的诊断。

（1）超声内窥镜

这是 B 超技术与内窥镜技术的结合，通俗地讲就是制作一条细长的 B 超探头，借助现代内窥镜技术进行内脏超近距离 B 超检查，可以更加细致地观察内脏。目前已有经食道心脏超声、经胃/十二指肠内窥镜超声、腹腔镜超声等。

（2）超声 CT

在二维超声图像上移动超声焦点，对局部脏器进行放大，实施细微观察，如图 8-12 所示。其应用局限性是所观察器官与周围器官解剖位置不清晰。

（3）三维彩超

目前，大多数超声三维数据的采集是借助已有的二维超声成像系统完成的。也就是说，在采集二维图像的同时，采集与该图像有关的位置信息。再将图像与位置信息同步存入计算机后，就可以在计算机中重构出三维图像，如图 8-13 所示。在采集了人体结构的三维数据后，医生可通过人机交互方式实现图像的放大、旋转及剖切，从不同角度观察脏器的切面或整体。这将极大地帮助医生全面了解病情，提高疾病诊断的准确性。

笔记栏

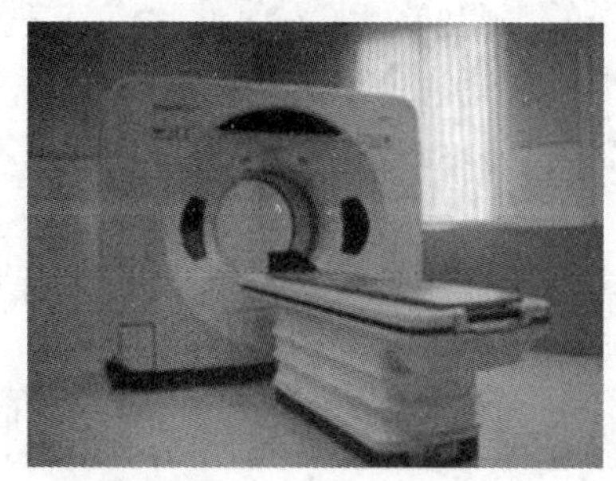

图 8-12 超声 CT

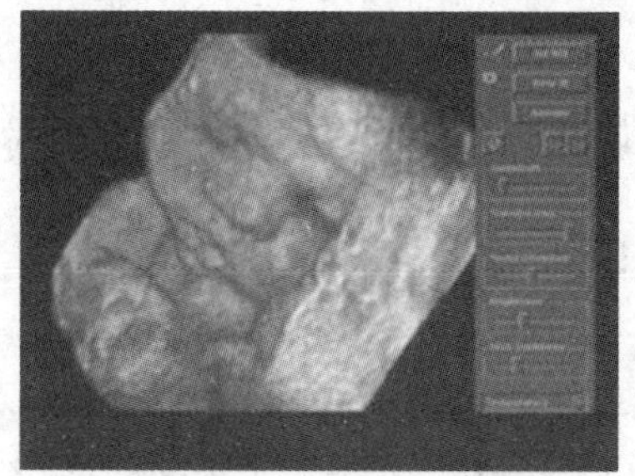

图 8-13 三维彩超

（4）四维彩超

实际上，四维彩超技术是在三维超声基础上加上时间参数，形成三维立体电影回放图像，其效果图如图 8-14 所示。第四维是指时间向量。超声波成像系统是根据超声波遇到物体反射成像的原理研制而成，探头放在人体表面，产生进入人体的超声波，同时接收反射回的超声波，这样便产生了相应的图像。

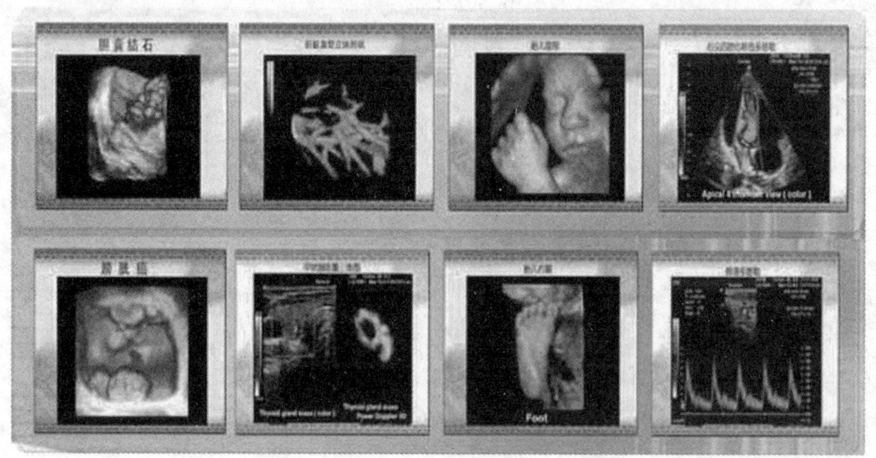

图 8-14 四维彩超

（5）彩色血管内超声

彩色血管内超声（IVUS）是指把超声导管沿着导引导丝送入冠状动脉内，通过超声导管前端 1mm 的超声探头，来观察冠状动脉血管内的病变。它能清晰地分辨冠状动脉内斑块、钙化等病变，准确判断病变性质及狭窄程度，为高难度的冠心病介入治疗提供了准确可靠的信息，并极大地提高了图像质量和诊断精确度，为介入治疗提供可靠的依据。彩色血管内超声外形及效果图如图 8-15 所示。

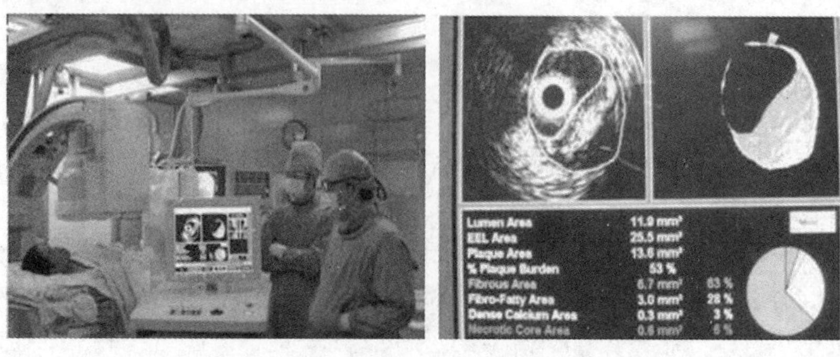

a) 外形 b) 效果图

图 8-15 彩色血管内超声

(6) 手提式彩超

随着现代电子技术的发展，彩超这种复杂的电子仪器逐渐小型化，在保证主要功能的前提下出现了手提式彩超。这种彩超主要应用于手术中或急诊急救，另外在军队野外作战中也广泛使用。

思考四：你听说过超声波洗碗机吗？超声波洗衣机呢？

四、超声波传感器在生活中的应用

1. 超声波洗衣机

超声波洗衣机和传统的洗衣机不同，既不需要旋转电动机，也不需要洗涤剂，衣服上的污渍只需要洗槽内的气泡和超声波即可去除干净。

超声波洗衣机主要由洗槽、超声波发生器、气泡供应器及若干方向各异、高度约数厘米的金属板构成，其结构和外形如图 8-16 所示。

当洗槽充满水，衣服投入洗槽中，气泡供应器和超声波发生器开始工作，洗槽内即有超声波和大量气泡产生，超声波因气泡的折射作用而均匀地分散在衣服上，浸入的衣服受超声波作用后，表面的污渍也随之分解，同时被气泡带出，衣服也变干净了。

超声波洗衣机的最大特点是不用搅拌，不用洗衣粉，所以不损坏衣服。此外，由于衣服的密度小，超声波能畅通无阻地作用到衣服内部，即使衣服重叠在一起也不会受影响。

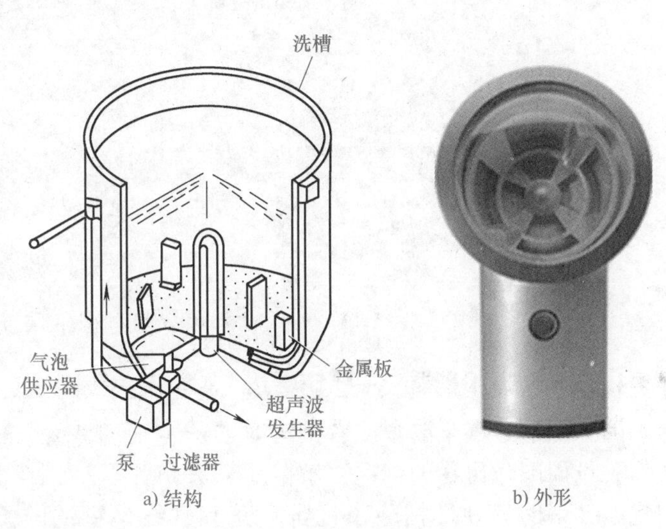

a) 结构　　b) 外形

图 8-16　超声波洗衣机

2. 超声波洗碗机

超声波洗碗机实际上类似一台超声波清洗器，如图 8-17 所示。其作用机理还是利用超声波作用于水中，产生无数气泡的空化现象，瞬间产生上千个大气压和 1000℃的高温，污物在超声的搅拌、分散、乳化作用下被清除。

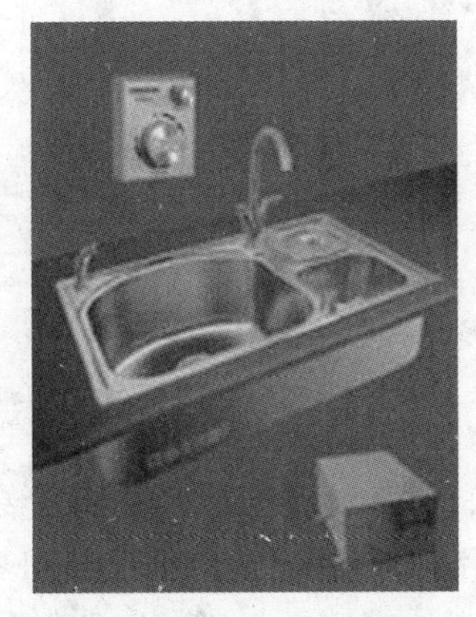

图 8-17　超声波洗碗机

超声波洗碗机在底部有 6 个频率为 27kHz 的磁致伸缩换能器，超声发生器的输出功率为 400W。

3. 超声波眼镜清洗机

超声波眼镜清洗机是一种清洗眼镜的装置，如图 8-18 所示。超声波清洗是利用超声波在液体中的空化作用、加速度作用及直进流作用对液体和污物直接、间接的作用，使污物层被分散、乳化、剥离而达到清洗目的。目前所用的超声波眼镜清洗机中，空化作用和直进流作用应用得更多。超声波眼镜清洗机具有清洗眼镜效果好、效率高、环保、方便等优点，在市场上应用极为普及。

图 8-18 超声波眼镜清洗机

4. 汽车防撞报警器——倒车雷达

倒车雷达是汽车泊车或者倒车时的安全辅助装置，能以声音或者更为直观的视频显示告知驾驶员周围障碍物的情况，解除了驾驶员泊车、倒车和起动车辆时前后左右探视所引起的困扰，并帮助驾驶员扫除了视野死角和视线模糊的缺陷，提高了驾驶的安全性，如图 8-19 所示。

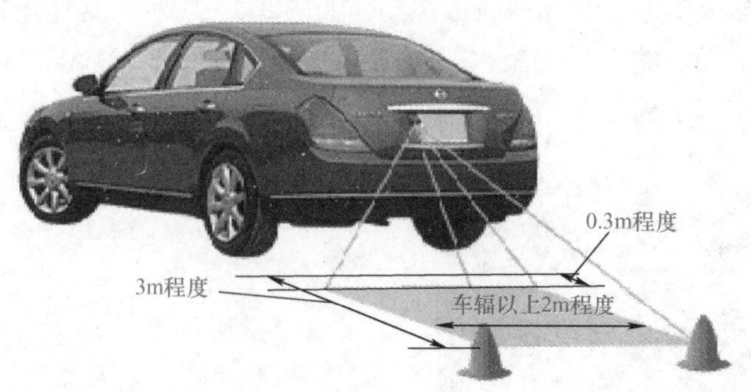

图 8-19 汽车防撞报警器

通常，倒车雷达由超声波传感器（探头）、控制器和显示器（或蜂鸣器）等部分组成。倒车雷达一般采用超声波测距原理，在控制器的控制下，由传感器发射超声波信号，当遇到障碍物时，产生回波信号，传感器接收到回波信号后经控制器进行数据处理、判断出障碍物的位置，由显示器显示距离并发出其他警示信号，及时报警，从而使驾驶者倒车时做到心中有数，使倒车变得更轻松。

笔记栏

项目实施：趣味小制作——倒车雷达

【所需材料】

制作倒车雷达所需材料包括主控制模块、超声波测距模块、电源模块等，具体见表 8-1。

表 8-1　材料清单

序号	元器件名称	规格型号	数量
1	传感器实训平台（主板）（含 OLED 显示屏）	ESP32 平台	1
2	超声波测距模块	HCSR04	1
3	USB 电源插头		1

1. 传感器实训平台（主板）

这里选用 MicroPython 支持、围绕 ESP32 平台进行编写的微控制器平台，如图 8-20 所示。主板上带有 OLED 显示屏，黑底白字显示。

图 8-20　传感器实训平台（主板）

2. 超声波测距模块

超声波测距传感器是利用超声波在遇到障碍物后被反射接收，结合超声波在空气中传播的速度计算得出的。在测量、避障小车、无人驾驶等领域都有相关应用。

HCSR04 超声波测距模块测量范围为 2～450cm，测量精度为 0. 5cm。该模块包括超声波发射器、接收器和控制电路，如图 8-21 所示。

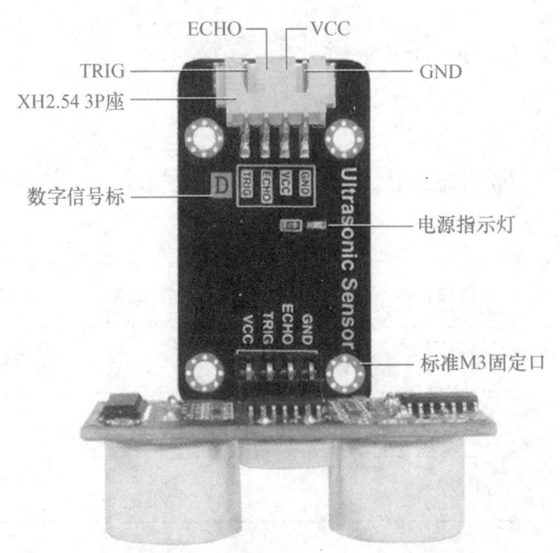

图 8-21 超声波测距模块

【基本原理】

倒车雷达采用超声波测距传感器模块，使用两个 I/O 口分别控制超声波的发送和接收。给超声波模块接入电源和地，模块会自动发射超声波。当超声波遇到障碍物返回被模块接收时，模块定时器记下超声波由发射到返回的总时长，根据声波在空气中的速度为 340m/s，即可计算出所测的距离。

【制作步骤】

1）将超声波测距程序下载到传感器实训平台（主板）上。

2）选择正确的超声波测距模块，并将超声波测距模块按图 8-22 所示位置连接在传感器实训平台（主板）的 12C/UART 扩展接口上。

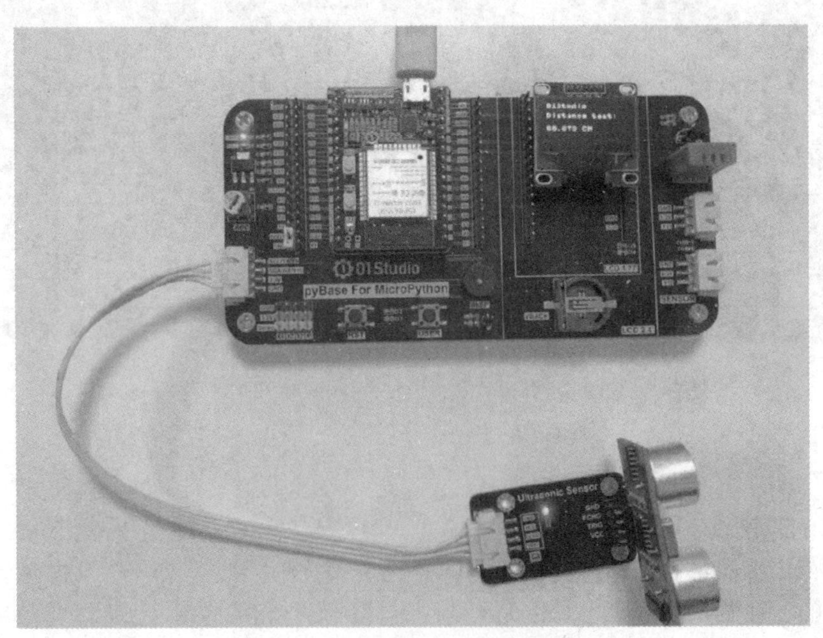

图 8-22 倒车雷达连接实物图

3）使用 USB 电源插头给传感器实训平台（主板）进行供电，此时主板和超声波测距模块上的指示灯亮。

4）放置障碍物并移动，观察OLED显示屏上实时显示的距离数据。如数据没有变化，按复位键进行复位。复位键位置如图8-20所示。

5）移动障碍物，观察并记录障碍物移动时OLED显示屏上的数据变化过程，如图8-23所示。

图8-23　倒车雷达测距及结果显示

【制作提示】

1）传感器实训平台（主板）上有3个扩展口，注意必须要连接到12C/UART扩展口。

2）先将超声波测距模块连接到主板上，再给主板和模块供电。可以使用计算机主机、手机电源或充电宝通过USB电源插头供电。

3）调试时如果测量数据显示没有变化，按主板上复位键进行复位。

项目评价

采用小组自评、其他组互评，最后教师评价，权重分别为0. 3、0. 3、0. 4。

表8-2　倒车雷达制作任务评价表

序号	任务内容	分值	评价标准	自评	互评	教师评分
1	选用传感器	20	1. 传感器模块选错扣5分 2. 不会识别传感器好坏扣10分			
2	选择扩展线	30	1. 模块到主板扩展口选错扣10分 2. 扩展线选择错误每次扣10分			
3	连线正确	30	1. 连接每错一次扣5分			
4	调试倒车雷达	20	1. 调试失败1次扣10分 2. 显示功能不正常1次扣10分			
最后得分						

项目总结

当物体的振动高于人耳听阈上限频率，即高于20kHz时，人耳也是听不到的，这样的声波称为超声波。

压电式超声波发生器实际上是利用压电晶片的谐振来工作的。压电晶片受发射脉冲激励后产生振动，即可发射声脉冲；当超声波作用于晶片时，晶片受迫振动引起的形变可转换成相应的电信号。前者是超声波的发射，依据于压电晶片的逆压电效应；后者是超声波的接收，依据

笔记栏

于压电晶片的正压电效应。

超声探头是实现电能和声能相互转换的一种换能器件。按其结构不同又分为直探头、斜探头、联合双探头和液浸探头等。

超声波探伤方法多种多样，最常用的是脉冲反射法。脉冲反射法根据工作原理不同可分为A型、B型和C型三种。A型主要应用于无损检测中，B型和C型主要应用于医学方面，即俗称的B超和彩超。

项目测试

1. 超声波的振动频率高于________时，人耳是________。

2. 超声波的发射，依据于压电晶片的________效应；超声波的接收，依据于压电晶片的________效应。

3. 超声探头是实现________能和________能相互转换的一种换能器件。按其结构不同又分为________探头、________探头、________双探头和________探头等。

测评8

4. 脉冲反射法根据工作原理不同可分为________型、________型和________型三种，A型主要应用于________中。

5. 简述超声波传感器发射和接收的原理。

阅读材料：超声波传感器在倒车雷达上的发展

倒车雷达系统经过多年的发展，已经历了六代技术改良，不管从结构外观上，还是从性能价格上，这六代产品都各有特点，使用较多的是数码显示、荧屏显示和魔幻镜倒车雷达。

第一代倒车喇叭提醒。“倒车请注意”！想必不少人还记得这种声音，这就是倒车雷达的第一代产品，现在只有小部分商用车还在使用。只要驾驶员挂上倒挡，它就会响起，提醒周围的人注意。从某种意义上说，它对驾驶员并没有直接的帮助，不是真正的倒车雷达。

第二代轰鸣器提示。这是倒车雷达系统的真正开始。倒车时，如果车后1.5~1.8m处有障碍物，轰鸣器就会开始工作。轰鸣声越急，表示车辆离障碍物越近。

没有语音提示，也没有距离显示，虽然驾驶员知道有障碍物，但不能确定障碍物离车有多远，对驾驶员帮助不大。

第三代数码波段显示，如图8-26所示。比第二代进步很多，可以显示车后障碍物离车体的距离。如果是物体，在1.8m开始显示；如果是人，在0.9m左右的距离开始显示。

这一代产品有两种显示方式，数码显示产品显示距离数字，而波段显示产品由三种颜色来区别：绿色代表安全距离，表示障碍物离车体距离有0.8m以上；黄色代表警告距离，表示离障碍物的距离只有0.6~0.8m；红色代表危险距离，表示离障碍物只有不到0.6m的距离，必须停止倒车。它把数码和波段组合在一起，比较实用，但安装在车内不太美观。

第四代液晶荧屏显示，如图8-27所示。这一代产品有一个质的飞跃，特别是荧屏显示开始出现动态显示系统。不用挂倒挡，只要发动汽车，显示器上就会出现汽车图案以及车辆周围障碍物的距离。动态显示，色彩清晰漂亮，外表美观，可以直接粘贴在仪表盘上，安装很方

笔记栏

便。不过液晶显示器外观虽精巧，但灵敏度较高，抗干扰能力不强，所以误报也较多。

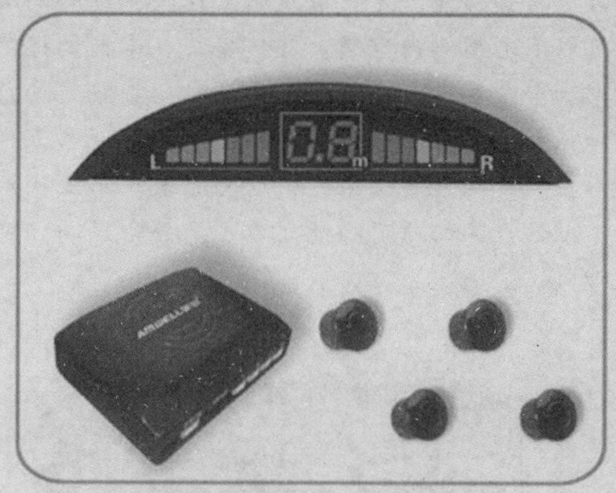

图 8-26　第三代倒车雷达

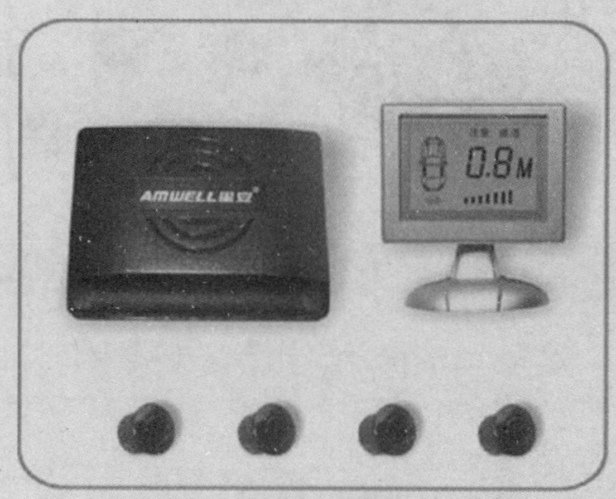

图 8-27　第四代倒车雷达

第五代魔幻镜倒车雷达，如图 8-28 所示。结合了前几代产品的优点，采用了最新仿生超声雷达技术，配以高速计算机控制，可全天候准确地测知 2m 以内的障碍物，并以不同等级的声音提示和直观显示提醒驾驶员。

图 8-28　第五代倒车雷达

笔记栏

魔幻镜倒车雷达把后视镜、倒车雷达、免提电话、温度显示和车内空气污染显示等多项功能整合在一起，并设计了语音功能，是目前市面上比较先进的倒车雷达系统。因为其外形就是一块倒车镜，所以可以不占用车内空间，直接安装在车内倒视镜的位置，而且颜色款式多样，可以按照个人需求和车内装饰选配。

第六代新品功能更加强大，如图8-29所示。第六代产品在第五代产品的基础上新增了很多功能，专门为高档轿车生产。从外观上来看，这套系统比第五代产品更为精致典雅；从功能上来看，它除了具备第五代产品的所有功能之外，还整合了高档轿车具备的影音系统，可以在显示器上观看DVD影像。

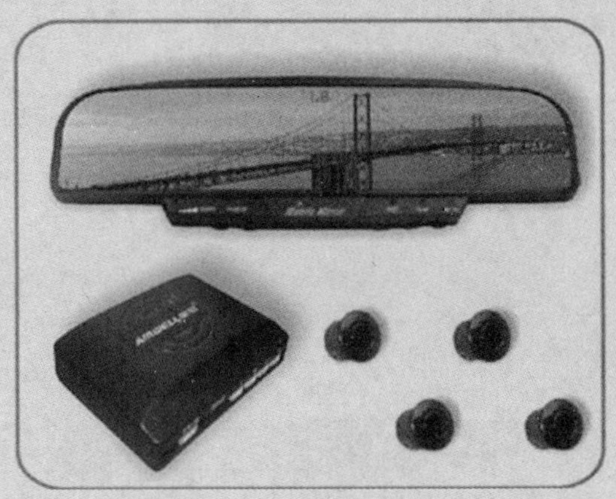

图8-29　第六代倒车雷达

项目9 图像传感器的应用

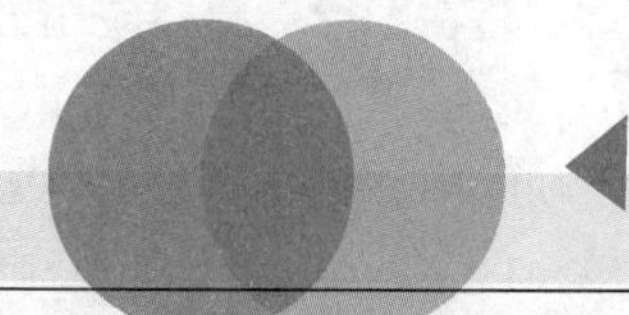

项目描述

伴随着制造业的进一步升级发展，图像传感器的应用越来越广泛。CCD 与 CMOS 传感器是当前被普遍采用的两种图像传感器，两者都是利用光敏二极管将图像转换为数字数据。本项目分别介绍它们的结构原理及应用。

学习目标

1. 了解 CCD 传感器、CMOS 传感器的结构原理，养成善于观察、勤于思考的学习习惯。
2. 掌握 CCD 传感器、CMOS 传感器的应用，提高分析问题和解决问题的能力。
3. 尝试制作循迹监控小车，提高小组配合、团结协作的能力。

任务 9.1 认识图像传感器

任务引入

日常生活中，人们经常使用手机、数字相机、数字摄像机进行拍照录像，非常便利。在生产中，人们应用工业摄像机的监测功能进行产品监测、生产线控制，可实现自动化生产目标，提升产品质量。实现上述功能的关键就是图像传感器。

知识精讲

目前的感光器件中的图像传感器多作为工业摄像机的核心组成部分而得到应用。从类型分析，图像传感器有两种，分别是 CMOS 和 CCD 传感器。从原理方面分析，图像传感器主要是在高感光度半导体材料基础上，能够将光线照射下的电信号转换为数字信号，从而完成光—电—图像的转换，实现高效的信息存储、编辑、传送、接收。

一、认识 CCD 图像传感器

1. CCD 的定义

CCD（charge coupled device）是指电荷耦合器件。它由一种高感光度的半导体材料制成，能把光线转变成电荷，然后通过 A/D 转换器芯片将电信号转换成数字信号，数字信号经过压缩处理经 USB 接口传到计算机上就会形成所采集的图像。如图 9-1 所示，基于 CCD 光电耦合器件的典型输入设备有数字摄像机、数字相机、平板扫描仪、指纹机等。

CCD 主要由光敏单元、输入结构和输出结构等构成，具有光电转换、信息存储和延时等功能。CCD 集成度高、功耗小，已经在摄像、信号处理和存储三大领域中得到广泛的应用，尤其

笔记栏

是在图像传感器应用方面取得了令人瞩目的发展。

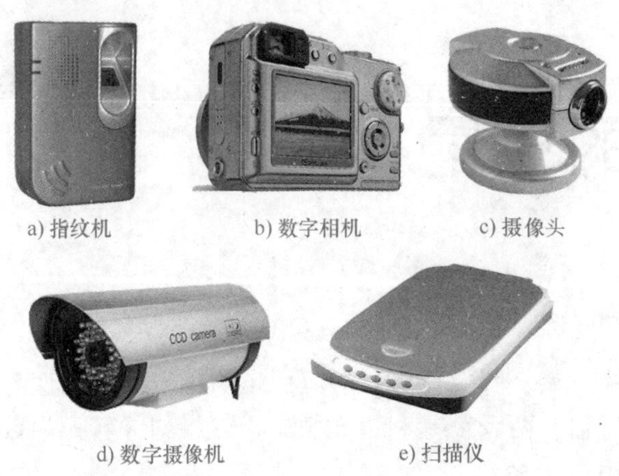

a) 指纹机　b) 数字相机　c) 摄像头
d) 数字摄像机　e) 扫描仪

图 9-1　典型的 CCD 传感器

微课9-1
数码相机上的CCD图像传感器

2. CCD 的种类

CCD 有面阵和线阵之分。面阵是把 CCD 像素排成一个平面的器件；而线阵是把 CCD 像素排成一直线的器件。

面阵 CCD 的结构一般有以下三种：

1）帧转移型 CCD。它由上、下两部分组成，上半部分是集中了像素的光敏区域，下半部分是被遮光而集中了垂直寄存器的存储区域。其优点是结构较简单，容易增加像素数；缺点是 CCD 尺寸较大，易产生垂直拖影。

2）行间转移型 CCD。它是目前 CCD 的主流产品，像素群和垂直寄存器在同一平面上。其特点是在一个单片上，价格低廉，并容易获得良好的摄影特性。

3）帧行间转移型 CCD。它是第一种和第二种的复合型，结构复杂，但能大幅度减少垂直拖影，并容易实现可变速电子快门等。

3. 工作原理

CCD 的基本组成分为两部分：MOS（金属-氧化物-半导体）光敏单元阵列和读出移位寄存器。CCD 是在半导体硅片上制作成百上千（万）个光敏单元，一个光敏单元又称一个像素，在半导体硅平面上光敏单元按线阵或面阵有规则地排列，如图 9-2所示。

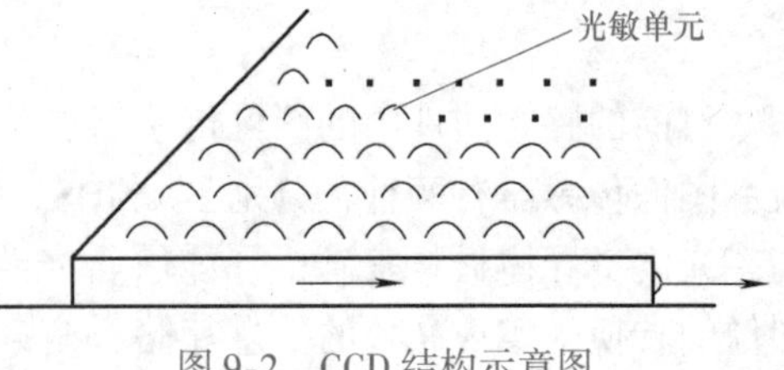

图 9-2　CCD 结构示意图

当物体通过物镜成像时，这些光敏单元就产生与照在它们上面的光强成正比的光生电荷（光生电子-空穴对），同一面积上光敏单元越多分辨率越高，得到的图像越清楚。CCD 具有自扫描功能，能将光敏单元上产生的光生电荷依次有规律地串行输出，输出的幅值与对应的光敏单元上的电荷量成正比。

二、认识 CMOS 图像传感器

1. CMOS 的定义

CMOS（complementary metal-oxide semiconductor）是互补型氧化金属半导体的简称。它是采

笔记栏

用互补金属-氧化物-半导体工艺制作的图像传感器，是一种用传统的芯片工艺方法将光敏元件、放大器、A/D 转换器、存储器、数字信号处理器和计算机接口电路等集成在一块硅片上的图像传感器。与 CCD 一样，CMOS 也是一种半导体图像传感器。由于 CMOS 在处理快速变化的影像时会产生过热现象，所以 CMOS 的缺点就是容易出现图像杂点。与 CCD 相比，CMOS 的一个重要优点是省电、成本低。与 CCD 图像传感器是由 MOS 电容器组成的阵列不同，CMOS 图像传感器是由按一定规律排列的互补型金属-氧化物-半导体场效应管（MOSFET）组成的阵列。

2. CMOS 图像传感器的结构

CMOS 图像传感器由像素阵列、模拟信号调节电路、模拟多路选择电器、可编程增益放大器、模/数转换电路和时序控制电路构成，如图 9-3 所示。

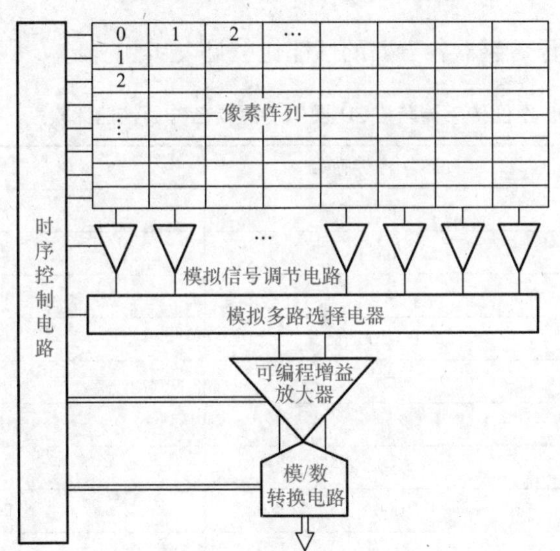

图 9-3　CMOS 图像传感器的结构

CMOS 图像传感器上的主要部件是像素阵列，这是它与传统芯片的主要区别。每个像素的功能是将感受到的光信号转换为电信号，通过读出电路转为数字信号，从而完成现实场景数字化的过程，如图 9-4 所示为 CMOS 芯片的组成框图。

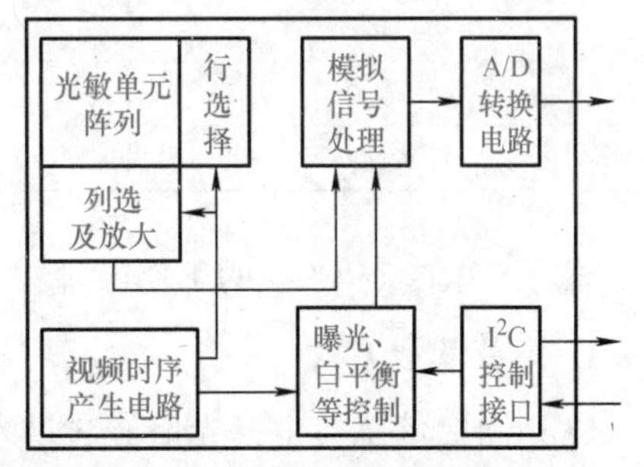

图 9-4　CMOS 芯片的组成框图

3. 工作原理

CMOS 型光电变换器件的工作原理如图 9-5 所示。与 CMOS 型放大器源极相连的 P 型半导体衬底充当光电变换器的感光部分，当 CMOS 型放大器的栅源电压为零时，CMOS 型放大器处于关闭状态，P 型半导体衬底受光信号照射产生并积蓄光生电荷，可见 CMOS 型光电变换器件同样有存储电荷的功能。当积蓄过程结束，栅源之间加上开启电压时，源极通过漏极负载电阻对外接电容充电形成电流，即光信号转换为电信号输出。

利用 CMOS 型光电变换器件可以组成 CMOS 图像传感器。由 CMOS 衬底直接受光信号照射产生并积蓄光生电荷的方式并不常采用，目前在 CMOS 图像传感器上更多使用的是光敏元件与 CMOS 型放大器分离式的结构，如图 9-6 所示。

笔记栏

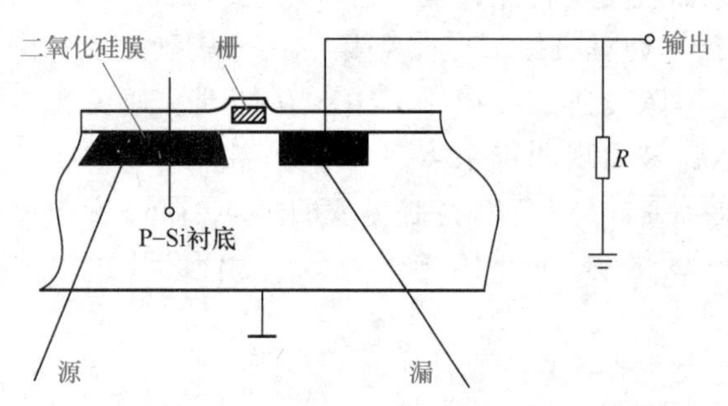

图 9-5　CMOS 型光电变换器件的工作原理

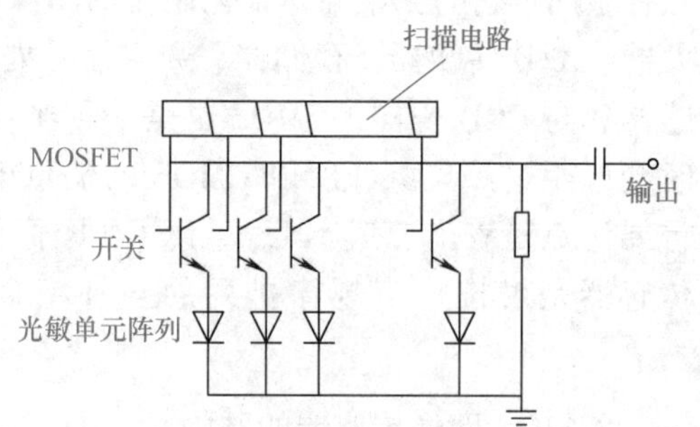

图 9-6　CMOS 图像传感器的结构

三、CMOS 图像传感器与 CCD 图像传感器的比较

CMOS 图像传感器与 CCD 图像传感器各方面的性能比较见表 9-1。

表 9-1　CMOS 图像传感器与 CCD 图像传感器各方面性能比较

性能指标	CMOS 图像传感器	CCD 图像传感器
ISO 感光度	低	高
分辨率	低	高
噪点	高	低
暗电流（pA/m^2）	10～100	10
电子-电压转换率	大	略小
动态范围	略小	大
响应均匀性	较差	好
读出速度（Mpixels/s）	1000	70
偏置功耗	小	大
工艺难度	小	大
信号输出方式	X－Y 寻址，可随机采样	顺序逐个像元输出
集成度	高	低
应用范围	低端、民用	高端、军用、科学研究
性价比	高	略低

根据 CMOS 与 CCD 的工作原理，各个性能指标的区别如下。

1. 电荷读取方式

CCD 图像传感器中，光信号通过光敏器件转化为电荷，然后电荷通过传感器芯片传递到转换器，最终信号被放大，电路较为复杂，速度较慢；CMOS 图像传感器中，光信号经光电二极管进行光电转换后直接产生电压信号，信号电荷不需要转移，故 CMOS 器件的集成度高，体积小。

2. 生产工艺

CCD 图像传感器需要特殊工艺，使用专用生产流程，成本较高；CMOS 图像传感器使用与制造半导体器件 90% 的相同基本技术和工艺，且成品率高，制造成本低。

3. 集成度

CMOS 图像传感器能在同一个芯片上集成各种信号和图像处理模块，形成单片高集成度数字成像系统；CCD 图像传感器还需外部的地址译码器、模数转换器、图像信号处理器等。

笔记栏

4. 功耗

CCD 图像传感器需要外部控制信号和时钟信号来控制电荷转移，另外还需要多个电源和电压调节器，需要较高的电压，功耗较大；CMOS 图像传感器使用单一工作电压，采用 CMOS 工艺，芯片采用集成电路，可将图像采集单元和信号处理单元集成到同一块芯片上，电路几乎没有静态电量消耗，因此功耗低。

5. 速度

高速性是 CMOS 电路的固有特性，CMOS 图像传感器可以极快地驱动成像阵列的列总线，并且模数转换器（ADC）在片内工作具有极快的速率；CCD 图像传感器采用串行连续扫描的工作方式，必须一次性读出整行或整列的像素值，读出速度很慢，能局部进行随机访问。

6. 灵敏度和动态范围

CCD 图像传感器灵敏度较高，只需要很少的积分时间就能读出信号电荷；CMOS 图像传感器因为像素内集成了有源晶体管，降低了感光灵敏度。CCD 图像传感器具有较低的暗电流和成熟的读出噪声抑制技术，目前 CCD 图像传感器的动态范围比 CMOS 图像传感器的动态范围宽。

7. 抗辐射性

CCD 图像传感器中的光电转换，电荷激发的量子效应易受辐射线的影响；CMOS 图像传感器中的光电转换只由光电二极管或光栅构成，抗辐射能力较强。

任务 9.2 掌握图像传感器的应用

任务引入

CCD 图像传感器和 CMOS 图像传感器最初主要应用于数字照相机和数字摄像机等，但近几年以惊人的速度广泛应用于手机、个人计算机及掌上电脑等小型装置。

知识精讲

一、CCD 图像传感器的应用

CCD 图像传感器应用时是将不同光源与透镜、镜头、光导纤维、滤光镜及反射镜等各种光学元件结合，主要应用在以下领域。

1. 日常生活

（1）摄像机

摄录一体化的 CCD 摄像机是面阵 CCD 应用最广泛的领域。

（2）手机

现在生活中人们广泛使用的可带视频、图像摄入和显示的手机。

（3）计算机摄像头

计算机上的摄像头作为计算机的图像输入系统，可实现音、视频同步远程通信。

（4）门铃电话

目前民用住宅的安全防范已受到越来越多的重视，许多住宅可在室内及时地看到来访客人的实时图像和室外局部区域的情况，为住户安全提供有效的监控保护。

（5）扫描仪

为了提高资料、文字的输入速度，可采用各种扫描仪，经过文字识别读取资料，将读入的

笔记栏

文字资料转换成文件存入计算机进行编辑，以便在网络上交流。

(6) 条形码记录器

条形码记录器在各种商业流通领域如商场、仓储连锁店等普遍采用。条形码物品记录识别系统与计算机联网可随时取得各种数据。现在广泛使用的二维码等，是通过图像识别进行扫码，实现各种功能。

(7) 医疗

医用显微内窥镜利用超小型的CCD摄像机或光纤图像传输内窥镜系统，可以实现人体显微手术，减小手术刀口的尺寸，减小伤口感染的可能性，减轻病人的痛苦，如图9-7所示。CCD图像传感器可用于各种标本分析（如血细胞分析仪），眼球运动检测，X射线摄像，胃镜、肠镜摄像等医疗活动，同时还可进行实时远程会诊和现场教学。

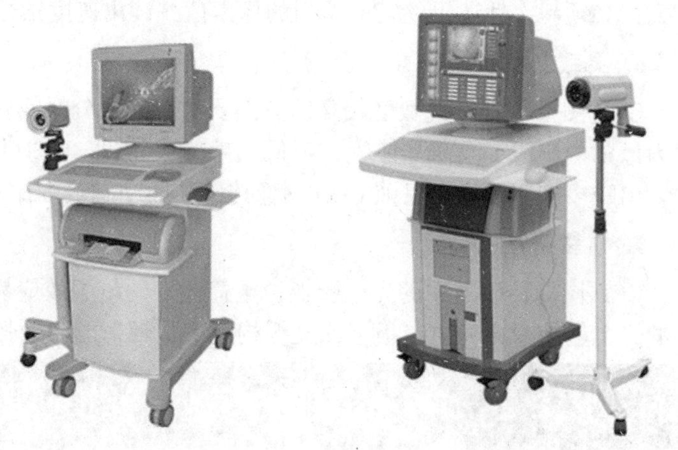

图9-7 CCD图像传感器在医学诊断中的应用

(8) 车载摄像机

驾驶员借助车内加装的CCD摄像机、车上的后视镜系统和驾驶员前面的显示器，不仅可随时看到车内的情况，而且可在倒车时观察车后的道路情况，在向前行进过程中也能随时看到后方车辆所保持的距离，提高了行车的安全性。

(9) 闭路电视监控系统（CCTV）

目前，CCTV已发展成为一种新的产业。以CCD摄像机为主要前端传感器，带动了一系列配套主机、配套设备以及传输设备的研制和生产。

(10) 广播电视

正是由于研制出了新的高质量、高分辨率的CCD摄像机器件，所以才有可能制造出适合广播电视用的CCD摄像机，促进了电视事业的飞速发展。

2. 工业检测

工业检测是CCD图像传感器应用范围很广的一个领域。在钢铁、木材、纺织、粮食、医药、机械等领域，CCD图像传感器用于零件尺寸的动态检测，以及产品质量、包装、形状识别、表面缺陷或粗糙度检测。

(1) 管径测量

CCD诞生后，在工业检测中首先制成测量长度的光电式传感器，用于测量拉丝过程中丝的线径、轧钢的直径、机械加工的轴类或杆类的直径等。图9-8所示为轴类或杆类直径的测量。

利用CCD配合适当的光学系统，对玻璃管相关尺寸进行实时监测，用平行光照射待测玻璃管，经成像物镜将尺寸影像投影在CCD光敏单元阵列面上。

由于玻璃管的透射率分布不同，玻璃管的图像在边缘处形成两条暗条，中间部分的透射光相对较强形成亮带。玻璃管图像的两条暗带最外的边界距离为玻璃管外径成像的大小，中间亮带反映了玻璃管内径成像的大小，而暗带则是玻璃管的壁厚成像大小。将该视频信号中的外径尺寸部分和壁厚部分进行处理后，由计算机采集这两个尺寸所对应的时间间隔（如脉冲计数），经一定的运算便可得到待测玻璃管的尺寸及偏差值。

笔记栏

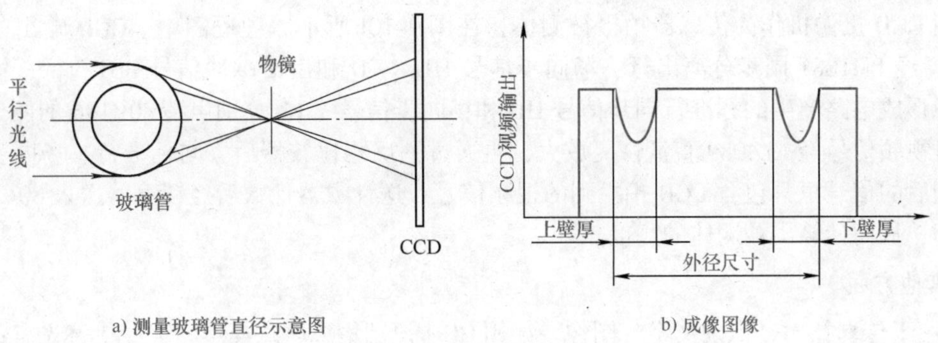

a) 测量玻璃管直径示意图　　b) 成像图像

图 9-8　轴类或杆类直径的测量

（2）工业尺寸检测

如图 9-9 所示，物体通过物镜在 CCD 光敏单元上形成影像。没有扫描到工件时，CCD 输出正脉冲；当 CCD 检测到工件时，输出负脉冲，该脉冲经整形计数后的脉冲数表征被测量工件的尺寸或缺陷。

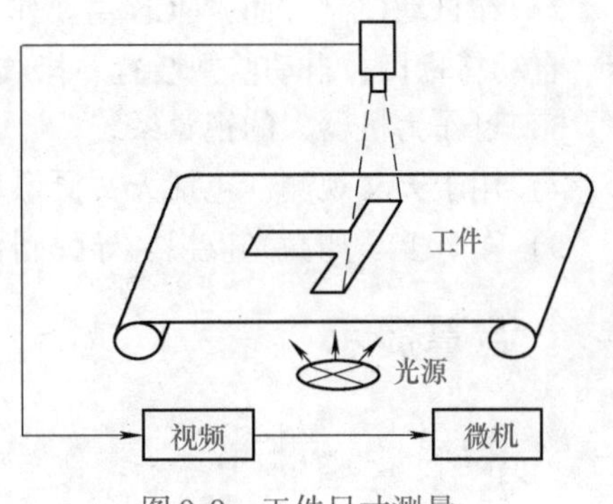

图 9-9　工件尺寸测量

（3）高度自动检测

利用 CCD 图像传感器非接触测量物体的高度，尤其是在检修流水线上动态测量缓冲器的自由高度，精度可以达到 ±0.2mm，如图 9-10 所示。

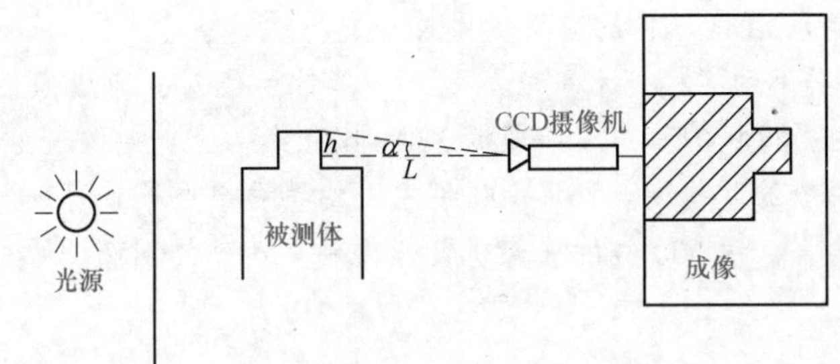

a) CCD图像传感器位置

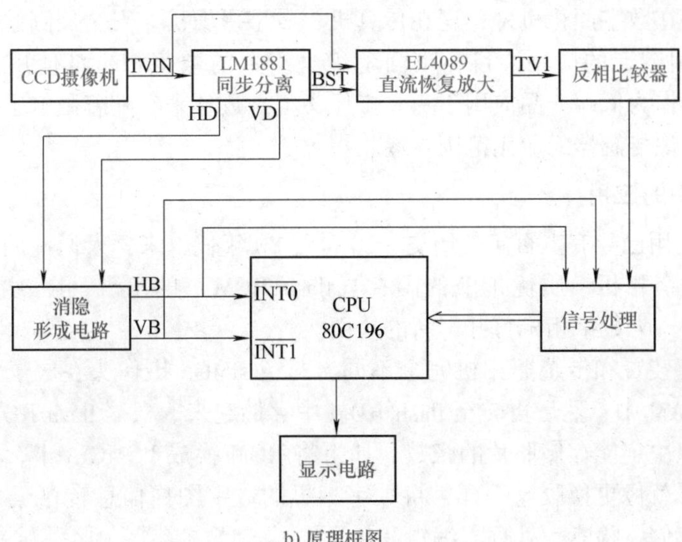

b) 原理框图

图 9-10　CCD 图像传感器测量物体高度

h—被测体高度　L—CCD 摄像机到被测体的距离　α—CCD 摄像机的拍摄角（需控制在 5°以内）

笔记栏

采用 CCD 摄像机作为传感器拍摄被测体，在图 9-10b所示原理框图中，CCD 输出的视频信号 TVIN，经 LM1881 同步分离出行、场同步信号 HD、VD 和后沿脉冲信号 BST。行、场同步信号经消隐形成电路产生的标准行同步信号 HB 和场同步信号 VB，分别申请 80C196 的两个外部中断；同时视频信号经 EL4089 直流恢复放大，再通过一反相比较器后，与标准行、场同步信号相与，处理后的信号里只包含 CCD 拍摄到的视频信号，送计数器计数后经锁存器送入 80C196 CPU 数据处理，从而计算出被测体的高度。

3. 其他方面

1）用于传真技术，识别文字、图像。如用 CCD 识别集成电路焊点图案，代替光点穿孔机的作用；用 CCD 识别光学字符，代替人眼，把字符变成电信号，数字化后用计算机识别。

2）在自动控制方面，CCD 主要作为计算机获取被控信息的手段，如自动流水线装置、机床、自动售货机、自动监视装置、指纹机等。

3）可作为机器人的视觉系统。

4）用于天文观测，包括天文摄像观测、航空遥感、卫星侦察等。

5）军事上。如微光夜视、导弹制导、目标跟踪、军用图像通信等。

温馨提示

1）不同型号的 CCD 器件工作原理是相同的。不过，不同型号的 CCD 器件具有完全不同的外形结构和驱动程序，在实际使用时必须加以注意。可以通过 CCD 器件供货商或直接向生产厂家索取相关资料，为 CCD 器件的应用提供技术支持。

2）评估摄像机分辨率的指标是水平分辨率，其单位为线对，即成像后可以分辨的黑白线对的数目。常用的黑白摄像机的分辨率一般为 380～600 线，彩色摄像机为 380～480 线，其数值越大成像越清晰。一般的监视场合，用 400 线左右的黑白摄像机就可以满足要求。而对于医疗、图像处理等特殊场合，用 600 线的摄像机便能得到更清晰的图像。

二、CMOS 图像传感器的应用

CMOS 除了应用在数字照相机外，还在传真机、数字摄像机、安全侦测系统、摄像头以及可拍照手机等方面得到广泛的应用。目前市面上绝大多数的数字相机都使用 CCD 作为传感器；CMOS 图像传感器则作为低端产品应用于一些摄像头上。近年来，随着微电子技术和信号处理技术的发展，CMOS 图像传感器的应用范围在逐步扩大。

1. 在数字相机中的应用

胶卷照相机的使用已经有上百年的历史。20 世纪 80 年代以来，人们利用高新技术，发展了不用胶卷的 CCD 数字相机。质优价廉的闪存（flash ROM）的出现，以及低功耗、低价位的 CMOS 摄像头的问世，为数字相机打开了新的局面。

数字相机的内部装置和传统照相机完全不同，彩色 CMOS 摄像头在电子快门的控制下，摄取一幅照片存于 DRAM 中，然后再转至 flash ROM 中存储起来。根据 flash ROM 的容量和图像数据的压缩水平，可以决定能存储照片的张数。如果将 ROM 换成 PCMCIA 卡，就可以通过换卡扩大数字相机的容量，就像更换胶卷一样，将数字相机的数字图像信息转存至 PC 的硬盘中存储，大大方便了照片的存储、检索、处理、编辑和传送。

2. CMOS 数字摄像机

由 CMOS 彩色数字图像芯片和高级摄像机，以及 USB 接口芯片所组成的 USB 摄像机，其分

笔记栏

辨率高达 640×480，适用于通过通用串行总线传输的视频系统。高级摄像机的推出，使得 PC 能以更加实时的方法获取大量视频信息，其压缩芯片的压缩比可以达到 7:1，从而保证了图像传感器到 PC 的快速图像传输。对于 GIF 图像格式，数字摄像机可支持高达 30 帧/s 的传输速率，减少了低带宽应用中通常会出现的图像跳动现象。CMOS 数字摄像机作为高性能的 USB 接口的控制器，具有足够的灵活性，适用于视频会议、视频电子邮件、计算机多媒体和保安监控等场合。

3. 应用于 X 光机市场

在牙科用 X 光机市场上，从口腔内侧给 1~2 颗牙拍摄 X 光片时，广泛应用小型 CMOS 图像传感器。而在从口腔外侧拍摄全景 X 光片的 X 光机领域，目前仍以 CCD 图像传感器为主。

4. 其他领域应用

CMOS 图像传感器是一种多功能传感器，由于它兼具 CCD 图像传感器的性能，因此可进入 CCD 的应用领域，但它又有自己独特的优点，所以开拓了许多新的应用领域。除了上述主要应用领域之外，CMOS 图像传感器还可应用于数字静态摄像机和医用小型摄像机等。如心脏外科医生可以在患者胸部安装一个小“硅眼”，以便在手术后监视手术效果，CCD 就很难实现这种应用。

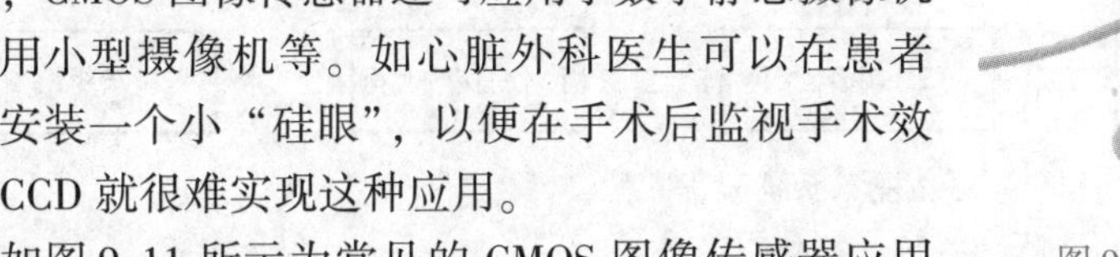

图 9-11　CMOS 图像传感器应用示例

如图 9-11 所示为常见的 CMOS 图像传感器应用示例。

项目实施：趣味小制作——寻迹监控小车

【所需材料】

制作寻迹监控小车所需材料清单见表 9-2。

表 9-2　制作寻迹监控小车所需材料清单

序号	材料名称	规格型号	数量
1	小车底盘（带 4 个电动机）		1 个
2	单片机主控制器	KL26	1 个
3	图像采集模块		
4	WiFi 无线图像传输模块	CC3200	1 个
5	电动机驱动模块	L298N	1 个
6	串口调试模块	SPI	1 个
7	光电开关传感器		1 个
8	直流电池组（给电动机供电）	DC 7.4V	1 组
9	直流电池组（给主板供电）	DC 5V	1 组
10	红外相机		1 台
11	智能手机		1 个

【基本原理】

寻迹监控小车系统包括主控制器、图像采集模块、电动机驱动模块、串口调试模块及电源管理模块，如图 9-12 所示。

小车通过光电开关传感器寻迹行走，安装在小车上的红外相机采集视频信号，简易模仿监

笔记栏

控任务。要实现使用WiFi模块进行图像的高速传输，必须保证每一个环节的数据传输速度都足够快。先由主控制器采集摄像头拍摄的图像，处理后通过串行外设接口与CC3200进行通信，将图像数据发送至CC3200，CC3200接收到数据后通过WiFi发送给上位机（智能手机），最后上位机对数据进行处理并显示为图像。视觉系统流程图如图9-13所示。

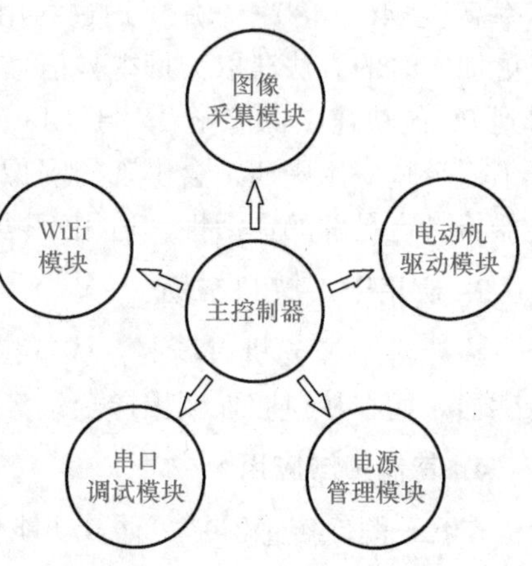

图9-12 寻迹监控小车系统

【制作提示】

1）KL26是一款超低功耗单片机，但性能却相当高，也是智能车比赛中常用的单片机之一。

2）摄像头使用RTL级电路进行图像数据采集和二值化处理，大大减少了主控制器的工作量，并且获得了很高的图像采集速率。

图9-13 视觉系统流程图

3）图像的采集过程主要依靠DMA完成。DMA（direct memory access）即直接内存存取，是一种高效的数据传输技术。它允许在外部设备和存储器之间直接读写数据，且不需要CPU的参与，整个数据传输过程都在DMA控制器的控制下进行。

4）CC3200接收到图像数据后，需要通过WiFi将数据传送给智能手机。

项目评价

项目评价采用小组自评、其他组互评，最后教师评价的方式，权重分布为0.3、0.3、0.4。

表9-3 制作寻迹监控小车任务评价表

序号	任务内容	分值	评价标准	自评	互评	教师评分
1	识别元件	10	不能准确识别选用的电气元件扣10分			
2	选择材料	20	材料选错一次扣5分			
3	连线正确	20	连线每错一次扣5分			
4	编程正确	20	程序错误一处扣5分			
5	系统调试	30	调试失败一次扣10分			
最后得分						

项目总结

从类型分析，图像传感器有两种，分别是CMOS和CCD。

CCD是指电荷耦合器件，它由一种高感光度的半导体材料制成，能把光线转变成电荷，然后通过模/数转换器芯片将电信号转换成数字信号，数字信号经过压缩处理经USB接口传到计算机上就形成所采集的图像。

CCD主要由光敏单元、输入结构和输出结构等组成。

CCD有面阵和线阵之分，面阵是把CCD像素排成一个平面的器件；而线阵是把CCD像素排成一直线的器件。面阵CCD的结构一般有三种：帧转移性CCD、行间转移性CCD、帧行间转移性CCD。

CCD的基本组成分两部分，即MOS（金属-氧化物-半导体）光敏单元阵列和读出移位寄存器。

CMOS是互补性氧化金属半导体的简称，它是采用互补金属-氧化物-半导体工艺制作的图像传感器。

CMOS图像传感器由像素阵列、模拟信号调节电路、模拟多路选择电器、可编程增益放大器、模数转换电路和时序控制电路构成。

CCD图像传感器的主要应用领域有：摄录一体化CCD摄像机，可带视频、图像摄入和显示的手机，音、视频同步远程通信，各种电视监控系统，各种扫描仪，条形码物品记录识别系统，医用显微内窥镜，工业检测，传真技术，文字、图像识别，机器人视觉系统，天文观测，军事应用等。

CMOS图像传感器的主要应用领域有：数字相机、CMOS数字摄像机、X光机、传真机、安全侦测系统、摄像头，以及可拍照手机等。

项目测试

1. 从类型分析，图像传感器有两种，分别是________、________。
2. CCD主要由________、________和________等组成，CCD有________和________之分。
3. 面阵CCD的结构一般有三种，分别是________、________、________。
4. CMOS是采用________工艺制作的图像传感器。
5. CMOS图像传感器由________、________、________、________、________和________构成。
6. 根据CCD和CMOS的特性，举例说出两者的应用领域。

测评9

阅读材料：CCD图像传感器在军事上的应用

随着半导体技术的迅速发展，CCD图像传感器技术日益成熟。我国的CCD研究虽然起步比较晚，但在某些方面已达到世界领先水平，如彩色CCD摄像机。今后，CCD传感器必然朝着多像元素、高分辨率、微型化的方向发展，其性能的不断提高为军事应用展现了更加光明的前景。

1. CCD摄像器件在坦克红外夜视瞄准仪中的应用

从工作原理来说，红外夜视瞄准仪可分为两大类，即主动式和被动式。由于被动式结构复杂，需要低温制冷，目前很少运用。因此下面主要介绍主动式红外夜视瞄准仪。

主动式红外夜视瞄准仪由红外照明光源、红外摄像机、摄像机控制器、显示器等部分构成，工作原理如图9-14所示，红外光源发出红外光经目标反射后被红外摄像机获得，而后经摄像机控制器输出到显示器。

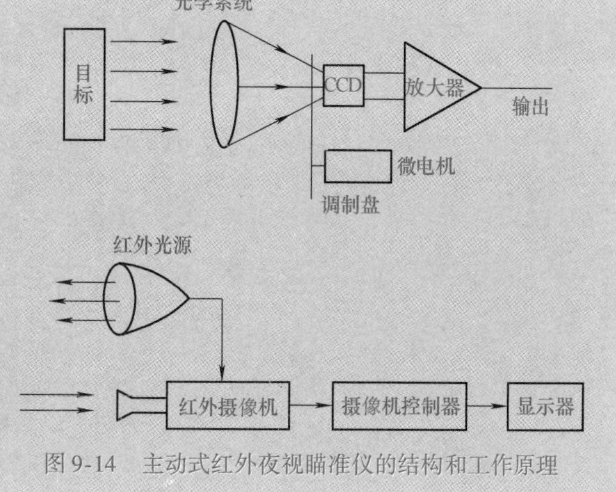

图9-14 主动式红外夜视瞄准仪的结构和工作原理

由于CCD与传统的对红外敏感摄像件（如Si靶红外视像管）相比有体积小、重量轻、功耗低、寿命长等优点，所以CCD摄像器件的应用非常广泛。

2. X光光电检测系统

目前，无损检测的很多技术已经成熟，并且已成功运用于武器装备的检测中。无损检测的运用大大缩减了武器装备检测的费用，同时缩短了检测时间，使检

笔记栏

测工作便于操作。现在已经在实践中成功运用的X光光电检测系统就是一种比较好的无损检测手段。

武器装备的探伤包括装甲车辆焊接部位的检查，飞机零件、发动机曲轴质量的探视等。通常，这类检查是采用高压（几百千伏）产生的硬X射线穿透零件进行拍片观察。这种硬X射线对人体危害极大，弊端很多，在实际应用中很不方便。

图9-15所示为采用X光光电检测系统对武器装备进行探伤的原理图，它改变了过去的常规方式，实现了检测工作的流水作业，具有安全、迅速、节约等多种优越性，是一种较为理想的检测方法。

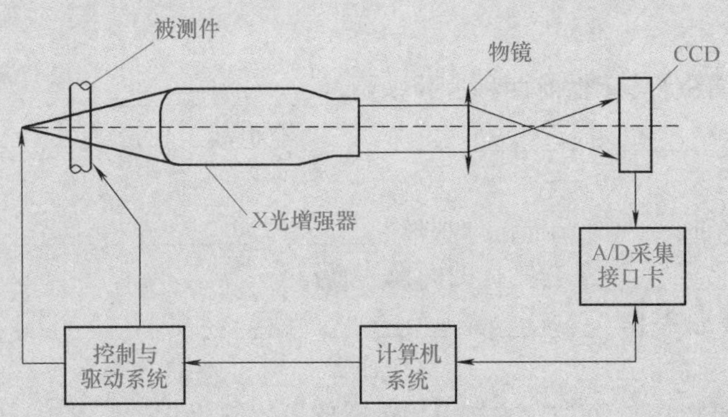

图9-15 X光光电检测系统原理图

X光穿透被测件投射到X光增强器的阴极上，经过X光增强器变换和增强的可见光图像为CCD所摄取，进一步变成视频信号。视频信号经采集板采集并处理为数字信号送入计算机系统。计算机系统将送入的信号数据（含形状、尺寸、均匀性等数据）与原来存储在计算机系统中的数据比较，便可检测出误差数值等一系列数据。检测的结果不仅可以显示或由外部设备打印记录下来，而且还可将差值数据转换为模拟信号，用以控制传送、分类等伺服机构，自动分拣合格与不合格产品，实现检测、分类自动化。

项目10 新型传感器的应用

项目描述

随着网络技术的迅猛发展，传感器技术也在与无线通信技术、分布式信息处理技术等多学科无缝对接，产生了各种新型传感器。本项目介绍智能传感器及传感网络的应用。

学习目标

1. 了解智能传感器的知识及应用，具备对新知识的学习能力。
2. 了解传感器网络的知识及应用。
3. 具备查询新型传感器知识的能力。
4. 提升创新意识。

任务10.1 了解智能传感器的应用

任务引入

传感器的应用领域一直在不断扩大，如智能工厂、对电网、空气、公路等网络的监测，现在又提出了人工智能，家用产品正在变得越来越智能，万物互联时代正在飞速发展，智能传感器的应用领域越来越广泛。

知识精讲

一、认识智能传感器

随着信息技术、测控技术的迅速发展，人们对传感器提出了更高的要求，使传统的传感器向智能化方向发展。那么，什么是智能传感器呢？

1. 智能传感器的定义

智能传感器（intelligent sensor）是具有信息处理功能的传感器。智能传感器带有微处理机，具有采集、处理、交换信息的能力，是传感器集成化与微处理机相结合的产物。

智能传感器就是将传感器获取信息的基本功能与微处理器信息分析和处理的功能紧密结合在一起，对传感器采集的数据进行处理，并对其内部进行调节，使其采集的数据最佳。微处理器具有强大的计算和逻辑判断功能，可以方便地对数据进行滤波、变换、校正补偿、存储和输出标准化，可实现传感器自诊断、自检测、自校验和控制等功能。智能传感器由多个模块组成，其中包括微传感器、微处理器、微执行器和接口电路等，它们构成一个闭环微系统，由数字接口与计算机控制相连，利用在专家系统中得到的算法，为微传感器提供更好的校正和补偿。近年来，传感器领域还提出了模糊传感器、符号传感器等新概念。总之，智能传感器的功能会更多，精度和可靠性会更高，应用会更广泛。

笔记栏

国际电气与电子工程师协会（IEEE）定义的智能传感器是“除产生一个被测量或被控量的正确表示之外，还具有简化换能器的综合信息，以用于网络环境的传感器”。

为了理解这个定义，简单分析如图 10-1a 所示智能红外测温仪的原理框图。所有有温度的物体都会发射红外线，包括人的身体，温度不同，发射出的红外线的频率就不同，智能红外测温仪就是利用接收到的红外线频率值，来判断人体温度的。红外传感器将被测目标的温度转换为电信号，经 A/D 转换后输入单片机；同时传感器还将环境温度转换为电信号，经 A/D 转换后输入单片机，单片机中存储有红外传感器的非线性校正数据。红外传感器检测的数据经单片机计算处理，消除非线性误差后，可获得被测目标的温度特性与环境温度的关系供记录或显示，且可存储备用。可见，智能传感器是具备了记忆、分析和思考能力、输出期望值的传感器。随着科技的发展，可将 5G 和红外测温结合起来，部署 5G 红外测温系统，通过热成像技术并经过数据算法，将信息通过 5G 高速网络回传到监控中心，当人步行通过测温区时，能够自动、快速、准确地测温，并实现数据实时共享。

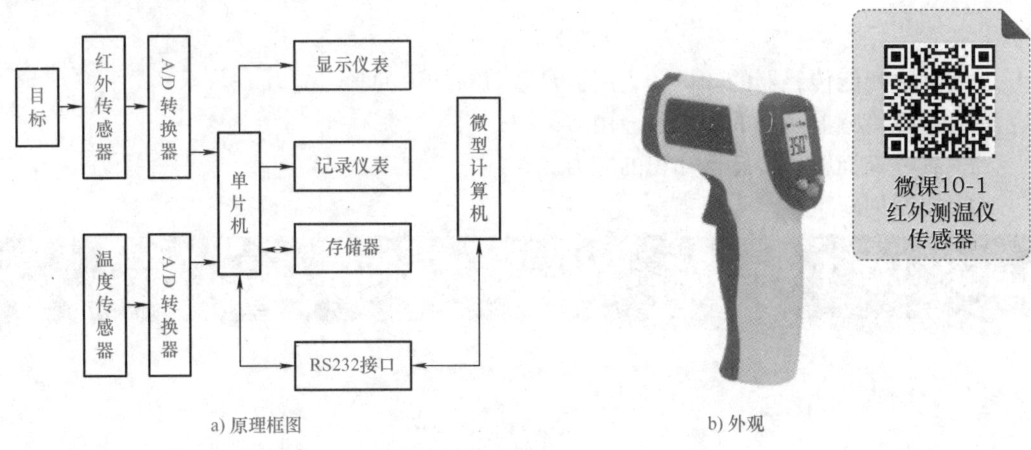

a) 原理框图　　b) 外观

图 10-1　智能红外测温仪

智能传感器不仅能在物理层面上检测信号，而且可以在逻辑层面上对信号进行分析、处理、存储和通信。智能传感器具备了人的记忆、分析、思考和交流的能力，即具备了人类的智能，所以称为智能传感器。

2. 智能传感器的特点

智能传感器是一个以微处理器为内核扩展了外围部件的计算机检测系统。相比一般传感器，智能传感器具有以下显著特点。

（1）提高了传感器的精度

智能传感器具有信息处理功能，通过软件不仅可以修正各种确定性系统误差，而且还可以适当地补偿随机误差、降低噪声，大大提高了传感器的精度。

（2）提高了传感器的可靠性

集成传感器系统小型化，消除了传统结构的某些不可靠因素，改善了整个系统的抗干扰能力；同时还具有诊断、校准和数据存储功能（对于智能结构系统还有自适应功能），并具有良好的稳定性。

（3）提高了传感器的性价比

在相同精度的需求下，多功能智能传感器与单一功能的普通传感器相比，性价比明显提高，尤其是在采用较便宜的单片机后更为明显。

（4）促成了传感器的多功能化

智能传感器具有如下功能：提供更全面、真实的信息，消除异常值或例外值；进行信号处理，包括温度补偿、线性化等；随机调整和自适应功能；存储、识别和自诊断功能；有特定算

笔记栏

法并可根据需要改变算法。

3. 智能传感器的实现

人类的智能是以多重传感信息融合为基础，再把融合的信息与人类积累的知识结合起来，加以归纳综合。人类智能的构成如图10-2所示。

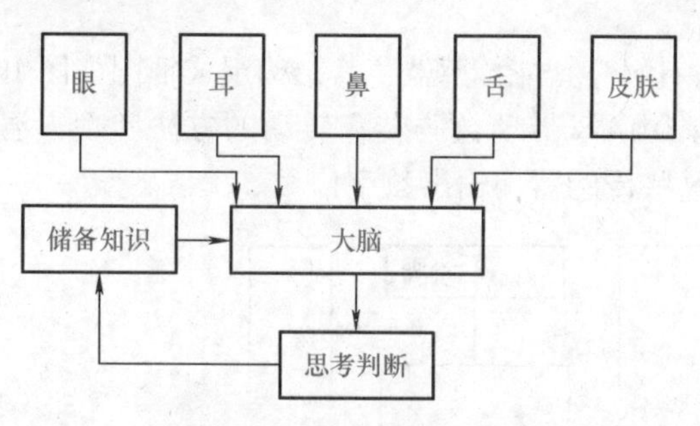

图10-2 人类智能的构成

与人类智能对外界反应的原理相似，智能传感器也应该有多重传感器或不同类型的传感器，从外部目标以分布和并行方式收集信息，通过信号处理过程将多重传感器的输出或不同类型传感器的输出结合起来或集成在一起，实现传感器信号融合或集成，最后再根据拥有的关于被测目标的知识，进行智能信息处理，将信息转换成知识和概念供使用。由此可见，智能传感器应该有三个结构层次：底层，分布并行传感过程，实现被测信号的收集；中间层，将收集到的信号融合或集成，实现信息处理；顶层，集中抽象过程，实现将融合或集成后的信息转换为知识。

人工智能是当前科技发展的前沿技术，机器视觉可以说是人工智能的最下层的基础设施层，在人工智能应用最主要的几个领域中，机器视觉的应用领域非常广，具有举足轻重的作用。机器视觉包括图像数字化、图像操作和图像分析，智能视觉传感器是当前机器视觉领域发展最快的一项新技术。智能视觉传感器也称为智能相机，是一个兼具图像采集、图像处理和信息传递功能的嵌入式计算机视觉系统。它将图像传感器、数字处理器、通信模块和其他外设集成到一个单一的相机内，这种一体化的设计，可降低系统的复杂度，并提高可靠性。同时系统尺寸大大缩小，拓宽了视觉技术的应用领域。

传感器实现智能化，有以下三种途径。

（1）利用计算机合成

利用计算机合成的途径是最常见的，前面所述智能红外测温仪即为一个例子。其结构形式通常是传感器与微处理器的结合，利用模拟、数字电路和传感器网络实现实时并行操作，采用优化、简化的特性提取方法进行信息处理，具有多功能适应性。这种智能传感器也称为计算机型智能传感器。

（2）利用特殊功能材料

利用特殊功能材料的传感器，结构形式表现为传感器与特殊功能材料的结合，增强了检测输出信号的选择性。其工作原理是用具有特殊功能的材料（也称智能材料）来对传感器输出的模拟信号进行辨别，仅选择出有用的信号输出，对噪声或非期望效应则通过特殊功能进行抑制。实际采用的结构是把传感器材料和特殊功能的材料结合在一起，做成一个智能传感功能部件。特殊功能的材料与传感器材料的合成，可以实现近乎理想的信号选择性。如固定在生物传感器顶端的酶，就是特殊功能材料的一个典型例子。

（3）利用功能化几何结构

功能化几何结构是将传感器做成某种特殊的几何结构或机械结构，通过传感器的几何结构或机械结构，实现对传感器检测信号的处理。信号处理为一般信号的辨别，即仅选取有用信号，对噪声等信号则通过特殊几何或机械结构来抑制，增强了传感器检测输出信号的选择性。例如，光波和声波从一种媒质到另一种媒质的折射和反射传播，可以通过不同媒质之间表面的特殊现状来控制，凸

笔记栏

透镜或凹透镜是最简单的例子：只有来自目标空间某一定点的光才能被投射在图像空间的一个点上，而影响该空间点发射光投射结果的其他点的散射光投射效应，可由凸透镜或凹透镜在图像平面滤除。

二、智能传感器的应用

1. 气象参数测试仪

气象参数测试仪是一种计算型智能传感器，其结构组成框图如图10-3a所示，外观如图10-3b所示。风速和风向的测量采用由风带动数码转盘转动的方法实现，温湿度的测量采用LTM8901智能温湿度传感器实现，这些传感器均输出数字信号。

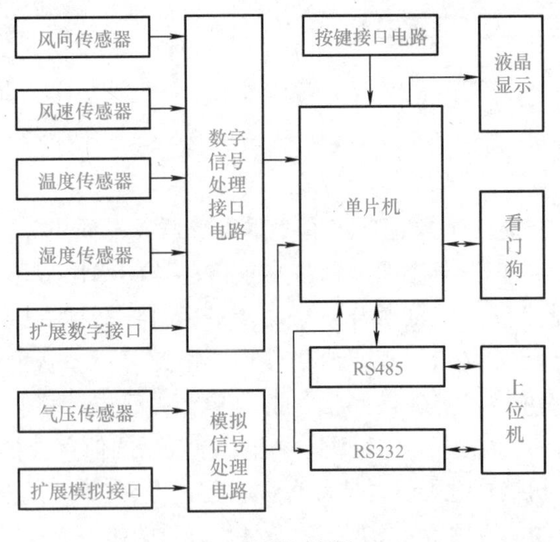

a) 结构组成框图

b) 外观

图10-3 气象参数测试仪

气象参数测试仪将风速、风向、温湿度等数字传感器的信号输入数字信号处理接口电路，处理后接入单片机。大气压力由MPX4115A高灵敏度扩散硅压阻式气压传感器测量，其输出信号为模拟信号，经模拟信号处理电路A/D转换后输入单片机。经单片机处理后的各种信息（温湿度、大气压力、风向、风速、键盘输入、控制指令、仪器状态等）在LCD液晶屏上显示。气象参数测试仪采用RS232与RS485两种异步串行通信接口与上位机（微型计算机）通信，由设置跳线开关选择使用哪一种串行通信接口方式。气象参数测试仪的数字信号处理接口电路上留有扩展接口，模拟信号处理接口电路也留有扩展接口，供需要时接其他传感器使用。

气象参数测试仪具有以下功能：

1）实现风向、风速、温湿度、气压的传感器信号采集。

2）对采集的信号进行处理和显示。

3）实现与微型计算机的数据通信，传送仪器的工作状态、气象参数等数据。

2. 车载信息系统

车载信息系统也称为汽车信息系统，是一种能使驾驶员在行驶过程中，通过车载电子装备及时了解汽车运行的状况信息和外界信息的装置。车载信息系统以微处理器（工控机）为核心，对汽车的各种信息状态，如燃油液位、电池电压、水温、机油压力、车速等进行采集、处理、显示和报警，同时接收并显示北斗导航或GPS（全球卫星定位系统）的信息。驾驶员可根据显示和报警提示进行相应的操作和处理，以保证行车安全。图10-4

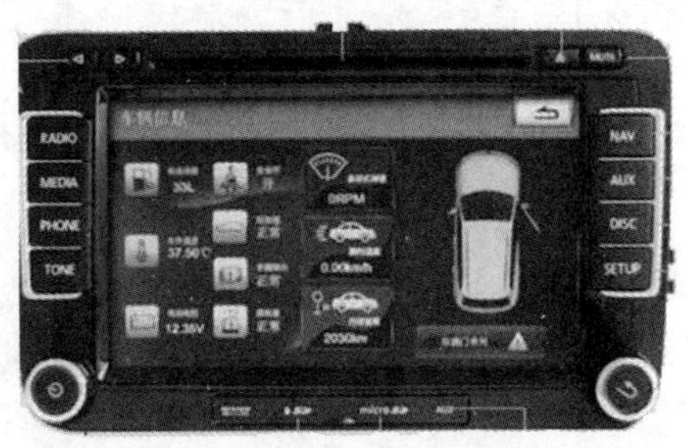

图10-4 车载信息系统外观

所示为车载信息系统外观。

车载信息系统由多种传感器、数据采集卡（A/D 转换接口）、计数卡（数据输入接口）、总线、声光显示和报警、北斗导航或 GPS、工控机和管理控制软件等组成，工作原理框图如图 10-5所示。

笔记栏

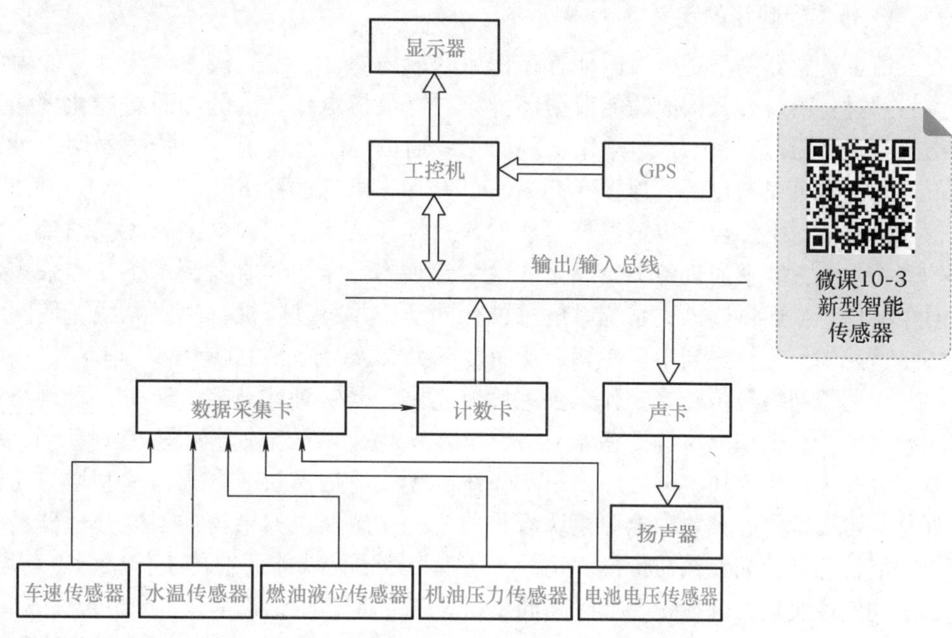

图 10-5　车载信息系统工作原理框图

微课10-3
新型智能
传感器

燃油液位、电池电压、水温、机油压力、车速等各种信息由相应的传感器进行检测，通过数据采集接口卡转换为调制在不同频率上的数字信号。计数接口卡由多路计数器组成，将这些调制在不同频率上的数字信号分别存储在各路计数器里。工控机在软件的控制下巡回读取各路计数器的数字信号，运算处理后，将其所表征的物理量以图形方式显示在液晶显示屏上，以便驾驶员观察。当某物理量超出安全范围值时，即发出声、光报警信号，警示驾驶员尽快采取措施以保证行车安全。GPS 根据三颗以上不同卫星发来的数据，实时计算和在液晶屏上显示汽车所处的地理位置（经度和纬度）。

随着现代汽车工业和电子技术的发展，车辆导航、通信、移动办公、多媒体娱乐、辅助驾驶和远程故障诊断等功能的电子系统可以通过网络技术联网形成车载信息网络系统。未来的汽车仪表系统将向着集成化、智能化、全图形化车载信息系统平台的方向发展。

任务 10.2　了解传感器网络的应用

任务引入

传感器网络是由许多在空间上分布的自动装置组成的一种计算机网络，这些装置使用传感器协作地监控不同位置的物理或环境状况，如温度、声音、振动、压力、运动或污染物。无线传感器网络的发展最初起源于战场监测等军事应用，而现今无线传感器网络被应用于很多民用领域，如环境与生态监测、健康监护、家庭自动化以及交通控制等。

笔记栏

知识精讲

一、认识传感器网络

1. 传感器网络的定义

所谓传感器网络是由大量部署在作用区域内的、具有无线通信与计算能力的微小传感器节点，通过自组织方式构成的能根据环境自主完成指定任务的分布式智能化网络系统。传感器网络的节点间距离很短，一般采用多跳的无线通信方式进行通信。传感器网络可以在独立的环境下运行，也可以通过网关连接到 Internet，使用户可以远程访问。

传感器网络综合了传感器技术、嵌入式计算技术、现代网络及无线通信技术、分布式信息处理技术等，能够通过各类集成化的微型传感器协作地实时监测、感知和采集各种环境或监测对象的信息，通过嵌入式系统对信息进行处理，并通过随机自组织无线通信网络以多跳中继方式将所感知信息传送到用户终端。从而真正实现“无处不在的计算”理念。

传感器网络与传感器是什么关系呢？它究竟是一种传感器，还是一种网络呢？在回答这个问题之前，首先需要了解传感器网络中传感节点的系统组成。如图 10-6 所示，一般可以将传感节点分解为传感模块、微处理器最小系统、无线通信模块、电源模块和增强功能模块五个组成部分。可以把传感模块和电源模块看作传统的传感器，如果再加上微处理器最小系统就可对应于智能传感器，而无线通信模块是为了实现无线通信功能而在传统传感器上新增加的功能模块。增强功能模块是可选配置，如时间同步系统、卫星定位系统、用于移动的机械系统等。

从传感节点的系统组成上看，传感器网络可以看作是多个增加了无线通信模块的智能传感器组成的自组织网络。而从功能上看，传感器和传感器网络大致相同，都是用来感知监测环境信息的，不过显然传感器网络具备更高的可靠性。

2. 传感器网络的作用

随着通信技术和计算机技术的飞速发展，人类已经进入网络时代。智能传感器的出现和越来越多的使用，导致了在分布式控制系统中，对传感信息交换提出了许多新的要求。单独的传感器数据采集已经不能适应现代控制技术和检测技术的发展，取而代之的是分布式数据采集系统组成的传感器网络。分布式传感器网络的系统结构如图 10-7 所示。

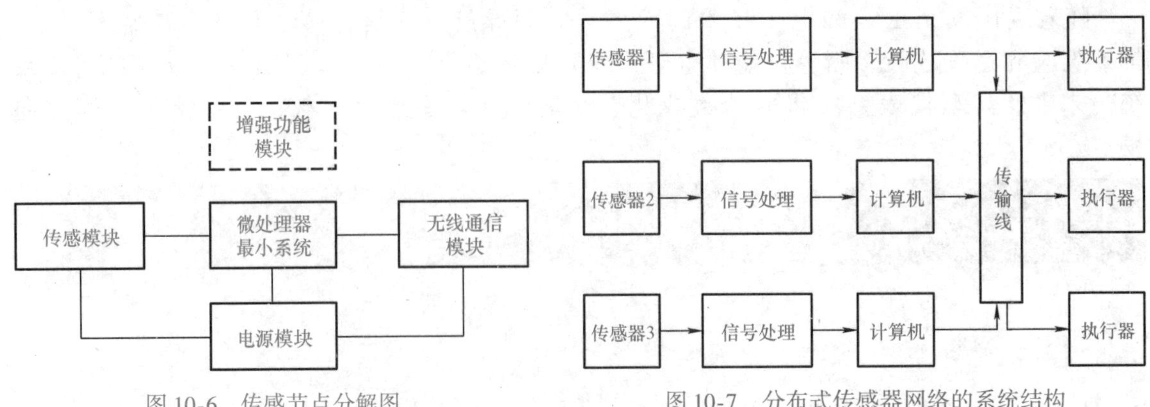

图 10-6　传感节点分解图

图 10-7　分布式传感器网络的系统结构

传感器网络可以实施远程数据采集，并进行分类存储和应用。如在某地由传感器采集数据后按需复制多份，送往多个需要的地方和部门，或者定期将传感器采集的数据和测量结果送往远处的数据库保存，供需要时随时调用。传感器网络上的多个用户可同时对同一过程进行监控。例如，各部门工程技术人员、质量监控人员及有关人员可同时分别在相距遥远的各地检测、控

制同一生产过程，不必亲临现场而又能及时地收集各方面数据，建立数据库和进行分析。不同任务的传感器、执行器与计算机组成网络后，可凭借智能化软、硬件，灵活调用网上各种计算机、仪器仪表和传感器各自的资源特性，区别不同的时空条件和仪器仪表、传感器的类别特征，测出临界值，做出不同的特征响应，完成各种形式和要求的任务。

传感器网络可以组成个人网、局域网、城域网，甚至可以连上 Internet。若将数量巨大的传感器加入互联网，则可以将互联网延伸到更广的人类活动领域。数十亿个传感器将世界各地连接成网络可以跟踪天气、设备运行状况乃至商品库存等各种动态事物，极大地扩充互联网的功能。很多大型公司已部署了第一代传感器网络，以监视商品库存（如沃尔玛公司）或检查加油站内的存油状态。这种技术有望减少商品失窃率和其他损失，还可以节省人力成本。

目前，传感器网络技术遇到的最大问题是传感器的供电问题。传感器网络必须使用高性能电池或采用低能耗传感器。随着移动通信技术的发展，传感器网络正朝着无线传感器网络的方向发展。

3. 传感器网络的信息交换

传感器网络的运行需要传感器信号的数字化，还需要网络上的各种计算机、执行器和传感器相互间可以进行信息交换。传感器网络系统的信息交换涉及协议、总线、器件标准总线、复合传输、隐藏和数据链接控制。

协议是传感器网络为保证各分布式系统之间进行信息交换而制定的一套规则或约定。对于一个给定的具体应用，在选择协议时，必须考虑传感器网络系统的功能和使用的硬件、软件与开发工具的能力。

总线是传感器网络上各分布式系统之间进行信息交换、并与外部设备进行信息交换的电路元件，总线的信息输入、输出接口分为串行和并行两种形式，其中串行口应用更为普遍。器件标准总线是把基本的控制元件如传感器、执行器与控制器连接起来的电路元件。

复合传输是指几个信息结合起来通过同一通道进行传输，经仲裁来决定各个信息获准进入总线的能力。隐藏是指在限定时间段内确保最高优先级的学习进入总线进行传送，一个确定性的系统能够预见信号未来的行动。数据链接控制是将用户所要通信要求组装以帧为单位的串行数据结构进行传送的执行协议。

传感器网络上分布式系统之间能够进行可靠的信息交换，最重要的是选择和制定协议。一个统一的国际标准协议可以使各厂家都生产符合标准规定的产品，使不同厂家的传感器和仪器仪表可以互相代用，不同的传感器网络可以互相连接和通信。但是相当多的企业和机构已经制定了各自的数据交换协议，由于技术原因和商业利益原因，使得统一标准相当困难。尽管如此，一些标准化组织和制造商还是开发了一些企业和机构都可接受的协议，其中最重要的是国际标准化组织（ISO）定义的一种开放系统互联参考模型，即 OSI 参考模型。在分布式传感器网络系统中，一个网络节点应包括传感器（或执行器）、本地硬件和网络接口。传感器用一个并行总线将数据包从不同发送者传送到不同的接收者。一个高水平的传感器网络使用 OSI 参考模型，可以提供更多的信息并且简化用户系统的设计及维护。由科研机构、制造商和标准化组织所研制，并已经被工业界采纳支持的标准，大致分为四类：汽车类标准、工业类标准、楼宇与办公自动化类标准和家庭自动化类标准。

4. 无线传感器网络及其特点

无线传感器网络（wireless sensor network，WSN）是由部署在监测区域内的、大量移动或静止的微型传感器节点组成，通过无线通信方式形成的一个自组织网络。其目的是协作地感知、采集、处理和传输网络覆盖地理区域内感知对象的监测信息（如温度、湿度、压力、振动、光照、气体等），并由嵌入式系统对信息进行处理，用无线通信方式将信息报告给用户。大量的传感器称为传感器节点，它们将探测的数据，通过汇聚节点，经其他网络发送给用户。

笔记栏

作为一种新型网络，相比传统的无线网络，无线传感器网络具有以下特点：

（1）大面积的空间分布

如在军事应用方面，可以将无线传感器网络部署在战场上跟踪敌人的军事行动，智能化的终端可以被大量装在宣传品、子弹或炮弹壳中，在目标地点撒落下去，形成大面积的监视网络。

（2）能源受限制

网络中每个节点的电源是有限的，网络大多工作在无人区或者对人体有伤害的恶劣环境中，几乎不可能更换电源，这就要求网络功耗小，以延长网络的寿命，而且要尽最大可能节省电源消耗。

（3）网络自动配置

自动识别节点包括自动组网、对入网的终端进行身份验证防止非法用户入侵。相对于那些布置在预先指定地点的传感器网络而言，无线传感器网络可以借鉴这种方式来配置，当然前提是要有一套合适的通信协议保证网络在无人干预的情况下自动运行。

（4）网络的自动管理和高度协作性

在无线传感器网络中，数据处理由节点自身完成，以数据为中心的特性是无线传感器网络的又一特点。每个节点仅知道自己邻近节点的位置和标识，传感器网络通过相邻节点之间的相互协作来进行信号处理和通信，具有很强的协作性。

（5）传感器网络的拓扑结构变化快

传感器网络自身的特点使得传感器网络的拓扑结构变化很快，这对网络各种算法的有效性提出了挑战。此外，如果节点具备移动能力，也有可能带来网络的拓扑变化。

5. 无线传感器网络节点的结构

传感器节点一般由传感器模块、处理器模块、无线通信模块和供电管理模块等四个模块组成，如图 10-8 所示。

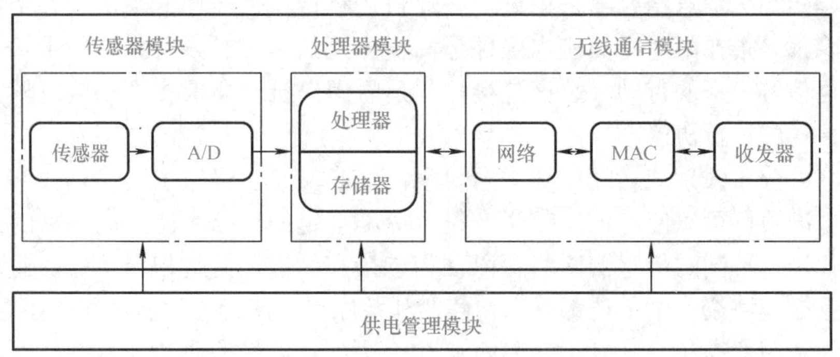

图 10-8 无线传感器网络节点的结构

传感器模块包括传感器和模/数转换模块，负责检测区域内信息的采集和数据转换；处理器模块由嵌入式系统构成，包括 CPU、存储器、嵌入式操作系统等，负责控制整个传感器节点的操作，存储和处理本身采集的数据以及其他节点发来的数据；无线通信模块由网络、MAC、收发器等组成，负责与其他传感器节点进行无线通信、交换控制信息和收发采集数据；供电模块为传感器节点提供运行所需的能量，通常采用微型电池。

二、传感器网络的应用

无线传感器网络是由大量的传感器节点组成的自组多跳网络，传感器网络中的传感器种类众多，能够感知光照、压力、亮度、温度、距离、方向等信息。通过把不同功能的传感器部署到监测区域，能够实现高精度、高容错、大覆盖、远程监控。因为无线传感器网络有诸多优势，所以它在军事、农业、工业、交通、医疗、智能家居、环境等领域得到了广泛的应用。

1. 军事应用

无线传感器网络具有可快速部署、可自组织、隐蔽性强和高容错性的特点，因此非常适合在军事上应用。利用无线传感器网络能够实现对敌军兵力和装备的监控、战场的实时监视、目标定位、战场评估、核攻击和生物化学攻击的监测和搜索等功能。通过飞机或炮弹直接将传感器节点播撒到敌方阵地，就能够非常隐蔽且准确地收集战场信息。

无线传感器网络已成为发达国家网络中心作战体系的网络系统的重要组成部分，是一个集命令、控制、通信、计算、智能、监视、侦察和定位于一体的战场指挥系统，其研发需要投入大量的人力和财力。如“沙地直线（a line in the sand）”系统，能够散射电子网到任何地方，即整个战场，以侦测运动着的高金属含量目标，如侦察和定位敌军坦克和其他车辆。这项技术有着广泛的应用可能，它不仅可以感觉到运动或静止的金属，而且可以感觉到声音、光线、温度、化学物品，以及动植物的生理特征。还有枪声定位系统，能够有效监测突发事件的发生，如枪声、爆炸等突发事件。除此之外，该系统还可用于打击狙击手，枪声产生的声波信号通过传感器网络传输给计算机，计算机定位出狙击手的位置，三维空间的定位精度可达 1.5m，定位延迟达 2s，甚至能判断出狙击手采用狙击姿势的差异。

智能微尘（smart dust）系统是一个智能超微型传感器，它由微处理器、无线电收发装置和使它们能够组成一个无线网络的软件共同组成。将一些微尘散放在一定范围内，它们就能够相互定位，收集数据并向基站传递信息。近几年，由于硅片技术和生产工艺的突飞猛进，集成有传感器、计算电路、双向无线通信模块和供电模块的微尘器件的体积已经缩小到了沙粒般大小，但它却包含了从信息收集、信息处理到信息发送所必需的全部部件。未来的智能微尘甚至可以悬浮在空中几个小时，搜集、处理、发射信息，它能够仅依靠微型电池工作多年。智能微尘的远程传感器芯片能够跟踪敌人的军事行动，可以把大量智能微尘装在宣传品、子弹或炮弹中，在目标地点撒落下去，形成严密的监视网络，敌军的军事力量和人员、物资的流动自然一清二楚。灵巧传感器网络（smart sensor web，SSW）是针对网络中心战的需求所开发的新型传感器网络，如图 10-9 所示。其基本思想是在战场上布设大量的传感器以收集和中继信息，并对相关原始数据进行过滤，然后再把那些重要的信息传送到各数据融合中心，从而将大量的信息集成为一幅战场全景图，当参战人员需要时可分发给他们，使其对战场态势的感知能力大大提高。

图 10-9　灵巧传感器网络示意图

2. 农业及环境应用

无线传感器网络在农业及环境方面的应用包括：

1）对影响农作物的环境条件的监控，包括光照度、温度、湿度等环境条件的监控，也就是精细农业监控。

2）对鸟类、昆虫等小动物运动进行追踪。

笔记栏

3）海洋、土壤、大气成分的探测。

4）森林防火监测，污染监控，降雨量监测，河水水位监测，洪水监测等。

通过无线传感器网络可以有效地节省人力，降低对农田环境的影响，及时收集农田信息（如水分、光照度、温度、湿度等）。各类传感器的有效利用和无线传感器网络的普及，使得农业生产出现从人力的孤立生产模式向信息化、软件智能化发展的趋势。如农业灌溉自动控制系统通过无线传感器网络对土壤的水分、二氧化碳浓度、空气的温度、pH 值、大气辐射等物理参数进行收集和分析，并通过控制台对参数分析所发出的指令予以实施，实现农产自动化。在农产品加工中，一般的农产品及农副产品都需要分类加工，在这个过程中仍需用各种传感器。如粮食、药材和茶叶等的加工就离不开各种湿度传感器、温度传感器、水分传感器等，如图 10-10、图 10-11 所示。

图 10-10 土壤温度传感器示意图

图 10-11 二氧化碳浓度传感器示意图

图 10-12 所示为无线传感器网络在大棚种植中的应用，通过感知节点和无线网络，将大棚养殖所需的各种传感参量传送到主控中心或者移动终端，然后根据采集的结果实施各种执行动作，如加湿除湿、加温降温、进风出风等，使得大棚形成一个环境智能调节的良好生态系统。

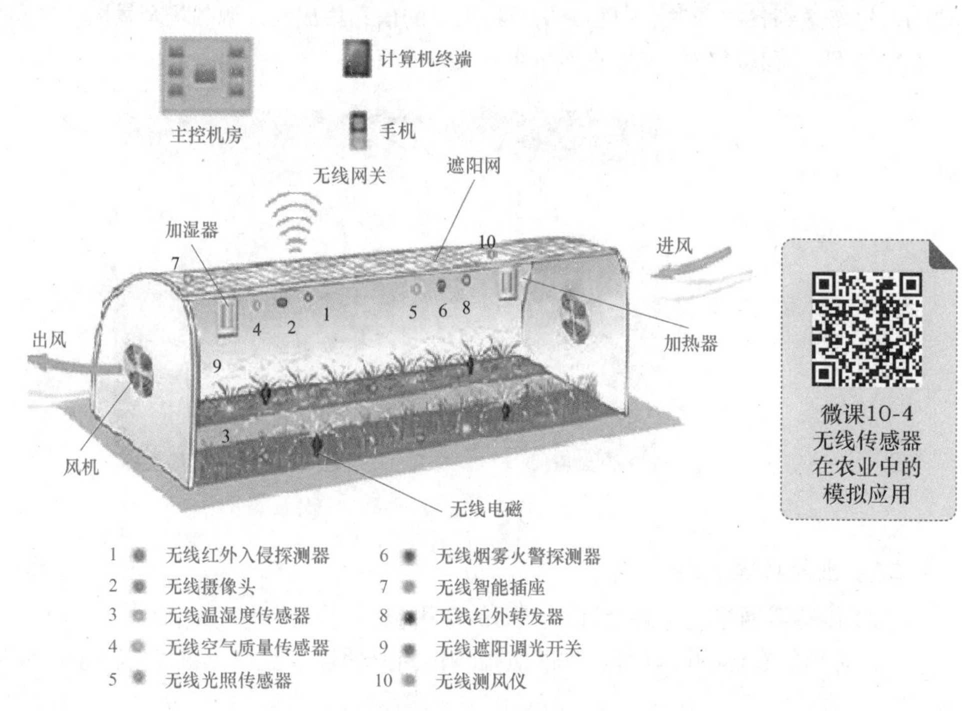

图 10-12 无线传感器网络在大棚种植中的应用

微课10-4
无线传感器在农业中的模拟应用

3. 工业领域应用

工业互联网一方面给传感器企业带来了发展机会，另一方面也对传感器提出了新的要求，主要体现在对灵敏度、稳定性、鲁棒性等方面的要求会更高。同时，工业互联网的普及使得传感器无处不在，传感器的大量使用对传感器提出了轻量化、低功耗、低成本的要求，同时要求传感器更加网络化、集成化、智能化。

无线传感器网络应用在工业生产中，不仅可以实时监测生产过程，而且在一些危险的行业中，无线传感器网络的应用可以提高工作安全保障。如无线传感器网络在污水处理和煤矿安全生产中的应用。目前水处理行业通过物理、化学和生物手段，对水质进行分析、治理、去除或增加水中物质的全过程就是利用了无线传感器网络技术。当污水经过一道道的工序进入相应的处理池中时，需要对各种参数进行采集（包括温度、压力、液位、流量、pH 值、电导率、悬浮固体等），如利用超声波传感器检测水位信息，如图 10-13 所示，这些前端的传感设备将采集的模拟量数据通过无线电波发送到网关，然后网关将数据传输到主控制器或计算机系统，实现对污水处理过程的全程监测和控制。

图 10-13　用超声波传感器检测水箱水位示意图

图 10-14 所示为以低功耗广域网无线传输为核心提出的“智能烟感设备 + 物联网消防监控管理平台 + 智能预警服务平台”为一体的物联网解决方案示意图。该系统为存在监管难度的场所提供了一体化的智能火灾报警物联网管理措施，解决了火灾预防问题，实现了火灾事故的早发现、早报警、早扑灭。

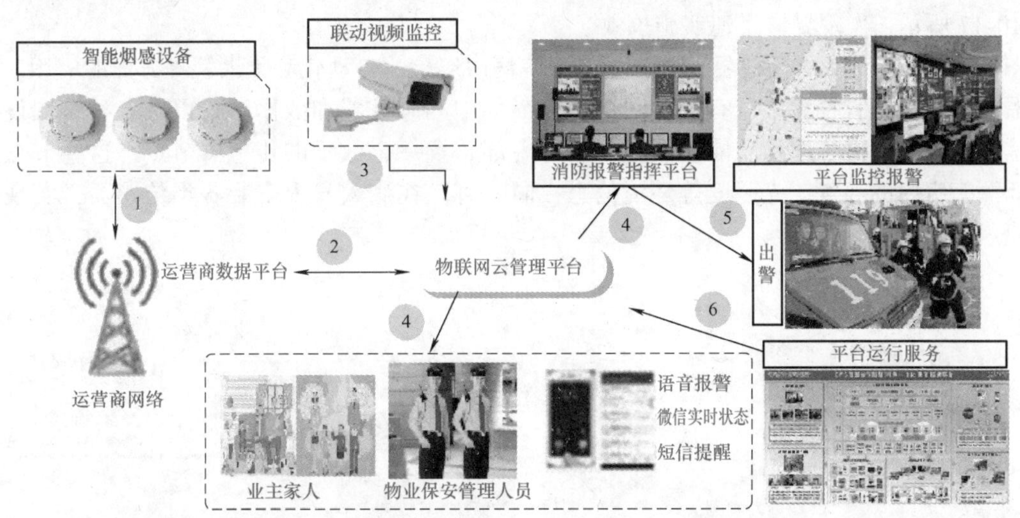

图 10-14　无线传感器网络在物联网解决方案中的应用

4. 智能交通应用

智能交通监测系统采用声音、图像、视频、温度、湿度等传感器，节点部署于十字路口周围，部署于车辆上的节点还包括 GPS。汇聚节点可以安装在路边立柱、横杠等交通设施上，网关节点可以集成在交叉路口的交通信号控制器内，专用传感器终端节点可以填埋在路面下或者安装在路边，道路上的运动车辆也可以安装传感器节点动态加入传感器网络。通过信号控制器专有网络，将所采集到的数据发送到交管中心进行进一步处理。

笔记栏

传感器网络可以应用在交通运输中对交通进行总局管理，实时监控，可以监控每一辆汽车的运行状况，减少事故发生概率和对事故进行最快处理，如图 10-15 所示；传感器网络也可以应用到高速公路系统，与射频识别（RFID）技术结合，用于高速公路收费系统，如图 10-16 所示。通过对互联网、GPS、RFID 以及传感器网络等多项技术的集成可以实现一个庞大的交通信息交互、交通数据处理、交通智能化组织监控的系统。

图 10-15　传感器网络在交通运输中的应用

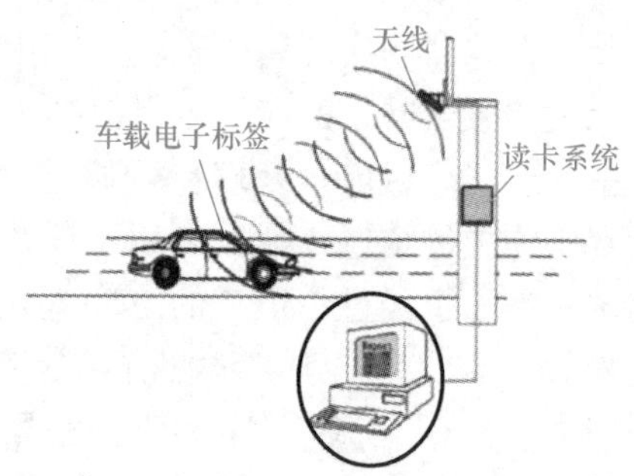

图 10-16　高速公路收费系统示意图

5. 医疗领域

随着室内网络的普遍化，无线传感器网络在医疗研究、护理领域也大显身手，主要应用包括远程健康管理、重症病人或老龄人看护、生活支持设备、病理数据实时采集与管理、紧急救护等。

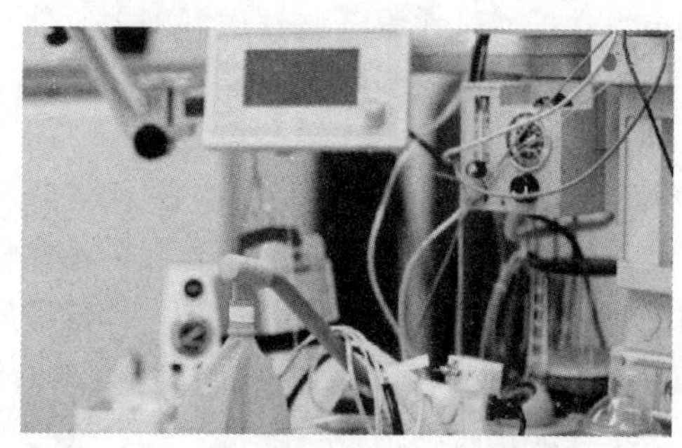
图 10-17　压力和温度传感器在医疗中的应用

无线传感器网络在医疗护理方面有着广泛的应用。如医生可以给患者安装传感器节点以便实时监测患者的生理指标（血压、心率、呼吸、体温等），如图 10-17 所示，发现异常迅速实施抢救。

图 10-18 所示为无线传感器网络技术在医院病房巡检的自动化和无人管理方面的应用。无线传感器网络系统与各种无线、有线的网络设备（如中心服务器和数据库）以及各种终端设备互联通信，实现病房电子巡检功能。同时在病房内部布置一定数量的传感器节点，这些节点可以实时监测病房内的温度、光照度等环境信息，同时可以在病人身上安装各类传感器，实现对病人健康状况的监测。

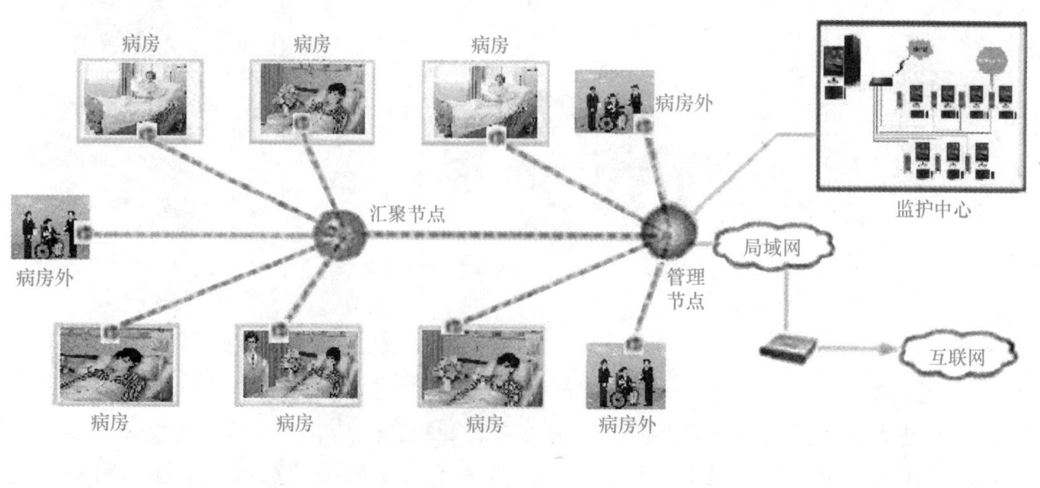

图 10-18　无线传感器网络在医疗中的应用

6. 智能家居

智能家居系统的设计目标是将住宅中各种家居设备联系起来，使它们能够自动运行，相互协作，为居住者提供尽可能多的便利和舒适。在家电和家具中嵌入传感器节点，通过无线网络与Internet连接在一起，将为人们提供更加舒适、方便和更具人性化的智能家居环境。利用远程监控系统，可完成对家电的远程遥控。

无线传感器网络在智能家居中应用最多的就是在家电与家具中嵌入传感器节点，将各种家居设备联系起来，通过与互联网连接以实现家居设备智能化，通过远程监控系统，让居住者的生活变得更加便捷，更加舒适。如在下班前提前用手机打开家里的空调，如图10-19所示。

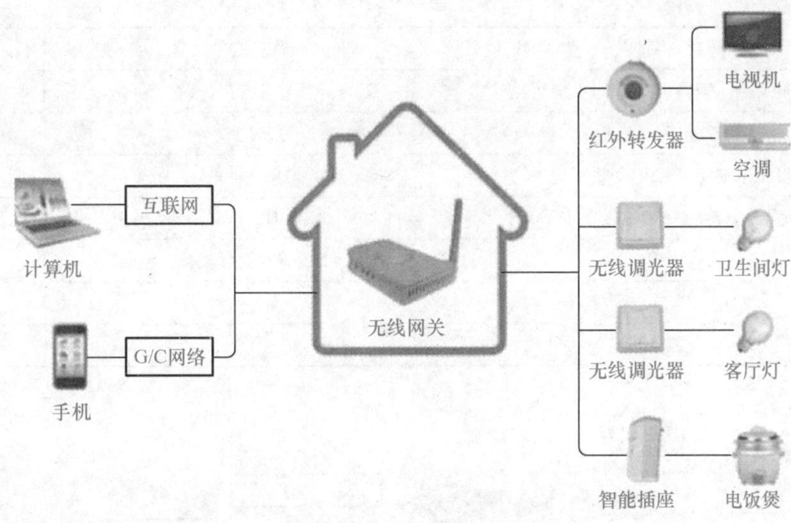

图10-19　无线传感器网络在智能家居中的应用

7. 环境监测

随着科学技术的不断进步，人们越来越认识到了对环境监测的重要性。在我国，环境保护被提升到了国家战略的高度。如利用安装在城市重点观测区域或者森林、保护区等野外观测区的无线传感器网络系统，实时地将与环境有关的各种物理量，如PM2.5、PM10、SO_2、CO_2、甲醛等物理指标传送到监控中心，为精确调控提供可靠依据。图10-20和图10-21所示为环境监测中用到的各类传感器。

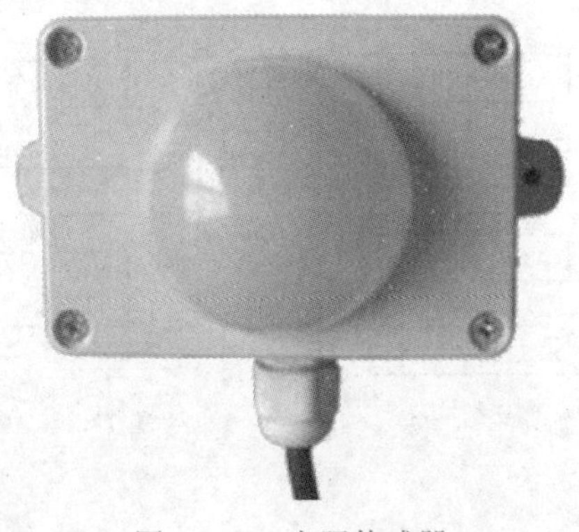

图10-20　光照传感器

图10-21　风速传感器

无线传感器网络正在逐渐地走进生活的各个领域，我国在无线传感器网络领域的研究和技术发展也呈现出蓬勃发展的迅猛势头。

无线传感器网络发展非常迅速，在世界许多国家的军事、工业和学术领域引起广泛关注，

笔记栏

已成为国际上无线网络研究的热点之一。国外大部分无线传感器网络的研究仍处于理论研究和小规模试验阶段，距离实际应用尚存在一定距离。在无线传感器网络研究及其应用方面，我国与发达国家几乎同步起动，它已经成为我国信息领域位居世界前列的少数方向之一。

项目实施：趣味小制作——智能小车

【所需材料】

制作智能小车所需材料清单见表10-1。

表10-1 制作智能小车所需材料清单

序号	材料名称	规格型号	数量
1	小车底盘（带4个电动机、4个车轮）	轮式	1个
2	单片机控制主板		1块
3	直流电池组（给电动机供电）	DC 7.4V	1组
4	直流电池组（给主板供电）	DC 5V	1组
5	蓝牙模块	HC-06蓝牙模块	1个
6	发光二极管（车灯）		4只
7	智能手机		1个

【基本原理】

手机App蓝牙遥控智能小车的思路如图10-22所示。

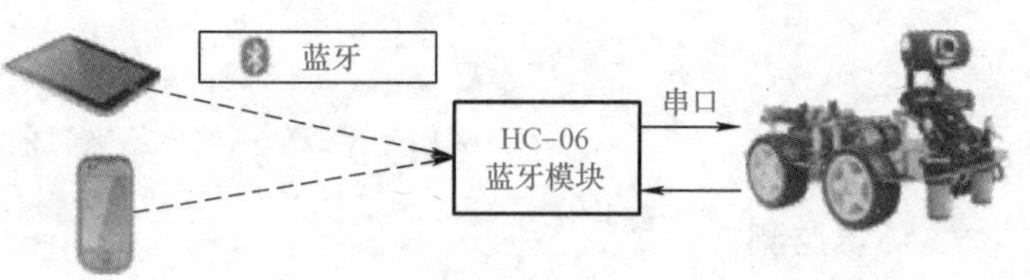

图10-22 手机App蓝牙遥控智能小车思路

目前，智能手机在全世界已广泛使用，手机内部提供了包括加速度传感器、重力传感器、磁场传感器、陀螺仪等10余种传感器，通过手机自带的短距离通信功能——蓝牙，加上安卓（Andriod）系统的开源特性，可以让手机成为目前智能机器人和家具电器的遥控器。本制作设计了基于安卓系统手机App的蓝牙控制智能小车，通过手机App发送事先规定好的数据指令，让蓝牙模块接收，再传送给智能小车，小车对指令进行判断，并根据判断的结果进行动作。

系统硬件一共分为四个模块：电源模块、单片机最小系统、电动机驱动模块、蓝牙模块。采用51单片机作为控制核心，控制4路电动机和4路车灯，并作为蓝牙通信的解码芯片，对手机通过蓝牙发送的控制指令进行解码，从而实现对智能小车的控制。所以，智能小车系统方案分为硬件电路和系统软件两部分，设计框图如图10-23所示。

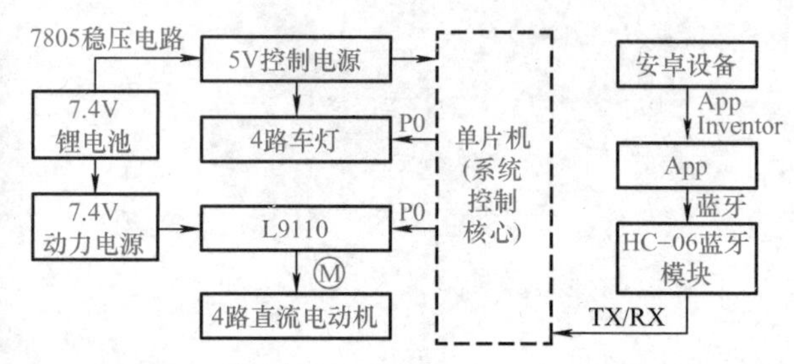

图10-23 智能小车系统方案设计框图

【制作提示】

1）单片机最小系统部分包括时钟电路、电源电路和复位电路。由于本制作使用的蓝牙模块出厂默认参数的通信比特率是9600bit/s，所以要选择11.0592MHz的晶振，设置计数器初值为TH1 =0xFD和TL1 =0xFD，这样下位机的比特率也是9600bit/s。

2）采用L9110作为电动机驱动芯片，L9110输入电压为2.5~12V，每通道最大输出电流可

以达到800mA，可以满足4路电动机的驱动。

3）HC-06蓝牙模块可以让原来使用串口的设备摆脱线缆的束缚，在10m范围内实现无线串口通信。使用该模块无须了解复杂的蓝牙底层协议，只要简单的几个步骤即可享受到无线通信的便捷。

4）对于安卓手机App的开发，最佳方案是利用Java语言在eclipse IDE进行开发，而针对本制作，只需要实现对智能小车进行控制，并不需要华丽的界面和复杂的算法，所以采取了一种效率较高、入门较快的开发方法——App Inventor。App Inventor是一款基于云端的手机编程环境，用户能够通过该工具软件自行研发适合手机使用的任意应用程序，而且这款编程软件不一定需要专业的研发人员，甚至根本不需要掌握任何的程序编制知识。

5）App对各种品牌的安卓手机都能够兼容；App在各种版本的安卓操作系统上都能够稳定运行；遥控范围大约在9m之内，超出此范围，信号不稳定；智能小车对App的响应灵敏，反应时间大约为0.1~0.3s，偶尔会出现App断开蓝牙连接以及死机的情况。

项目评价

项目评价采用小组自评、其他组互评，最后教师评价的方式，权重分布为0.3、0.3、0.4。

表10-2 制作智能小车任务评价表

序号	任务内容	分值	评价标准	自评	互评	教师评分
1	识别传感器	10	不能准确识别选用的电感式传感器扣10分			
2	选择材料	20	材料选错一次扣5分			
3	连线正确	10	连线每错一次扣2分			
4	编程正确	20	编程错误一次扣2分			
5	系统调试	40	调试失败一次扣10分			
最后得分						

项目总结

智能传感器（intelligent sensor）是具有信息处理功能的传感器。智能传感器带有微处理机，具有采集、处理、交换信息的能力，是传感器集成化与微处理器相结合的产物。

智能传感器由多个模块组成，其中包括微传感器、微处理器、微执行器和接口电路等，它们构成一个闭环微系统，由数字接口与计算机控制相连，利用在专家系统中得到的算法，为微传感器提供更好的校正和补偿。

IEEE定义的智能传感器是："除产生一个被测量或被控量的正确表示之外，还具有简化换能器的综合信息，以用于网络环境的传感器"。

智能传感器不仅能在物理层面上检测信号，而且可以在逻辑层面上对信号进行分析、处理、存储和通信。智能传感器模拟了人的记忆、分析、思考和交流的能力，即人类的部分智能，所以称为智能传感器。

相比一般传感器，智能传感器具有显著特点，如提高了传感器的精度，提高了传感器的可靠性，提高了传感器的性价比，促成了传感器的多功能化。

所谓传感器网络是由大量部署在作用区域内的、具有无线通信与计算能力的微小传感器节点，通过自组织方式构成的能根据环境自主完成指定任务的分布式智能化网络系统。

一般可以将传感节点分解为传感模块、微处理器最小系统、无线通信模块、电源模块和增强功能模块五个组成部分，其中增强功能模块为可选配置。

无线传感器网络是由部署在监测区域内的、大量移动或静止的微型传感器节点组成，通过无线通信方式形成的一个自组织网络。其目的是协作地感知、采集、处理和传输网络覆盖地理

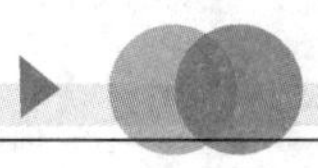

笔记栏

区域内感知对象的监测信息（如温度、湿度、压力、振动、光照、气体等），并由嵌入式系统对信息进行处理，用无线通信方式将信息报告给用户。大量的传感器称为传感器节点，它们将探测的数据，通过汇聚节点，经其他网络发送给用户。

测评10

项目测试

1. 智能传感器由多个模块组成，其中包括________、________、________和________等。
2. IEEE 定义的智能传感器是：______________________________________。
3. 相比一般传感器，智能式传感器具有显著特点：______________，______________，______________，______________。
4. 传感器网络的定义是______________________________________。
5. 传感节点分解为________、________、________、________和________五个组成部分，其中增强功能模块为可选配置。
6. 结合传感器网络的特点，简述传感器网络的应用范围。

阅读材料：微机电系统

微机电系统（micro electro-mechanical system，MEMS）技术是当今高科技发展的热点之一。MEMS 是指在一个硅基片上，集成出机械零件和电子元器件，可以对声、光、热、磁、运动等自然信息进行检测，并具有信号处理器和执行器功能的微机械加工型智能传感器。一个完整的 MEMS 由微传感器、微执行器、信号处理和控制电路、通信接口和电源等部件组成。微机电系统的外轮廓尺寸在毫米量级以下，构成它的机械零件和电子元器件在微米至纳米量级。

1. 微机电系统的特点

MEMS 的突出特点是微型化，MEMS 技术涉及电子、机械、材料、制造、物理、化学、生物等多学科，大量应用的各种材料的特性和加工制作方法，在微米或纳米尺寸下具有特殊性，在器件制作工艺和技术上与传统大器件的制作有很多不同。

MEMS 通常具有以下典型的特性：①微型化零件，可以完成传统大器件所不能完成的任务；②所用材料主要是半导体材料，但也越来越多地使用塑料材料；③结构零件大部分是二维、扁平零件；④机械和电子被集成为相应独立的子系统，如传感器、执行器等；⑤利用集成电路工艺，便于大批量生产而降低成本。MEMS 中的传感器有微热传感器、微辐射传感器、微力学量传感器、微磁传感器、微生物（化学）传感器等。其中微力学传感器是 MEMS 最重要的一种传感器，因为 MEMS 涉及的力学量种类繁多，不仅涉及位移、速度、加速度这样的静态和动态参数，还涉及材料的物理性能，如密度、硬度和黏稠度等。叉指换能器式微传感器是微力学量传感器的一种重要类型。

2. 微机电系统及微传感器实例

在数码产品领域，MEMS 技术已经有了很广泛的应用。

（1）手机上的应用

手机上的 MEMS 技术应用非常广泛，如接近传感器和环境光传感器。接近传感器，也称距离传感器，是利用测量时间来实现距离测量的。通过发射特别短的红外光脉冲，并测量此光脉冲从发射到被物体反射回来的时间，用测量时间来计算与物体之间的距离。当打电话时可以感应到用户把手机放在耳边，自动关闭屏幕节电并且防止误触。

MEMS 技术应用在手机中最典型的例子就是手机的动作感应功能，由于使用了 MEMS 技术的

三轴陀螺仪，手机可以通过感应三个维度的方向变化来和应用互动，大幅度提升了手机动作感应类游戏的可操控性。目前很多手机上使用的加速计、电子罗盘、光感应器等部件，也均得益于MEMS技术。如图10-24所示为手机中的加速度传感器。

图10-24　手机中的加速度传感器

手机用MEMS镜头，是一种采用微机电系统来实现对焦成像的镜头组件。与传统的镜头组件相比，MEMS镜头集成度更高，对焦速度更快（比常规镜头至少快7倍），对焦更准确、功耗也要低得多（耗电量仅为传统镜头的1%）。图10-25所示为新型手机及其MEMS镜头外观。采用MEMS技术的镜头模块的厚度仅为5mm左右，比常规模块减少33%的空间，可使手机的厚度进一步降低。MEMS摄像头的机械组件通过对镜头组的微小位移来实现对焦。由于使用MEMS微机电系统的感光器体积微小，精度以微米级计算，而镜头组件的驱动器所需要的能量极小，因此MEMS镜头的功耗相当低，可以有效提高电池的使用寿命。

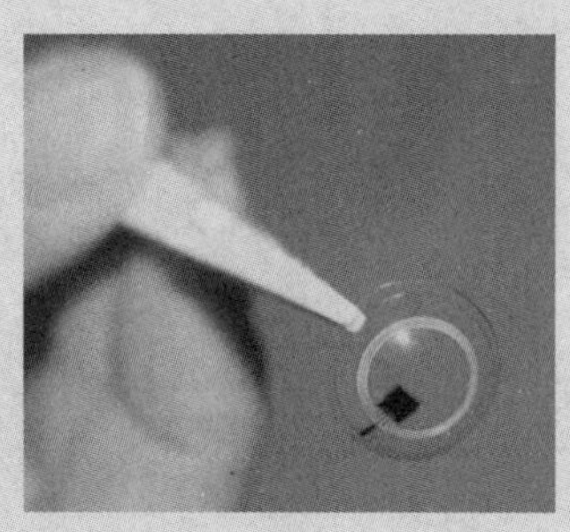

微课10-5
智能手机的接近传感器

图10-25　新型手机及其MEMS镜头

（2）压阻式微压传感器

压阻式微压传感器的工作原理是基于半导体材料的压阻效应，即某些半导体晶体材料沿某一轴向受到外力时，材料的电阻率会随之变化的现象。压阻式微压传感器的原理结构和外观如图10-26所示。在硅基框架上形成硅薄膜层，通过扩散工艺在该膜层上形成半导体压敏电阻，并用蒸镀法制成电极，构成电桥。膜片一侧与被测系统连接，称为高压腔，另一侧为低压腔，低压腔可以接一个参考气压（或抽真空）。根据压阻效应，膜片受压力作用时，在膜片两侧形成压差，导致膜片变形，引起压敏电阻的阻值变化，经电桥电路可将这种阻值变化转换成电桥的输出电压变化（一般为毫伏级）。

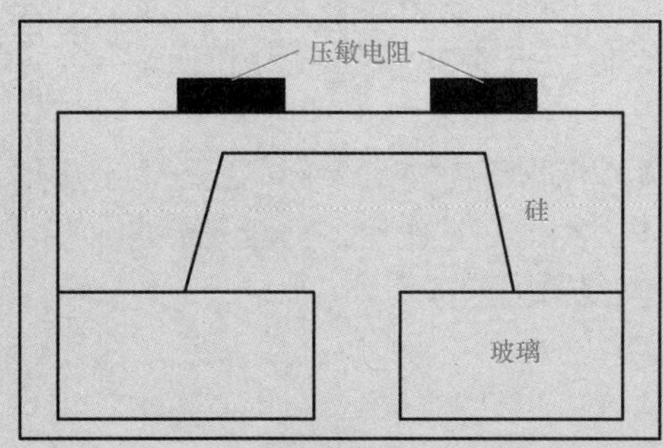

图10-26　压阻式微压传感器的原理结构和外观

与传统的压阻式压力传感器不同，压阻式微压传感器膜片的受压变形远小于膜片厚度，可以测量1～10kPa甚至更微小的压力。

项目 11

传感器在机电产品中的应用

项目描述

传感器在诸多领域都起着至关重要的作用，本项目主要了解传感器在典型的机电产品，如机器人、汽车、家用电器、气动自动化系统、电梯等方面的应用。

学习目标

1. 了解机器人的视觉、触觉、接近觉、听觉、嗅觉和味觉传感器的应用。
2. 了解汽车中的常用传感器及其发展方向，以及家用电器中的传感器及智能家居传感系统。
3. 了解气动自动化系统中和电梯系统中传感器的应用，培养良好的创新思维和创新能力。
4. 提高知识的综合运用能力。

任务 11.1 了解机器人中的传感器

任务引入

机器人作为机电产品的典型代表，与外界进行信息交互时会用到很多传感器。那么，机器人中的传感器都有哪些？它们是怎么工作的呢？

知识精讲

思考一：你见过机器人吗？你知道机器人是怎么模仿人的吗？

机器人就是让机器模仿人的动作进行工作，使机器人能够像人一样具有视觉、听觉、嗅觉、触觉等感知能力。传感器在机器人的控制中起了非常重要的作用，正因为有了传感器，机器人才具备了类似于人类的知觉功能和反应能力。

微课11-1 机器人中的传感器

机器人传感器可以被定义为一种能把机器人目标物特性（或参量）变换为电量输出的装置，机器人通过传感器实现类似于人类的知觉作用，机器人中常用的传感器是视觉传感器、触觉传感器以及接近觉传感器等。

一、机器人的分类

关于机器人的分类，国际上没有制定统一的标准，有的按负载重量分，有的按控制方式分，有的按自由度分，有的按结构分，有的按应用领域分。图 11-1 所示是几种常见的机器人。

在我国，从应用领域出发，将机器人分为两大类，即工业机器人和特种机器人。工业

笔记栏

a) 铆接机器人

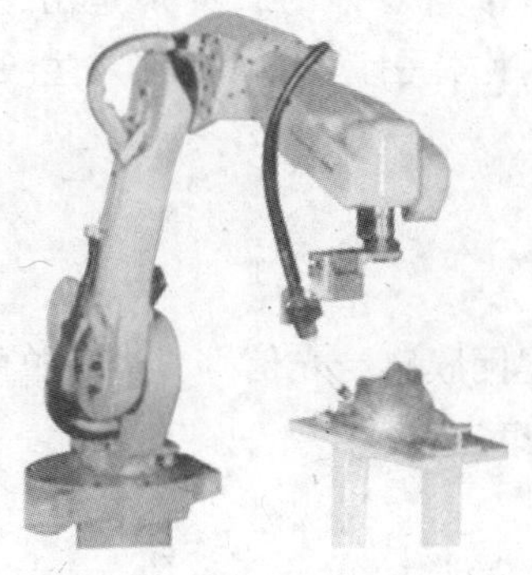

b) 机械手

c) 机器狗

图 11-1 几种常见的机器人

机器人就是面向工业领域的多关节机械手或多自由度机器人；特种机器人则是除工业机器人之外、用于非制造业并服务于人类的各种机器人，包括服务机器人、水下机器人、娱乐机器人、军用机器人、农业机器人、微操作机器人等。在特种机器人中，有些分支发展很快，有独立成体系的趋势，如服务机器人、水下机器人、军用机器人、微操作机器人等。目前，国际上从应用领域出发也将机器人分为两类：制造领域的工业机器人和非制造领域的服务与仿人型机器人，这与我国的机器人分类相一致。机器人的一般分类方式见表 11-1。

表 11-1 机器人的一般分类方式

分类名称	简要解释
操作型机器人	能自动控制，可重复编程，多功能，有几个自由度，可固定或运动，用于相关自动化系统中
程控型机器人	按预先要求的顺序及条件，依次控制机器人的机械动作
示教再现型机器人	通过引导或其他方式，先教会机器人动作，输入工作程序，机器人则自动重复进行作业
数控型机器人	不必使机器人动作，通过数值、语言等对机器人进行示教，机器人根据示教后的信息进行作业
感觉控制型机器人	利用传感器获取的信息控制机器人的动作
适应控制型机器人	机器人能适应环境的变化，控制其自身的行动
学习控制型机器人	机器人能“体会”工作的经验，具有一定的学习功能，并将所“学”的经验用于工作中
智能机器人	以人工智能决定其行动的机器人

二、视觉传感器

1. 机器人视觉

人的视觉是以光作为刺激的一种感觉，眼睛就是一个光学系统。外界的信息作为影像投射到视网膜上，再经处理后传到大脑。视网膜上有两种感光细胞：视锥细胞和视杆细胞。视锥细胞主要感受白天的景象，视杆细胞主要感受夜间的景象。人的视锥细胞大约有 700 多万个，是听觉细胞的 3000 多倍，因此在各种感官获取的信息中，视觉约占 80%。

同样对机器人来说，视觉也是最重要的感知外界的途径。视觉作用的过程如图 11-2所示。

客观世界中的三维实物经由视觉传感器（如摄像机）成为平面的二维图像，再经处理部件给出景象的描述。应该指

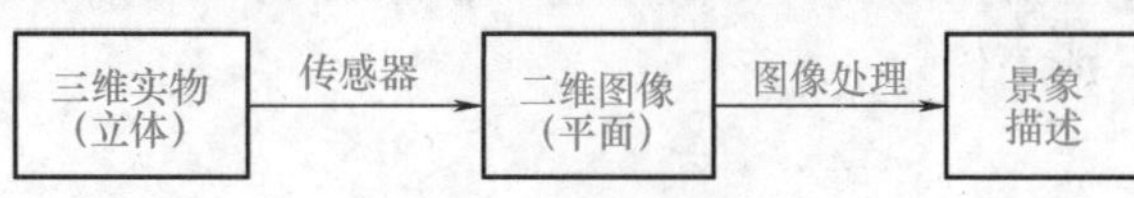

图 11-2 视觉作用的过程

笔记栏

出，实际的三维物体形态和特征是相当复杂的，特别是由于识别的背景千差万别，而且机器人视觉传感器的视角又时刻在变化，引起图像时刻发生变化，所以机器人视觉在技术上实现的难度是较大的。

2. 视觉传感器

（1）人工网膜

人工网膜是用光电管阵列代替视网膜感受光信号，最简单的形式是 3×3 的光电管矩阵，多的可达 256×256 个像素的阵列甚至更高。

（2）光电探测器件

最简单的单个光电探测器件是光导管和光电二极管，光导管的电阻随所受光照度的变化而变化；而光电二极管像太阳能电池一样是一种光生伏特器件，当接通时能产生与光照度成正比的电流，它可以是固态器件，也可以是真空器件，在检测中用来产生开/关信号，用来检测一个特征物体的有无。目前用于非接触测试的固态阵列有自扫描光电二极管（SSPD）、电荷耦合器件（CCD）、电荷耦合光电二极管（CCPD）和电荷注入器件（CID），其主要区别在于电荷形成的方式和电荷读出的方式不同。

目前在机器人视觉中采用 CCD 器件的占多数。利用 CCD 器件制成的固态摄像机与光导摄像管式的电视摄像机相比有一系列优点，如较高的几何精度、更大的光谱范围、更高的灵敏度和扫描速率、结构尺寸小、功耗小、耐久可靠等。

3. 机器人视觉传感器的应用

典型机器人视觉传感器的原理框图如图 11-3 所示。

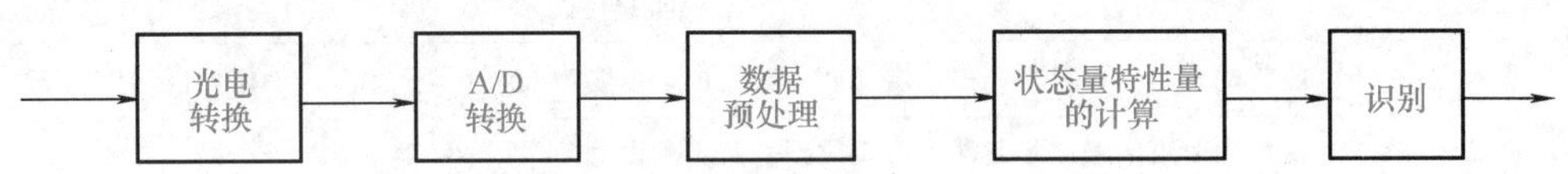

图 11-3 机器人视觉传感器的原理框图

光电转换和 A/D 转换组成视觉检测部分。数据的预处理包括对图像数据的存储与分析。第四部分中的状态量指的是对象物体的位置和方向，根据需要，还可计算出移动速度等，一般根据重心来确定对象的位置。根据状态量，机器人可进行操作等。

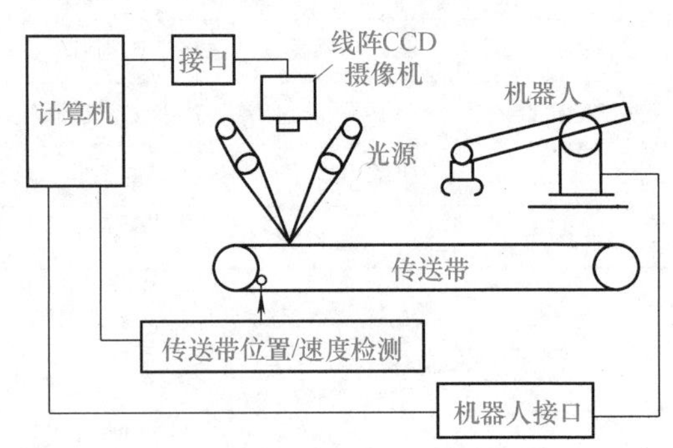

图 11-4 一种利用视觉传感器控制机器人的方案

图 11-4 所示是一种利用视觉传感器控制机器人的方案。它包括一条传送带，一个布置在上方的 CCD 摄像机和一个机器人。在操作状态中，系统自动执行零件传送功能，操作器将零件以随机位置放到运动着的传送带上，传送带带着零件通过不停搜索着的视觉传感器，视觉传感器确定零件的类型、位置与取向，并将此信息送给机器人的控制系统，然后，在零件随传送带连续运动的情况下，机器人对它进行跟踪、并将零件从传送带上抓住送往预定的位置。如果传送带上有几种零件，那么，视觉传感器还要进行描绘和识别工作。

三、触觉传感器

要使机器执行准确而精巧的操作，就需要时刻检测机器人与对象物体之间的相互关系。这一功能的实现需要借助于触觉。视觉用于掌握对象及其周围环境等范围的状况，它被用作诸如确定操作步骤等宏观判断。而触觉则用来承担执行操作过程中的微观判断，它可用于操作步骤细微变动时机器人的实时控制。机器人触觉可分为接触觉、压觉、力觉和滑觉四种。以下简要介绍这四种传感器的原理与结构。

1. 接触觉传感器

接触觉（以下简称触觉）传感器用来检测机器人的某些部位与外界物体是否接触。如装有触觉传感器的机械手，能感受是否抓住零件，并能自动将零件置于手的中心。

机器人触觉传感器最简单的形式是将滚轮与控制杆等特殊形状的传动装置安装在微动开关上。这种开关配置在机器人手腕的各部位，如内外侧、上下侧及手指的指端左右。开关获得的信息决定手臂的动作，抓握状态由手指内侧开关决定，为了较好地检测机器人手爪的抓握状态，触觉的检测点必须高密度地分布在很小的指面上。目前常用含碳海绵、导电橡胶等构成敏感接触力的传感器。当有接触力作用时，这类传感器能导通或断路，从而输出高或低电平。

图 11-5 所示为金属圆顶式高密度触觉传感器。压力使弹性金属圆顶弯曲，从而接触下面的触点。灵敏度可通过金属圆顶和接触点之间的空气压力进行调整。接点信息通过多路调制器选择后送入计算机。

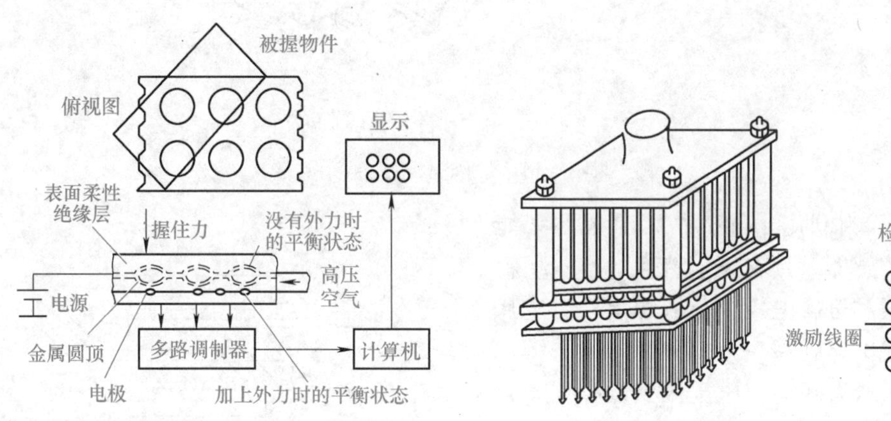

图 11-5 金属圆顶式高密度触觉传感器　　图 11-6 矩阵分布式触觉传感器

图 11-6 所示为用针式差分变压器配置成的矩阵分布式触觉传感器。用这种传感器能识别物体的形状。在各触针上，激励线圈与检测线圈成对而绕。每个传感器均由钢针、塑料套筒，以及使针杆复位的磷青铜弹簧等构成。这种传感器的原理是，当针杆与物体接触而产生位移时，针杆根部的磁性体将随之运动，从而增强了两个线圈间的耦合系数。通过电路控制，轮流在各行激励线圈上加交流电压，检测线圈产生的感应电压随针杆的位移增加而增大，经多路转换开关可轮流读出各列检测线圈的电压。通过电压门限可得到 1mm 左右的位移开关信息。这种轮流对激励线圈通电、轮流对检测线圈测试的方式称为扫描，经扫描可以得到矩阵中各点的状态信息。

2. 压觉传感器

压觉传感器用来检测机器人手爪握持面上承受的压力大小和分布。图 11-7 所示为由碳纤维等压敏元件夹在两个电极之间构成的压觉传感器。用它可配成 4×4 传感器阵列。

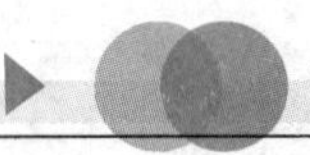

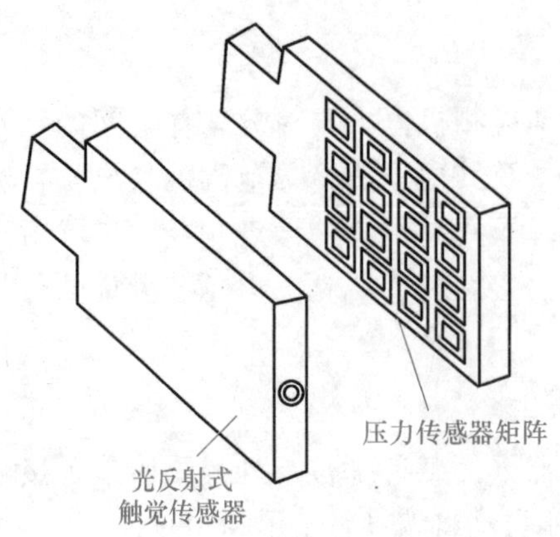

a) 机器人手爪

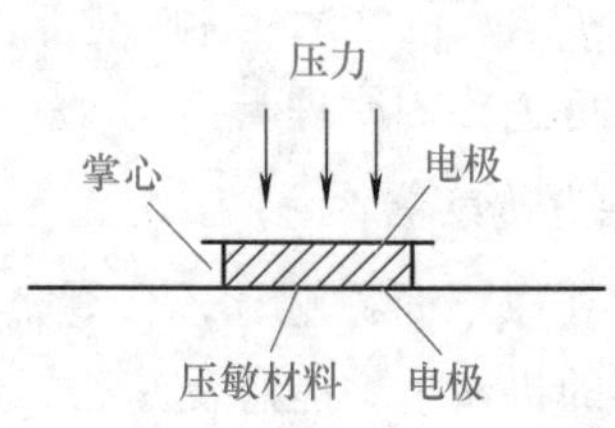

b) 压敏元件

图 11-7 矩阵压觉传感器

图 11-8 所示为由导电橡胶柱与金属电极棒交叉排列构成的格子形压觉传感器，它能检测受力点的信息。

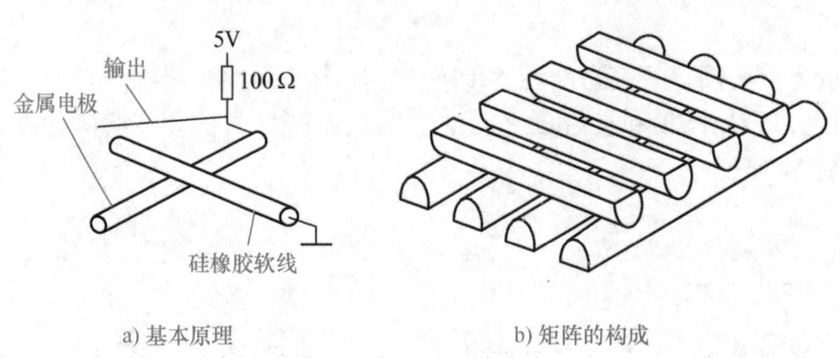

a) 基本原理　　b) 矩阵的构成

图 11-8 格子形压觉传感器

图 11-9 所示为利用半导体技术制成的智能式高密度压觉传感器。具有压阻特性的导电塑料层下面是绝缘层和金属电极，获取的信号由硅片上的大规模集成电路处理。

图 11-10 所示为硅电容压觉传感器阵列。它采用大规模集成电路制成，具有高的分辨率、稳定性，以及简单的接口电路，测量范围较宽。

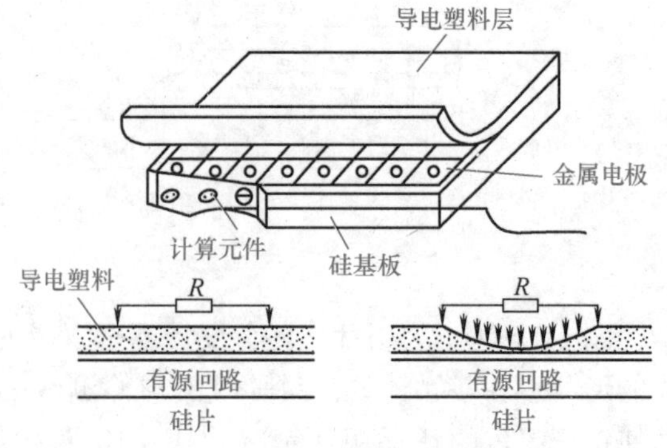

图 11-9 智能式高密度压觉传感器

基本电容单元的两个极分别是采用局部蚀刻的硅薄膜和与之对应的玻璃衬底上的一对金属化极板。硅薄膜随作用力而向下弯曲产生变形。采用静电作用把硅片封接在玻璃衬底上，SiO_2 用来将硅片上的电容极板与基片绝缘，电容极板一行行连接起来，行与行之间是绝缘的。图 11-10 中，行导线在槽里垂直地穿过硅片；金属列导线水平地分布在硅片槽下的玻璃上，在单元区域内扩展形成电容器的极板。这样就形成了一个简单的 X－Y 电容阵列，其灵敏度由极板尺寸和硅片厚度决定。

3. 力觉传感器

力觉传感器按其所在位置分为以下两种形式：

a) 4个触觉敏感元件

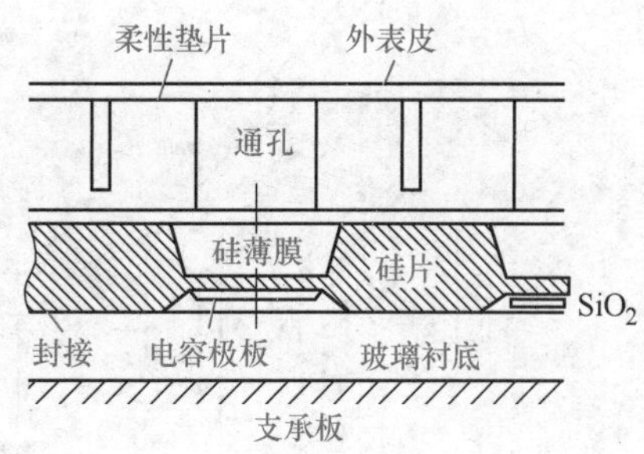

b) 剖视图

图 11-10　硅电容压觉传感器阵列

(1) 腕力传感器

它是检测机器人终端环节与手爪之间力的传感器。这个力可以看作是机器人施给物体的力。

(2) 支座力传感器

这是一种用来测量机械手与支座间的作用力，从而推算出机械手施加在工件上的力的传感器。

4. 滑觉传感器

机器人在抓取不知属性的物体时，其自身应能确定最佳握紧力的给定值。当握紧力过大时，被抓取物体可能变形或被破坏；当握紧力不够时，被抓取物体可能相对于机器人手爪产生滑动。

滑觉传感器就是用于检测物体接触面之间相对运动大小和方向的传感器。具有滑觉的机器人手爪，可以对被抓取物进行可靠的夹持。检测滑动的方法有：

1）将滑移转换成安装于手爪内面上的滚柱和滚珠的旋转，从而进行检测。

2）用压敏元件和触针，检测滑动时手爪部分的微小振动。

3）检测出即将发生滑动时，机器人手爪部分的变形和压力变化。

4）通过手腕部分载荷检出器，检测出手爪所加压力的变化，从而推断出滑动的大小。

图 11-11 所示为用滚球构成的滑觉传感器。滚球的表面是由导体和绝缘体配置成的网眼，由接点即可获取断续的脉冲信号。这种传感器能检测全方位的滑动。

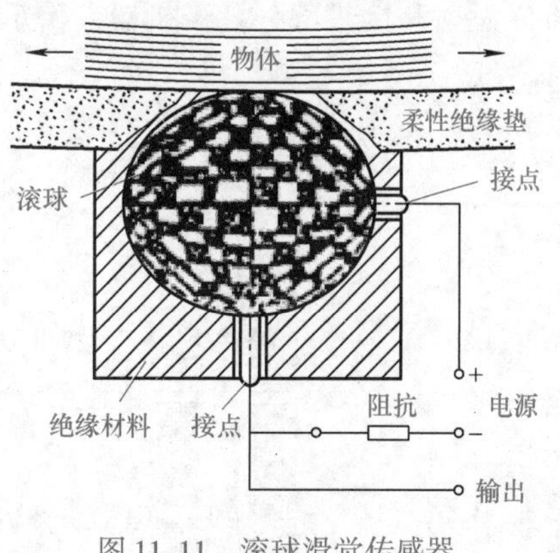

图 11-11　滚球滑觉传感器

图 11-12 所示为滚轴式滑觉传感器，检测端滚轴用弹簧片固定在手爪上。手爪在张开时，滚轴突出握持面约 1mm。手爪合拢握住对象时，弹簧片弯曲，滚轴后退至手爪握持面。这时如有滑动，将使滚轴旋转带动安装在滚轴中的光电传感器和缝隙圆板而产生脉冲信号。

四、接近觉传感器

接近觉传感器是机器人手爪在几毫米至几十毫米距离内检测对象物体状态的传感器。这种传感器具有以下作用：

1）在接触对象物体前获得必要的信息，以便准备后续动作，如机器人臂远离对象时，使之高速运动靠近；而在对象物体附近时，则以慢速靠近或离开。

笔记栏

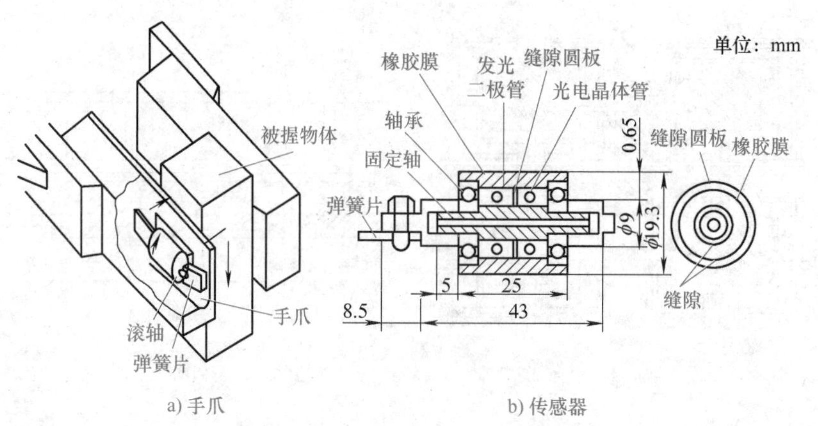

图 11-12 滚轴式滑觉传感器

2）发现前方障碍物时，限制行程，避免碰撞。

3）获取对象物体表面各点的距离信息，从而测出对象物体的表面形状。

显然，传感器越靠近对象物体，越能精确测量，故一般把接近觉传感器装在机器人手爪的前端。接近觉传感器有电磁感应式、光电式、电容式、气压式、超声波式和微波式等多种。实际工作中用哪种传感器，需要根据具体对象而定。

测量对象为金属面的接近觉传感器，一般采用电磁感应式传感器，如图 11-13 所示。它是由铁心、励磁线圈 W 和接成差分电路的检测线圈 W1 和 W2 构成。当接近对象时，由于金属产生的电涡流而使磁通变化，使两个检测线圈因距离不等，造成差分电路失去平衡，输出随着与对象物体的距离 l 不同而变化。目前弧焊机器人用接近觉传感器跟踪焊接缝，在 200°C 下工作，距离为 0～8mm，误差 <4%。

有三种常用的光电式接近觉传感器，它们利用发射光经过对象物体反射的原理进行工作。图 11-14 所示是将发光元件和感光元件的光轴相交而构成的光电式接近觉传感器。当被测物体处于光轴交点时，反射光量（亦即接收信号）出现峰值。一般用这一特性来确定物体的位置，为将光发射和接收部分置于机器人手爪的前端，通常使用光纤束传输光信号。

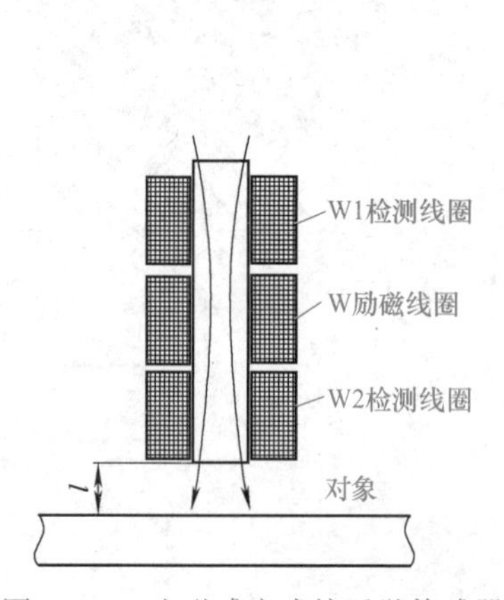

图 11-13 电磁感应式接近觉传感器

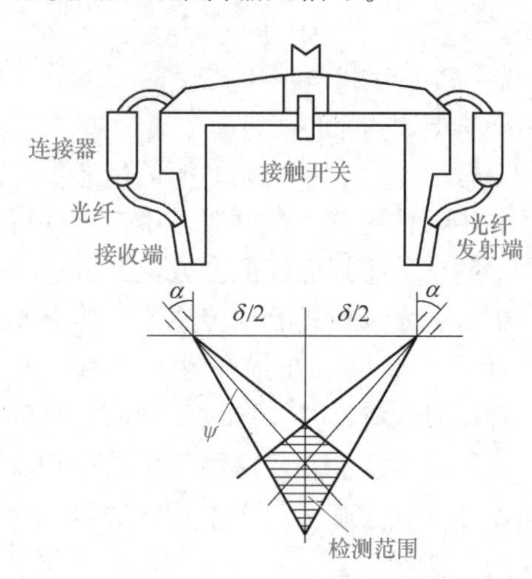

图 11-14 光纤接近觉传感器

图 11-15 所示的反射式接近觉传感器中，将 n 个发光元件沿横向直线排列（线阵），并使之按一定顺序发光，根据反射光量的变化及其时间，即可求出发射角，从而确定被测物体的距离。

超声法测距是将超声波以脉冲的形式向着对象表面发射，由接收信号的滞后时间就可以计

笔记栏

算出探头与反射面之间的距离。这种方法多用于移动型机器人的环境测定，特别是适用于长距离的测定。

五、其他机器人传感器

其他机器人传感器有听觉、嗅觉、味觉等传感器。

1. 听觉传感器

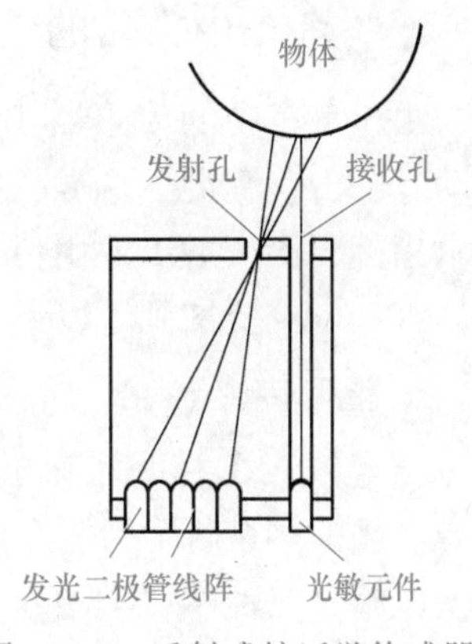

图 11-15 反射式接近觉传感器

听觉是机器人的重要感觉之一。由于计算机技术及语音学的发展，现在机器人已经实现通过语音处理及辨识技术识别讲话人，还能正确理解一些简单的语句。然而，由于人类的语言是非常复杂的，无论哪一个民族，其语言的词汇量都非常大，即使是同一个人，他的发音也随着环境及身体状况有所变化，因此，使机器人的听觉具有接近于人耳的功能还为时尚早。

识别语音的方法，是将事先指定人声音的每一个字音的特征组成一个特征矩阵存储起来，形成一个标准模式。系统工作时，将接收到的语音信号用同样方法求出它们的特征矩阵，再与标准模式相比较，看它与哪个模式相同或相近，从而识别该语音信号的含义，这就是所谓的模式识别。

2. 嗅觉传感器

嗅觉传感器具有检测各种气体的化学成分、浓度等功能。在放射线、高温煤烟、可燃性气体以及其他有毒气体的恶劣环境下，开发检测这些气体的传感器对于了解环境污染、预防火灾和毒气泄漏具有重大的意义。嗅觉传感器主要采用气体传感器、射线传感器等。

3. 味觉传感器

味觉是指对液体进行化学成分的分析。常用的味觉方法有 pH 计、化学分析器等。一般味觉传感器可探测溶于水中的物质，而嗅觉传感器探测气体状的物质，而且在一般情况下，在探测化学物质时嗅觉比味觉更敏感。

除以上所介绍的机器人传感器外，还有纯工程学的传感器，如检测磁场的磁传感器，检测各种异常的安全用传感器（如发热、噪声等）和电波传感器等。

总之，机器人传感器是机器人研究中必不可缺的课题。虽然，目前机器人在感觉能力和处理意外事件的能力上还非常有限。但可以预言，随着新材料、新技术的不断出现，新型实用的机器人传感器将会获得更快的发展。

任务 11.2 了解汽车中的传感器

任务引入

车用传感器是汽车计算机系统的输入装置，它把汽车运行中的各种工况信息，如车速、各种介质的温度、发动机运转工况等，转化成电信号输给计算机，以便发动机处于最佳工作状态。那么，汽车上都有哪些传感器呢？

知识精讲

思考二：目前，一辆普通家用轿车上大约安装有几十到近百只传感器，而豪华轿车上的传感器数量更多，达 200 余只。传感器在汽车上主要用于哪些方面呢？

笔记栏

一、汽车中常用的传感器

由于汽车中的传感器工作在高温（发动机表面温度可达150℃、排气管温度可达650℃）、振动、冲击、潮湿、烟雾、腐蚀和油泥污染的恶劣环境中，因此汽车中的传感器耐恶劣环境的技术指标要比一般工业用传感器高1～2个数量级。

汽车中主要用到了以下几类传感器。

1. 温度传感器

温度传感器主要用于检测发动机温度、吸入气体温度、冷却水温度、燃油温度以及催化温度等。图11-16所示为汽车中使用的一种温度传感器。温度传感器有线绕电阻式、热敏电阻式和热偶电阻式三种主要类型。三种类型的温度传感器各有特点，其应用场合也略有区别。线绕电阻式温度传感器的精度高，但响应特性差；热敏电阻式温度传感器的灵敏度高，响应特性较好，但线性度差，适用于温度较低的环境；热偶电阻式温度传感器的精度高，测量温度范围宽，但需要配合放大器和冷端处理电路一起使用。

2. 压力传感器

压力传感器主要用于检测气缸负压、大气压、涡轮发动机的升压比、气缸内压、油压等。压力传感器如图11-17所示。汽车中的压力传感器应用较多的有电容式、压阻式、差动变压器式（LVDT）、表面弹性波式（SAW）压力传感器。

图11-16　温度传感器

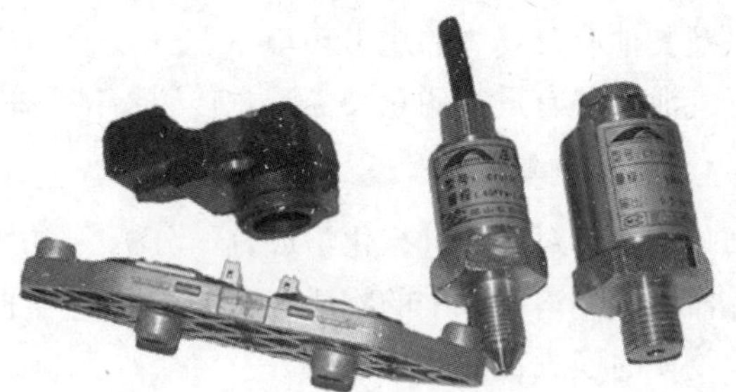

图11-17　压力传感器

电容式压力传感器主要用于检测负压、液压、气压，测量范围20～100kPa，具有输入能量高、动态响应特性好、环境适应性好等特点；压阻式压力传感器受温度影响较大，需要另设温度补偿电路，但适合大批量生产；LVDT式压力传感器有较大的输出，易于数字输出，但抗干扰性差；SAW式压力传感器具有体积小、质量轻、功耗低、可靠性高、灵敏度高、分辨率高、数字输出等特点，用于汽车吸气阀压力检测，能在高温下稳定地工作，是一种较为理想的传感器。

进气压力传感器（又称MAP传感器）检测的是节气门后方的进气歧管的绝对压力，它根据发动机转速和负荷的大小检测出歧管内绝对压力的变化，然后转换成信号电压送至发动机控制单元（ECU），ECU依据此信号电压的大小，控制基本喷油量的大小。

3. 流量传感器

流量传感器主要用于发动机空气流量和燃料流量的测量。流量传感器如图11-18所示。空气流量的测量用于发动机控制系统确定燃烧条件、控制空燃比、起动、点火等。空气流量传感器有旋转翼片式（叶片式）、卡

图11-18　流量传感器

微课11-2
汽车压力
传感器

门涡旋式、热线式、热膜式等四种类型。旋转翼片式(叶片式)空气流量计结构简单，但测量精度较低，测得的空气流量需要进行温度补偿；卡门涡旋式空气流量计无可动部件，反应灵敏，精度较高，但也需要进行温度补偿；热线式空气流量计测量精度高，无须温度补偿，但易受气体脉动的影响，易断丝；热膜式空气流量计和热线式空气流量计测量原理一样，但其体积小，适合大批量生产，成本较低。

燃料流量传感器用于检测燃料流量，主要有水轮式和循环球式。

4. 位置和转速传感器

位置和转速传感器主要用于检测曲轴转角、发动机转速、节气门的开度、车速等。目前汽车使用的位置和转速传感器主要有交流发电机式、磁阻式、霍尔效应式、簧片开关式、光学式、半导体磁性晶体管式等。

车速传感器种类繁多，有敏感车轮旋转的，也有敏感动力传动轴转动的，还有敏感差速从动轴转动的。当车速高于100km/h时，一般测量方法误差较大，需采用非接触式光电速度传感器。

5. 气体浓度传感器

气体浓度传感器主要用于检测车体内的气体和废气排放，如图11-19所示。其中，最主要的是氧传感器，实用化的有氧化锆传感器（使用温度-40～900℃，精度1%）、氧化锆浓差电池型气体传感器（使用温度300～800℃）、固体电解质式氧化锆气体传感器（使用温度0～400℃，精度0.5%），另外还有二氧化钛氧传感器。与氧化锆传感器相比，二氧化钛氧传感器具有结构简单、轻巧、价格低廉、抗铅污染能力强的特点。

6. 爆震传感器

爆震传感器用于检测发动机的振动，通过调整点火提前角控制和避免发动机发生爆震。爆震传感器如图11-20所示。可以通过检测气缸压力、发动机机体振动和燃烧噪声三种方法来检测爆震。爆震传感器有磁致伸缩式和压电式。磁致伸缩式爆震传感器的使用温度为-40～125℃，频率范围为5～10kHz；压电式爆震传感器在中心频率5.417kHz处，其灵敏度可达200mV/g，在振幅为0.1～10g范围内具有良好的线性度。

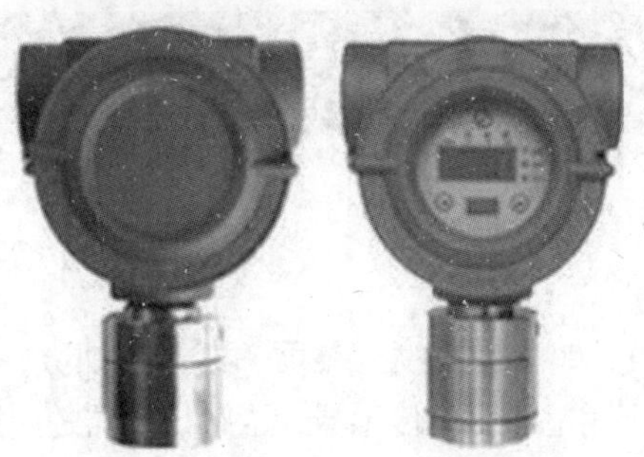

图11-19　气体浓度传感器

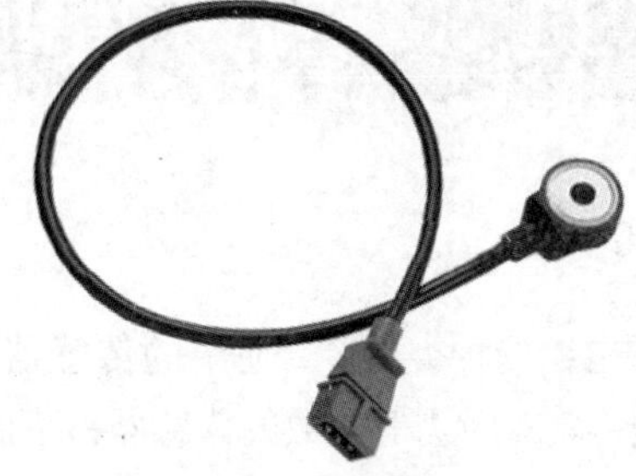

图11-20　爆震传感器

7. 胎压监测传感器

为了能够为行车安全提供可靠的保障，在汽车行驶时可以利用胎压监测传感器对其轮胎气压进行实时的自动检测，避免轮胎出现低气压和漏气。胎压监测系统，即将微型压力传感器安装于每一个轮框内以便能够测量轮胎气压，并将信息经由无线发射器传送至汽车前方监视器的系统。将胎压监测传感器安装于汽车的每一个车轮内，不仅能够起到精准测量内压和温度的作用，同时也会以无线形式向车身控制器输送相应的数据信息。当信息帧通过CAN总线发送至仪表盘时，仪表盘显示屏便会及时显示具体的温度值和压力值。若任一汽车轮胎的相应数值高于报警值，仪表盘便会通过文字、图形及声音等形式，警示胎压不足的轮胎的确切位置。

笔记栏

二、汽车传感器的发展方向

现阶段，汽车已经从单一性的交通工具朝着更为安全、现代、智能的方向发展与改进。要想满足当代人们对于汽车的实际需求，就应该不断革新电子设备的配置，而传感器是其中十分重要的构成部分。同时汽车传感器的稳定性、一致性以及准确性在电子系统发展过程中所起到的作用也十分重要，可以说传感器技术体现了现代科学技术的水平。

传感器在发动机控制以及底盘控制系统中尤为重要，除此之外传感器和车身控制系统之间的关系也十分密切。汽车导航系统以传感器为依据把实时路况信息转变成电信号，进而指导汽车行驶。由于汽车行驶时会涉及很多种行驶条件，因此汽车传感器自身的适应性极强，即使在相对恶劣的条件下也可以照常工作。

在人工智能时代，人们最为感兴趣的就是自动驾驶技术，究其本质主要是借助一些技术躲避障碍物，能够自行控制速度、转向以及遵循道路交通规则，即实现人工智能汽车驾驶。实现这一技术却仅需要处理计算机、视频摄像头以及传感器。在汽车的挡风玻璃与后视镜之间安装好视频摄像头，也可以将其安装在车轮罩内，主要是对信号灯、限速标识以及路标进行读取，而且还可以监测行驶途中的障碍物；对于处理计算机而言，其主要对来自汽车传感器的有关信息进行有效的分析和处理，还可以控制其中的执行机构，如转向盘、制动等。而传感器则是多种信息的“原点”。当下的汽车行业正在朝着自动驾驶方向发展，而在这一进程中十分关键的转折点就是如何有效融合传感器，将汽车上所有的系统连接到一起，在需要紧急处理时可以进行正确的决策，从而降低事故发生率。新技术的研发以及新型材料的使用，切实推动了新型传感器的应用与发展。人工智能时代的到来，汽车实现自动驾驶已经是大势，这也使得汽车传感器在人工智时代中呈现出数字化、微型化、智能化等特征。

在汽车电子控制系统中，传感器是其中尤为重要的基础元件之一，而且也是提升其经济性、操控性、动力性的主要信息源头。曾有人这样评价汽车传感器，说要是没有传感器就难以实现汽车现代化。由此可见，在智能汽车发展进程中传感器是主要环节之一，对此应进一步完善供给体系，推动汽车传感器在人工智能时代更好地发展。

任务 11.3 了解家用电器中的传感器

任务引入

家用电器的种类很多，使用的传感器种类也很多。如测量温度、湿度、气体、烟雾、压力、流量、转速、转矩及力等参数的传感器，下面通过学习家用电器中的传感器，了解传感器的应用知识。

知识精讲

思考三：随着社会的进步及生活水平的不断提高，人们对家用电器产品的功能要求也越来越高。那么，家用电器中都需要哪些传感器呢？

一、洗衣机中的传感器

目前，洗衣机已实现了利用传感器和微处理器对洗涤过程进行检测和控制的功能。除了用微处理器进行程序控制外，洗衣机中还使用了水位传感器、布量传感器和光电传感器等，使洗衣机能够自动进水、控制洗涤时间、判断洗净度和控制脱水时间。此外，洗衣机还可以自动判

笔记栏

断搅拌程度与洗涤、漂洗及脱水的进行情况，将洗涤过程控制到最佳状态。这些传感器的使用，不但使洗衣机省水、省电、省洗涤剂，也给使用洗衣机带来了极大的力便。图11-21所示为传感器在全自动洗衣机中的应用，图中使用了水位传感器、布量传感器及光电传感器。

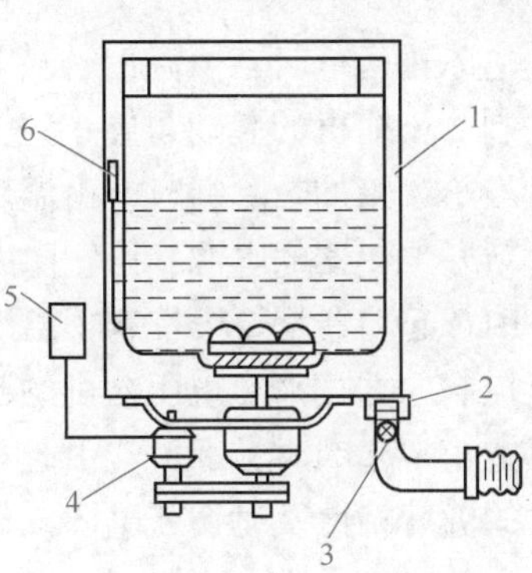

图 11-21　全自动洗衣机中的传感器

1—脱水缸　2—光电传感器　3—排水阀　4—电动机　5—布量传感器　6—水位传感器

1. 水位传感器

洗衣机中的水位传感器主要用来检测水位的等级。水位传感器由三个发光元件和一个光敏元件组成，检测原理是根据依次点亮两个发光元件后，光到达光敏元件而得到水位高低的数据。

2. 布量传感器

布量传感器用来检测洗涤物的重量。其检测原理是根据电动机的负荷电流变化来检测洗涤物的重量。

3. 光电传感器

光电传感器由发光二极管和光电二极管组成，安装在排水口上部。用光电传感器可以检测洗涤净度，判断排水、漂净度及脱水情况。光电传感器每隔一定时间检测一次由于洗涤液的混浊引起的排水口上部光透射率的变化，待其变化为恒定时，则认为洗涤物已干净，洗涤过程完成；在排水过程中，排水口有洗涤泡沫，传感器根据泡沫引起透光的散射情况来判断排水过程，待其变化为恒定时，排水过程完成；漂洗时，传感器可通过测定光的透射率来判断漂净度，待其变化为恒定时，漂洗过程完成；脱水时，排水口有紊流空气，使光散射，这时光电传感器每隔一定时间检测一次光透过率的变化，待其变化为恒定时，脱水过程完成，再通过微处理器结束全部洗涤过程。

二、电冰箱中的传感器

电冰箱主要由制冷系统和控制系统两大部分组成，其中控制系统用来保证电冰箱在各种使用条件下能够安全、可靠地运行。控制系统主要包括温度自动控制、除霜温度控制、流量自动控制、过热及过电流保护等。在控制系统中，传感器起着非常重要的作用。

图 11-22 所示为常见的电冰箱电路原理图。它主要由温度控制器、温度显示器、PTC 起动器除霜温控器、电动机保护装置、开关、风扇及压缩电动机等组成。

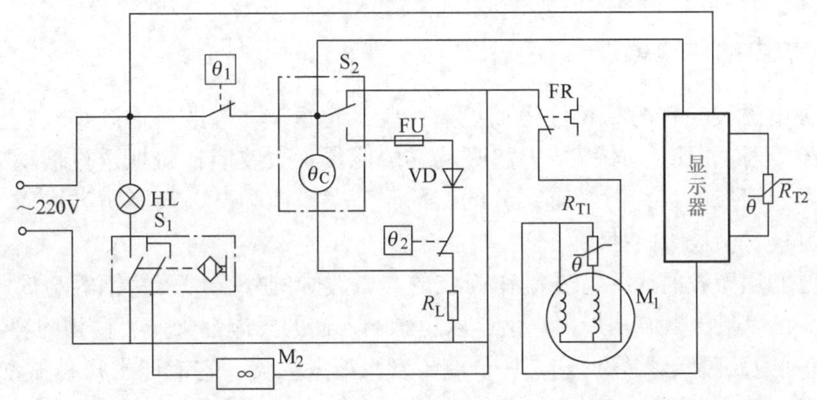

图 11-22　常见的电冰箱电路原理图

θ_1—温度控制器　θ_2——除霜温控器　R_L—除霜热丝　S_1—门开关　S_2—除霜定时开关

FR—热保护器　R_{T1}—PTC 起动器　R_{T2}—测温热敏电阻

笔记栏

电冰箱运行时，由温度传感器组成的温度控制器按设定的冰箱温度自动接通和断开电路，控制制冷压缩机的起动与停止。

当给冰箱加热除霜时，由温度传感器组成的除霜温控器将会在除霜加热器达到一定温度时，自动断开加热器的电源，停止除霜加热。

PTC 起动器是一个带有正温度系数热敏电阻的电动机保护装置，利用 PTC 的温度特性，用电流控制的方式来实现压缩机的起动，当压缩机负荷过重、发生某些故障或是电压过低（过高）而不能正常起动时，都可能引起电动机电流的增大而烧坏电动机，此时 PTC 起动器将利用热敏元件的温度特性及时切断电源，保护电动机。

三、电视遥控器中的传感器

遥控功能是电视机的附加功能，它是红外技术、声音合成及识别技术不断发展的结果。目前生产的电视机绝大多数使用红外技术组成遥控电路，遥控电路通常由遥控发射、遥控接收、微处理器及节目存储器等组成。

电视机红外遥控电路原理图如图 11-23 所示，遥控发射和遥控接收采用一对红外光电管来完成，不仅使调制和检波更为简单，也使遥控部件小型化。遥控器实现了较远距离对彩色电视机的频道预选、自动调谐、音量调节、对比度调节、亮度调节、色饱和度调节、关机及定时等控制功能的操作。

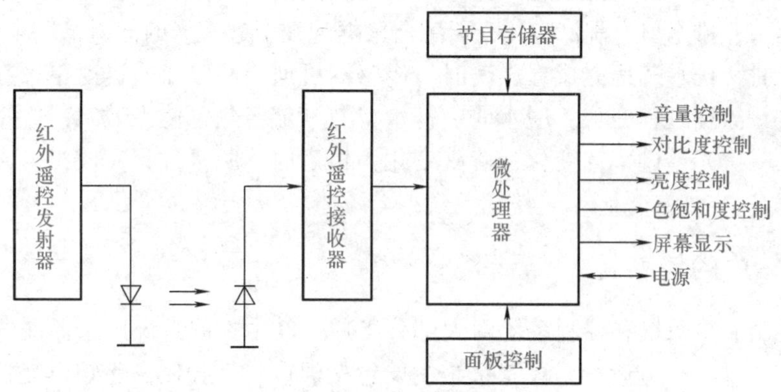

图 11-23　电视机红外遥控电路原理图

除了红外遥控方式外，在部分彩色电视机上还采用了声控方式，这种遥控方式是采用声音识别技术，通过讲话来控制彩色电视机的各项功能。

四、微波炉中的传感器

微波是一种电磁波，它的波长比短波更短，属于超短波。微波一遇到铜、铝、不锈钢之类的金属就会发生反射，所以导体根本无法吸取它的能量；微波能自由地透过玻璃、陶瓷、塑料等绝缘材料而不会消耗能量；但含有水分的淀粉、蔬菜、肉类，以及脂肪类物质，微波不但不能透过，反而其能量会被吸收掉。

微波炉正是利用微波的这些特性制作而成的。微波炉的外壳用不锈钢等金属材料制成，如图 11-24 所示，可以阻挡微波从炉内逃出，以免影响人们的身体健康；装食物的容器则用绝缘材料制成；微波炉的心脏是磁控管，它是一个电子管微波发生器，它能产生每秒振动 24. 5 亿次的微波。

家用微波炉利用的波段多数是 2450MHz 的超短波，也就是说食物中的水分子在 1s 内要变化极性百万次，正是在这样的情况下，水分子之间相互摩擦与碰撞，产生了大量的热，而这些热又被食物分子吸收，食物也就“振熟”了。

微波炉中常用的传感器有温度传感器、蒸汽传感器、湿度传感器、重量传感器、红外线传感器等。

图 11-24　微波炉

1. 温度传感器

微波炉中的温度传感器主要用于微波场测温，常用的温度传感器有常规热电偶、热电阻、热敏电阻、光纤温度传感器、红外测温仪和超声测温仪等。

（1）常规热电偶和热电阻

常规热电偶和热电阻具有准确、稳定、可靠及价廉等优点。但由于它们本身及其传输线是金属材料，可产生感应电流，如何消除或减少干扰是使用常规热电偶、热电阻测温的关键。图 11-25a所示为热电偶温度传感器。

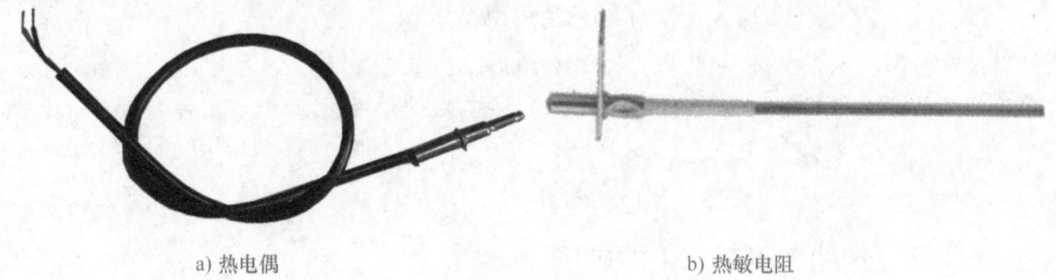

a) 热电偶　　b) 热敏电阻

图 11-25　微波炉温度传感器

（2）热敏电阻

这种传感器采用半导体热敏电阻作为测温探头，用非金属的高阻导线作为信号传输线，热敏电阻器—高阻导线—金属传输线间的连接采用导电胶粘接，再配以简单的测量电路构成，热敏电阻如图 11-25b 所示。

（3）光纤温度传感器

与传统温度传感器相比，光纤温度传感器有一些独特的优点，如抗电磁干扰、耐高压、耐腐蚀、防爆、防燃、体积小、重量轻等，为解决微波场的测温问题提供了一条有效途径。目前，国内外以传光型光纤温度传感器应用较广，如图 11-26 所示。

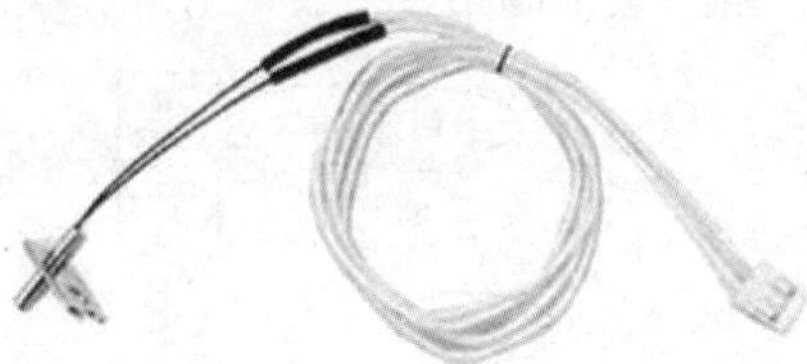

图 11-26　传光型光纤温度传感器

（4）红外测温仪和超声测温仪

红外测温仪是一种非接触测量仪器，用于测量不同温度物体的表面温度。它根据被测物的红外辐射强度确定其温度。由于其具有非接触性，所以常用于微波场温度测量。超声测温仪将超声波测温技术用于微波场测温，由于造价昂贵，尚有待进一步开发研究。

2. 湿度传感器

湿度传感器用于控制微波炉中的湿度，以便利用磁控管的振荡烘烤食品。

3. 红外线传感器

解冻食品时要使用红外线传感器测温。通过检测要解冻食品的表面温度来确定初始值；根据确定的初始值来确定解冻结束值；初始值和结束值之间的差距被分成至少两个部分，磁控管的功率根据各个部分的差值而变化，而各部分中磁控管的功率从更接近于初始值的值向接近于结束值的值相应减小。

笔记栏

4. 其他传感器

为了防止微波的泄漏，微波炉的开关系统由多重安全联锁微动开关装置组成。联锁微动开关是微波炉的一组重要安全装置。它有多重联锁作用，均通过炉门的开门按键或炉门把手上的开门按键加以控制。当炉门未关闭好或炉门打开时，联锁微动开关断开电路，使微波炉停止工作。

微波炉一般有两种定时方式，即机械式定时和计算机定时。基本功能是选择设定工作时间，设定时间过后，定时器自动切断微波炉主电路。

热断路器是用来监控磁控管或炉腔工作温度的组件。当工作温度超过某一限值时，热断路器会立即切断电源，使微波炉停止工作。

温馨提示

了解安全用电常识

使用微波炉时，应注意不要空烧，因为空烧时，微波的能量无法被吸收，这样很容易损坏磁控管。另外，人体组织含有大量水分，一定要在磁控管停止工作后，再打开炉门，提取食物。

五、传感器在智能家居系统中的应用

智能家居系统是利用先进技术，依照人体工程学原理，融合个性需求，将家居通信设备、家庭生活用电器与家用保安设备，与家里布设的总线连接到一组家用控制器上，通过网络化综合智能控制和管理，优化人们的家庭生活形态，协助人们合理安排时间，提高家居生活的安稳性，实现“以人为中心”的新型家居生活享受。

智能家居系统主要由计算机、智能手机、智能家居服务器、各种传感器和智能家用电器组成，通过通信网络进行有效管理，实现智能网络控制，其组成框图如图 11-27 所示。

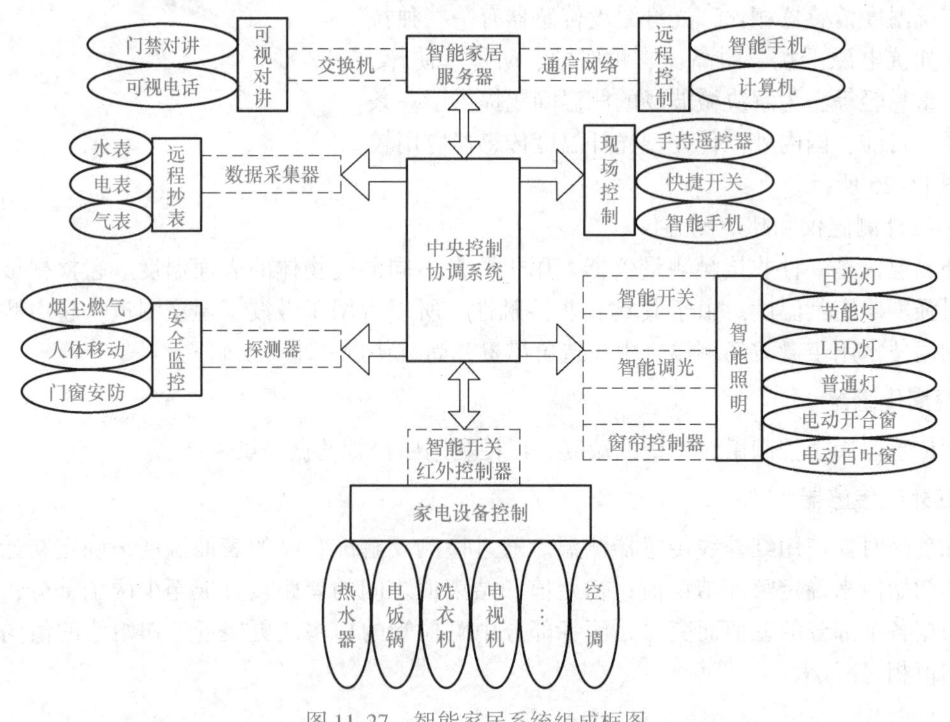

图 11-27 智能家居系统组成框图

笔记栏

通过智能家居系统可以及时发现陌生人入侵、煤气泄漏、火灾等情况并发出报警通知居住者，通过传感器的反馈信号，实现对家中的饮水机、插座、空调和电视机等的智能控制，通过智能传感及探测器，可对家中的温度、湿度等进行检测，并驱动压缩机的起动、停机、风门调节和换气等，从而实现对室内温度、湿度和空气浊度的调节与自动控制，创造更舒适、更便捷的智能家居生活。

任务 11.4 了解气动自动化系统中的传感器

任务引入

随着工业4.0的蓬勃发展，自动化技术的发展也越来越快。传感器技术的发展直接或间接地影响着整个工业自动化的发展速度和进程。传感器在气动生产线中的关键作用相当于关键支点，倘若没有高灵敏度的传感器加以支撑，则很难实现自动化生产。

知识精讲

思考四：流水线上的自动操作都是使用什么传感器进行控制呢？

在气动自动化系统中，传感器主要用于测量设备运行中工具或工件的位置等物理参数，并将这些参数转换为相应的信号，以一定的接口形式输入控制器。气动自动化系统中常使用各类接近开关。

接近开关与机械开关相比，具有以下优点：非接触测量，不影响被测物体的运行工况；不产生机械磨损和疲劳损失，工作寿命长；响应快；防尘、防潮性能较好，可靠性高；无触点、无火花、无噪声，可用于要求防爆的场合。

1. 电感式接近开关

如图 11-28 所示，在电感线圈中输入交流电流，便产生一高频交变电磁场，当外界的金属导体接近这一磁场时，将在金属表面产生涡流，涡流会形成新的磁场反过来作用于电感线圈，引起线圈电感的变化，经信号处理触发开关驱动控制器件，从而达到非接触检测。

电感式接近开关仅限于检测金属导体。

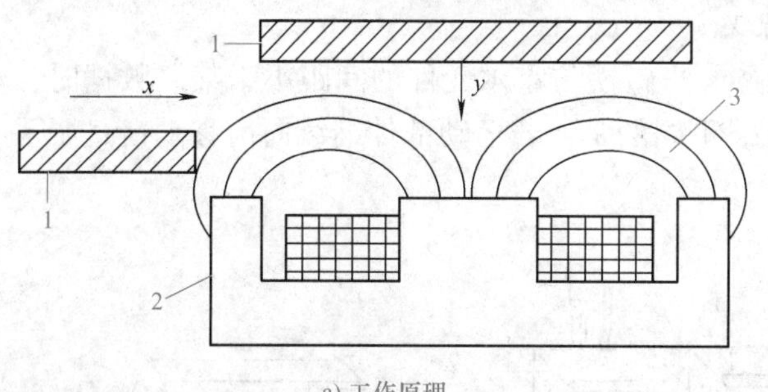

a) 工作原理　　b) 外形

图 11-28　电感式接近开关

1—导电运动物体　2—感辨头　3—磁力线

2. 电容式接近开关

电容式接近开关的感应面由两个同轴金属电极构成，很像“打开的”电容器的电极，如图 11-29所示。当测试目标接近传感器表面时，它就进入由这两个电极构成的电场，引起电容器电容量的增加，经信号处理后形成开关信号。

图 11-29　电容式接近开关

笔记栏

当导体靠近电容式接近开关时，面对传感器的感应面形成一个反电极，分别和传感器的两个极板构成串联电容，如图 11-30a 所示，使传感器电容量增大。如果是非导体靠近，相当于在电容传感器两极板之间插入某种介质，如图 11-30b 所示，使传感器电容量增加。

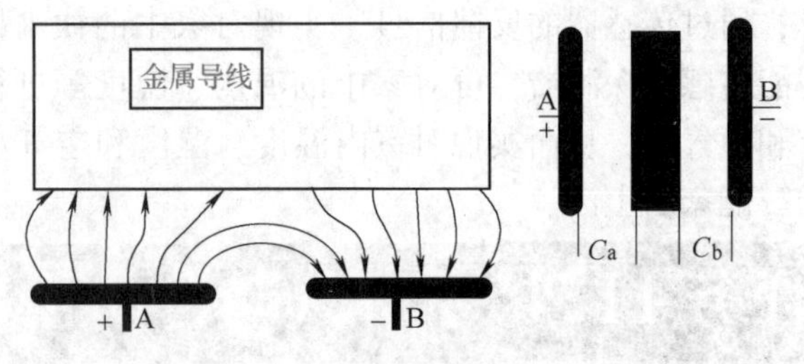

a) 检测导体

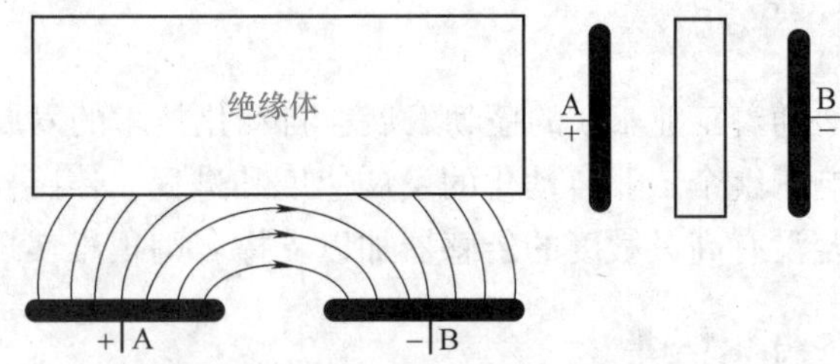

b) 检测非导体

图 11-30 电容式接近开关检测原理图

3. 红外光电开关

红外光电开关是用来检测物体的靠近、通过等状态的光电传感器。近年来，随着生产自动化、机电一体化的发展，光电开关已发展成系列产品，用户可根据生产需要，选用适当规格的产品，而不必自行设计光路及电路。

由于光电开关在项目 5 中有详细的介绍，本节不再赘述。

4. 霍尔式接近开关

随着微电子技术的发展，目前霍尔元件以其体积小、灵敏度高、输出幅度大、温漂小及对电源稳定性要求低等优点，得到了广泛的应用。霍尔式接近开关如图 11-31 所示。

图 11-31 霍尔式接近开关

在图 11-32a 中，磁极的轴线与霍尔元件的轴线在同一直线上，当磁铁随运动部件移到距霍尔元件距离几毫米处时，霍尔元件的输出由高电平变成低电平，经驱动电路使继电器吸合或释放，运动部件停止移动。

在图 11-32b 中，磁铁随运动部件沿 X 方向移到，霍尔元件从两块磁铁间隙中滑过。当磁铁与霍尔元件的间距小于某一数据时，霍尔元件输出由高电平变成低电平。与图 11-32a 不同的是，若运动部件继续向前移动滑过了头，霍尔元件的输出又将恢复高电平。

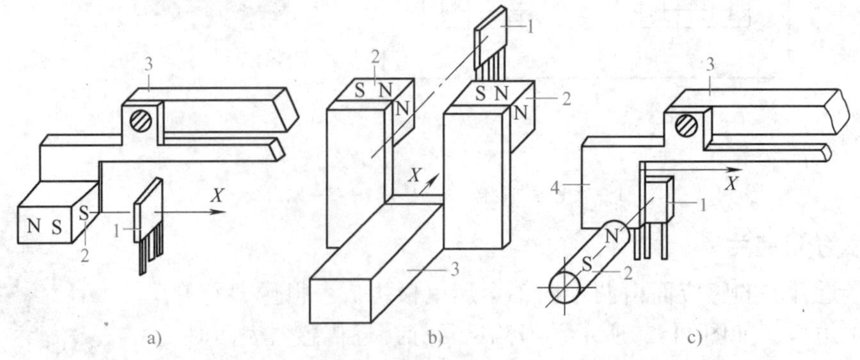

图 11-32 霍尔式接近开关工作原理示意图

1—霍尔元件 2—磁铁 3—运动部件 4—软铁分流翼片

笔记栏

在图 11-32c 中，软铁制作的分流翼片与运动部件联动，当它移动到磁铁与霍尔元件之间时，磁力线被分流，遮挡了磁场对霍尔元件的激励，霍尔元件输出高电平。

微课11-3
气动生产线
中的传感器

5. 超声波接近开关

由发射器发射出来的超声波脉冲作用到一个声反射的物体上，经过一段时间，被反射回来的声波又重新回到反射器上，经过电路处理，产生一开关信号，其工作原理如图 11-33 所示。图 11-34所示为超声波接近开关。

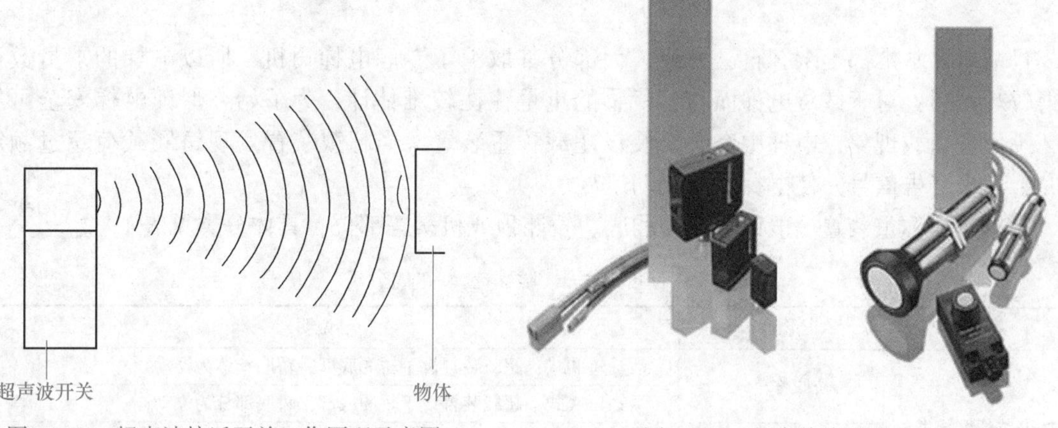

图 11-33 超声波接近开关工作原理示意图

图 11-34 超声波接近开关

任务 11.5 了解电梯中的传感器

任务引人

传感器在电梯的运行过程中向其控制系统及拖动系统提供超载、关门阻挡、速度、平层及到站位置等各种信号。电梯中应用的传感器种类比较多，每台电梯要使用 2～8 只传感器，如称重传感器、光幕传感器、速度编码器、平层传感器、位移传感器等。

知识精讲

思考五：电梯超载是怎么测量出来的呢？

一、称重传感器在电梯中的应用

当电梯装有称重装置并且处于自动状态时，如果电梯超载，则电梯门打开，超载灯亮，蜂鸣器响（声光报警），并且按动关门按钮无效，超载信号消除后自动恢复正常。电梯的称重装置是由称重传感器来实现测量重量的功能。

1. 称重装置的作用及种类

乘客从厅门、轿门进入到轿厢后，轿厢里的乘客人数（或货物）所达到的载重量如果超过电梯的额定载重量，可能造成电梯超载，产生不安全后果或超载失控，造成电梯超速降落事故。为防止电梯超载运行，多数电梯在轿厢上安装有超载装置。

笔记栏

温馨提示

要勤于思考，善于解决现场实际问题。

国家标准中对电梯超载装置的要求如下：

1）当轿厢超载时，电梯上的一个装置应防止电梯正常起动及再平层。

2）所谓超载是指超过额定载荷的10%，并至少为75 kg。

3）在超载情况下：轿内应有音响和（或）发光信号通知使用人员；动力驱动自动门应保持在完全打开位置；手动门应保持在未锁状态。

目前电梯基本都是乘客自己操纵，大部分都取消了专职电梯司机，所以电梯的乘员数量就变得较难控制；对于载货电梯而言，货物的重量往往较难估计，为了始终保证电梯安全可靠运行，不出现超载现象，电梯中有必要装设超载称重装置，当超载装置发现轿厢载荷超过额定负载时，发出警告信号并使电梯不能起动运行。

轿厢超载称重装置一般设置在轿厢底、轿厢顶或机房等部位，具体分类见表11-2。

表11-2 轿厢超载称重装置的分类

类别	形式	说明
按安装位置分类	轿底称重式	活动轿厢式；超载装置设于轿厢底部，轿厢整体为浮动
		活动轿底式；超载装置设于轿厢底部，轿底部分为浮动
	轿顶称重式	超载装置设于轿厢上梁
	机房称重式	超载装置设于机房
按结构原理分类	机械式	称重装置为机械式结构
	橡胶块式	橡胶块为称重元件
	压力传感器式	压力传感器作为称重元件

2. 称重装置的工作原理

（1）机械式称重装置

机械式称重装置可以分为装设于轿底和装设于轿顶两种形式。它采用磅秤工作的杠杆原理，如图11-35所示。当轿厢受载后，连接块在重力作用下向下移动，当轿内重量达到设定值时，轿底下移使连接块上的开关碰块碰触微动开关，电梯控制线路被触发，此时电梯不能起动，报警器报警，直至超载状态解除方可恢复。称量值可以通过移动秤砣和副砣来调节。

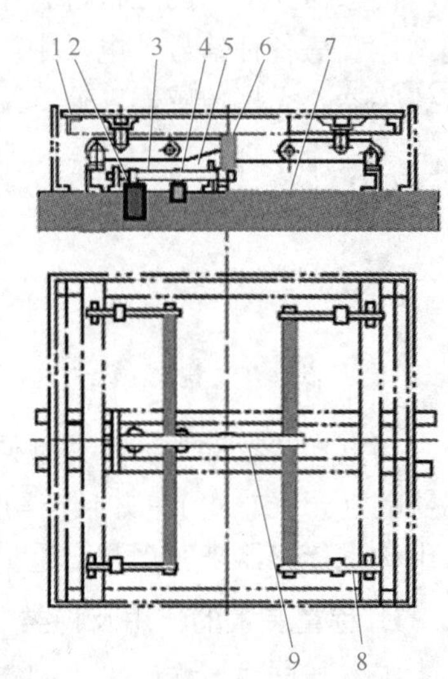

图11-35 机械式轿底称重装置
1—轿厢底 2—主秤砣 3—秤杆 4—副秤砣 5—微动开关 6—连接块 7—轿底梁 8—悬臂梁 9—悬臂

轿顶或机房机械式称重装置如图11-36所示，它也是利用杠杆原理，称重装置与轿顶或机房中的绳头连接板结合在一起，维修保养较方便，但由于钢丝绳及补偿绳长度变化导致其称重会发生变化，称重值必须随时修正。

（2）橡胶块式称重装置

橡胶块式称重装置利用橡胶块受力压缩后触及微动开关，从而达到切断控制回路电源的目的。图11-37所示为橡胶块设置在轿顶的形式，也有设置在轿底的形式。

（3）压力传感器式称重装置

对轿厢载重进行称重可以将应变式压力传感器安装在轿顶或

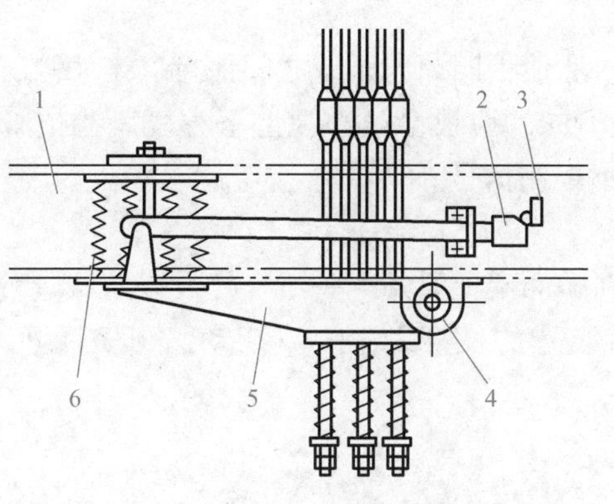

a) 机械式轿顶称重装置

1—上梁 2—摆杆 3—微动开关
4—秤座 5—秤杆 6—压簧

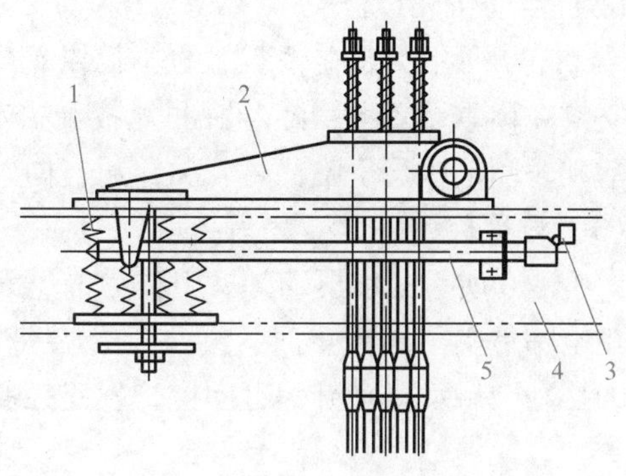

b) 机械式机房称重装置

1—压簧 2—秤杆 3—微动开关
4—承重梁 5—摆杆

图 11-36 轿顶或机房机械式称重装置

机房，也可以安装在活动轿底，超载则控制电路工作，切断控制回路电源，报警器鸣叫，超载灯亮，如图 11-38 所示。

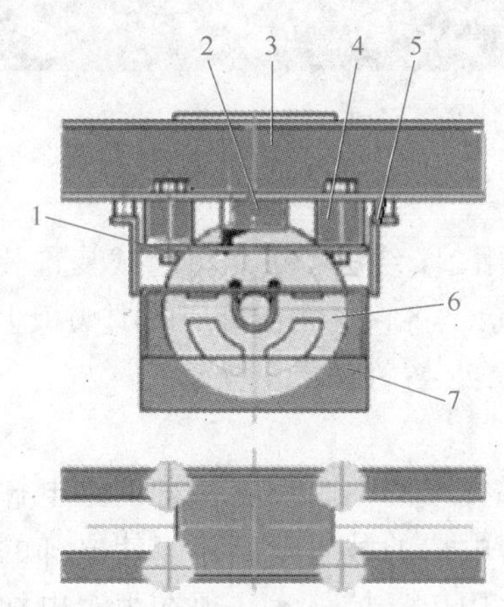

图 11-37 橡胶块式轿顶称重装置

1—触头螺钉 2—微动开关 3—上梁
4—橡胶块 5—限位板 6—轿顶轮 7—防护板

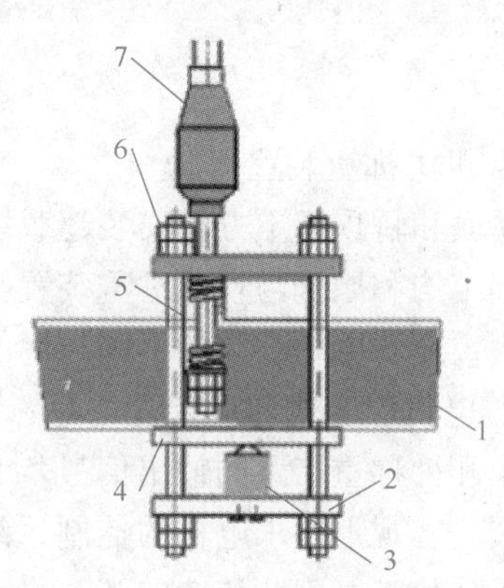

图 11-38 压力传感器式称重装置

1—承重梁 2—底板 3—传感器
4—托板 5—螺栓 6—绳吊板 7—绳头组合

3. 称重装置的布置方式

电梯的超载保护装置形式不同，装设位置也不同，常见的超载装置布置方式有以下几种形式。

（1）活动轿厢

这种超载保护装置应用非常广泛，价格低，安全可靠，但更换维修较烦琐。通常采用橡胶垫作为称重元件，将这些橡胶元件固定在轿厢底盘与轿厢架固定底盘之间。当轿厢超载时，轿厢底盘受到载重的压力向下运动使胶垫变形，触动微动开关，切断电梯相应的控制功能。一般设置有两个微动开关，一个微动开关在电梯达到 80% 载重时动作，电梯确认为满载运行，电梯只响应轿厢内的呼叫，直到驶至呼叫站点（满载直驶）；另一个微动开关在电梯达到 110% 载重时发生动作，电梯确认为超载，电梯停止运行，保持开门，并给出警示信号（超载保护）。微动开关通过螺栓固定在活动轿厢底盘上，调节螺栓就可以调节载重量的控制范围。

笔记栏

(2) 活动轿厢地板

图 11-39 所示为装在轿厢上的超载装置，活动轿厢地板四周与轿壁之间保持一定间隙，轿厢地板支撑在称重装置上，随着轿厢地板承受载重的不同，地板会微微地上下移动。当电梯超载时，活动轿厢地板会下陷，将开关接通，向电梯发出控制信号。

(3) 轿顶称重装置

图 11-40 所示是以压缩弹簧组作为称重元件，在轿厢架上梁的绳头组合处设以超载装置的杠杆，当电梯承受不同载重时，绳头组合会带动超载装置的杠杆发生上下摆动。当轿厢超载时，杠杆的摆动会触动微动开关，向电梯发出控制信号。

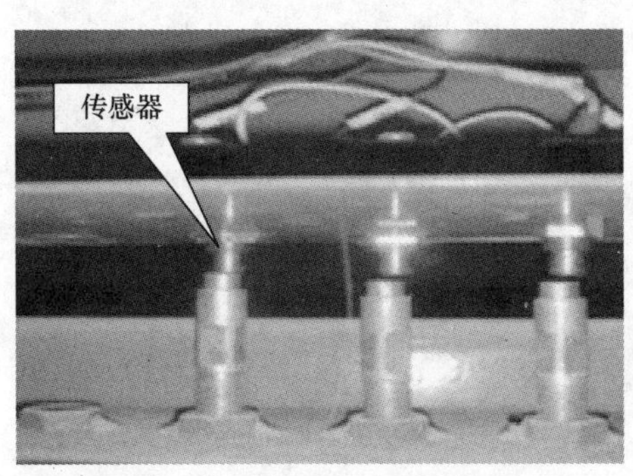

图 11-39 活动轿厢

图 11-40 轿顶称重装置

(4) 机房称重装置

当轿底和轿顶都不方便安装超载装置时，电梯如果采用 2:1 绕法，可以将超载装置装设在机房中。其结构和原理与轿顶称重装置类似，如图 11-41 所示。将它安装在机房的绳头板上，利用机房绳头板随着电梯载重的不同产生的上下摆动，带动称重装置杠杆上下摆动。

(5) 电阻应变式称重装置

以上几种称重装置的输出信号均为开关量，随着电梯技术的不断发展，特别是电梯群控技术的发展，客观上要求电梯的控制系统能精确地了解每台电梯的载重量，才能使电梯的调度运行达到最佳状态。因此传统的开关量载荷信号已经不再适用于群控技术，现在很多电梯采用电阻应变式称重装置，如图 11-42 所示。

图 11-41 机房称重装置

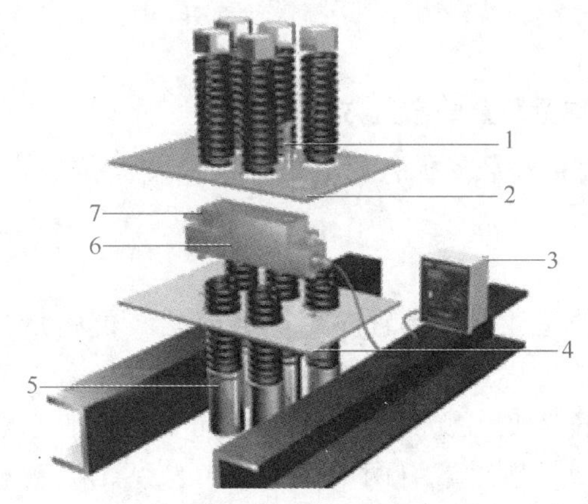

图 11-42 电阻应变式称重装置

1—安装螺栓 2—上绳头板 3—控制仪 4—下绳头板
5—绳头杆 6—传感器 7—安全螺栓

思考六：你遇到过正在进入电梯时，电梯门即将关闭的情况吗？电梯关门时会夹伤人吗？

二、光幕传感器在电梯中的应用

为防止电梯门在关闭过程中伤害乘客，当乘客通过电梯门入口时被门扇撞击或将被撞击时，使门自动重新开启的保护装置就是电梯门保护装置。其类型有接触式保护装置（安全触板）和非接触式保护装置（光幕保护装置）。

在电梯关门过程中，安装在轿厢门口的光电信号或机械保护装置探测到有人或物体在此区域时，立即重新开门。每台电梯都配有门光幕保护装置，但门光幕保护在消防操作时不起作用。

1. 安全触板

安全触板由触板、联动杠杆和微动开关组成，如图11-43所示。正常情况下，触板在自重的作用下，凸出轿门30~45mm。若门区有乘客或障碍物存在，当轿门关闭时，触板会受到撞击而向内运动带动联动杠杆压下微动开关，而令微动开关控制的关门继电器失电，开门继电器得电，控制门机停止关门运动转为开门运动，保证乘客和设备不会受到撞击。安全触板装设在轿门外侧，中分开门和旁开门都可以装设这种装置。

2. 光电式保护装置

光电式保护装置（又称为光幕）运用红外线扫描探测技术，控制系统包括控制装置、发射装置、接收装置、信号电缆、电源电缆等部分，如图11-44所示。在关门过程中，发射管依次发射红外线光束，接收管依次接收光束，在轿厢门区形成由多束红外线密集交叉扫描的保护光幕，不停地进行扫描，形成红外线光幕警戒屏障，当人和物体进入光幕屏障区内时，控制系统迅速转换输出开门信号，使电梯门打开，当人和物体离开光幕警戒区域，电梯门方可正常关闭，从而达到安全保护的目的。发射装置和接收装置安装于电梯门两侧，主控装置通过传输电缆，分别对发射装置和接收装置进行数字程序控制。

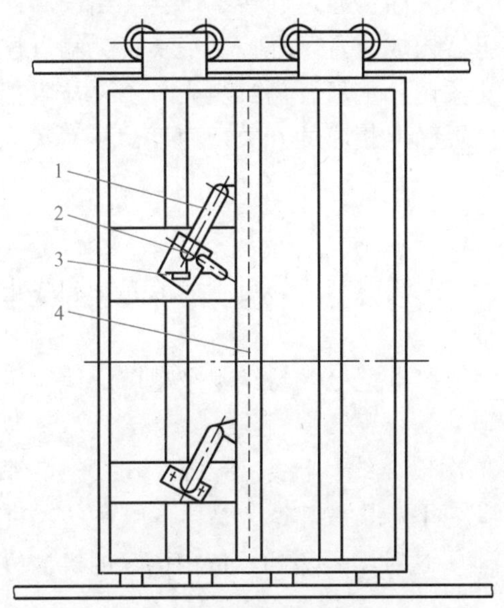

图11-43　安全触板

1—控制杆　2—限位螺钉　3—微动开关　4—触板

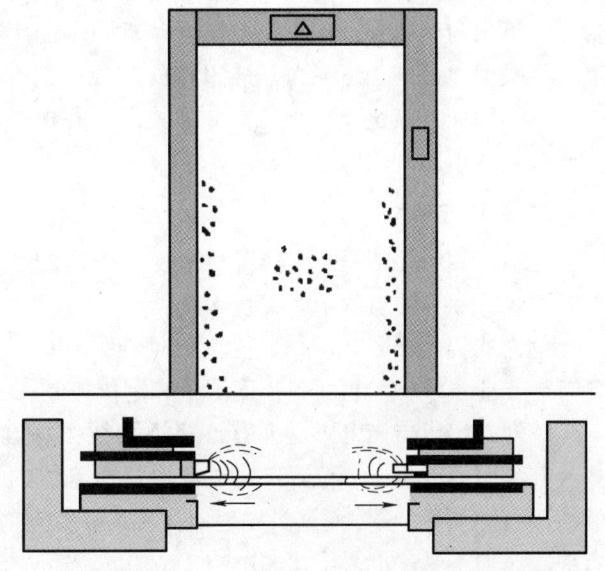

图11-44　光电式保护装置

安全触板动作可靠，但反应速度较低，自动化程度不足；光幕反应灵敏，但可靠性较低，为了弥补接触式和非接触式防夹人保护装置的不足并发挥各自的优点，出现了光幕和安全触板

笔记栏

二合一的保护系统，使电梯层门运行更加安全可靠。

思考七：你知道电梯为什么会平稳地停靠到对应楼层吗?

三、光电编码器在电梯中的应用

在微机控制的电梯中，大多不采用机械-电气联锁的选层器，而是采用数字选层器。数字选层器是利用旋转编码器得到的脉冲数来计算楼层的装置，在目前大多数变频电梯中较为常见，即测距光电盘和光电编码器。

目前采用光电编码器作为速度检测装置的居多，光电编码器又可分为增量式编码器和绝对式编码器两种。

1. 增量式编码器

增量式编码器将位移转换成周期性的电信号，再把这个电信号转变成计数脉冲，用脉冲的个数表示位移的大小。

增量式光电编码器的结构如图 11-45 所示。光电码盘与转轴连在一起。光电码盘（转盘）随轿厢的运行旋转，LED 发出的光线通过定盘穿过转盘的间隙，每一转产生一定数量的脉冲数（一般为 600 或 1024 个），采用两相检测，两相相差 90°，因此可以判断轿厢是上行还是下行。

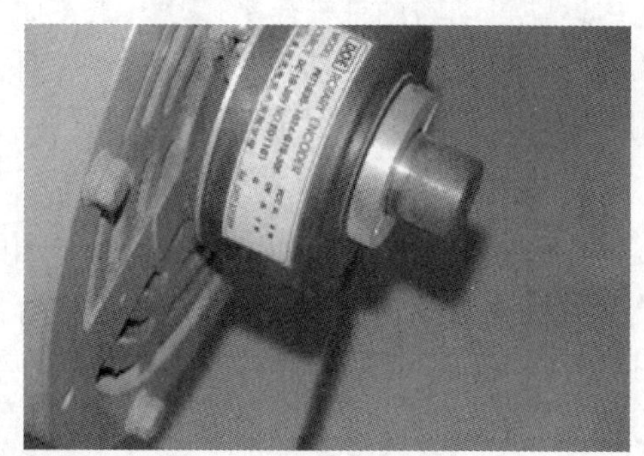
图 11-45 增量式光电编码器

在电梯安装完成后，一般要进行一次楼层高度的写入工作，即预先把每个楼层的高度脉冲数和减速距离脉冲数存入计算机内，在后期运行中，旋转编码器的运行脉冲数再与存入的数据进行对比，从而计算出电梯所在的位置。

目前很多电梯的门机也采用编码器控制变频器来进行开关门，通过旋转编码器测出的脉冲信号计算出门的位置，利用安装在电动机同轴的旋转编码器构成位置闭环控制，实现无触点控制。在关门过程中若出现光幕被阻挡的现象，则立即停止关门，重新开门；当光幕不再被阻挡时，信号消失，停止重新开门，继续关门，并根据门的位置确定相应的开关门速度，从而实现实时高效的重新开关门过程。

2. 绝对式编码器

绝对式编码器的每一个位置对应一个确定的数字码，因此它的示值只与测量的起始和终止位置有关，而与测量的中间过程无关。

绝对式编码器因其每一个位置绝对唯一、抗干扰、无须掉电记忆，已经越来越广泛地应用于各种工业系统中的角度、长度测量和定位控制。

绝对式编码器光电码盘上有许多道刻线，每道刻线依次以 2 线、4 线、8 线、16 线……编排，在编码器的每一个位置，通过读取每道刻线的通、暗，可获得一组 $2^0 \sim 2^{n-1}$ 的唯一的二进制编码（格雷码），因而这类编码器又称为 n 位绝对编码器。这种编码器的示值由码盘的机械位置决定，而不受停电、干扰的影响。

绝对式编码器由于在定位方面明显地优于增量式编码器，因而已经越来越多地应用于工控定位中。绝对式编码器因其精度高，输出位数较多，如果仍用并行输出，其每一位输出信号必须确保很好的连接，对于较复杂工况还要隔离，连接电缆芯数多，由此带来诸多不便和可靠性降低。因此，多位数输出型绝对式编码器一般选用串行输出或总线型输出。

绝对式编码器又可分为单圆绝对式编码器和多圈绝对式编码器两类。单圆绝对式编码器在转动中测量光码盘的各道刻线，以获取唯一的编码，当转动超过360°时，编码又回到原点，这样就不符合绝对编码唯一的原则，这样的编码器只能用于旋转范围为360°以内的测量，故由此得名。如果测量范围超过360°，就要用到多圈绝对式编码器。

四、平层传感器在电梯中的应用

在电梯正式运行前的调试过程中，需要进行电梯层基准数据的采集（井道自学习工作）。井道自学习可以通过特定的指令自动学习，也可以通过人工操作手动学习。由于轿厢外侧装有平层感应开关，对应每层装有平层遮光板（隔磁板），电梯在自下向上的运行过程中，轿厢每到达一层的平层位置时，平层感应开关动作一次。在自学习过程中，控制系统就会记下到达每一平层感应开关动作时位置脉冲累加器的数值，作为每一层的基准位置数据。在电梯正式运行过程中，电梯控制系统会比较位置累加器和楼层基准位置的数值，得到电梯的楼层信号，并准确平层。

平层装置通常由上平层、下平层和门区三部分组成，一般由干簧管换速平层装置、接近开关或光电开关等元器件构成。

1. 干簧管换速平层装置

电梯运行至将要到达预定楼层时，需要提前减速，平层停车，完成这个任务靠的是换速平层装置。在我国生产的中低档电梯产品中，大部分采用永磁式干簧管传感器作为换速平层装置。该装置由磁开关和隔磁板组成，其结构如图11-46所示。磁开关一般装设在轿顶位置，隔磁板一般装设在井道中，其安装位置如图11-47所示。

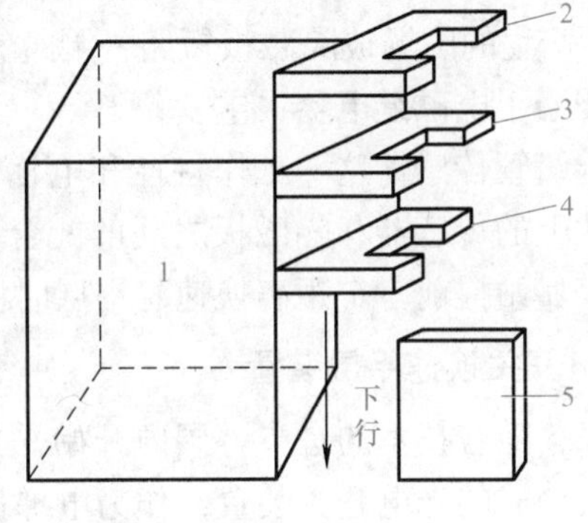

图11-46 干簧管换速平层装置

1—轿箱 2~4—磁开关 5—隔磁板

图11-47 磁开关和隔磁板的安装位置

笔记栏

换速平层装置中的换速传感器和平层传感器结构相同，均由盒形外壳、永磁铁、干簧管三部分组成。这种干簧管传感器相当于一只永磁式继电器，当隔磁板插入磁开关时，干簧管内触点接通，发出控制信号，其结构和工作原理如图 11-48 所示。

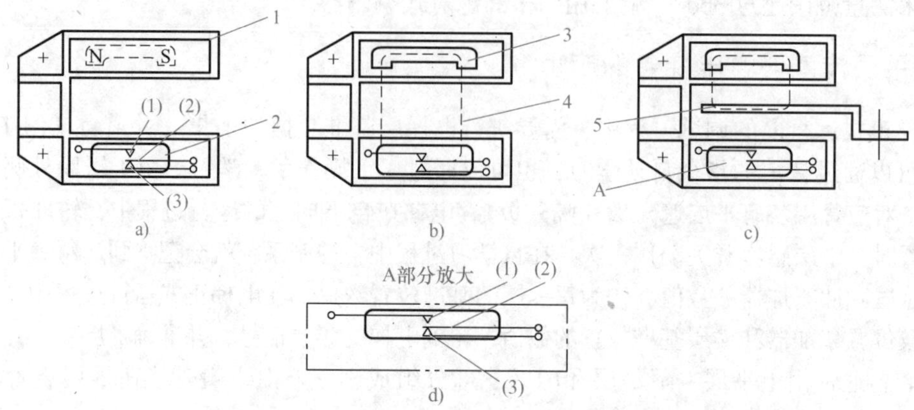

图 11-48　干簧管传感器结构和工作原理

1—盒　2—干簧管　3—永磁铁　4—磁力线　5—隔磁板

图 11-48a 表示未放入永磁铁时，干簧管由于没有受到外力的作用，其常开触点（1）和（2）断开，常闭触点（2）和（3）闭合。

图 11-48b 表示把永磁铁放进传感器后，干簧管的常开触点（1）和（2）闭合，常闭接点（2）和（3）断开，这种情况相当于电磁继电器得电动作。

图 11-48c 表示当外界把一块具有高磁导率的铁板（隔磁板）插入永磁铁和干簧管之间时，由于永磁铁所产生的磁场被隔磁板短路，干簧管的触点失去外力的作用，恢复到图 11-48a 的状态，这种情况相当于电磁继电器失电复位。

根据干簧管传感器这一工作特性和电梯的运行特点设计制造的换速平层装置，利用固定在轿架或导轨上的传感器和隔磁板之间的配合实现位置检测功能，被作为电梯电气控制系统实现到达预定停靠站提前一定距离换速、平层时停靠的自动控制装置。

2. 光电开关换速平层装置

近年来，随着技术的进步，国内开始采用固定在轿顶上的光电开关和固定在井道轿厢导轨上的遮光板构成的光电开关装置，作为电梯换速平层停靠开门的控制装置。光电开关如图 11-49 所示，该装置的工作原理是遮光板路过光电开关的预定通道时，会隔断光电发射管与光电接收管之间的联系，进而由接收管实现电梯换速、平层停靠和开门控制的功能，具有结构简单、反应速度快、安全可靠等优点。

在电梯实际运行过程中，遮光板固定在导轨架上，对应每个站安装一个光电开关。光电开关安装在轿厢侧壁上，可随轿厢上下运动。

3. 接近开关换速平层装置

在各类传感器中，有一种对接近它的物件有“感知”能力的位移传感器。利用位移传感器对接近物体的敏感特性达到控制开关通或断的目的，这就是接近开关。图 11-50 所示为电容式接近开关。当有物体移向接近开关，并接近到一定距离时，位移传感器才有“感知”，开关才会动作。通常把这个距离称为检出距离，检出距离一般都在毫米级范围内。

利用接近开关的“感知”能力，把接近开关固定在导轨上，使其具有位置检测功能，可作为电梯电气控制系统实现到达预定停靠站时提前一定距离换速、平层时停靠的自动控制装置。这种装置具有不需要电源、灵敏准确、非接触式检测、寿命长、免维护等优点。

笔记栏

图 11-49 光电开关

图 11-50 电容式接近开关

项目实施：趣味小制作——自动识别工件系统

【所需材料】

制作自动识别工件系统所需材料清单见表 11-3。

表 11-3 制作自动识别工件系统所需材料清单

序号	材料名称	规格型号	数量
1	机器人系统	六轴串联机器人	1 个
2	视觉系统	iRVision	1 个
3	计算机	安装有配套的视觉软件	1 台
4	PLC	三菱	1 台
5	气动夹爪	安装在机器人末端的执行器	1 个
6	工作平台		1 个
7	码垛平台		1 个
8	工件	圆柱形	1 个
9	工件	正方体	1 个

【基本原理】

安装在机器人系统上的工业相机，经过计算机的处理和分析，可模拟人眼视觉的功能，依据视觉结果控制机器人进行相应的动作，实现自动识别、抓取和摆放工件等操作。

视觉系统通常是以计算机为中心，视觉系统主要由硬件系统与软件系统组成，如图 11-51 所示为视觉系统的总体框图。

首先用视觉相机对工件进行拍照，对工件进行定义，为后续的工件识别做好准备。图 11-52

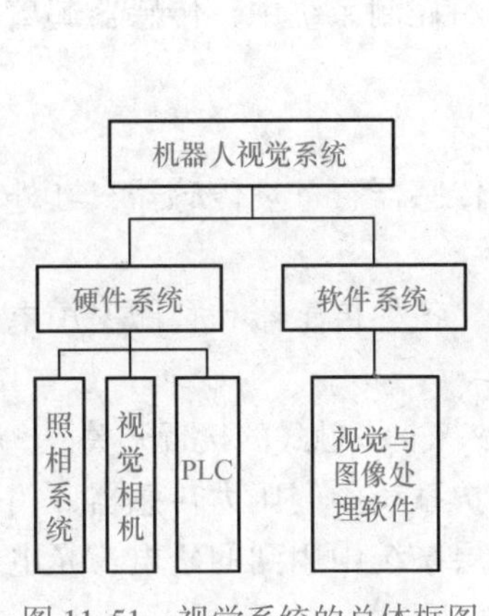

图 11-51 视觉系统的总体框图

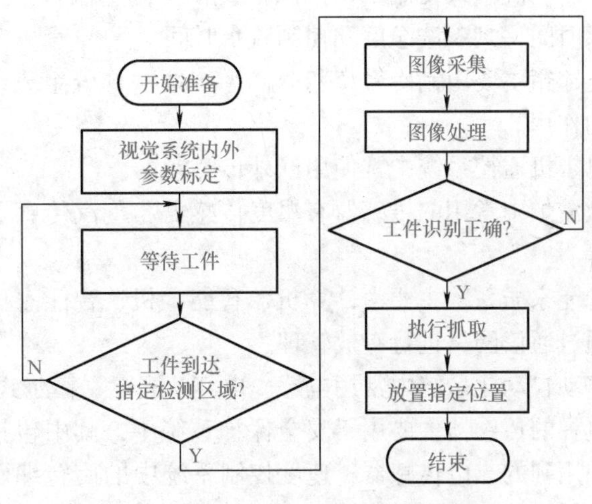

图 11-52 视觉识别并抓取工件控制流程图

笔记栏

所示为视觉系统与机器人工件抓取过程的控制流程。先将视觉系统内外参数进行正确的标定，图像采集环节采用图像传感器触发相机采集传动带上的工件图像，然后对图像进行预处理和图像分割，视觉软件根据设置进行图像识别获得像素，判断得到正确的工件后，用机器人夹爪抓取工件，并放置码垛位置。图11-53所示为视觉系统与机器人工件抓取过程的实物图。

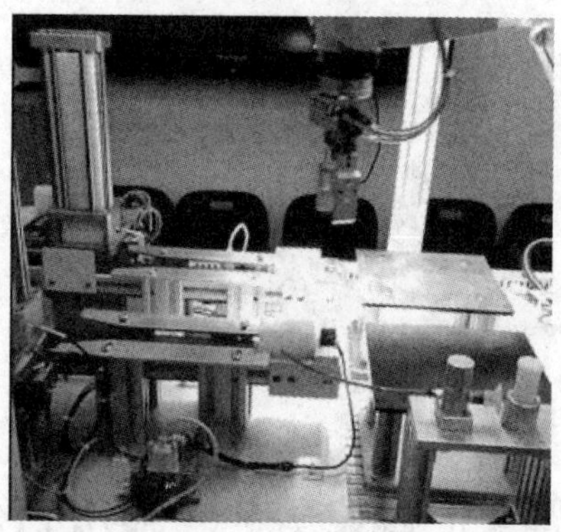
图11-53 视觉系统与机器人工件抓取过程的实物图

【制作提示】

1）参照对应产品说明书进行视觉系统调试。

2）如果现场没有工业机器人系统，可以只连接计算机和视觉系统，手动放置工件识别，进行验证性实验。

项目评价

项目评价采用小组自评、其他组互评，最后教师评价的方式，权重分布为0.3、0.3、0.4。

表11-4 制作自动识别工件系统任务评价表

序号	任务内容	分值	评价标准	自评	互评	教师评分
1	识别元件	10	不能准确识别选用的电气元件扣10分			
2	选择材料	20	材料选错一次扣5分			
3	连线正确	30	连线每错一次扣5分			
4	系统调试	40	调试失败一次扣10分			
最后得分						

项目总结

机器人中常用的传感器是视觉传感器、触觉传感器、接近觉传感器，还有听觉、嗅觉、味觉传感器等。

汽车传感器在汽车上主要用在发动机控制系统、底盘控制系统、车身控制系统和导航系统中。

在智能汽车发展进程中，传感器是主要环节之一，对此应对供给体系进一步完善，推动汽车传感器在人工智能时代更好的发展。

全自动洗衣机使用水位传感器、布量传感器和光电传感器等，使洗衣机能够自动进水、控制洗涤时间、判断洗净度和控制脱水时间。

电冰箱主要由制冷系统和控制系统两大部分组成。在电冰箱控制系统中，传感器起着非常重要的作用。

电视机遥控系统中常使用红外传感器。

微波炉中常用的传感器有温度传感器、蒸汽传感器、湿度传感器、重量传感器、红外线传感器等。

智能家居系统主要由计算机、智能手机、智能家居服务器、各种传感器和智能家用电器组成，通过通信网络进行有效管理。

气动自动化系统中常用电感、电容、光电、霍尔式、超声波等非接触式的接近开关。

电梯的传感器主要用于安全保护系统中，其中包括超载保护系统中的压力传感器，门保护系统中用到的光电传感器，速度控制系统中的旋转编码器及平层系统中用到的磁电、光电和电感式接近开关。

笔记栏

项目测试

测评11

1. 机器人中常用的传感器有哪些？

2. 汽车中所使用的温度传感器有几种主要类型？各自有什么特点？

3. 常用微波炉温度传感器有________、________、________、________和________传感器。

4. 光电开关是用来检测物体的________、________等状态的光电传感器。

5. 电感式接近开关仅限于检测______________。

6. 如果是非导体靠近电容接近开关，相当于在电容传感器______________之间插入某种______________。

7. 试举例说明机电产品中的传感器。

8. 电梯超载称重装置中传感器的安装位置一般设置在________、________和________。

阅读材料：水下机器人

海洋中蕴藏着极为丰富的资源，随着陆地资源的日渐枯竭，许多国家都投入巨大的精力进行海洋资源的研究开发。然而，由于海洋环境具有危险性及复杂性，想要单纯地依靠人工进行工作量极为庞大、极为困难的海洋开发和调查作业是不现实的，因此人类认识海洋、开发海洋，特别是对深海资源进行研究与开发，需要高科技手段的辅助。作为海洋研究与开发的重要技术手段和设备，目前水下机器人在海洋研究与开发各领域的应用已经越来越广泛。

遥控水下机器人也称为遥控式水下无人潜航器，它是用于在水中观察、检查、施工的水下机器人，属于水下无人潜航器的一种。它的开发和应用早于深海载人潜水器和自主式水下机器人，后者也称为自主式水下无人潜航器。

“蛟龙号”载人潜水器是一艘由我国自行设计、自主集成研制的载人潜水器，也是863计划的一个重大研究专项。2010年5~7月，“蛟龙号”载人潜水器在我国南海进行了多次下潜任务，最大下潜深度达到了3759m。2012年6月，“蛟龙号”载人潜水器在马里亚纳海沟创造了下潜7062m的我国载人深潜纪录，也是世界同类作业型潜水器最大下潜深度纪录。2017年5月23日，“蛟龙号”完成在世界最深处下潜，潜航员在水下停留近9h，海底作业时间为3h 11min，最大下潜深度4811m。“蛟龙号”在全球载人潜水器中位列第一梯队，设计最大下潜深度为7000m级，也是目前世界上下潜能力最深的作业型载人潜水器，可在占世界海洋面积99.8%的广阔海域中使用。

2014年，中国科学院沈阳自动化研究所研制的极地科考水下机器人——北极冰下自主/遥控海洋环境监测系统（简称“北极ARV”）还完成了海冰厚度测量、冰底形态观测和海洋环境参数测量等工作。

那么水下机器人用传感器有什么不一样呢？下面介绍几种新型传感器。

1. MEAS压力传感器（MSP300）

MEAS压力传感器实物图如图11-54所示，广泛适用于对气压、液压的检测，如污水、蒸汽、轻度腐蚀性液体和气体。MEAS压力传感器采用独有的微熔技术，引进航空应用科技，利用高温玻璃将微加工硅压敏电阻应变片熔化在不锈钢隔离膜片上。玻璃粘接工艺避免了温度、湿度、机械疲劳和介质对胶水和材料的影响，从而提高了传感器在工业环境中的长期稳定性能，同时也避免了传感器在传统微机械加工制造工艺过程中出现的P-N结效应现象。

笔记栏

2. 光纤罗经惯性导航系统

光纤罗经惯性导航系统由光纤陀螺技术加上运行卡尔曼滤波器算法的数字信号处理器，是适合于深水使用的惯性导航系统。它可以实时输出位置、航向、横摇、纵摇、深度和速度，适用于AUV/ROV的导航、拖鱼的导航、精确测量和高精度定位，其外形如图11-55所示。

3. 光学溶解氧传感器

光学溶解氧传感器具有独立标定、高精度等优点，可在临界低氧和海洋化学氧气计量研究中提供帮助。应用这款新型传感器后，成千上万的锚系和浮标平台可以在当前这些重要领域对溶解氧参数测量做出重大贡献。光学溶解氧传感器建立了海洋研究溶解氧测量的标准。对材料和结构设计的谨慎选择，并结合优秀的电路设计和标定方法，使光学溶解氧传感器在性能上获得极大进展。其外形如图11-56所示。

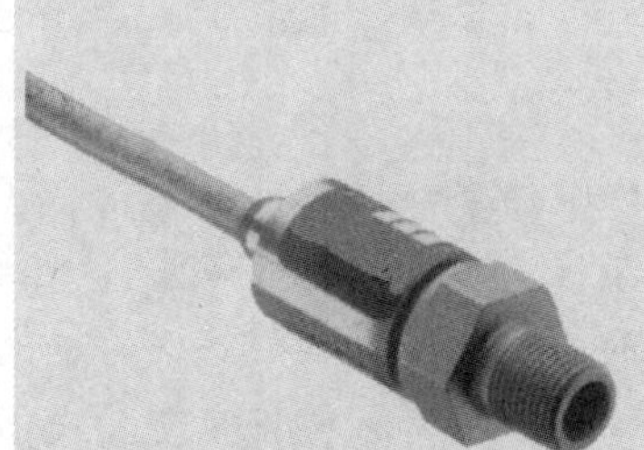

图11-54　MEAS压力传感器

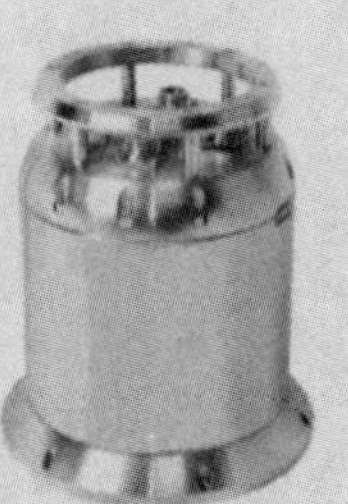

图11-55　光纤罗经惯性导航系统

图11-56　光学溶解氧传感器

项目 12

信号处理方法

项目描述

被测量经传感器转换成的电信号，通常需要进行处理，并转换成便于传输、处理和显示的形式，再用仪器、仪表等显示或者记录，供观察或研究用。

考虑到本课程的重点在于传感器的应用，本项目只简单介绍信号处理的方法。

学习目标

1. 了解使用电桥测量电阻应变片、电感和电容的工作原理，养成勤于思考的学习习惯。
2. 了解滤波器、调制、解调的作用，了解干扰的来源和常用的抗干扰方法。
3. 了解常用的显示和记录方法，提高学生分析和处理问题的能力。

任务 12.1 电桥

知识精讲

思考一：*你知道前面学过的电阻应变式、电容式以及电感式传感器都常采用了什么测量电路吗？*

电桥是将电阻、电感、电容等参量的变化转换为电压或者电流输出的一种测量电路，其输出既可用指示仪表直接测量，也可以送入放大器进行放大。

由于电桥测量电路简单，并且具有较高准确度和灵敏度，因此在测量装置中被广泛应用。

一、直流电桥

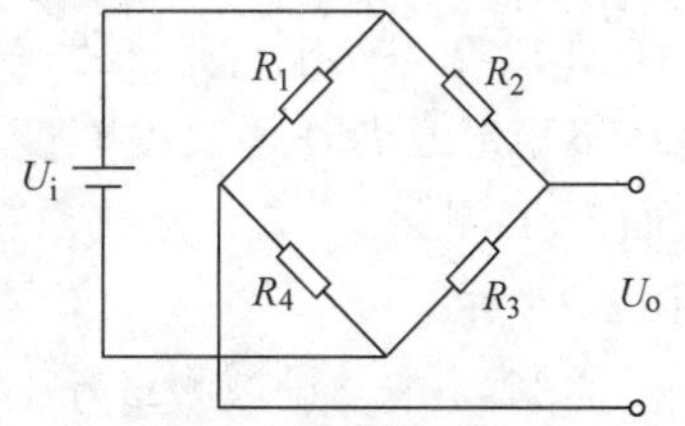

图 12-1 所示为直流电桥的基本形式，以电阻 R_1、R_2、R_3、R_4作为四个桥臂组成桥路。当电桥输出端接输入电阻较大的电压表或放大器时，可视为开路，电桥输出电压为

$$U_o = \frac{R_1R_3 - R_2R_4}{(R_1+R_2)(R_3+R_4)}U_i \tag{12-1}$$

图 12-1　直流电桥

由式(12-1) 可知，若要使电桥平衡，输出电压为零，应满足

$$R_1R_3 = R_2R_4 \tag{12-2}$$

电阻应变式传感器通常采用直流电桥测量，如图 12-2 所示，电位器 R_{P1} 用于电桥调零。按照电阻应变片的使用情况，可以将电桥分为半桥单臂、半桥双臂和全桥。

图 12-2a 所示为半桥单臂连接，R_1为电阻应变式传感器，ΔR 为电阻应变片 R_1 随被测物理量变化而产生的电阻值增量。为了简化桥路设计，往往取相邻两桥臂电阻相等，即 $R_1 = R_2 = R_0$，$R_3 = R_4 = R_0'$。若 $R_0 = R_0'$，根据式(12-1)，则输出电压为

笔记栏

$$U_o \approx \frac{\Delta R}{4R_0}U_i \tag{12-3}$$

可见，电桥输出电压与激励电压 U_i成正比，也与 $\Delta R/R_0$成正比。

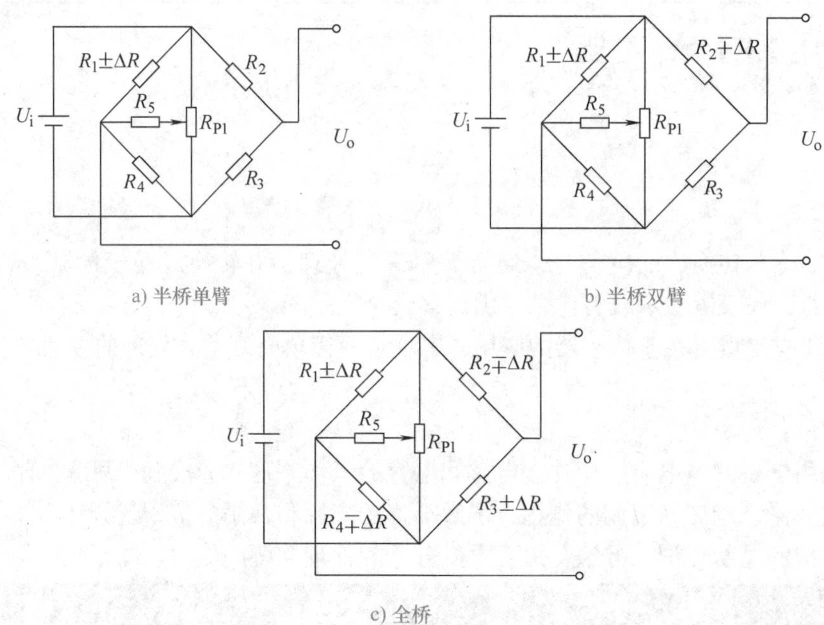

图 12-2　应变式传感器的测量电路

图 12-2b 所示为半桥双臂接法，R_1、R_2为两片受力相反的应变片，接入电桥邻臂，其电阻值随被测量变化，即 $R_1 \pm \Delta R_1$、$R_2 \mp \Delta R_2$，当 $\Delta R_1 = \Delta R_2 = \Delta R$ 时，电桥输出电压为

$$U_o = \frac{\Delta R}{2R_0}U_i \tag{12-4}$$

图 12-2c 所示为全桥接法，受力性质相同的应变片接入电桥对臂，如 R_1、R_3，受力性质不同的应变片接入邻臂，如 R_2、R_4，其阻值随被测量变化，同理，电桥输出电压为

$$U_o = \frac{\Delta R}{R_0}U_i \tag{12-5}$$

显然，电桥接法不同，输出电压也不同，全桥接法可以获得最大的输出。

图 12-2 中的电桥是在不平衡条件下工作的，其缺点是当电源电压不稳定或者环境温度有变化时，都会引起电桥的输出变化，从而产生测量误差。为此，在某些情况下采用平衡电桥，如图 12-3所示。

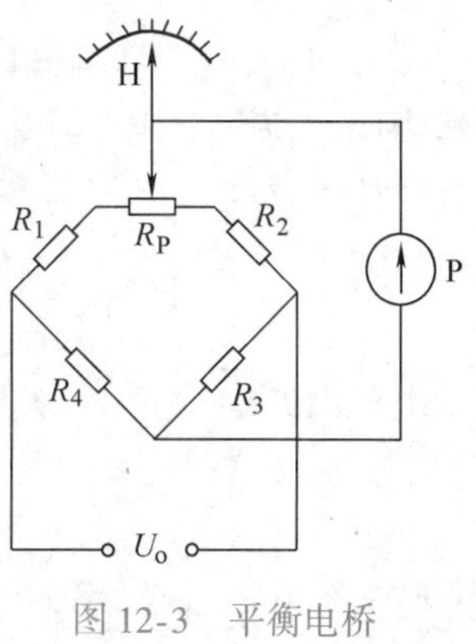

图 12-3 中，设被测量等于零时，电桥处于平衡状态，此时指示仪表 P 及可调电位器 H 指零。当某一桥臂随被测量变化时，电桥失去平衡。调节电位器 H，改变电阻 R_P触头的位置，可使电桥重新平衡，P 指针回零。电位器 H 上的标度与桥臂电阻值的变化成正比，故 H 的指示值可以直接表示被测量的数值。这种测量法的特点是在读数时 P 始终指零，因此也称为零位测量法。

图 12-3　平衡电桥

二、交流电桥

交流电桥采用交流激励电压，电桥的四个桥臂可为电感、电容或者电阻，是电容式传感器、电感式传感器的常用测量电路。

交流电桥平衡条件为对臂电桥阻抗乘积相等，这包含两层含义，即：相对两臂阻抗之模的乘积相等，阻抗角之和也必须相等。

为满足上述平衡条件，交流电桥各臂可有不同的组合，常用的有电容电桥，如图12-4所示，其相邻两臂接入电阻，另外两臂接入电容；还有电感电桥，如图12-5所示，其相邻两臂接入电阻，另外两臂接入电感。

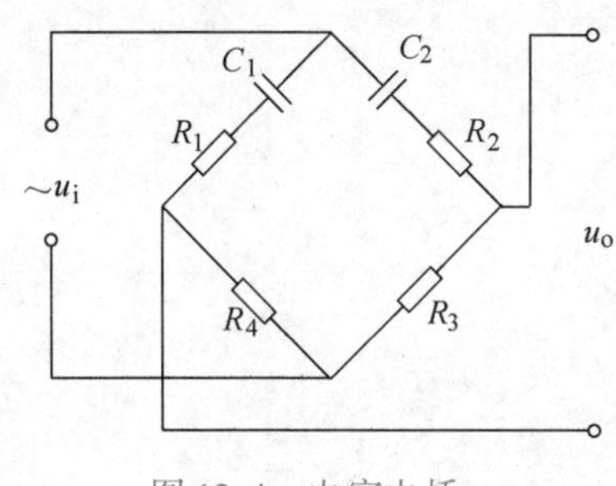

图12-4　电容电桥

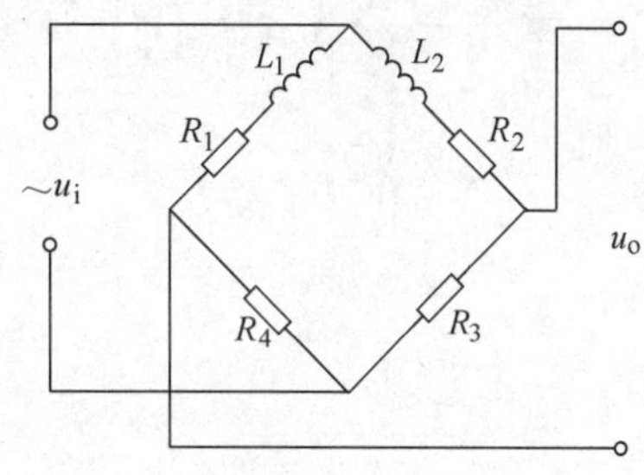

图12-5　电感电桥

一般采用交流电源（5～10kHz）作为电桥电源，电桥输出为调制波，外界工频干扰不易从线路中引入，并且后接交流放大电路简单、无零漂。

任务12.2　调制与解调

知识精讲

思考二：你知道收音机、电视机中收到的信号是怎样传输的吗？又是怎样恢复的吗？我们经常听到的FM95.9之类的广播电台，你知道FM95.9意味着什么吗？

一、简介

调制就是使一个信号的某些参数在另一信号的控制下而发生变化的过程。前一信号称为载波，一般是较高频率的交变信号；后一信号称为调制信号；最后的输出是已调制波，已调制波一般便于放大和传输。

从已调制波中恢复出调制信号的过程，称为解调。解调的目的是为了恢复原信号。

根据载波受调制的参数不同，调制可分为调幅（AM）、调频（FM）和调相（PM），分别是使载波的幅值、频率或者相位随调制信号而变化的过程。它们的已调波分别称为调幅波、调频波和调相波。

广播、电视系统均采用调幅或者调频进行调制，然后传输到各地，再经解调后复原。这里只简单介绍电容传感器、电感传感器测量电路中用到的调幅及解调。

二、调幅

调幅是将一个高频简谐信号（载波）与测试信号（调制信号）相乘，使高频信号的幅值随测试信号的变化而变化的过程。

调幅过程如图12-6所示，以高频余弦信号作为载波，把信号$x(t)$与载波相乘，其结果就是相当于把原信号的频谱图形由原点平移到载波频率f_0处，其幅值减半。

从图12-6可以看出，载波频率f_0必须高于原信号中的最高频率f_m才能使已调波仍保持原信号的频谱图形不重叠。为减小放大电路可能引起的失真，信号的频宽（$2f_m$）相对中心频率

笔记栏

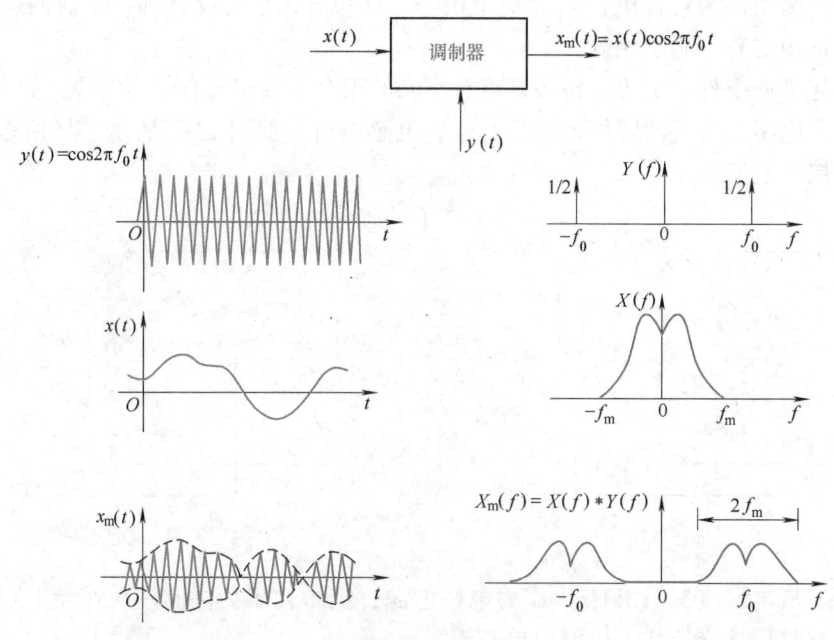

图 12-6 调幅过程

(f_0）越小越好。实际上载波频率常至少数倍于调制信号。

幅值调制器实质上是一个乘法器。霍尔元件也是一种乘法器，差动变压器和交流电桥在本质上也是一个乘法器。若以高频振荡电源供给电桥，则输出为调幅波。在电容式传感器测位移时，就是采用这种方法对位移信号进行处理。

三、解调

解调是为了恢复原信号。可以使调幅波和载波相乘，乘后通过低通滤波即可实现解调。常采用相敏检波电路对调幅波进行解调，如图 12-7 所示，利用二极管的单向导通作用将电路输出极性换向。

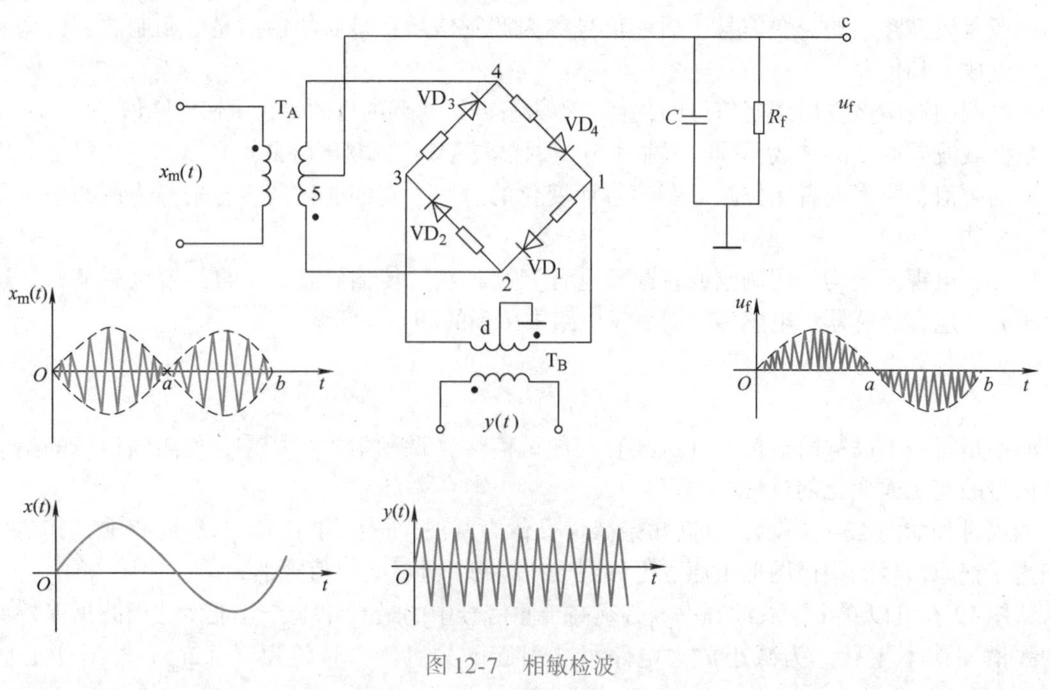

图 12-7 相敏检波

图 12-7 中，$x(t)$ 为原信号，$y(t)$ 为载波，$x_m(t)$ 为调幅波。电路设计使变压器 T_B 二次输出电压大于 T_A 的二次电压。

若原信号 $x(t)$ 为正，调幅波 $x_m(t)$ 与载波 $y(t)$ 同相，如图 $\widehat{Oa}$ 段所示。当载波电压为正时，VD_1 导通，电流的流向是 d—1—VD_1—2—5—c—负载 R_f—地—d；当载波电压为负时，变压器 T_A 和 T_B 极性同时改变，VD_3 导通，电流的流向是 d—3—VD_3—4—5—c—负载 R_f—地—d。无论载波极性如何变化，流过负载的电流方向总是从 c—地，为正。

若原信号 $x(t)$ 为负，调幅波 $x_m(t)$ 与载波 $y(t)$ 反相，如图 $\widehat{ab}$ 段所示。当载波电压为正时，变压器 T_B 极性如图中所示，变压器 T_A 的极性与图中相反。此时 VD_2 导通，电流的流向是 5—2—VD_2—3—d—地—负载 R_f—c—5；当载波电压为负时，VD_4 导通，电流的流向是 5—4—VD_4—1—d—地—负载 R_f—c—5。无论载波极性如何变化，流过负载的电流方向总是从地—c，为负。

注意到交变信号在其过零线时符号（+、-）发生突变，调幅波的相位（与载波比较）也相应发生 180°的相位跳变。利用载波信号与之比相，即能反映出原信号的幅值又能反映其极性。

电阻应变仪采用电桥调幅与相敏检波解调，其原理框图如图 12-8 所示。电桥由振荡器供给等幅高频振荡电压（一般频率为 10～15kHz）。被测（应变）量通过电阻应变片调制电桥输出调幅波，经放大、相敏检波与低通滤波取出所测信号。

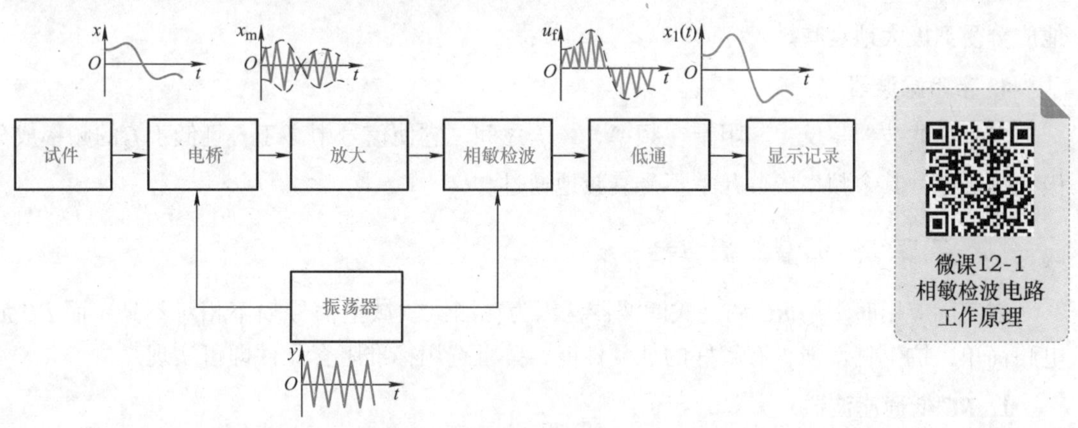

图 12-8　电阻应变仪原理框图

微课12-1
相敏检波电路
工作原理

任务 12.3　滤波器

知识精讲

思考三：你还记得在压电式传感器测振动的实验中在双踪示波器上观察到的波形吗？你在实验报告上画出的两个波形有怎样的区别呢？是什么装置让波形变化了呢？

滤波器是一种选频装置，可以使信号中特定的频率成分通过，而极大的衰减其他频率成分。利用滤波器的选频特性，可以滤除干扰噪声或进行频谱分析。

一、滤波器的分类

根据滤波器的选频作用，一般将滤波器分为四类：低通、高通、带通和带阻滤波器。图 12-9 是这四种滤波器的幅频特性。

笔记栏

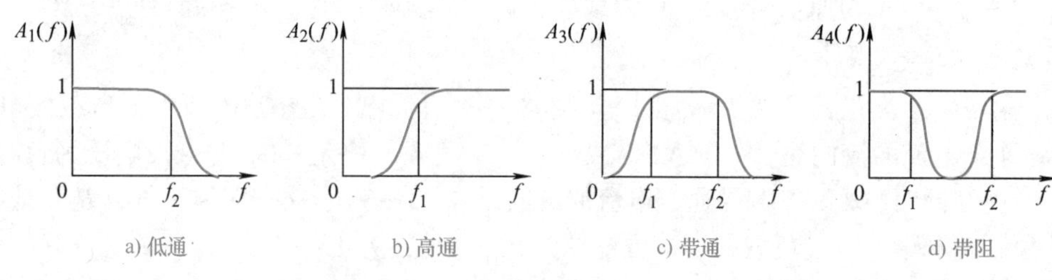

图 12-9 四种滤波器的幅频特性

1. 低通滤波器

频率 $0 \sim f_2$ 为其通频带，其幅频特性平直。它可以使信号中低于 f_2 的频率成分几乎不受衰减地通过，而高于 f_2 的频率成分受到极大地衰减。

2. 高通滤波器

与低通滤波器相反，频率 $f_1 \sim \infty$ 为其通频带，其幅频特性平直。它使信号中高于 f_1 的频率成分几乎不受衰减地通过，而低于 f_1 的频率成分将受到极大地衰减。

3. 带通滤波器

频率 $f_1 \sim f_2$ 为其通频带。它使信号中高于 f_1 并低于 f_2 的频率成分几乎不受衰减地通过，而其他成分受到极大地衰减。

4. 带阻滤波器

与带通滤波器相反，其阻带在频率 $f_1 \sim f_2$ 之间。它使信号中高于 f_1 且低于 f_2 的频率成分受到极大地衰减，其余频率成分几乎不受衰减地通过。

二、实际 *RC* 调谐式滤波器

在实际应用时常用 *RC* 调谐式滤波器，因为在测试领域里信号频率相对不高，而 *RC* 滤波器电路简单，抗干扰性强，有较好的低频性能，并且选用标准阻容元件即可实现。

1. *RC* 低通滤波器

RC 低通滤波器的典型电路如图 12-10 所示。当 $f \leqslant \frac{1}{2\pi RC}$ 时，信号几乎不受衰减地通过，此时 *RC* 低通滤波器是一个不失真传输系统；当 $f \geqslant \frac{1}{2\pi RC}$ 时，*RC* 低通滤波器起着积分器的作用，此时信号受到极大的衰减，输出电压与输入电压的积分成正比。

2. *RC* 高通滤波器

RC 高通滤波器的典型电路如图 12-11 所示。当 $f \geqslant \frac{1}{2\pi RC}$ 时，即当 f 相当大时，信号几乎不受衰减地通过，此时 *RC* 高通滤波器可视为不失真传输系统；当 $f \leqslant \frac{1}{2\pi RC}$ 时，*RC* 高通滤波器起着微分器的作用，此时信号受到极大的衰减，输出电压与输入电压的微分成正比。

3. *RC* 带通滤波器

RC 带通滤波器可以看作由低通滤波器和高通滤波器串联组成。

传感器测量过程中最常使用的是 *RC* 低通滤波器，图 12-12 所示为压电式传感器振动测量电路中低通滤波前后的波形。

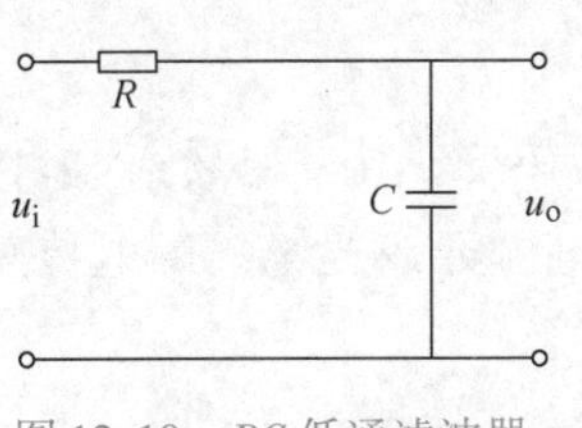

图 12-10　RC 低通滤波器

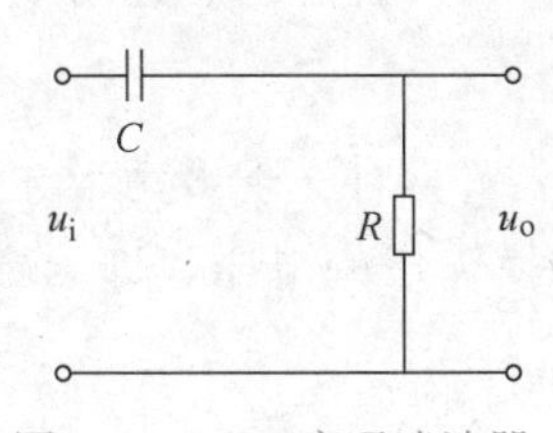

图 12-11　RC 高通滤波器

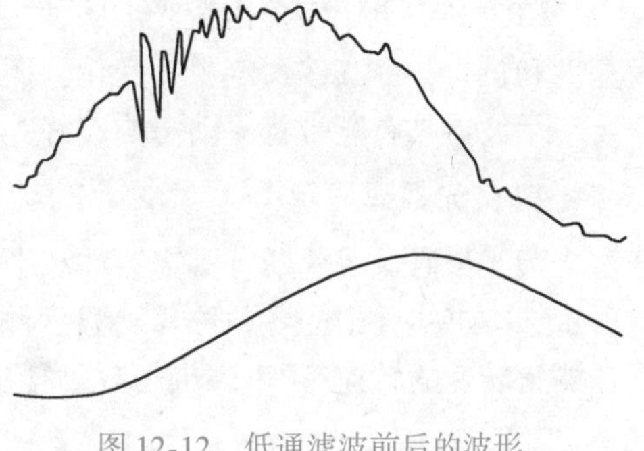

图 12-12　低通滤波前后的波形

任务 12.4　信号的显示和记录

知识精讲

思考四： 对传感器检测出来的数据信息进行了解、分析和研究是选择使用传感器的目的和依据。在某些场合，还会将这些数据信息存储起来，供需要时重放。你都了解有哪些信号显示和记录的方式呢？

信息显示有多种形式，视用途不同而定。目前常用的显示方式有如下几种。

1. 灯光显示

灯光显示是一种简单直接的显示方式。指示灯一般只能显示有无信号，不能显示信号的强弱。图 12-13所示为路口信号灯显示。

图 12-13　路口信号灯显示

2. 表头显示

采用表头显示信号是最原始、最普及的一种方式，主要用于较简单的仪器中。常用的仪表可分为模拟式和数字式两种，其外形如图 12-14 所示。

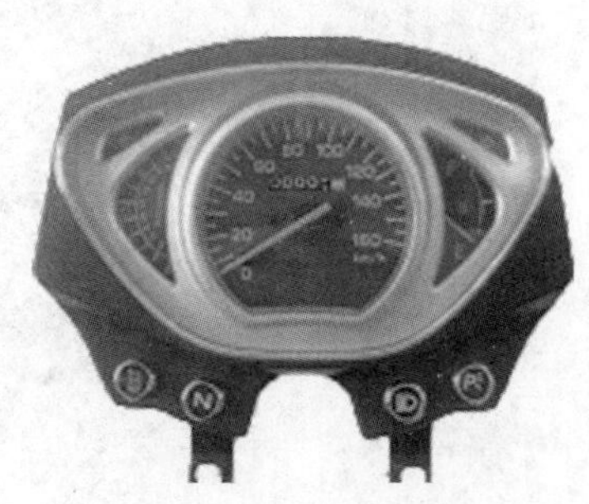

图 12-14　表头显示

3. CRT 显示

利用 CRT 可进行图形显示和字符显示。字符显示主要用于计算机监控系统，而图形显示方

笔记栏

式大量用于电子仪器中。示波器是最常用的一种 CRT 显示，其外形如图 12-15 所示。

CRT 利用电子束撞击荧光屏，使之呈现光点；通过控制电子束的强度和方向来改变光点的亮度和位置，令其按预定规律变化，而在荧光屏上显示预定的图像。

示波器具有频带宽、动态响应好等优点，适于显示瞬态、高频和低频的各种信号。

4. 荧光数码显示

荧光数码显示仪器有真空器件和半导体器件两种，现多为半导体数码管，其外形如图 12-16 所示。本书实验中的各种位移、温度测量转换输出的电压表即为数码管显示，光电、磁电传感器测量转速的转速/频率表也是数码管显示。

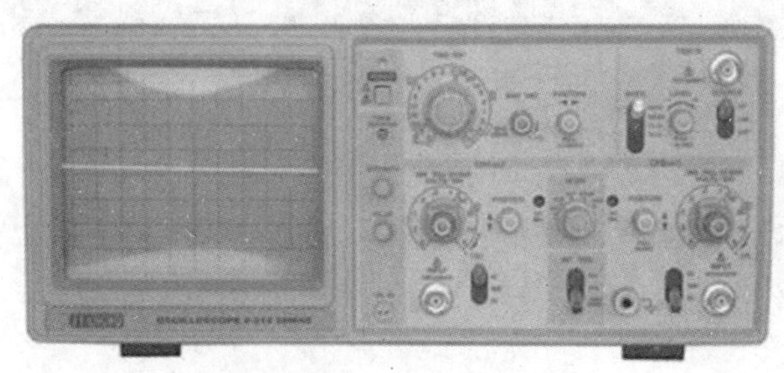

图 12-15 示波器

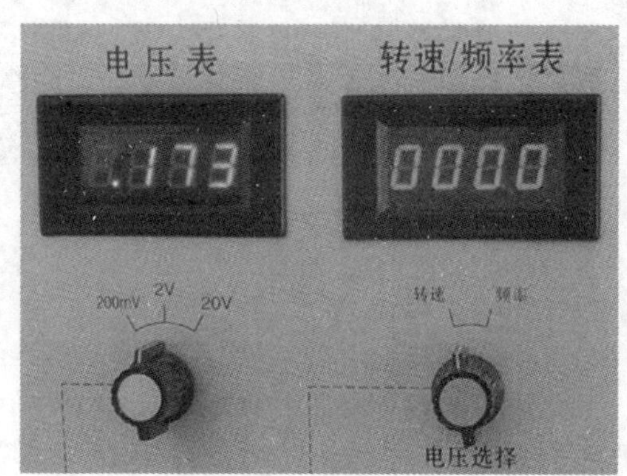

图 12-16 数码管显示

5. 液晶显示

液晶显示能显示图形和字符，如图 12-17 所示的薄壁形液晶显示屏。数字液晶显示是近年来发展最快的一种显示元件。

6. 报警器

报警器是一种显示信号强度的方式。常用的报警器中多数采用蜂鸣器声报警，如消防系统中常用的烟雾探测器、温度探测器等。图 12-18 所示是一种声光报警器。

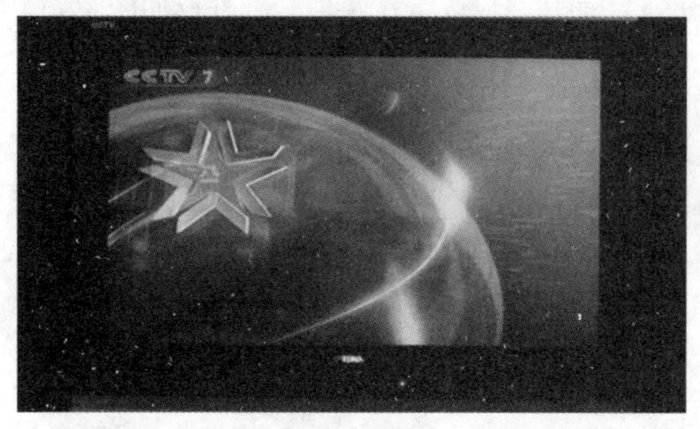

图 12-17 液晶显示屏

图 12-18 声光报警器

7. 记录仪

为使信号能长期保存，记录仪是必要的。一些记录仪，如笔式记录仪和光线示波器虽然能直观记录信号的时间历程，却不能以电信号的方式重放，给后续处理造成许多困难。图 12-19 所示是常见的磁记录媒介——磁带、U 盘和光盘。

磁记录虽然必须通过其他显示、记录器才能观察所记录的波形，但它能多次反复播放，以

笔记栏

a) 磁带

b) U盘

c) 光盘

图 12-19　磁记录媒介

电量形式输出，复现信号，可用与记录时不同的速度重放，以实现信号的时间压缩或扩展，也便于复制。

任务 12.5 抗干扰技术

知识精讲

思考五：干扰是各种检测都要面临的问题，声、光、电、磁等各种干扰无处不在，怎么处理和预防呢？

一、干扰的来源

干扰的形成必须具备三个条件：干扰源、干扰途径和对噪声敏感的接收电路。

一般来说干扰有外部干扰和内部干扰两种。

1. 外部干扰

从检测装置外部侵入干扰的称为外部干扰，如雷电、宇宙辐射等自然干扰，电磁场、电火化等电气干扰，温度热干扰等。外部干扰对检测装置的干扰一般都作用在输入端。

2. 内部干扰

内部干扰主要是指电子器件本身的噪声干扰。

二、抑制干扰的方法

1. 消除或者抑制干扰源

如使用屏蔽技术，使屏蔽体削弱的信号不会传到外部，也避免了外部的各种干扰穿透屏蔽体进入内部。例如，对接触器、继电器采用触点灭弧装置等方法。

2. 破坏干扰途径

模拟信号可采用变压器、光耦等进行隔离处理；数字信号可使用限幅、整形等信号处理方法切断干扰途径；还可使用不同的接地方法。

3. 削弱接收电路对干扰的敏感性

如使用滤波器的选频特性可以消除不同频率的干扰；使用负反馈技术可以有效削弱各种内部噪声源。

常用的干扰技术有屏蔽、接地、滤波、隔离等。

笔记栏

项目实施：趣味小制作——轿厢超载报警装置

【所需材料】

制作轿厢超载报警装置的元器件包括称重显示控制器、称重传感器、显示模块、蜂鸣器报警模块等，元器件清单见表12-1。

表12-1 制作轿厢超载报警装置元器件清单

序号	元器件名称	规格型号	数量
1	称重显示控制器	XK3101	1个
2	称重传感器	SB静载称重模块1000kg	4个
3	4合1接线盒		1个
4	蜂鸣器		1个
5	指示灯		1个

称重传感器以贴有应变片的弹性体为敏感元件，在外接激励电源后，输出与外加负荷（力）成正比的信号，传感器弹性体采用优质专用金属材料，在应变敏感区域表面上粘贴 R_1、R_2、R_3 及 R_4 共4片（组）应变计，组成惠斯通电桥，当受外力 F 作用时，弹性体变形，应变计 R_1、R_3 受拉伸，电阻值变大；R_2、R_4 受压缩，电阻值减小，使电桥失去平衡，输出与外力 F 成正比的电压信号。测量电桥具有灵敏度高、测量范围宽、电路结构简单、精度高、容易实现温度补偿等优点，因此能很好地满足应变测量的要求。

1. 称重显示控制器

称重显示控制器选用柯力XK3101，它是面向工业控制领域（或其他需要模拟量输出的应用场所）的称重显示控制器。XK3101集重量显示与模拟信号输出于一体，前端信号处理采用高精度的24位专用A/D转换器，模拟信号输出采用16位的D/A转换器。如图12-20所示。

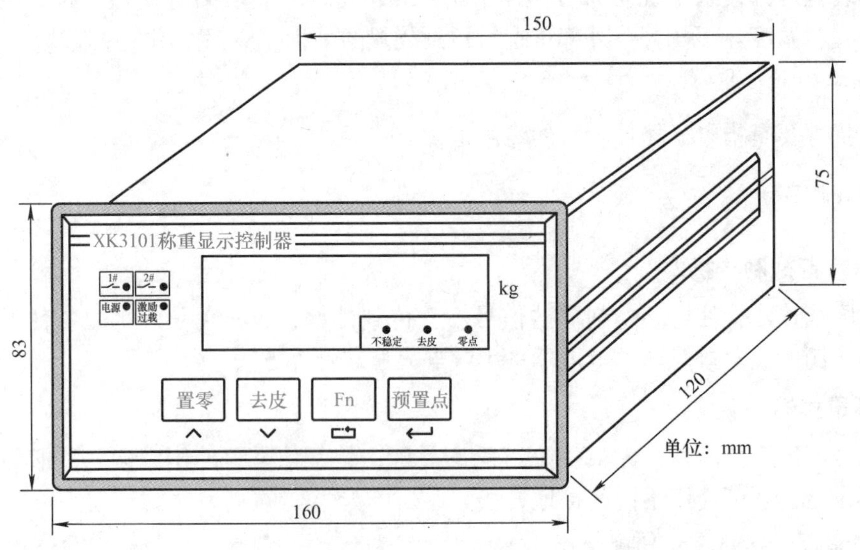

图12-20 称重显示控制器

XK3101的技术指标如下。

（1）负载能力

激励电压：DC 5.0V，可驱动6只350Ω的模拟式传感器。

模拟电流输出：负载阻抗小于500Ω。

模拟电压输出：负载阻抗大于 50kΩ。

继电器触点容量：AC 7A/250V，DC 12A/120V。

（2）性能

灵敏度：1.0μV/d。

非线性：优于 0.01%FS。

（3）电源

电源电压范围：AC187～242V，频率 49～51Hz，最大功耗 6W。仪表需要良好的接地线，并不可与电机、继电器或加热器等易产生电源噪声的设备共用一个电源。

2. 称重传感器

称重传感器选用柯力 SB 静载称重模块。根据称重平台的支撑点，选用 4 只一样量程的称重模块组成如图 12-21 所示的矩形安装方式。

a) 称重传感器实物图

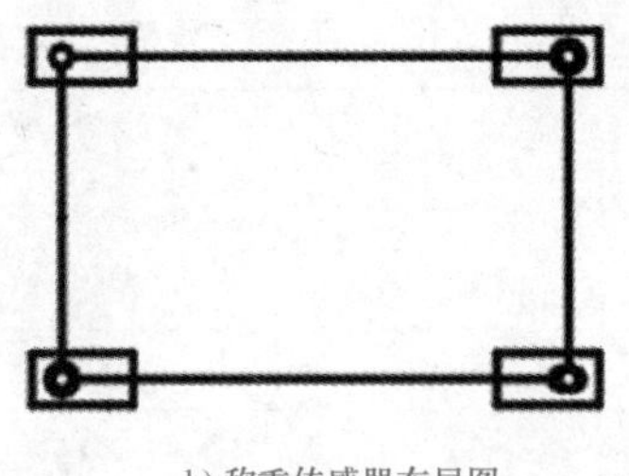

b) 称重传感器布局图

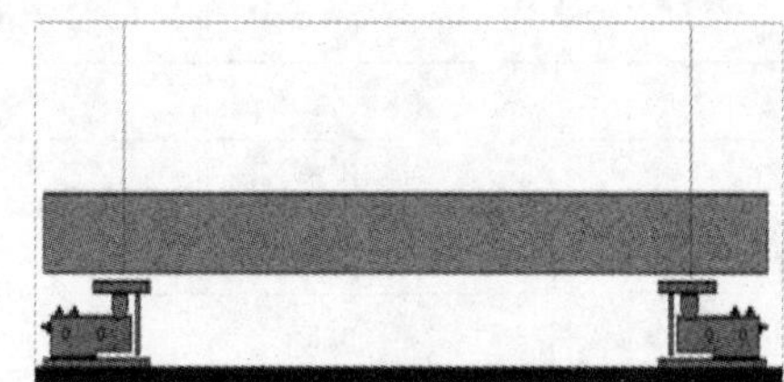

c) 称重传感器安装示意图

图 12-21　SB 静载称重模块

【基本原理】

电梯超载报警系统结构框图如图 12-22 所示。4 个称重模块安装在称重平台下面，由一个 4 合 1 的接线盒将模拟信号送给称重控制器，经称重控制器进行数据处理，显示当前质量，并与设定值进行比较，如果大于设定值则输出开关量信号，由指示灯和蜂鸣器发出警告信息，从而起到电梯超载报警的作用。

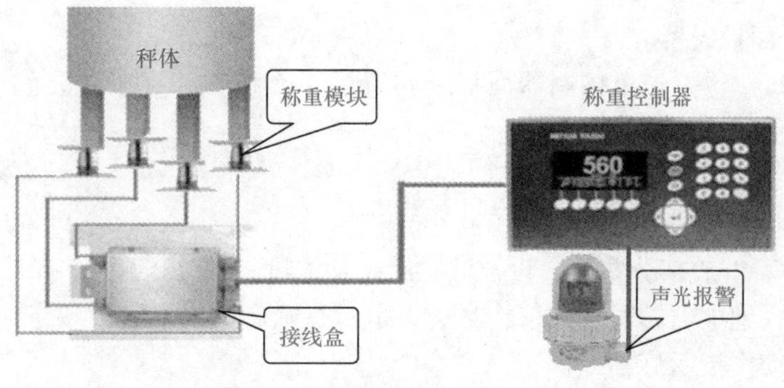

图 12-22　电梯超载报警系统结构框图

笔记栏

【制作步骤】

1. 电气连接

后面板电气连接如图12-23所示。

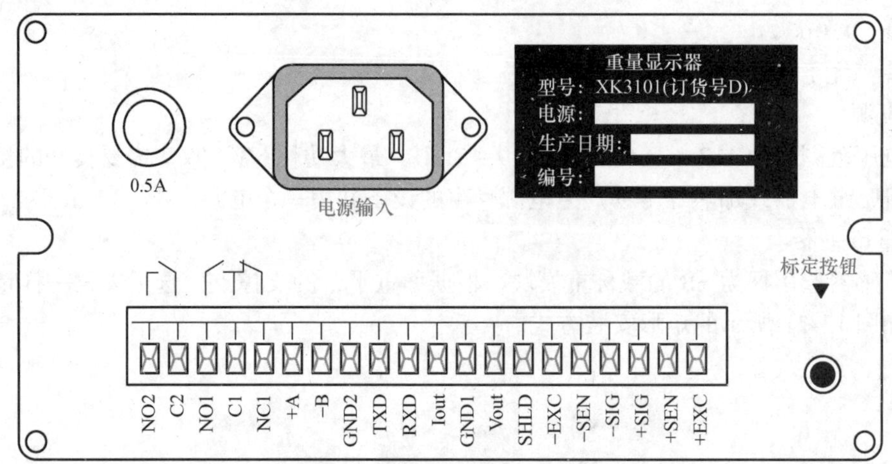

图12-23 后面板电气连接

（1）电源连接

仪表采用交流220V供电，熔丝规格0.5A，$\phi 5\times 20$（mm）。通电时首先要核对电源是否正确。

（2）传感器连接

仪表能驱动6个350Ω的模拟传感器。传感器连接见表12-2。

表12-2 传感器连接

标示	含义	6线制传感器	4线制传感器
+EXC	正激励	红	红
+SEN	正反馈	蓝	
+SIG	正信号	绿	绿
-SIG	负信号	白	白
-SEN	负反馈	黄	
-EXC	负激励	黑	黑
SHLD	屏蔽	粗黑	

如果采用4芯信号线，应该将+SEN（正反馈）与+EXC（正激励）短接在一起，-SEN（负反馈）与-EXC（负激励）短接一起。

（3）继电器控制输出

继电器控制输出见表12-3。

2. 显示控制器面板设置

XK3101（KM05）称重显示控制器面板上布置了4个按键，用于仪表的各种操作及参数设定，如图12-24所示。

置零键：设定状态时是数值增加键。

去皮键：设定状态时是退回（或数值减小）键。

Fn键：可以查看仪表部分参数，设定状态时是功能键。

预置点键：输入继电器输出比较值，参数设定时是确认键。

1#：1#继电器动作指示灯。

2#：2#继电器动作指示灯。

表 12-3　继电器控制输出

标示	含义
NC1	1 号继电器常闭触点
C1	1 号继电器公共端
NO1	1 号继电器常开触点
C2	2 号继电器公共端
NO2	2 号继电器常开触点

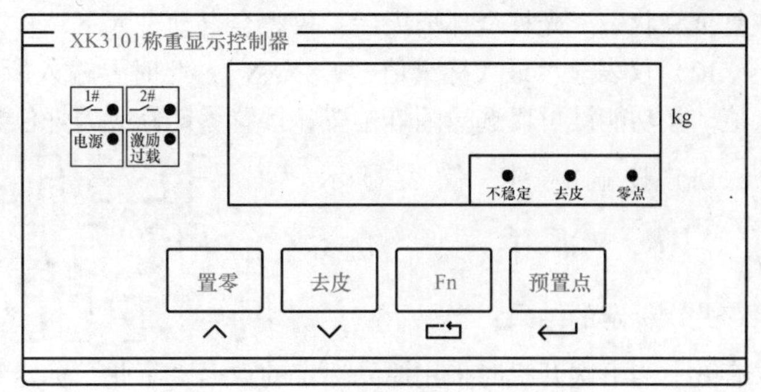

图 12-24　显示控制器面板

电源：电源指示灯。

激励过载：传感器激励回路负载过大或者短路指示灯。

不稳定：当重量数据不稳定时亮。

去皮：去皮指示灯。

零点：当毛重为零时零点指示灯亮。

（1）重量标定

标定时准备好相应重量的砝码。标定步骤如下：

1）仪表正常工作时长按后部的标定按钮，听到蜂鸣器鸣叫时松开，同时仪表显示“F1”。注意：工作时同时按置零键与 Fn 键仪表也会进入到 F1，但只能查看设定的分度数与分度值，不能进行标定参数的设置，按 Fn 键选择参数时仪表提示“E2”。

2）按确认键，仪表显示“C　　3000”，其中数值是上一次标定时的分度数，按功能键选择分度数。

3）按确认键，仪表显示“d　　1”，按功能键选择分度值。

4）按确认键，仪表显示“F1.1　　0”，按功能键选择参数，当 F1.1 = 0 时表示正常两点标定（零点与某一个称量点），当 F1.1 = 1 时表示三点标定（零点、称量点 1 与称量点 2），通常选择 F1.1 = 0。

5）按确认键，仪表显示“CAL-000”，表示将要校正零点，此时检查是否空秤台。

6）按确认键，仪表显示“-----”，同时光柱逐渐熄灭，期间数据不稳定，光柱将恢复全亮状态。如果一直保持全亮状态，请关掉电源检查系统的接线。光柱全部熄灭后，仪表会自动进入下一步。

7）仪表显示“CAL-FS1”，对称量进行标定，秤台加载标准砝码，推荐加载砝码的重量不小于 20% FS。砝码应均匀分布或者放置在秤台的中心位置。

8）按确认键，仪表显示“------”，同时光柱逐渐熄灭，期间数据不稳定，光柱将恢复全亮状态。光柱全部熄灭后，仪表会自动进入下一步。

9）仪表显示最大称量值“XXXXX”，此时要输入加载的砝码重量值。按功能键可以选择闪烁位置，按置零键修改闪烁位数值的大小。

10）按确认键，当 F1.1 = 1 时，仪表显示“CAL-FS2”，当 F1.1 = 0 时，仪表显示“CALSAuE”，见标定步骤 13）。仪表显示“CAL-FS2”，表示对第二加载点进行非线性修正，当衡器的线性不好时，采用此方法可以改善。此时继续加载砝码。

11）按确认键，仪表显示“------”，同时光柱逐渐熄灭，期间数据不稳定，光柱将

笔记栏

恢复全亮状态。光柱全部熄灭后，仪表会自动进入下一步。

12）仪表显示最大称量值“XXXXX”，此时要输入所有加载砝码（包括第一次加载）的重量值。按功能键可以选择闪烁位置，按置零键修改闪烁位数值的大小。

13）按确认键，仪表显示“CALSAvE”，按功能键可以切换显示“CAL ESC”，当显示“CALSAvE”时，按确认键，表示接受并保存此次标定的结果；当显示“CAL ESC”时，按确认键，表示标定结果仅在此次有效，当下次开机时采用原先标定的数据。至此，标定结束。

（2）继电器输出设定

仪表内置两点继电器输出，继电器的动作模式可以设定：0—继电器无动作；1—重量分选模式；2—定值模式。

重量分选模式：

1#继电器：当重量≤out1 值时，闭合。

当重量 > out1 值时，断开。

2#继电器：当重量 < out2 值时，断开。

当重量≥out2 值时，闭合。

定值模式：

1#继电器：当重量≤out1 值时，断开。

当重量 > out1 值时，闭合。

2#继电器：当重量 < out2 值时，断开。

当重量≥out2 值时，闭合。

继电器输出设置步骤如下：

1）同时按功能键与置零键，仪表显示“F 1”。

2）按 3 次功能键，仪表显示“F 5”。

3）按确认键，仪表显示“□XXXXXX”，“XXXXXX”是 1#继电器输出的比较值 out1，按功能键循环移动闪烁位，按置零键改变数值大小。

4）按确认键，仪表存储 out1，并且显示“□XXXXXX”，“XXXXXX”是 2#继电器输出的比较值 out2，按功能键循环移动闪烁位，按置零键改变数值大小。

5）按确认键，仪表存储 out2，并且显示“F5. 1 X”，设置继电器输出模式。按功能键，选择参数：0—继电器无动作；1—重量分选模式；2—定值模式。

若用户不使用继电器输出功能，建议将继电器输出模式设为 0。

6）按确认键，仪表显示“ESC”。

7）按确认键退出。

（3）输入预置点值（继电器输出比较值）

输入预置点值有两种方法：

1）进入 F5 参数组进行设置，步骤参照上面所述。

2）工作时按预置点键，仪表显示“□XXXXXX”（1#继电器输出的比较值 out1），如需要修改，按 Fn 键最低位闪烁，按置零键修改数值，按预置点键确认后显示“□XXXXXX”（2#继电器输出的比较值 out2），按 Fn 键与置零键修改数值，最后按确认键完成设置。

项目评价

项目评价采用小组自评、其他组互评，最后教师评价的方式，权重分布为 0. 3、0. 3、0. 4。

笔记栏

表 12-4 轿厢超载报警装置制作任务评价表

序号	任务内容	分值	评价标准	自评	互评	教师评分
1	传感器安装	30	传感器安装错误扣 10 分			
2	电路连接	20	连接每错一次扣 5 分			
3	显示面板参数设置	20	参数设置每错一次扣 5 分			
4	调试超载报警装置	30	1. 调试失败一次扣 10 分 2. 报警功能不正常一次扣 10 分			
	最后得分					

项目总结

直流电桥是电阻应变式传感器常用的测量电路，按照应变片的分布可分为半桥单臂、半桥双臂和全桥。

交流电桥是电容式、电感式传感器常用的测量电路，交流电桥在本质上相当于调幅装置，若以高频振荡电源供给电桥，则输出为调幅波。解调通过相敏检波电路辅助进行。

很多信号的处理都需要使用滤波器，在传感器的后续信号处理中，多数采用 *RC* 低通滤波器。

常用信号显示和记录方式有灯光显示、表头显示、CRT 显示、荧光数码显示、液晶显示、报警器、记录仪等。

干扰的形成必须具备三个条件：干扰源、干扰途径和对噪声敏感的接收电路。抑制干扰的方法有消除或者抑制干扰源、破坏干扰途径、削弱接收电路对干扰的敏感性。常用的干扰技术有屏蔽、接地、滤波、隔离等。

测评12

项目测试

1. 按照应变片的使用情况，可以将电桥分为________、________和________。

2. 根据载波受调制的参数不同，调制可分为________、________和________。解调的目的是为________。

3. 根据滤波器的选频作用，一般将滤波器分为四类：______、______、______和______滤波器。

4. ________信号是最原始、最普及的一种信号显示方式。

5. 干扰的形成必须具备三个条件：________、________和________。

6. AM、FM、PM 的含义是什么？

7. 试从调幅原理说明，为什么动态应变仪的电桥激励电压频率为 10kHz，而工作频率为 0 ~ 1500Hz？

8. 你知道电子手表属于哪种显示方式吗？

附录

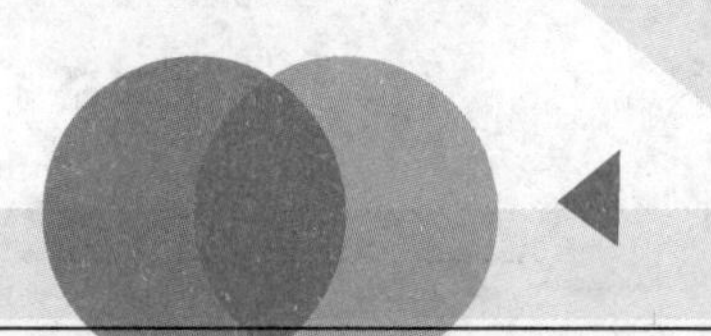

传感器应用项目报告

选用哪块电压表更精确项目报告

一、问题描述

二、数据分析

三、选用结果

笔记栏

四、任务评价

序号	任务内容	分值	评价标准	自评	互评	教师评分
1	分析最大相对误差	50	1. 最大示值相对误差概念不清扣10分 2. 精度概念不清扣10分 3. 最大示值相对误差计算错误一次扣10分			
2	正确选用电压表	50	1. 选错一次扣10分 2. 选错两次本项不得分			
	最后得分					

五、总结及体会（实验过程中遇到了什么难题？如何解决？有什么感受或者收获？）

笔记栏

电子秤小制作项目报告

一、所需材料清单

二、制作步骤

笔记栏

三、任务评价

序号	任务内容	分值	评价标准	自评	互评	教师评分
1	识别传感器	10	不能准确识别选用的金属箔式应变片扣10分			
2	选择材料	20	材料选错一次扣5分			
3	连线正确	30	连线每错一次扣5分			
4	电子秤调试	40	调试失败一次扣10分			
	最后得分					

四、总结及体会（实验过程中遇到了什么难题？如何解决？有什么感受或者收获？）

笔记栏

搭建自动识别物料系统小制作项目报告

一、所需材料清单

二、制作步骤

笔记栏

三、任务评价

序号	任务内容	分值	评价标准	自评	互评	教师评分
1	识别传感器	10	不能准确识别选用的电感式传感器扣10分			
2	选择材料	20	材料选错一次扣5分			
3	连线正确	30	连线每错一次扣5分			
4	系统调试	40	调试失败一次扣10分			
最后得分						

四、总结及体会（实验过程中遇到了什么难题？如何解决？有什么感受或者收获？）

笔记栏

物体检测装置小制作项目报告

一、所需材料清单

二、制作步骤

笔记栏

三、任务评价

序号	任务内容	分值	评价标准	自评	互评	教师评分
1	识别传感器	10	不能准确识别选用的电容开关扣 10 分			
2	选择材料	20	材料选错一次扣 5 分			
3	连线正确	30	连线每错一次扣 5 分			
4	物体检测调试	40	1. 调试失败一次扣 10 分 2. 指示灯不能指示扣 10 分			
最后得分						

四、总结及体会（实验过程中遇到了什么难题？如何解决？有什么感受或者收获？）

笔记栏

报警器小制作项目报告

一、所需材料清单

二、制作步骤

笔记栏

三、任务评价

序号	任务内容	分值	评价标准	自评	互评	教师评分
1	识别传感器	10	不能准确识别选用的光电开关扣10分			
2	选择材料	20	1. 材料选错一次扣5分 2. 光电开关、蜂鸣器、信号灯、中间继电器工作电压选择错误一次扣5分			
3	连线正确	30	连线每错一次扣5分			
4	报警器调试	40	1. 调试失败一次扣10分 2. 声光不能同时报警扣10分			
最后得分						

四、总结及体会（实验过程中遇到了什么难题？如何解决？有什么感受或者收获？）

笔记栏

玻璃破碎报警器小制作项目报告

一、所需材料清单

二、制作步骤

笔记栏

三、任务评价

序号	任务内容	分值	评价标准	自评	互评	教师评分
1	选用元器件	20	1. 元器件选错一个扣5分 2. 没识别元器件好坏扣10分			
2	焊接电路	30	1. 每虚焊一处扣2分 2. 每焊坏一个元器件扣5分			
3	连线正确	30	连线每错一次扣5分			
4	调试玻璃破碎报警器	20	1. 调试失败一次扣10分 2. 报警功能不正常一次扣10分			
最后得分						

四、总结及体会（实验过程中遇到了什么难题？如何解决？有什么感受或者收获？）

笔记栏

热敏电阻温度计小制作项目报告

一、所需材料清单

二、制作步骤

笔记栏

三、任务评价

序号	任务内容	分值	评价标准	自评	互评	教师评分
1	识别元件	10	不能准确识别选用的电器元件扣10分			
2	选择材料	20	材料选错一次扣5分			
3	连线正确	30	连线每错一次扣5分			
4	系统调试	40	调试失败一次扣10分			
最后得分						

四、总结及体会（实验过程中遇到了什么难题？如何解决？有什么感受或者收获？）

笔记栏

倒车雷达小制作项目报告

一、所需材料清单

二、制作步骤

笔记栏

三、任务评价

序号	任务内容	分值	评价标准	自评	互评	教师评分
1	选用元器件	20	1. 元器件选错一个扣5分 2. 没能识别元器件好坏扣10分			
2	焊接电路板	30	1. 每虚焊一处扣2分 2. 每焊坏一个元器件扣5分			
3	连线正确	30	连线每错一次扣5分			
4	调试倒车雷达	20	1. 调试失败一次扣10分 2. 报警功能不正常一次扣10分			
最后得分						

四、总结及体会（实验过程中遇到了什么难题？如何解决？有什么感受或者收获？）

寻迹监控小车小制作项目报告

一、所需材料清单

二、制作步骤

笔记栏

三、任务评价

序号	任务内容	分值	评价标准	自评	互评	教师评分
1	识别元件	10	不能准确识别选用的电器元件扣 10 分			
2	选择材料	20	材料选错一次扣 5 分			
3	连线正确	20	连线每错一次扣 5 分			
4	编程正确	20	程序错误一处扣 5 分			
5	系统调试	30	调试失败一次扣 10 分			
最后得分						

四、总结及体会（实验过程中遇到了什么难题？如何解决？有什么感受或者收获？）

笔记栏

智能小车小制作项目报告

一、所需材料清单

二、制作步骤

笔记栏

三、任务评价

序号	任务内容	分值	评价标准	自评	互评	教师评分
1	识别传感器	10	不能准确识别选用的电感式传感器扣 10 分			
2	选择材料	20	材料选错一次扣 5 分			
3	连线正确	10	连线每错一次扣 2 分			
4	编程正确	20	编程错误一次扣 2 分			
5	系统调试	40	调试失败一次扣 10 分			
最后得分						

四、总结及体会（实验过程中遇到了什么难题？如何解决？有什么感受或者收获？）

笔记栏

自动识别工件系统小制作项目报告

一、所需材料清单

二、制作步骤

笔记栏

三、任务评价

序号	任务内容	分值	评价标准	自评	互评	教师评分
1	识别元件	10	不能准确识别选用的电器元件扣10分			
2	选择材料	20	材料选错一次扣5分			
3	连线正确	30	连线每错一次扣5分			
4	系统调试	40	调试失败一次扣10分			
最后得分						

四、总结及体会（实验过程中遇到了什么难题？如何解决？有什么感受或者收获？）

笔记栏

轿厢超载报警装置小制作项目报告

一、所需材料清单

二、制作步骤

笔记栏

三、任务评价

序号	任务内容	分值	评价标准	自评	互评	教师评分
1	传感器安装	30	传感器安装错误扣 10 分			
2	电路连接	20	连接每错一次扣 5 分			
3	显示面板参数设置	20	参数设置每错一次扣 5 分			
4	调试超载报警装置	30	1. 调试失败一次扣 10 分 2. 报警功能不正常一次扣 10 分			
最后得分						

四、总结及体会（实验过程中遇到了什么难题？如何解决？有什么感受或者收获？）

参考文献

[1] 于彤．传感器原理及应用［M］．3版．北京：机械工业出版社，2019.

[2] 黄长艺，严普强．机械工程测试技术基础［M］．4版．北京：机械工业出版社，2018.

[3] 周海波，杨少春．传感器原理及应用［M］．北京：电子工业出版社，2011.

[4] 王戈静，杨玲．传感器应用技术［M］．2版．北京：高等教育出版社，2020.

[5] 刘笃仁，韩保君，刘靳．传感器原理及应用技术［M］．2版．西安：西安电子科技大学出版社，2009.